建筑工程识图与预算
从入门到精通

赵永平　主　编
陈巧玲　副主编

北京希望电子出版社
Beijing Hope Electronic Press
www.bhp.com.cn

内 容 简 介

本书内容共分十二章，主要包括建筑工程基础、建筑工程造价、建筑工程识图与实例、建筑工程工程量计算规则与实例、建筑工程预算编制、建筑工程工程量清单计价与实例、建筑工程招投标、设计概算编制与实例、施工图预算编制与实例、安装工程预算编制与实例、工程价款结算与竣工决算和工程签证等。

本书内容全面丰富、深入浅出，通俗易懂。采用了新定额与新清单及相关规范，通过计算规则、实例、计算公式、图表、文字说明等形式，对建筑工程识图与预算进行了分析和详细说明。本书既可作为大专院校相关专业的辅导用书，也可供给初学者及建筑行业的从业人员学习参考。

图书在版编目（CIP）数据

建筑工程识图与预算从入门到精通 / 赵永平，陈巧玲编著. —北京：北京希望电子出版社，2021.1

ISBN 978-7-83002-800-8

Ⅰ. ①建… Ⅱ. ①赵… ②陈… Ⅲ. ①建筑制图－识图 ②建筑预算定额 Ⅳ. ①TU204.21 ②TU723.3

中国版本图书馆 CIP 数据核字（2020）第 220290 号

出版：北京希望电子出版社	封面：杨　莹
地址：北京市海淀区中关村大街 22 号	编辑：全　卫
中科大厦 A 座 10 层	校对：龙景楠
邮编：100190	开本：710mm×1000mm 1/16
网址：www．bhp．com．cn	印张：28.5
电话：010－82626261	字数：680 千字
传真：010－62543892	印刷：北京军迪印刷有限责任公司
经销：各地新华书店	版次：2021 年 1 月 1 版 1 次印刷

定价：98.00元

前　言

随着我国国民经济的发展，建筑工程已经成为当今最具活力的行业之一。民用、工业及公共建筑如雨后春笋般出现在全国各地，伴随着建筑施工技术的不断发展和成熟，建筑产品对品质、功能等方面有了更高的要求。与此同时建筑工程队伍的规模也日益扩大，大量建筑行业的从业人员迫切需要丰富专业知识，提高自身专业素质及专业技能。

本书是"从入门到精通"系列丛书之一，全面、细致地介绍了建筑工程的基础知识、施工图的识读、工程量的计算等。

本书内容的编写，由浅及深，由局部到整体，循序渐进，适合不同层次的读者。表达简明易懂、编写灵活新颖，杜绝了枯燥乏味的讲述，让读者一目了然。

为了使广大建筑行业人员更好地理解和读懂新规范，本书主要运用新清单相关知识，详细介绍了建筑工程知识，注重理论与实际的结合，以实例的方式将工程量如何计算等具体内容进行了系统的阐述和详细的解说，并运用图表的格式清晰地展现出来，针对性很强，便于读者有目标地学习。

本书可作为相关专业院校的教学教材，也可作为初学者对新知识的学习和掌握的辅导教材。

本书由赵永平主编，陈巧玲任副主编。本书在编写的过程中，参考了大量的文献资料，谨在此向原作者表示诚挚的敬意和谢意。

由于编者水平有限，疏漏之处在所难免，恳请专家及读者批评指正。

编者

目　　录

第一章　建筑工程基础

第一节　建筑工程概述

一、基本概念

建筑工程，是指建筑艺术与工程技术相结合，营造出供人们进行生产、生活或其他活动的环境、空间或场所。从广义上讲，建筑工程也可以是指一切经过勘察设计、建筑施工、设备安装等生产活动而营造的房屋建筑及附属构筑物的总称。

建筑–识图及建筑说明（一）

扫码观看本视频

房屋建筑和构筑物建筑合称建筑物。房屋建筑一般是指为人们提供生产、工作和生活等不同用途的空间场所，如厂房（车间）、办公楼等。除房屋建筑以外的建筑物都是构筑物，通常是为生产或生活提供特定的使用功能而建造，如水塔、水池、烟囱等。

二、分类

建筑是根据人们物质生活和精神生活的要求，为满足各种不同的社会过程的需要而建造的有组织的内部和外部的空间环境。

建筑物按使用性质分为生产性建筑和民用建筑（非生产性建筑）。

生产性建筑包括工业建筑和农业建筑。工业建筑是指供人们从事各类工业生产的房屋，包括各类生产用房和为生产服务的附属用房，如生产车间、辅助车间、动力车间、仓储建筑等。农业建筑是供人们从事农、牧业生产和加工用的房屋，如种子库、畜禽饲养场、粮食与饲料加工站、拖拉机站等。

民用建筑是供人们工作、学习、生活、居住和从事各种政治、经济、文化活动的房屋，包括居住建筑和公共建筑两部分。

三、设计程序

1. 建筑设计前期准备工作

建筑设计前期准备工作主要包括落实设计任务、熟悉设计任务书、调查研究与收集必要的设计原始资料数据等工作。

1）设计前期调查研究的主要内容。

（1）深入了解使用单位对建筑物使用的具体要求，认真调查同类已有建筑的实际使用情况，进行分析和总结。

（2）了解所在地区建筑材料供应的品种、规格、价格等情况，结合建筑使用要求和建筑空间组合的特点，了解并分析不同结构方案的选型、当地施工技术与设备条件。

（3）进行现场踏勘，深入了解基地和周围环境的现状及历史沿革，包括基地的地形、方位、面积和形状等条件，以及基地周围原有建筑、道路、绿化等多方面的因素。

（4）了解当地传统建筑设计布局、创作经验和生活习惯，根据拟建建筑物的具体情况，创造出有地方特色的建筑形象。

2）设计原始资料数据收集的主要内容。

（1）气象资料，即所在地区的温度、湿度、日照、雨雪、风向、风速以及冻土深度等。

（2）基地地形及地质水文资料，即基地地形标高、土壤种类及承载力、地下水位以及地震烈度等。

（3）水电等设备管线资料，即基地底下的给水、排水、电缆等管线布置，基地上的架空线等供电线路情况。

（4）设计项目的有关定额指标，即国家或所在省市地区有关设计项目的定额指标，如教室的面积定额，以及建筑用地、用材等指标。

2．建筑设计阶段

建筑设计阶段主要包括方案设计阶段、初步设计阶段、技术设计阶段和施工图设计阶段。

（1）方案设计阶段：在建筑设计前期准备工作的基础上，进行方案的构思、比较和优化。

（2）初步设计阶段：提出若干种设计方案供选用，待方案确定后，按比例绘制初步设计图，确定工程概算，报送有关部门审批，是技术设计和施工图设计的依据。

（3）技术设计阶段：又称扩大初步设计，是在初步设计的基础上，进一步确定建筑设计各工种之间的技术问题。技术设计的图纸和设计文件，要求建筑工种的图纸标明与技术工种有关的详细尺寸，并编制建筑部分的技术说明书，结构工种应有建筑结构布置方案图，以及初步计算说明，设备工种也提供相应的设备图纸及说明书。

（4）施工图设计阶段：通过反复协调、修改与完善，形成一套能够满足施工要求的、反映房屋整体和细节全部内容的图样，即为施工图，它是房屋施工的重要依据。

第二节　房屋的组成及其作用

建筑-识图及建筑说明（二）

建筑物主要由基础、墙或柱、楼地层、楼梯、屋顶和门窗六大部分组成，每部分都起着不同的作用，如图 1-1 所示。除以上组成部分外，还可能有其他的构件和配件，如雨篷、排烟道、台阶、阳台等。

扫码观看本视频

一、基础

基础是房屋建筑中承受整个建筑物荷载的构件，并把这些荷载传给地基。根据房屋的高度和结构形式不同以及地基土的不同，房屋所采用的基础形式也不尽相同。一般基础的形式可分为条形基础、独立基础、筏板基础、箱型基础、桩基础等。

1. 条形基础

基础形式为长条形，它又分为墙下条形基础和柱下条形基础，墙下条形基础适用于砌体结构的房屋，柱下条形基础适用于多层框架结构的房屋。砌体结构的墙下条形基础一般采用砖、石、混凝土、钢筋混凝土等材料，如图1-2所示。框架结构的柱下条形基础由基础梁和翼缘板组成，材料一般采用钢筋混凝土，如图1-3所示。

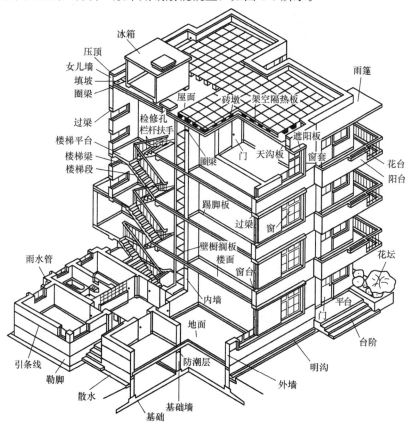

图 1-1　房屋构造示意图

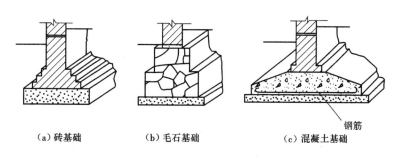

（a）砖基础　　　　　（b）毛石基础　　　　　（c）混凝土基础

图 1-2　墙下条形基础

2. 独立基础

一般用于框架结构或排架结构的柱子下面，一根柱子一个基础，独立存在，所以称为独立基础。在排架结构中柱子常采用预制柱，所以基础常做成杯口形式，如图1-4（a）。框架结构中基础和柱子常采用现浇结构，形成一个整体，如图1-4（b）所示。

3. 筏板基础

用于建筑物层数较多，荷载较大，或地基较差的情况下。筏板基础又分为平板式筏板基础和梁板式筏板基础，如图1-5所示是梁板式筏板基础示意图。

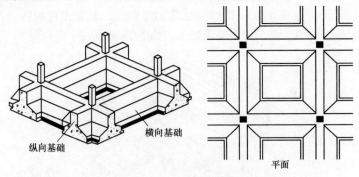

纵向基础　　横向基础

平面

图1-3　柱下条形基础

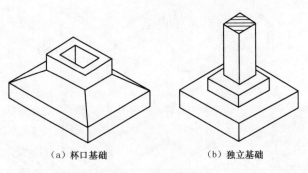

（a）杯口基础　　　　　（b）独立基础

图1-4　独立基础

4. 箱形基础

用于建筑物层数较多，荷载较大，或地基较差的情况下。而且箱形基础主要用于有地下室的建筑，它把地下室做成上有顶板、下有底板、中间有隔墙的大箱子状，中间的空间作为地下室使用，所以称为箱形基础，如图1-6所示。

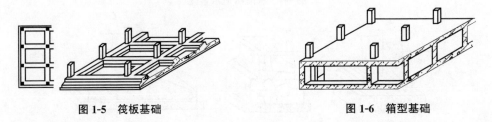

图1-5　筏板基础　　　　　　　　　**图1-6　箱型基础**

5. 桩基础

用于地基条件较差，或上部荷载较大的情况下。当基础下边的土质较差、承载力较低时，往往采用桩基础穿过土质较差的土层，将建筑物上部荷载传到下部较硬的土层或岩石上。桩基础常采用钢筋混凝土材料，也可采用型钢或钢管。桩的上部一般做有承台来支撑上部的墙或柱子，如图1-7所示。

二、墙体

房屋中的墙体根据其位置不同可分为外墙和内墙。外墙是指房屋四周与室外空间接触的墙，内墙是指位于房屋内部的墙。墙体根据受力情况可分为承重墙和非承重墙。凡承受上部梁板传来的荷载的墙称为承重墙，凡不承受上部荷载，仅承受自身重量的墙称为非承重墙。墙体在房屋中的构造如图 1-8 所示。

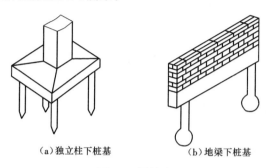

（a）独立柱下桩基　　　　　　（b）地梁下桩基

图 1-7　桩基础

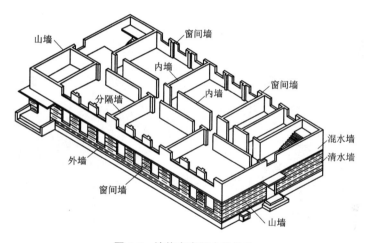

图 1-8　墙体在房屋中的构造

三、梁板柱

柱子是房屋的竖向承重构件，它承受梁板传来的荷载。梁是房屋的横向承重构件，它承受支撑与其上的楼板传来的荷载。并传给柱子或墙体。楼板直接承受其上面的家具设备等荷载，楼板一般支撑在梁或墙上，也可直接支撑在柱子上。板支撑在梁上，梁支撑在柱子上，梁板柱现浇成整体结构的房屋，称为框架结构，在框架结构的房屋中墙体是不承重的，仅起围护和分隔房间的作用，如图 1-9 所示。板直接支撑在柱子上称为无梁楼盖，这种结构可以增加房屋的净高，但配筋量较大，如图 1-10 所示。

四、楼梯

楼梯是楼房建筑的垂直交通构件。它主要有楼梯段、休息平台、栏杆和扶手组成，如

图 1-11 所示。楼梯的一个楼梯段称为一跑，一般常见的楼梯为两跑楼梯，如图 1-11（a）所示。通过两个楼梯段上到上一层，两个楼梯段转折处的平台称为休息平台。除了两跑楼梯外还有单跑楼梯、三跑楼梯等。如图 1-11（b）所示为三跑楼梯示意图。楼梯根据受力形式可分为梁式楼梯和板式楼梯，如图 1-12 所示。梁式楼梯是楼梯段的自重及其上的荷载通过两侧的斜梁传到楼梯段两端的楼层梁、休息平台梁上，而板式楼梯是楼梯段的自重及其上的荷载直接通过楼梯板传到楼梯段两端的楼层梁、休息平台梁上。

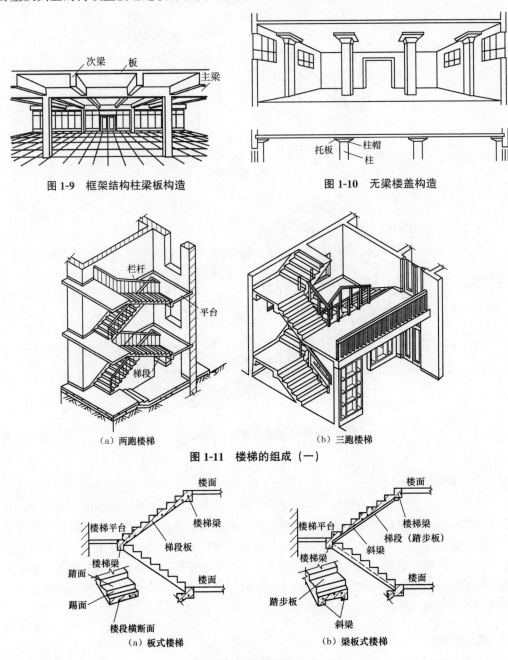

图 1-9　框架结构柱梁板构造

图 1-10　无梁楼盖构造

（a）两跑楼梯　　　　　　　　　（b）三跑楼梯

图 1-11　楼梯的组成（一）

（a）板式楼梯　　　　　　　　　（b）梁板式楼梯

图 1-12　楼梯的组成（二）

五、门窗

门主要是供人们内外交通和分隔房间之用。窗主要是起采光通风，同时也起分隔和围护作用。门窗按其所用的材料不同可分为木门窗、铝合金门窗、塑钢门窗等。门按其开启方式可分为平开门、推拉门、折叠门、旋转门等。窗按其开启方式可分为平开窗、推拉窗、固定窗、中悬窗、下悬窗、上悬窗、立转窗等。

常见的平开窗的构造如图 1-13（a）所示，窗由窗框和窗扇构成，比较高的窗还设有亮子。窗框主要有窗框上槛、横档、窗框下槛、窗框边梃组成，窗扇由上冒头、中冒头、下冒头、窗边梃、玻璃等组成。

常见的平开门的构造如图 1-13（b）所示，它由门框和门扇构成，比较高的门还设有亮子。门框主要有门框上槛、横档、门框边梃组成，门扇由上冒头、中冒头、下冒头、门边梃、门芯板等组成。

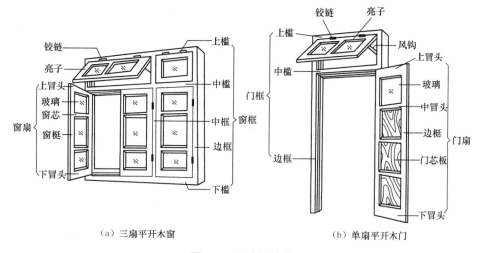

（a）三扇平开木窗　　　　　　　　　（b）单扇平开木门

图 1-13　门窗的构造

六、楼地面

楼地面是人们行走时经常接触的平面，楼地面的表面必须平整、清洁。现代建筑中要求较低的一般采用水泥地面，要求较高的可采用瓷砖、大理石、水磨石等地面，有的还采用木地板。楼地面的构造层次一般有以下几层。

（1）基层。一般指楼面的结构楼板或地面的土层。

（2）垫层。楼面一般采用细石混凝土作垫层，地面可采用灰土或素混凝土。

（3）填充层。在有隔音、保温要求的房屋，往往采用轻质材料作为填充层。

（4）找平层。当面层要求比较平整时，在做面层之前往往做一找平层。

（5）面层和结合层。面层是楼地面的表面层，是人们直接接触的一层，若面层是块料面层，还需设一结合层把面层和找平层粘结在一起。

七、屋面

房屋的屋顶分为坡屋顶和平屋顶。

坡屋顶通常由屋架、檩条、屋面板和瓦组成，现代楼房的坡屋顶也可直接将楼板作成斜楼板，再在斜楼板上作防水层和屋瓦。也可将结构楼板做成平板，再在其上增加一个坡屋顶，如图 1-14 所示。

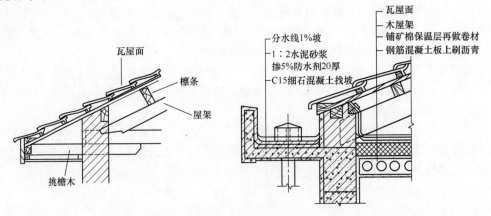

图 1-14　坡屋面构造

平屋顶是现代建筑采用最多的屋顶形式，为了排水方便，平屋顶也带有较小的坡度，一般小于 5%。屋顶是房屋最上部的围护结构，它有遮风挡雨、保温隔热的作用，所以房屋的屋顶由多层构造组成。一般屋顶的构造有基层、保温层、找坡层、找平层、防水层等，上人屋面还有结合层和面层。

八、其他

此外，房屋还有通风道、烟道、电梯、阳台、壁橱、勒脚、雨篷、台阶、天沟、雨水管等配件和设施。

（1）通风道。通风道是为了使空气流通，降低有害气体浓度的一种市政基础设施。

（2）烟道。烟道是排放废气和烟雾的管状装置，用于清除厨房烟气或卫生间废气的竖向管道制品。

（3）电梯。规定楼层的固定式升降设备。它具有一个轿厢，运行在至少两列垂直的或倾角小于 15°的刚性导轨之间。电梯适用于住宅楼、非住宅楼、医院和厂房等各种建筑物内，方便人们出行和运送货物。

（4）阳台。阳台在住宅建筑中是不可缺少的部分，它是居住在楼层上的人们的室外空间。人们有了这个空间可以在其上晾晒衣服、种栽盆景、乘凉休闲，阳台也是房屋使用的一部分。阳台分为挑出式和凹进式两种，一般以挑出式为好。目前挑出部分采用钢筋混凝土材料，由栏杆、扶手、排水口等组成。如图 1-15 所示是一个挑出阳台的侧面形状。

（5）壁橱。壁橱就是嵌入在墙体里的

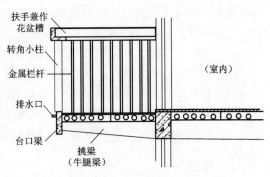

图 1-15　阳台（剖面）示意图

橱柜，可以当成衣橱来存放衣物，也可以设置在厨房内当成橱柜。壁橱的最大特点就是节省空间，增加了空间的使用率。

（6）勒脚。勒脚是建筑物外墙的墙脚，即建筑物外墙与室内地面或散水部分接触墙体部位的加厚部分。勒脚的作用是防止地面水、屋檐滴下的雨水侵蚀，从而保护墙面，保证室内干燥，提高建筑物的耐久性，也能使建筑物外观更美丽。

（7）雨篷。雨篷是设在建筑物出入口或顶部阳台上方的用来挡雨、挡风、防高空坠落物砸伤的一种建筑装配。

（8）台阶。台阶一般是指用砖、石、混凝土等筑成的一级一级供人上下的建筑物，多在大门前或坡道上。

（9）天沟。天沟是指屋面两跨间的下凹部分，屋面排水分有组织排水和无组织排水，有组织排水就是把雨水集聚到天沟内再由雨水管拍下。天沟多用白铁皮或石棉水泥制成。

（10）雨水管。把天沟里的水引到地面的竖管，多用铁皮等制成，也叫水落管。一般材质有 PVC。铝合金、树脂、铜等材质。

总之，基础起着承受和传递荷载的作用；屋顶、外墙等起着隔热、保温、避风、遮雨的作用；屋面、天沟、雨水管、散水等起着排水的作用；台阶、门、走廊、楼梯、电梯等起着沟通房屋内外、上下交通的作用；窗则主要用于采光和通风；墙裙、勒脚、踢脚板等起着保护墙身的作用。

建筑–首层平面图整体（一）

扫码观看本视频

第二章 建筑工程造价

第一节 建筑工程造价简述

建筑–首层平面图整体（二）

扫码观看本视频

一、工程造价基本分类

1. 工程造价基本概念

工程造价是建筑工程造价的简称，其含义有狭义与广义之分。广义上讲，是指完成一个建设项目从筹建到竣工验收、交付使用全过程的全部建设费用，可以指预期费用也可以指实际费用。狭义上讲，建设项目各组成部分的造价，均可用工程造价一词，如某单位工程的造价，某分包工程造价（合同价）等。这样，在整个基本建设过程中，确定工程造价的工作与文件就由投资估算、设计概算、修正概算、施工图预算、施工预算、工程结算、竣工决算、标底与投标报价、承发包合同价的确定等。此外，工程造价工作还会涉及到静态投资与动态投资等几个概念。

2. 工程造价的分类

（1）建筑工程造价按其建设阶段计价可分为：估算造价、概算造价、施工图预算造价以及竣工结算与决算造价等。

（2）按其构成的分部计价可分为：建设项目总概预决算造价、单项工程的综合概预结算和单位工程概预结算造价。

建筑工程造价的分类如图 2-1 所示。

二、工程造价的构成

我国现行的工程造价构成包括设备及工具、器具购置费用，建筑安装工程费用，工程建设其他费用，预备费，建设期贷款利息，固定资产投资方向调节税等。

设备及工具、器具购置费用是指按照工程项目设计文件要求，建设单位购置或自制达到固定资产标准的设备和扩建项目配置的首套工具、器具及生产家具所需的费用。它由设备、工具、器具原价和包括设备成套公司服务费在内的运杂费组成。

工程建设其他费用是指未纳入以上两项的，由项目投资支付的，为保证工程建设顺利完成和交付使用后能够正常发挥效用而发生的各项费用的总和。工程建设其他费用可分为三类：①土地使用费；②与工程建设有关的费用；③与未来企业生产经营有关的费用。

另外，工程造价中还包括预备费、建设期贷款利息和固定资产投资方向调节税。

我国现行工程造价的具体构成如图 2-2 所示。

1. 设备及工具、器具购置费用

设备及工具、器具购置费用是由设备购置贵和工具、器具及生产家具购置费用组成的。

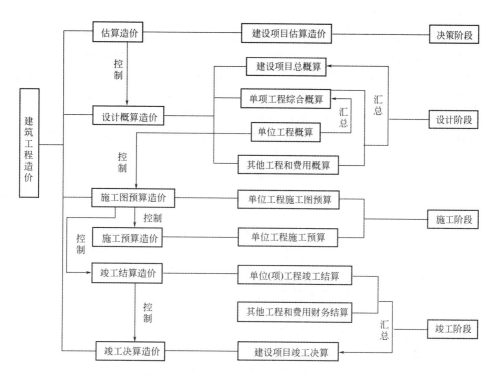

图 2-1　建筑工程造价分类

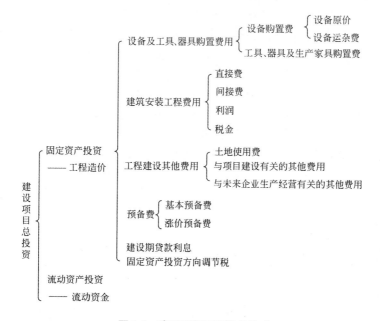

图 2-2　我国现行工程造价构成

设备购置费是指为建设项目购置或自制的达到固定资产标准的各种国产或进口设备、工具、器具的购置费用。它由设备原价和设备运杂费构成。设备原价指国产设备或进口设备的原价；设备运杂费指除设备原价之外的关于设备采购运输、途中包装及仓库保管等方面支出费用的总和。

国产设备原价一般指的是设备制造厂家的交货价即出厂或订货合同价。国产设备原价分为国产标准设备原价和国产非标准设备原价。国产标准设备是指按照主管部门颁布的标准图纸和技术要求，由我国设备生产厂家批量生产的，符合国家质量检测标准的设备。国产标准设备原价有两种，即带有备件的原价和不带有备件的原价。在计算时，一般采用带有备件的原价。国产非标准设备是指国家尚无定型标准，各设备生产厂家不可能在工艺过程中采用批量生产，只能按一次订货，并根据具体的设计图纸制造的设备。非标准设备原价有多种不同的计算方法，主要有成本计算估价怯、系列设备插入估价法、分部组合估价法、定额估价法等。

进口设备原价是指进口设备的抵岸价，即抵达买方边境港口或边境车站，且交完关税形成的价格。

$$进口设备抵岸价=货价+国际运费+运输保险费+银行财务费+外贸手续费+关税$$
$$+增值税+消费税+海关监管手续费+车辆购置附加费 \qquad (2-1)$$

货价一般指装运港船上交货价（FOB）。国际运费即从装运港（站）到达我国抵达港（站）的运费。运输保险费是交付议定的货物运输保险费用。

银行财务费一般是指中国的银行手续费。

$$银行财务费=人民币货价(FOB 价)×银行财务费率(一般为 0.4\%～0.5\%) \qquad (2-2)$$

外贸手续费指按相关规定的外贸手续费率计取的费用，外贸手续费率一般取 15\%。

$$外贸手续费=[FOB 价+国际运费+运输保险费]×外贸手续费率 \qquad (2-3)$$

关税是由海关对进出国境或关境的货物和物品征收的一种税。

$$关税=到岸价格（CIF 价）×进口关税税率 \qquad (2-4)$$

到岸价格（CIF 价）包括离岸价格（FOB 价）、国际运费，运输保险等费用。增值税是对从事进口贸易的单位和个人，在进口商品报关进口后征收的税种。

$$进口产品增值税额=组成计税价格×增值税税率 \qquad (2-5)$$

$$组成计税价格=关税完税+关税+消费税 \qquad (2-6)$$

海关监管手续费指海关对进口减税、免税、保税货物实施监督、管理、提供服务的手续费。对于全额征收进口关税的货物不计本项费用。

$$海关监管手续费=到岸价×海关监管手续费率（一般为 0.3\%） \qquad (2-7)$$

车辆购置附加费是进口车辆需缴进口车辆购置附加费。

$$进口车辆购置附加费=(到岸价+关税+消费税+增值税)×进口车辆购置附加费率$$
$$\qquad (2-8)$$

设备运杂费的构成通常包括运费和装卸费包装费、设备供销部门手续费、采购与仓库保管费。国产设备的运费和装卸费是指国产设备由设备制造厂交货地点至工地仓库（或施工方指定的需要安装设备的堆放地点）所发生的运费和装卸费。进口设备的运费和装卸费则是由我国到岸港口或边境车站起至工地仓库（或施工方指定的需安装设备的堆放地点）所发生的运费和装卸费。包装费是指在设备原价中没有包含的，针对运输进行包装支出的各种费用。设备供销部门的手续费按有关部门规定的统一费率计算。采购与仓库保管费指采购、验收、保管和收发设备所发生的各种费用。

$$设备运杂费=设备原价×设备运杂费率 \qquad (2-9)$$

工具、器具及生产家具购置费，是指新建或扩建项目初步设计规定的，保证初期正常生产必须购置的没有达到固定资产标准的设备、仪器、工卡模具、器具、生产家具和备品备件等的购置费用。

$$工具、器具及生产家具购置费=设备购置费\times定额费率 \qquad (2-10)$$

2. 建筑安装工程费用

1) 建筑安装工程费用构成。

我国现行建筑安装工程费用的构成如图 2-3 所示。

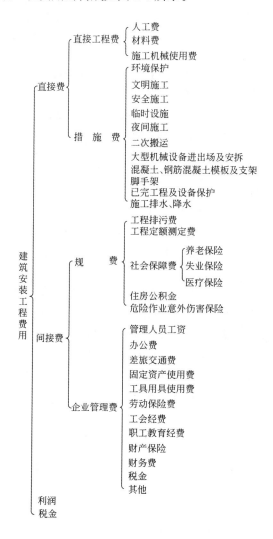

图 2-3 建筑安装工程费用构成

2) 直接费的构成与计算。直接费由直接工程费和措施费组成。

(1) 直接工程费。直接工程费是指施工过程中耗费的构成工程实体的各项费用，包括以下几种费用。

①人工费。人工费是指直接从事建筑安装工程施工的生产工人开支的各项费用。

$$人工费=\Sigma(工日消耗量\times日工资单价) \qquad (2-11)$$

其内容包括基本工资、工资性补贴、生产工人辅助工资、职工福利费和生产工人劳动保护费等。

②材料费。材料费是施工过程中耗费的构成工程实体的原材料、辅助材料、构配件、零件、半成品的费用。内容包括材料原价、材料运杂费、运输损耗费、采购及保管费和检验试验费。其中，检验试验费包括自设试验室进行试验所耗用的材料和化学药品等费用，不包括新结构、新材料的试验费和建设单位对具有出厂合格证明的材料进行检验，对构件做破坏性试验及其他特殊要求检验试验的费用。

$$材料费=\sum（材料消耗量×材料基价）+检验试验费 \qquad (2-12)$$

$$材料基价=[（供应价格+运杂费）×（1+运输损耗率\%）]×（1+采购保$$
管费率%） $\qquad (2-13)$

$$检验试验费=\sum（单位材料量检验试验费×材料消耗量） \qquad (2-14)$$

③施工机械使用费。施工机械使用费是施工机械作业所发生的机械使用费以及机械安拆费和场外运费。施工机械台班单价应由折旧费、大修理费、经常修理费、安拆费及场外运费、人工费、燃料动力费和养路费及车船使用税构成。其中，人工费是指机上司机（司炉）和其他操作人员的工作日人工费及上述人员在施工机械规定的年工作台班以外的人工费。

$$施工机械使用费=\sum（施工机械台班消耗量×机械台班单价） \qquad (2-15)$$

式中，台班单价由台班折旧费、台班大修费、台班经常修理费、白班安拆费及场外运费、台班人工费、台班燃料动力费和台班养路费及车船使用税构成。

（2）措施费。措施费是指为完成工程项目施工，在施工前和施工过程中非工程实体项目的费用。内容包括以下几方面：

①环境保护费是指施工现场为达到环保部门要求所需要的各项费用，计算公式如下：

$$环境保护费=直接工程费×环境保护费费率（\%） \qquad (2-16)$$

②文明施工费是指施工现场文明施工所需要的各项费用，计算公式如下：

$$文明施工费=直接工程费×文明施工费费率（\%） \qquad (2-17)$$

③安全施工费是指施工现场安全施工所需要的各项费用，计算公式如下：

$$安全施工费=直接工程费×安全施工费费率（\%） \qquad (2-18)$$

④临时设施费是指施工企业为进行建筑工程施工所必须搭设的生活和生产用的临时建筑物、构筑物和其他临时设施费用等。临时设施费用包括临时设施的搭设、维修、拆除费或摊销费，计算公式如下：

$$临时设施费=（周转使用临建费+一次性使用临建费）×[1+其他临时设施所占比例（\%）]$$
$$\qquad (2-19)$$

⑤夜间施工费是指因夜间施工所发生的夜班补助费、夜间施工降效、夜间施工照明设备摊销及照明用电等费用，其计算公式为：

$$夜间施工增加费=1-\frac{（合同工期）}{定额工期}×\frac{直接工程费中的人工费合计}{平均日工资单价}×每工日夜间施工费开支$$
$$\qquad (2-20)$$

⑥二次搬运费是指因施工场地狭小等特殊情况而发生的二次搬运费用，其计算公式为：

$$二次搬运费=直接工程费×二次搬运费费率（\%） \qquad (2-21)$$

⑦大型机械设备进出场及安拆费，计算公式如下：

$$大型机械进出场及安拆费=\frac{一次进出场及安拆费×年平均安拆次数}{年工作台班} \tag{2-22}$$

⑧混凝土、钢筋混凝土模板及支架费，指混凝土施工过程中需要的各种钢模板、木模板、支架等的支、拆、运输费用及模板、支架的摊销（或租赁）费用。计算公式如下：

$$模板及支架费=模板摊销量×模板价格+支、拆、运输费 \tag{2-23}$$

$$租赁费=模板使用量×使用日期×租赁价格+支、拆、运输费 \tag{2-24}$$

⑨脚手架费包括脚手架搭拆费和摊销（或租赁）费用，计算公式如下：

$$脚手架搭拆费=脚手架摊销量×脚手架价格+搭、拆、运输费 \tag{2-25}$$

$$租赁费=脚手架每日租金×搭设周期+搭、拆、运输费 \tag{2-26}$$

⑩已完工程及设备保护费，由成品保护所需机械费、材料费和人工费构成。

⑪施工排水、降水费，计算公式如下：

$$排水降水费=\sum 排水降水机械台班费×排水降水周期+排水降水使用材料费、人工费 \tag{2-27}$$

对于措施费的计算，这里只列出通用措施费项目的计算方法，各专业工程的专用措施费项目的计算方法由各地区或国家有关专业主管部门的工程造价管理机构自行制定。

3）间接费的构成与计算。间接费包括规费和企业管理费两部分。

（1）规费。规费是指政府和相关管理部门规定必须缴纳的费用（简称规费）。它包括工程排污费、工程定额测定费、社会保障费、住房公积金、危险作业意外伤害保险等。工程排污费是指施工现场按规定缴纳的工程排污费。工程定额测定费是指按规定支付工程造价（定额）管理部门的定额测定费。社会保障费包括养老保险费、失业保险费、医疗保险费，其中养老保险费是指企业按规定标准为职工缴纳的基本养老保险费；失业保险费是指企业按照国家规定标准为职工缴纳的失业保险费；医疗保险费是指企业按照规定标准为职工缴纳的基本医疗保险费。住房公积金是指企业按规定标准为职工缴纳的住房公积金。危险作业意外伤害保险是指企业为从事危险作业的建筑安装施工人员支付的意外伤害保险费。

（2）企业管理费。企业管理费是指建筑安装企业组织施工生产和经营管理所需费用。它包括管理人员工资、办公费、差旅交通费、固定资产使用费、工具用具使用费、劳动保险费、工会经费、职工教育经费、财产保险费、财务费、税金及其他费用。管理人员工资是指管理人员的基本工资、工资性补贴、职工福利费和劳动保护费等。办公费是指企业管理办公用的文具、纸张、账表、印刷、邮电、书报、会议、水电、烧水和集体取暖（包括现场临时宿舍取暖）用煤等费用。差旅交通费是指职工因公出差、调动工作的差旅费、住勤补助费、市内交通费和误餐补助费、职工探亲路费、劳动力招募费、职工离退休、退职一次性路费、工伤人员就医路费和工地转移费，以及管理部门使用的交通工具的油料、燃料、养路费及牌照费。固定资产使用费是指管理和试验部门及附属生产单位使用的属于固定资产的房屋、设备仪器等的折旧、大修、维修或租赁费。工具用具使用费是指管理使用的不属于固定资产的生产工具、器具、家具、交通工具，以及检验、试验、测绘、消防等用具的购置、维修和摊销费。劳动保险费是指由企业支付离退休职工的易地安家补助费、职工退职金、六个月以上的病假人员上资、职工死亡丧葬补助费、抚恤费、按规定支付给离休干部的各项经费。工会经费是指企业按职工工资总额计提的工会经费。职工教育经费指企业为职工学习先进技术和提高文化水平，按职工工资总额计提的费用。财产保险费是指企业管理用财产、车辆保险费。财务费是指企业为筹集资金而发生的各种费用。税金是指企业按规定缴纳的房产税、车船使用税、土地使用税、印花税等。其他费用包括技术转让费、技术开发费、业务招待费、绿化费、广告费、公证费、法律顾问费、审计费、咨询费等。

①利润是指施工企业完成所承包工程获得的盈利。在编制概算和预算时，依据不同投资来源、工程类别实行差别利润率。在投标报价时，企业可以根据工程的难易程度、市场竞争情况和自身的经营管理水平自行确定合理的利润率。

②税金是国家税法规定的应计入建筑安装工程造价内的营业税、城市维护建设税及教育费附加等。营业税的税额为营业额的 3%；城乡维护建设税的纳税人所在地为市区的，按营业税的 7% 征收；所在地为县镇的，按营业税的 5% 征收；所在地为农村的，按营业税的 1% 征收；教育费附加为营业税的 3%。

$$税金＝（直接费＋间接费＋利润）×税率 \quad\quad (2-28)$$

4）其他费用。

（1）土地使用费。土地使用费是指通过划拨方式取得土地使用权而支付的土地征用及迁移补偿费；或者是通过土地使用权出让方式取得土地使用权而支付的土地使用权出让金。

土地征用及迁移补偿费，是指建设项目通过划拨方式取得无限期的土地使用权，依照《中华人民共和国土地管理法》等规定所支付的费用。其总和一般不得超过被征土地年产值的 20 倍，土地年产值则按该地被征用前 3 年的平均产量和国家规定的价格计算。其内容如表 2-1 所示：

表 2-1　土地使用费的内容

序　号	内　　容
1	土地补偿费。征用耕地（包括菜地）的补偿标准，为该耕地年产值的 6～10 倍，具体补偿标准由省、自治区、直辖市人民政府在此范围内制定。征用园地、鱼塘、藕塘、苇塘、宅基地、林地、牧场、草原等的补偿标准，由省、自治区、直辖市人民政府制定。征收无收益的土地，不予补偿
2	青苗补偿费和被征用土地上的房屋、水井、树木等附着物补偿费。这些补偿费的标准由省、自治区、直辖市人民政府制定。征用城市郊区的菜地时，还应按照有关规定向国家缴纳新菜地开发建设基金
3	安置补助费。征用耕地、菜地的，每个农业人口的安置补助费为该地每亩（1 亩＝667 平方米）年产值的 3～4 倍，每亩耕地的安置补助费最高不得超过其年产值的 15 倍
4	缴纳的耕地占用税或城镇土地使用税、土地登记费及征地管理费等。县市土地管理机关从征地费中提取土地管理费的比率，要按征地工作量大小，视不同情况，在 1%～4% 提取
5	征地动迁费。包括征用土地上的房屋及附着构筑物、城市公共设施等拆除、迁建补偿费和搬迁运输费，企业单位因搬迁造成的减产、停工损失补贴费，拆迁管理费等
6	水利水电工程水库淹没处理补偿费。包括农村移民安置迁建费，城市迁建补偿费，库区工矿企业、交通、电力、通信、广播、管网、水利等的恢复、迁建补偿费，库底清理费，防护工程费，环境影响补偿费等

（2）土地使用权出让金。土地使用权出让金是指建设项目通过土地使用权出让方式，取得有限期的土地使用权，依照《中华人民共和国城镇国有土地使用权出让和转让暂行条例》规定，支付的土地使用权出让金。

①明确国家是城市土地的唯一所有者可分层次、有偿、有限期地出让、转让城市土地。第一层次是城市政府将国有土地使用权出让给用地者，该层次由城市政府垄断经营。出让对象可以是有法人资格的企事业单位，也可以是外商。第二层次及以下层次的转让则发生在使用者之间。

②城市土地的出让和转让可采用协议、招标、公开拍卖等方式，具体内容见表2-2。

表2-2　城市土地的出让和转让的内容

序　号	内　容
1	协议方式是由用地单位申请，经市政府批准同意后双方洽谈具体地块及地价。该方式适用于市政工程、公益事业用地，以及需要减免地价的机关、部队用地和需要重点扶持、优先发展的产业用地
2	招标方式是在规定的期限内，由用地单位以书面形式投标，市政府根据投标报价、所提供的规划方案以及企业信誉综合考虑，择优而取。该方式适用于一般工程建设用地
3	公开拍卖是指在指定的地点和时间，由申请用地者叫价应价，价高者得。这完全由市场竞争决定，适用于赢利高的行业用地

③在有偿出让和转让土地时，政府对地价不做统一规定，但应坚持以下原则：

a. 地价对目前的投资环境不产生大的影响。

b. 地价与当地的社会经济承受能力相适应。

c. 地价要考虑已投入的土地开发费用、土地市场供求关系、土地用途和使用年限。

④关于政府有偿出让土地使用权的年限各地可根据时间、区位等各种条件做不同的规定，一般可在30～99年；按照地面附属建筑物的折旧年限来看，以50年为宜。

⑤土地有偿出让和转让土地使用者和所有者要签约，明确使用者对土地享有的权利和对土地所有者应承担的义务，具体内容见表2-3。

表2-3　权利和义务

序　号	内　容
1	有偿出让和转让使用权，要向土地受让者征收契税
2	转让土地如有增值，要向转让者征收土地增值税
3	在土地转让期间，国家要区别不同地段、不同用途，向土地使用者收取土地占用费

5）与项目建设有关的其他费用。

（1）建设单位管理费。建设单位管理费是指建设项目从立项、筹建、建设、联合试运转、竣工验收交付使用及后评估等全过程管理所需的费用。内容包括建设单位开办费和建设单位经费。

①建设单位开办费。指新建项目为保证筹建和建设工作正常进行所需办公设备、生活家具、用具、交通工具等购置的费用。

②建设单位经费。包括工作人员的基本工资、工资性补贴、职工福利费、劳动保护费、劳动保险费、办公费、差旅交通费、工会经费、职工教育经费、固定资产使用费、工具用具使用费、技术图书资料费、生产人员招募费、工程招标费、合同契约公证费、工程质量监督检测费、工程咨询费、法律顾问费、审计费、业务招待费、排污费、竣工交付使用清理及竣工验收费、后评估费用等。不包括应计入设备、材料预算价格的建设单位采购及保管设备材料所需的费用。

建设单位管理费可以参考下面公式进行计算：

建设单位管理费＝单项工程费用之和(包括设备、工具、器具购置费和建筑安装工程费)

×建设单位管理费率   (2-29)

建设单位管理费率按照建设项目的不同性质及规模确定。有的建设项目按照建设工期和规定的金额计算建设单位管理费。

(2)勘察设计费。勘察设计费是指为本建设项目提供项目建议书、可行性研究报告及设计文件等所需的费用。具体内容见表 2-4。

表 2-4 勘察设计费的内容

序　号	内　容
1	编制项目建议书、可行性研究报告及投资估算、工程咨询、评价以及为编制上述文件进行勘察、设计、研究试验等所需的费用
2	委托勘察、设计单位进行初步设计、施工图设计及概预算编制等所需的费用
3	在规定范围内由建设单位自行完成的勘察、设计工作所需的费用

勘察设计费中，项目建议书、可行性研究报告按国家颁布的收费标准计算；设计费按国家颁布的工程设计收费标准计算。勘察费，一般民用建筑 6 层以下的按 3～5 元/m² 计算；高层建筑按 8～10 元/m² 计算；工业建筑按 10～12 元/m² 计算。

(3)研究试验费。研究试验费是指为建设项目提供和验证设计参数、数据、资料等所进行的必要的试验费用以及设计规定在施工中必须进行试验、验证所需的费用。研究试验费按照设计单位根据本工程项目的需要提出的研究试验内容和要求计算。

(4)建设单位临时设施费。建设单位临时设施费是指建设期间建设单位所需临时设施的搭设、维修、摊销费用或租赁费用。临时设施包括临时宿舍、文化福利及公用事业房屋与构筑物、仓库、办公室、加工厂以及规定范围内的道路、水、电、管线等临时设施和小型临时设施。

(5)工程监理费。工程监理费是指建设单位委托工程监理单位对工程实施监理工作所需的费用。根据国家物价局、建设部《关于发布工程建设监理费用有关规定的通知》等文件规定，选择下列方法之一计算。

①一般情况应按工程建设监理收费标准计算，即按占所监理工程概算或预算的百分比计算。

②对于单工种或临时性项目，可根据参与监理的年度平均人数，按 3.5 万～5 万元/(人·年)计算。

(6)工程保险费。工程保险费是指建设项目在建设期间根据需要实施工程保险所需的费用。包括以各种建筑工程及其在施工过程中的物料、机器设备为保险标的的建筑工程一切险，以安装工程中的各种机器、机械设备为保险标的的安装工程一切险，以及机器损坏保险等。工程保险费根据不同的工程类别，分别以其建筑、安装工程费乘以建筑、安装工程保险费率计算。民用建筑（住宅楼、综合性大楼、商场、旅馆、医院、学校）占建筑工程费的 0.2%～0.4%；其他建筑（工业厂房、仓库、道路、码头、水坝、隧道、桥梁、管道等）占建筑工程费的 0.3%～0.6%；安装工程（农业、工业、机械、电子、电器、纺织、矿山、石油、化学及钢铁工业、钢结构桥梁）占建筑工程费的 0.3%～0.6%。

（7）引进技术和进口设备的其他费用。引进技术及进口设备的其他费用包括出国人员费用、国外工程技术人员来华费用、技术引进费、分期或延期付款利息、担保费以及进口设备检验鉴定费。

引进技术和进口设备的其他费用的具体内容见表 2-5 所示。

表 2-5　引进技术和进口设备的其他费用

名　称	内　容
出国人员费用	指为引进技术和进口设备派出人员在国外培训和进行设计联络、设备检验等的差旅费、制装费、生活费等。这项费用根据设计规定的出国培训和工作的人数、时间及派往国家，按财部、外交部规定的临时出国人员费用开支标准及中国民用航空公司现行国际航线票价等进行计算，其中使用外汇部分应计算银行财务费用
国外工程技术人员来华费用	指为安装进口设备、引进国外技术等聘用外国工程技术人员进行技术指导工作所发生的费用。包括技术服务费，外国技术人员的在华工资、生活补贴、差旅费、医药费、住宿费、交通费、宴请费、参观游览等招待费用。该项费用按每人每月费用指标计算
技术引进费	指为引进国外先进技术而支付的费用。包括专利费、专有技术费（技术保密费）、国外设计及技术资料费、计算机软件费等。该项费用根据合同或协议的价格计算
分期或延期付款利息	指利用出口信贷引进技术或进口设备采取分期或延期付款的办法所支付的利息
担保费	指国内金融机构为买方出具保函的担保费。该项费用按有关金融机构规定的担保费率计算（一般可按承保金额的 0.5% 计算）
进口设备检验鉴定费	指进口设备按规定付给商品检验部门的进口设备检验鉴定费。该项费用按进口设备货价的 0.3%～0.5% 计算

（8）工程承包费。工程承包费是指具有总承包条件的工程公司，对工程建设项目从开始建设至竣工投产全过程的总承包所需的管理费用。具体内容包括组织勘察设计、设备材料采购、非标准设备设计制造与销售、施工招标、发包、工程预决算、项目管理、施工质量监督、隐蔽工程检查、验收和试车直至竣工投产的各种管理费用。该项费用按国家主管部门或省、自治区、直辖市协调规定的工程总承包费取费标准计算，如无规定时，一般工业建设项目为投资估算的 6%～8%，民用建筑和市政项目为 4%～6%。不实行工程总承包的项目不计算本项费用。

6）与企业未来生产经营有关的其他费用。

（1）联合试运转费。联合试运转费是指新建企业或新增加生产工艺过程的扩建企业在竣工验收前，按照设计规定的工程质量标准，进行整个车间的负荷或无负荷联合试运转发生的费用支出大于试运转收入的亏损部分。联合试运转费一般根据不同性质的项目，按需要试运转车间的工艺设备购置费的百分比计算。

（2）生产准备费。生产准备费是指新建企业或新增生产能力的企业，为保证竣工交付使用进行必要的生产准备所发生的费用。费用内容包括：

①生产人员培训费，包括自行培训、委托其他单位培训的人员工资、工资性补贴、职工福利费、差旅交通费、学习资料费、学习费、劳动保护费等。

②生产单位提前进厂参加施工、设备安装、调试等以熟悉工艺流程及设备性能等人员的工资、工资性补贴、职工福利费、差旅交通费、劳动保护费等。

生产准备费一般根据需要培训和提前进厂人员的人数及培训时间，按生产准备费指标进行估算。生产准备费在实际执行中是一笔在时间、人数、培训深度上很难划分、差别很大的支出，尤其要严格掌握。

（3）办公和生活家具购置费。办公和生活家具购置费是指为保证新建、改建、扩建项目初期正常生产、使用和管理所必须购置的办公和生话家具、用具的费用。改、扩建项目所需的办公和生活用具购置费应低于新建项目。其范围包括办公室、会议室、资料档案室、阅览室、文娱室、食堂、浴室、理发室、单身宿舍和设计规定必须建设的托儿所、卫生所、招待所、中小学校等家具用具购置费。该项费用按照设计定员人数乘以综合指标计算，一般为 $600 \sim 800$ 元/人。

3. 建筑安装工程计价程序

1）工料单价法计价程序。

工料单价法是以分部分项工程量乘以单价后的合计为直接工程费，直接工程费以人工、材料、机械的消耗量及其相应价格确定。直接工程费汇总后另加间接费、利润、税金生产工程发承包价，其计算程序分为以下三种。

（1）以直接费为计算基础。以直接费为计算基础见表 2-6。

表 2-6 以直接费为基础的工料单价法计价

序号	费用项目	计算方法	备注
1	直接工程费	按预算表	
2	措施费	按规定标准计算	
3	小计	1+2	
4	间接费	3×相应费率	
5	利润	（3+4）×相应利润率	
6	合计	3+4+5	
7	含税造价	6×（1+相应税率）	

（2）以人工费和机械费为计算基础。以人工费和机械费为计算基础见表 2-7。

表 2-7 以人工费和机械费为基础的工料单价法计价

序号	费用项目	计算方法	备注
1	直接工程费	按预算表	

续表

序号	费用项目	计算方法	备注
2	其中人工费和机械费	按预算表	
3	措施费	按规定标准计算	
4	其中人工费和机械费	按规定标准计算	
5	小计	1+3	
6	人工费和机械费小计	2+4	
7	间接费	6×相应费率	
8	利润	6×相应利润率	
9	合计	5+7+8	
10	含税造价	9×（1+相应税率）	

（3）以人工费为计算基础。以人工费为计算基础，见表2-8。

表2-8 以人工费为基础的工料单价法计价

序号	费用项目	计算方法	备注
1	直接工程费	按预算表	
2	直接工程费中人工费	按预算表	
3	措施费	按规定标准计算	
4	措施费中人工费	按规定标准计算	
5	小计	1+3	
6	人工费小计	2+4	
7	间接费	6×相应费率	
8	利润	6×相应利润率	
9	合计	5+7+8	
10	含税造价	9×（1+相应税率）	

2）综合单价法计价程序。

综合单价法是分部分项工程单价为全费用单价，全费用单价经综合计算后生成，其内容包括直接工程费、间接费、利润和税金（措施费也可按此方法生成全费用价格）。

各分项工程量×综合单价的合价汇总后，生成工程发承包价。

由于各分部分项工程中的人工、材料、机械含量的比例不同，各分项工程可根据其材料费占人工费、材料费、机械费合计的比例（以字母"C"代表该项比值）在以下三种计算程序中选择一种计算其综合单价。

（1）当 $C > C_0$（C_0 为本地区原费用定额测算所选典型工程材料费占人工费、材料费和机械费合计的比例）时，可采用以人工费、材料费、机械费合计为基数计算该分项的间接费和利润，见表2-9。

表 2-9　以直接费为基础的综合单价法计价

序号	费用项目	计算方法	备注
1	分项直接工程费	人工费＋材料费＋机械费	
2	间接费	1×相应费率	
3	利润	（1＋2）×相应利润率	
4	合计	1＋2＋3	
5	含税造价	4×（1＋相应税率）	

（2）当 $C<C_0$ 值的下限时，可采用以人工费和机械费合计为基数计算该分项的间接费和利润，见表 2-10。

表 2-10　以人工费和机械费为基础的综合单价计价

序号	费用项目	计算方法	备注
1	分项直接工程费	人工费＋材料费＋机械费	
2	其中人工费和机械费	人工费＋机械费	
3	间接费	2×相应费率	
4	利润	2×相应利润率	
5	合计	1＋3＋4	
6	含税造价	5×（1＋相应税率）	

（3）如该分项的直接费仅为人工费，无材料费和机械费时，可采用以人工费为基数计算该分项的间接费和利润，见表 2-11。

表 2-11　以人工费为基础的综合单价计价

序号	费用项目	计算方法	备注
1	分项直接工程费	人工费＋材料费＋机械费	
2	直接工程费中人工费	人工费	
3	间接费	2×相应费率	
4	利润	2×相应利润率	
5	合计	1＋3＋4	
6	含税造价	5×（1＋相应税率）	

经验指导

①广义的工程造价。它是该项目有计划地进行固定资产再生产和形成相应的无形资产和铺底流动资金的一次性费用总和，所以也称为总投资。它包括建筑工程、设备安装工程、设备与工器具购置、其他工程和费用等。

②建筑安装工程费用是指建设单位支付给从事建筑安装工程施工单位的全部生产费用。包括用于建筑物的建造及有关的准备、清理等工程的投资，用于需要安装设备的安装、装配工程的投资。它是以货币表现的建筑安装工程的价值，其特点是必须通过兴工动料、追加活劳动才能实现。

第二节　工程造价常见名词释义

1. 工程造价

工程造价是建设工程造价的简称，有两种不同的含义：①指建设项目（单项工程）的建设成本，即是完成一个建设项目（单项工程）所需费用的总和，包括建筑工程、安装工程、设备及其他相关费用；②指建设工程的承发包价格（或称承包价格）。

建筑-首层平面图台阶

扫码观看本视频

2. 定额

在生产经营活动中，根据一定的技术条件和组织条件，规定为完成一定的合格产品（或工作）所需要消耗的人力、物力或财力的数量标准。它是经济管理的一种工具，是科学管理的基础，定额具有科学性、法令性和群众性。

3. 工日

一种表示工作时间的计量单位，通常以八小时为一名标准工日，一名职工的一个劳动日，习惯上称为一个工日，不论职工在一个劳动日内实际工作时间的长短，都按一个工日计算。

4. 定额水平

指在一定时期（比如一个修编间隔期）内，定额的劳动力、材料、机械台班消耗量的变化程度。

5. 劳动定额

指在一定的生产技术和生产组织条件下，为生产一定数量的合格产品或完成一定量的工作所必需的劳动消耗标准。按表达方式不同，劳动定额分为时间定额和产量定额，其关系是：时间定额×产量＝1。

6. 施工定额

确定建筑安装工人或小组在正常施工条件下，完成每一计量单位合格的建筑安装产品所消耗的劳动、机械和材料的数量标准。

施工定额是企业内部使用的一种定额，由劳动定额、机械定额和材料定额三个相对独立的部分组成。施工定额的主要作用有：

①施工定额是编制施工组织设计和施工作业计划的依据。

②施工定额是向工人和班组推行承包制、计算工人劳动报酬和签发施工任务单、限额领料单的基本依据。

③施工定额是编制施工预算，编制预算定额和补充单位估价表的依据。

7. 工期定额

指在一定的生产技术和自然条件下，完成某个单位（或群体）工程平均需用的标准天数。包括建设工期定额和施工工期定额两个层次。

建设工期是指建设项目或独立的单项工程从开工建设起到全部建成投产或交付使用时止所经历的时间。因不可抗拒的自然灾害或重大设计变更造成的停工，经签证后，可顺延工期。

工期定额是评价工程建设速度、编制施工计划、签订承包合同、评价全优工程的依据。

8. 预算定额

确定单位合格产品的分部分项工程或构件所需要的人工、材料和机械台班合理消耗数量的标准。是编制施工图预算，确定工程造价的依据。

9. 概算定额

确定一定计量单位扩大分部分项工程的人工、材料和机械消耗数量的标准。它是在预算定额基础上编制，较预算定额综合性更强。它是编制扩大初步设计概算，控制项目投资的依据。

10. 概算指标

以某一通用设计的标准预算为基础，按 $100m^2$ 等为计量单位的人工、材料和机械消耗数量的标准。概算指标较概算定额综合性更强，它是编制初步设计概算的依据。

11. 估算指标

在项目建议书可行性研究和编制设计任务书阶段编制投资估算，计算投资需要量的使用的一种定额。

12. 万元指标

以万元建筑安装工程量为单位，制定人工、材料和机械消耗量的标准。

13. 其他直接费定额

指与建筑安装施工生产的个别产品无关，而为企业生产全部产品所必需，为维护企业的经营管理活动所必需发生的各项费用开支达到标准。

14. 单位估价表

它是用表格形式确定定额计量单位建筑安装分项工程直接费用的文件。例如确定生产每 $10m^3$ 钢筋混凝土或安装一台某型号铣床设备，所需要的人工费、材料费、施工机械使用费和其他直接费。

15. 投资估算

投资估算是指整个投资决策过程中，依据现有资料和一定的方法，对建设项目的投资数额进行估计。

16. 设计概算

设计概算是指在初步设计或扩大初步设计阶段，根据设计要求对工程造价进行的概略计算。

17. 施工图预算

施工图预算是确定建筑安装工程预算造价的文件，这是在施工图设计完成后，以施工图为依据，根据预算定额、费用标准，以及地区人工、材料、机械台班的预算价格进行编制的。

18. 工程结算

工程结算指施工企业向发包单位交付竣工工程或点交完工工程取得工程价款收入的结算业务。

19. 竣工决算

竣工决算是反映竣工项目建设成果的文件，是考核其投资效果的依据，是办理交付、动用、验收的依据，是竣工验收报告的重要部分。

20. 建设工程造价

一般是指进行某项工程建设花费的全部费用，即该建设项目（工程项目）有计划地进行固定资产再生产和形成最低量流动基金的一次性费用总和。它主要由建筑安装工程费用、设备工器具的购置费、工程建设其他费用组成。

21. 建安工程造价

在工程建设中，设备工器具购置并不创造价值，但建筑安装工程则是创造价值的生产活动。因此，在项目投资构成中，建筑安装工程投资具有相对独立性。它作为建筑安装工程价值的货币表现，亦称为建安工程造价。

22. 单位造价

按工程建成后所实现的生产能力或使用功能的数量核算每单位数量的工程造价。如每公里铁路造价，每千瓦发电能力造价。

23. 静态投资

系指编制预期造价时以某一基准年、月的建设要素单价为依据所计算出的造价时值。包括了因工程量误差而可能引起的造价增加。不包括以后年月因价格上涨等风险因素而需要增加的投资，以及因时间迁移而发生的投资利息支出。

24. 动态投资

指完成一个建设项目预计所需投资的总和，包括静态投资、价格上涨等风险因素而需要增加的投资以及预计所需的投资利息支出。

25. 工程造价管理

运用科学、技术原理和方法，在统一目标、各负其责的原则下，为确保建设工程的经济效益和有关各方的经济权益而对建设工程造价及建安工程价格所进行的全过程、全方位的，符合政策和客观规律的全部业务行为和组织活动。

26. 工程造价全过程管理

为确保建设工程的投资效益，对工程建设从可行性研究开始经初步设计、扩大初步设计、施工图设计、承发包、施工、调试、竣工投产、决算、后评估等的整个过程，围绕工程造价所进行的全部业务行为和组织活动。

27. 工程造价合理计定

采用科学的计算方法和切合实际的计价依据，通过造价的分析比较，促进设计优化，确保建设项目的预期造价核定在合理的水平上，包括能控制住实际造价在预期价允许的误差范围内。

28. 工程造价的有效控制

在对工程造价进行全过程管理中，从各个环节着手采取措施，合理使用资源，管好造价，保证建设工程在合理确定预期造价的基础上，实际造价能控制在预期造价允许的误差范围内。

29. 工程造价动态管理

估、概、预算所采用的计价依据，以及工程造价的计定的控制，是建立在时间变迁上、市场变化基础上的，能适应客观实际走势，从而控制工程的实际造价在预期造价的允许误差范围内，并确保建安工程价格的公平、合理。

第三节　建筑工程定额计价

一、建筑工程定额初识

1. 建筑工程定额的概念

在社会生产中，为了生产某一合格产品，都要消耗一定数量的人工、材料、机具、机械台班和资金。这种消耗受各种生产条件的影响，各不相同。在某一种产品生产过程中，消耗大则成本高，价格一定时，盈利越低，对社会的贡献就越低。因此，降低产品生产过程中的消耗，有着十分重要的意义。但是这种消耗不可能无限地降低，它在一定的生产条件下有一个合理的数额。根据一定时期的生产水平和产品的质量要求，规定出一个大多数人经过努力可以达到的合理消耗标准，这种标准就称为定额。

建筑工程定额是指在正常的施工条件下完成单位合格建筑产品所必须消耗的人工、材料、机械台班和资金的数量标准。这种量的规定，反映出完成建筑工程中某项产品与生产消耗之间特定的数量关系；也反映了在一定社会生产力水平的条件下建筑工程施工的管理水平和技术水平。

2. 建筑工程定额的作用

建筑工程定额确定了在现有生产力发展水平下，生产单位合格建筑产品所需的活化劳动和物化劳动的数量标准，以及用货币来表现某些必要费用的额度。建筑工程定额是国家控制基本建设规模，利用经济杠杆对建筑安装企业加强宏观管理，促进企业提高自身素质，加快技术进步，提高经济效益的技术文件。所以，无论是设计、计划、生产、分配、预算、结算、奖励、财务等各项工作，各个部门都应以其作为自己工作的主要依据。定额的作用主要表现在以下六个方面。

（1）计划管理的重要基础。

建筑安装企业在计划管理中，为了组织和管理施工生产活动，必须编制各种计划，而计划的编制义依据各种定额和指标来计算人力、物力、财力等需用量，因此定额是计划管理的重要基础，是编制工程施工计划组织和管理的依据。

（2）提高劳动生产率的重要手段。

施工企业要提高劳动生产率，除了加强政治思想工作，提高群众积极性外，还要贯彻执行现行定额，把企业提高劳动生产率的任务具体落实到每个工人身上。促使他们采用新技术和新工艺，改进操作方法，改善劳动组织，减少劳动强度。使用更少的劳动量，创造更多的产品，从而提高劳动生产率。

（3）衡量设计方案的尺度和确定工程造价的依据。

同一工程项目的投资多少，是使用定额和指标，对不同设计方案进行技术经济分析与比较之后确定的，因此定额是衡量设计方案经济合理性的尺度。

工程造价是根据设计规定的工程标准和工程数量，并依据定额指标规定的劳动力、材料、机械台班数量，单位价值和各种费用标准来确定的，因此定额是确定工程造价的依据。

（4）推行经济责任制的重要环节。

推行的投资包干和以招标承包为核心的经济责任制，其中签订投资包干协议，计算招标标底和投标标价，签订总包和分包合同协议，以及企业内部实行适合各自特点的各种形式的承包责任制等，都必须以各种定额为主要依据，因此定额是推行经济责任制的重要环节。

（5）科学组织和管理施工的有效工具。

建筑安装是多工种、多部门组成的一个有机整体而进行的施工活动。在安排各部门、各工种的活动计划中，要计算平衡资源需用量，组织材料供应，确定编制定员，合理配备劳动组织，调配劳动力，签发工程任务单和限额领料单，组织劳动竞赛，考核工料消耗，计算和分配工人劳动报酬等，都要以定额为依据，因此定额是科学组织和管理施工的有效工具。

（6）企业实行经济核算制的重要基础。

企业为了分析比较施工过程中的各种消耗，必须用各种定额为核算依据。因此工人完成定额的情况，是实行经济核算制的主要内容。用定额为标准，来分析比较企业各种成本，并通过经济活动分析，肯定成绩，找出薄弱环节，提出改进措施，以不断降低单位工程成本，提高经济效益，所以以定额是实行经济核算制的重要基础。

3. 建筑工程的定额分类

建筑工程定额是一个综合的概念，是建筑工程中生产消耗性定额的总称。在建筑施工生产中，根据需要而采用不同的定额。例如，用于企业内部管理的有劳动定额、材料消耗定额、施工定额等。又如，为了计算工程造价，要使用预算定额、间接费用定额等。因此，建筑工程定额可以从不同角度进行分类。建筑工程定额种类很多，一般按生产要素、用途、性质与编制范围进行分类。

1）按生产要素分类。

按生产要素可以分为劳动定额、机械台班定额与材料消耗定额。

生产要素包括劳动者、劳动手段和劳动对象三部分，所以，与其相对应的定额是劳动定额、机械台班定额和材料消耗定额。按生产要素进行分类是最基本的分类方法，它直接反映出生产某种单位合格产品所必须具备的基本因素。因此，劳动定额、机械台班定额和材料消耗定额是施工定额、预算定额、概算定额等多种定额的最基本的重要组成部分，具体内容见表2-12。

表 2-12　按生产要素分类定额的内容

名　称	内　容
劳动定额	又称人工定额。它规定了在正常施工条件下某工种的某一等级工人，为生产单位合格产品所必需消耗的劳动时间；或在一定的劳动时间中所生产合格产品的数量
机械台班定额	又称机械使用定额，简称机械定额。它是在正常施工条件下，利用某机械生产一定单位合格产品所必须消耗的机械工作时间；或在单位时间内，机械完成合格产品的数量
材料消耗定额	是在节约和合理使用材料的条件下，生产单位合格产品必须消耗的一定品种规格的原材料、燃料、半成品或构件的数量

2）按编制程序分类。

按编制程序和用途、性质，定额可以分为工序定额、施工定额、预算定额与概算定额（或概算指标），具体内容见表 2-13。

表 2-13　按编制程序分类定额的内容

名　称	内　容
工序定额	是以最基本的施工过程为标定对象，表示其生产产品数量与时间消耗关系的定额。由于工序定额比较锁碎，所以一般不直接用于施工中，主要在标定施工定额时作为原始资料
施工定额	是直接用于基层施工管理中的定额。它一般由劳动定额、材料消耗定额和机械台班定额三部分组成。根据施工定额，可以计算不同工程项目的人工、材料和机械台班需用量
预算定额	是确定一个计量单位的分项工程或结构构件的人工、材料（包括成品、半成品）和施工机械台班的需用量及费用标准
概算定额	是预算定额的扩大和合并。它是确定一定计量单位扩大分项工程的人工、材料和机械台班的需用量及费用标准

二、建筑工程预算定额手册的基本应用

1. 定额项目的选套方法

预算定额是编制施工图预算的基础资料，在选套定额项目时，一定要认真阅读定额的总说明、分部工程说明、分节说明和附注内容。要明确定额的适用范围，定额考虑的因素和有关问题的规定，以及定额中的用语和符号的含义，如定额中凡注有"×××以内"或"×××以下"者，均包括其本身在内；而"×××以外"或"×××以上"者，均不包括其本身在内等等。要正确理解、熟记建筑面积和各分项工程量的计算规则，以便在熟悉施工图纸的基础上能够迅速准确地计算建筑面积和各分项工程的工程量，并注意分项工程（或结构构件）的工程量计量单位应与定额单位相一致，做到准确地套用相应的定额项目。如计算铁栏杆工程量时，其计量单位为"延长米，但在套用金属栏杆工程相应定额确定其工料和费用时，定额计量单位为"吨"（t），因此必须将铁栏杆的计量单位"延长米"折算成"吨"（t），才能符合定额计量单位的要求。一定要明确定额换算范围，能够应用定额附录资料，熟练地进行定额换算和调整。在选套定额项目时，可能会遇到下列几种情况。

（1）直接套用定额项目。

当施工图纸的分部分项工程内容与所选套的相应定额项目内容相一致时，应直接套用定额项目。要查阅、选套定额项目和确定单位预算价值时，绝大多数工程项目属于这种情况。其选套定额项目的步骤和方法见表 2-14。

表2-14 直接套用定额项目的步骤和方法

序 号	内 容
1	根据设计的分部分项工程内容，从定额目录中查出该分部分项工程所在定额中的页数及其部位
2	判断设计的分部分项工程内容与定额规定的工程内容是否相一致，当完全一致（或虽然不相一致，但定额规定不允许换算调整）时，即可直接套用定额基价
3	将定额编号和定额基价（其中包括人工费、材料费和机械使用费）填入预算表内，预算表的形式，见表2-15
4	确定分项工程或结构构件预算价值，一般可按下面公式进行计算： 分项工程（或结构构件）预算价值=分项工程（或结构构件）工程量×相应定额基价

表2-15 建筑工程预算表

序号	定额编号	分部分项工程名称	工程量		价值（元）		其中					
			单位	数量	基价	金额	人工费		材料费		机械费	
							单价	金额	单价	金额	单价	金额

（2）套用换算后定额项目。

当施工图纸设计的分部分项工程内容，与所选套的相应定额项目内容不完全一致，如定额规定允许换算，则应在定额规定范围内进行换算，套用换算后的定额其价。当采用换算后定额基价时，应在原定额编号右下角注明"换"字，以示区别。

（3）套用补充定额项目。

当施工图纸中的某些分部分项工程，采用的是新材料、新工艺和新结构，这些项目还未列入建筑工程预算定额手册中或定额手册中缺少某类项目，也没有相类似的定额供参照时，为了确定其预算价值，就必须制定补充定额。当采用补充定额时，应在原定额编号内编写一个"补"字，以示区别。

2. 补充定额

在编制定额时，虽然应尽可能地做到完善适用，但由于建筑产品的多样化和单一性的特点，在编制概预算时，有些项目在定额中没有，需要编制补充定额。由于缺少统一的计算依据，补充定额必须报经有关部门审定，使之尽可能地接近客观实际，以便正确确定工程造价。

经验指导

建筑工程定额，是建筑工程诸多定额中的一类，属于固定资产再生产过程中的生产消费定额。定额除规定资源和资金消耗数量标准外，还规定了其应完成的产品规格或工作内容，以及所要达到的质量标准和安全要求。

第四节　建筑工程工程量清单计价

一、工程量清单初识

工程量清单是体现拟建工程的分部分项工程项目、措施项目、其他项目名称和相应数量的明细清单。工程量清单由招标人按照"计价规范"附录中统一的项目编码、项目名称、计量单位和工程量计算规则进行编制，包括分部分项工程量清单、措施项目清单和其他项目清单。

工程量清单计价，是指投标人完成由招标人提供的工程量清单所需的全部费用，包括分部分项工程费、措施项目费、其他项目费、规费和税金。

工程量清单计价采用综合单价计价。综合单价是指完成规定计量单位项目所需的人工费、材料费、机械使用费、管理费、利润，并考虑风险因素。

工程量清单计价是工程预算改革及与国际接轨的一项重大举措，它使工程招投标造价由政府调控转变为承包方自主报价，实现了真正意义上的公开、公平、合理竞争。

工程量清单计价与预算造价有着密切的联系，必须首先会编制预算才能学习清单计价，所以预算是清单计价的基础。

二、工程量清单计价

1. 工程量清单计价的构成

工程量清单计价就是计算出为完成招标文件规定的工程量清单所需的全部费用。工程量清单计价所需的全部费用，包括分部分项工程量清单费、措施项目清单费、其他项目清单费和规费、税金。

为了避免或减少经济纠纷，合理确定工程造价，《建设工程工程量清单计价规范》（GB 50500—2013）规定，工程量清单计价价款应包括完成招标文件规定的工程量清单项目所需的全部费用，主要内容见表 2-16。

表 2-16　工程量清单计价的内容

序　　号	内　　　容
1	分部分项工程费、措施项目费、其他项目费和规费、税金
2	完成每分项工程所含全部工程内容的费用
3	包括完成每项工程内容所需的全部费用（规费、税金除外）
4	工程量清单项目中没有体现的，施工中又必须发生的工程内容所需的费用
5	考虑风险因素而增加的费用

2. 工程量清单计价的方式

《建设工程工程量清单计价规范》（GB 50500—2013）规定，工程量清单计价方式采用综合单价计价方式。采用综合单价计价方式，是为了简化计价程序，实现与国际接轨。

综合单价是指完成一个规定计量单位工程所需的人工费、材料费、机械使用费、管理费和利润，并考虑风险因素。理论上讲，综合单价应包括完成规定计量单位的合格产品所需的全部费用，但实际上，考虑我国的现实情况，综合单价包括除规费，税金以外的全部费用。

综合单价不但适用于分部分项工程量清单，也适用于措施项目清单、其他项目清单等。

分部分项工程量清单的综合单价，应根据规范规定的综合单价组成，按设计文件或参照附录中的"工程内容"确定。由于受各种因素的影响，同一个分项工程可能设计不同，由此所含工程内容会发生差异。就某一个具体工程项目而言，确定综合单价时，应按设计文件确定，附录中的工程内容仅作参考。分部分项工程量清单的综合单价，不得包括招标人自行采购材料的价款。

措施项目清单的金额，应根据拟建工程的施工方案或施工组织设计，参照规范规定的综合单价组成确定。措施项目清单中所列的措施项目均以"一项"提出，所以计价时，首先应详细分析其所含工程内容，然后确定其综合单价。措施项目不同，其综合单价组成内容可能有差异，因此在确定措施项目综合单价时，规范规定的综合单价组成仅是参考。招标人提出的措施项目清单是根据一般情况确定的，没有考虑不同投标人的"个性"，因此投标人在报价时，可以根据本企业的实际情况增加措施项目内容报价。

其他项目清单招标人部分的金额按估算金额确定；投标人部分的总承包服务费应根据招标人提出要求所发生的费用确定，零星工作费应根据"零星工作费表"确定。其他项目清单中的预留金、材料购置费和零星工作项目费，均为估算、预测数量，虽在投标时计入投标人的报价中，不应视为投标人所有。竣工结算时，应接承包人实际完成的工作内容结算，剩余部分仍归招标人所有。

3. 工程量清单计价的适用范围

工程量清单计价的适用范围包括建设工程招标投标的招标标底的编制、投标报价的编制、合同价款确定与调整和工程结算。

招标工程如设标底，标底应根据招标文件中的工程量清单和有关要求、施工现场实际情况、合理的施工方法以及建设行政主管部门制定的有关工程造价计价办法进行编制。《招标投标法》规定，招标工程设有标底的，评标时应参考标底，标底的参考作用，决定了标底的编制要有一定的强制性。这种强制性主要体现在标底的编制应按建设行政主管部门制定的有关工程造价计价办法进行。

投标报价应根据招标文件中的工程量清单和有关要求、施工现场实际情况及拟定的施工方案或施工组织设计，依据企业定额和市场价格信息，或参照建设行政主管部门发布的社会平均消耗量定额进行编制。企业定额是施工企业根据本企业的施工技术和管理水平以及有关工程造价资料制定的，并供本企业使用的人工、材料和机械台班消耗量标准。社会平均消耗量定额简称消耗量定额，是指在合理的施工组织设计、正常施工条件下，生产一个规定计量单位工程合格产品，人工、材料、机械台班的社会平均消耗量标准。工程造价应在政府宏观调控下，由市场竞争形成。在这一原则指导下，投标人的报价应在满足招标文件要求的前提下实行人工、材料、机械消耗量自定，价格费用自选、全面竞争、自主报价的方式。

施工合同中综合单价因工程量变更需调整时，除合同另有约定外按照下列办法确定，见表2-17。

表 2-17 调整的依据

序　号	内　容
1	工程量清单漏项或由于设计变更引起新的工程量清单项目，其相应综合单价由承包方提出，经发包人确认后作为结算的依据
2	由于设计变更引起工程量增减部分，属合同约定幅度以内的，应执行原有的综合单价。增减的工程量属合同约定幅度以外的，其综合单价由承包人提出，经发包人确认后作为结算的依据
3	由于工程量的变更，且实际发生了除以上两条以外的费用损失，承包人可提出索赔要求，与发包人协商确认后补偿。主要指"措施项目费"或其他有关费用的损失

　　为了合理减少工程承包人的风险，并遵照谁引起的风险谁承担责任的原则，规范对工程量的变更及其综合单价的确定作了规定。应注意表 2-18 中的几点事项。

表 2-18 注意事项

序　号	内　容
1	不论由于工程量清单有误或漏项，还是由于设计变更引起新的工程量清单项目或清单项目工程数量的增减，均应按实际情况调整
2	工程量变更后综合单价的确定应按规范执行
3	综合单价调整仅适用于分部分项工程量清单

　　4. 工程量清单计价的公式

$$分部分项工程量清单费＝\sum 分部分项工程量×分部分项工程综合单价 \qquad (2-30)$$

$$措施项目清单费＝\sum 措施项目工程量×措施项目综合单价 \qquad (2-31)$$

$$单位工程计价＝分部分项工程量清单费＋措施项目清单费＋其他项目清单费＋规费＋税金 \qquad (2-32)$$

$$单项工程计价＝\sum 单位工程计价 \qquad (2-33)$$

$$建设项目计价＝\sum 单项工程计价 \qquad (2-34)$$

经验指导

　　工程量清单计价方法，是建设工程招标投标中，招标人按照国家统工程量计算规则提供工程数量，由投标人依据工程量清单自主报价，并按照经评审低价中标的工程造价计价方式。它是一种与编制预算造价不同的另一种与国际接轨的计算工程造价的方法。

第五节　工程量清单计价与预算定额计价的联系和区别

一、两者的联系

　　1. 清单计价与定额计价之间的联系

　　从发展过程来看，可以把清单计价方式看成是在定额计价方式的基础上发展而来的，是在此基础上发展成适合市场经济条件的新的计价方式。从这个角度讲，在掌握了定额计价方法的基础上再来学习清单计价方法比直接学习清单计价方法显得较为容易和简单。因为这两种计价方式之间具有传承性。

（1）两种计价方式的编制程序主线条基本相同。

清单计价方式和定额计价方式都要经过识图，计算工程量、套用定额、计算费用、汇总工程造价等主要程序来确定工程造价。

（2）两种计价方法的重点都是要准确计算工程量。

工程量计算是两种计价方法的共同重点。因为该项工作涉及的知识面较宽，计算的依据较多，花的时间较长，技术含量较高。

（3）两种计价方法发生的费用基本相同。

不管是清单计价或者是定额计价方式．都必然要计算直接费、间接费、利润和税金。其不同点足，两种计价方式划分费用的方法不一样，计算基数不一样，采用的费率不一样。

（4）两种计价方法的取费方法基本相同。

通常，所谓取费方法就是指应该取哪些费、取费基数是什么、取费费率是多少等。在清单计价方式和定额计价方式中都有存在如何取费、取费基数的规定、取费费率的规定。不同的是各项费用的取费基数及费率有差别。

2．通过定额计价方式来掌握清单计价

（1）两种计价方式的目标相同。

不管是何种计价方式，其目标都是正确确定建筑工程造价。不管造价的计价形式、方法有什么变化，从理论上来讲，工程造价均由直接费、间接费、利润和税金构成。如果不同，只不过具体的计价方式及费用的归类方法不同而已，其各项费用计算的先后顺序不同而已，其计算基础和费率的不同而已。因此，只要掌握了定额计价方式，就能在短期内较好地掌握清单计价方法。两种计价方式费用划分对照见表2-19。

表 2-19 两种计价方式费用划分对照表

清单计价方式		费用划分	定额计价方式		费用划分
分部分项工程费	人工费	直接费	人工费	直接工程费	直接费用
			材料费		
	材料费		机械使用费		
			二次搬运	措施费	
	机械使用费		脚手架		
			……		
	管理费	间接费	企业管理费		间接费
	利润	利润	利润		利润

续表

清单计价方式		费用划分	定额计价方式		费用划分
措施项目费	临时设施	直接费			
	夜间施工				
	二次搬运				
	脚手架				
	……				
其他项目费	预留金				
	材料购置费				
	零星工作项目费				
	总承包服务费	间接费	工程排污费	规费	间接费
	……		住房公积金		
	工程排污费		社会保险费		
规费	住房公积金		……		
	社会保险费				
	……				
	增值税	税金	增值税		

　　熟悉工程内容和掌握计算规划是正确计算工程量的关键。定额计价方式的工程量计算规划和工程内容的范围与清单计价方式的工程量计算规划和工程内容的范围是不相同的。由于定额计价方式在先，清单让价方式在后，其计算规划具有一定的传承性。了解了这一点，就可以通过在掌握定额计价方式的基础上分解清单计价方式的不同点后，较快地掌握清单计价方式下的计算规划和立项方法。

　　(2) 综合单价编制是清单计价方式的关键技术。

　　定额计价方式，一般是先计算分项工程直接费，汇总后再计算间接费和利润。而清单计价方式将管理费和利润分别综合在了每一个清单工程量项目中。这是清单计价方式的重要特点，也是清单报价的关键技术。所以必须在定额计价方式的基础上掌握综合单价的编制方法，就可以把握清单报价的关键技术。

　　综合单价编制之所以说是关键技术，主要有两个难点：一是如何根据市场价和自身企业的特点确定人工、材料、机械台班单价及管理费费率和利润率；二是要根据清单工程量和所选定的定额计算计价工程量，以便准确报价。

　　(3) 自主确定措施项目费。

　　与施工有关和与工程有关的措施项目费是企业根据自己的施工生产水平和管理水平及工程具体情况自主确定的。因此清单计价方式在计算措施项目费上与定额计价方式相比，具有较大的灵活性，当然也有相当的难度。

二、两者的区别

定额计价与工程量清单计价是我国建设市场发展过程中不同阶段形成的两种计价方法，二者在表现形式、造价构成、项目划分、编制主体、计价依据、计算规则以及价格调整等方面都存在差异，而最为本质的区别是：定额计价方式确定的工程造价具有计划价格的特征，而工程量清单计价方式确定的工程造价具有市场价格的特征。定额计价与清单计价的具体区别可以参考表 2-20。

表 2-20　定额计价与清单计价的区别

序号	区别项目	定额	清单
1	计价依据	统一的预算定额＋费用定额＋调价系数，由政府定价	企业定额，由市场竞争定价
2	定价原则	按工程造价管理机构发布的有关规定及定额中的基价定价	按照清单的要求，企业自主报价，反映的是市场决定价格
3	项目设置	现行预算基础定额的项目一般是按施工工序、工艺进行设置的，定额项目包括的工程内容一般是单一的	工程量清单项目的设置是以一个"综合实体"考虑的，"综合项目"一般包括多个子目工程内容
4	计价项目划分	定额计价模式中计价项目的划分以施工工序为主，内容单一（有一个工序即有一个计价项目）	清单计价模式中计价项目的划分分别以工程实体为对象，项目综合度较大，将形成某实体部位或构件必须的多项工序或工程内容并为一体，能直观地反映出该实体的基本价格
		定额计价模式中计价项目的工程实体与措施合二为一。即该项目既有实体因素又包含措施因素在内	清单计价模式工程量计算方法是将实体部分与措施部分分离，有利于业主、企业视工程实际自主组价，实现了个别成本控制
		定额计价模式的项目划分中着重考虑了施工方法因素，从而限制了企业优势的展现	清单计价模式的项目中不再与施工方法挂钩，而是将施工方法的因素放在组价中由计价人考虑
5	单价组成	定额计价模式中使用的单价为"工料单价法"，即人＋材＋机，将管理费、利润等在取费中考虑。定额计价采用定额子目基价、定额子目基价只包括定额编制时期的人工费、材料费、机械费、管理费，并不包括利润和各种风险因素带来的影响	清单计价模式中使用的单价为"综合单价法"，单价组成为：人工＋材料＋机械＋管理费＋利润＋风险。使用"综合单价法"更直观的反映了各计价项目（包括构成工程实体的分部分项工程项目和措施项目、其它项目）的实际价格，但现阶段当不包括"规费和税金。各项费用均由投标人根据企业自身情况和考虑各种风险因素自行编制

序号	区别项目	定额	清单
6	价差调整	按工程承发包双方约定的价格与定额价对比，调整价差	按工程承发包双方约定的价格直接计算，除招标文件规定外，不存在价差调整问题
7	工程量计算规则	按定额工程量计算规则计算：定额计价模式按分部分项工程的实际发生量计量	按清单工程量计算规则计算：清单计价模式则按分部分项实物工程量净量计量，当分部分项子目综合多个工程内容时，以主体工程内容的单位为该项目的计量单位
8	人工、材料、机械消耗量	定额计价的人工、材料、机械消耗量按《综合定额》标准计算，《综合定额》标准按社会平均水平编制	工程量清单计价的人工、材料、机械消耗量由投标人根据企业的自身情况或《企业定额》自定，它真正反映企业的自身水平
9	计价程序	定额计价的思路与程序是：直接费＋间接费＋利润＋差价＋规费＋税金	清单计价的思路与程序是：分部分项工程费＋措施项目费＋其他项目费＋规费＋税金
10	计价方法	根据施工工序计价，即将相同施工工序的工程量相加汇总，选套定额，计算出一个子项的定额分部分项工程费，每个项目独立计价	按一个综合实体计价，即子项目随主体项目计价，由于主体项目与组合项目是不同的施工工序，所以往往要计算多个子项才能完成一个清单项目的分部分项工程综合单价，每一个项目组合计价
11	计价过程	招标方只负责编写招标文件，不设置工程项目内容，也不计算工程量。工程计价的子目和相应的工程量是由投标方根据文件确定。项目设置、工程量计算、工程计价等工作在一个阶段内完成	招标方必须设置清单项目并计算清单工程量，同时在清单中对清单项目的特征和包括的工程内容必须清晰、完整地告诉投标人，以便投标人报价，清单计价模式由两个阶段组成：①招标方编制工程量清单；②投标方拿到工程量清单后根据清单报价
12	计价价款构成	定额计价价款包括分部分项工程费、利润、措施项目费、其他项目费、规费和税金，而分部分项工程费中的子目基价是指为完成《综合定额》分部分项工程所需的人工费、材料费、机械费、管理费。子目基价是综合定额价，它没有反映企业的真正水平和没有考虑风险的因素	工程量清单计价款时指完成招标文件规定的工程量清单项目所需的全部费用，即包括：分部分项工程费、措施项目费、其他项目费、规费和税金，完成每项工程内容所需的全部费用（规费、税金除外），工程量清单中没有体现的，施工中又必须发生的工程内容所需的费用，考虑风险因素而增加的费用

续表

序号	区别项目	定额	清单
13	使用范围	编审标底，设计概算、工程造价鉴定	全部使用国有资金投资或国有资金为主的大中型建设工程和需招标的小型工程
14	工程风险	工程量由投标人计算和确定，差价一般可调整，故投标人一般只承担工程量计算风险，不承担材料价格风险	招标人编制工程量清单，计算工程量，数量不准会被投标人发现并利用，投标人要承担差量的风险，投标人报价应考虑多种因素，由于单价通常不调整，故投标人要承担组成价格的全部因素风险

经验指导

　　两种计价方式计算工程量的不同点主要是项目划分的内容不同、采用的计算规则不同。清单工程量依据计价规范的附录进行列项和计算工程量；定额计价工程量依据预算定额来列项和计算工程量。应该指出，在清单计价方式下，也会产生上述两种不同的工程量计算，即清单工程量依据计价规范计算，计价工程量依据采用的定额计算。

第三章　建筑工程识图与实例

第一节　施工图的组成

一、建筑施工图

建筑施工图简称"建施"。主要表示房屋的规划位置、外部造型、内部布置、内外装修、细部构造、固定设施及施工要求等。它包括首页图、总平面图、平面图、立面图、剖面图和构造详图。

二、结构施工图

结构施工图简称"结施"。主要表示房屋承重结构的布置、构件类型、数量、大小及做法等。它包括结构平面布置图、构件详图等。

三、室内给水排水施工图

给水排水施工图简称"水施"，主要表示用水设备的类型、位置，给水和排水各支管、立管的平面位置，各管道配件的平面布置等。它包括平面布置图、系统图以及安装详图。

四、电气照明施工图

电气照明施工图简称"电施"，主要表示电气设备安装位置、配管配线方式、安装规格、型号以及一些其他特征的一种图样，它包括电气系统图、电气平面图、设备布置图、安装接线图、电气原理图和详图。

五、采暖通风施工图

采暖通风施工图简称"暖施"，它分为采暖施工图和通风施工图。采暖施工图是采暖工程由锅炉燃烧产生蒸汽或热水，通过输汽或输水管道把汽（或热水）送到散热器内，并把汽、水往复循环使用的一种工程。采暖施工图包括采暖平面图、图例、采暖系统图和安装详图等内容。通风施工图是通风工程用通风机械制冷或加热和调节室内气温的一种工程。通风施工图包括通风平面图、图例、通风剖面图、通风系统图和通风安装详图等内容。

六、施工图识图流程

在工程造价的过程中，识图的程序是：了解拟建工程的功能→熟悉工程平面尺寸→熟悉工程立面尺寸。

1. 熟悉拟建工程的功能

图纸到手后，首先了解本工程的功能是什么，是车间还是办公楼？是商场还是宿舍？了解功能之后，再联想一些相关因素，例如厕所地面一般会贴地砖、作块料墙裙，厕所、阳台楼地面标高一般会低几厘米；车间的尺寸一定满足生产的需要，特别是满足设备安装的需要等等。最后识读建筑说明，熟悉工程装修情况。

2. 熟悉工程平面尺寸

建筑工程施工平面图一般有三道尺寸，第一道尺寸是细部尺寸，第二道尺寸是轴线间尺寸，第三道尺寸是总尺寸。检查第一道尺寸相加之和是否等于第二道尺寸、第二道尺寸相加之和是否等于第三道尺寸，并留意边轴线是否是墙中心线。识读工程平面图尺寸，先识建施平面图，再识本层结施平面图，最后识水电空调安装、设备工艺、第二次装修施工图，检查它们是否一致。熟悉本层平面尺寸后，审查是否满足使用要求，例如检查房间平面布置是否方便使用、采光通风是否良好等。识读下一层平面图尺寸时，检查与上一层有无不一致的地方。

3. 熟悉工程立面尺寸

建筑工程建施图一般有正立面图、剖立面图、楼梯剖面图，这些图有工程立面尺寸信息；建施平面图、结施平面图上，一般也标有本层标高；梁表中，一般有梁表面标高；基础大样图、其他细部大样图，一般也有标高注明。通过这些施工图，可掌握工程的立面尺寸。

正立面图一般有三道尺寸，第一道是窗台、门窗的高度等细部尺寸，第二道是层高尺寸，并标注有标高，第三道是总高度。审查方法与审查平面各道尺寸一样，第一道尺寸相加之和是否等于第二道尺寸，第二道尺寸相加之和是否等于第三道尺寸。检查立面图各楼层的标高是否与建施平面图相同，再检查建施的标高是否与结施标高相符。

建施图各楼层标高与结施图相应楼层的标高应不完全相同，因建施图的楼地面标高是工程完工后的标高，而结施图中楼地面标高仅结构面标高，不包括装修面的高度，同一楼层建施图的标高应比结施图的标高高几厘米。这一点需特别注意，因有些施工图，把建施图标高标在了相应的结施图上，如果不留意，施工中会出错。

熟悉立面图后，主要检查门窗顶标高是否与其上一层的梁底标高相一致；检查楼梯踏步的水平尺寸和标高是否有错，检查梯梁下竖向净空尺寸是否大于 2.1 米，是否出现碰头现象；当中间层出现露台时，检查露台标高是否比室内低；检查厕所、浴室楼地面是否低几厘米，若不是，检查有无防溢水措施；最后与水电空调安装、设备工艺、第二次装修施工图相结合，检查建筑高度是否满足功能需要。

▎经验指导 ▏

标高。标高是以某点为基准点的高度，数值注写到小数点后三位数字，总平面图中可注至小数点后两位数字。尺寸单位标高及建筑总平面图以"m"为单位，其余一律以"mm"为单位。标高分为绝对标高和相对标高两种。

第二节　施工图识读基础

一、图线

（1）图线的宽度 b，宜从 1.4mm、1.0mm、0.7mm、0.5mm、0.35mm、0.25mm、0.18mm、0.13mm 线宽系列中选取。图线宽度不应小于 0.1mm。每张图纸，应根据复杂程度与比例大小，先选定基本线宽 b，再选用表 3-1 中相应的线宽组。

表 3-1　线宽组 （单位：mm）

线宽比	线宽组			
b	1.4	1.0	0.7	0.5
$0.7b$	1.0	0.7	0.5	0.35
$0.5b$	0.7	0.5	0.35	0.25
$0.25b$	0.35	0.25	0.18	0.13

注：1. 需要微缩的图纸，不宜采用 0.18mm 及更细的线宽。

2. 同一张图纸内，各不同线宽中的细线，可统一采用较细的线宽组的细线。

（2）工程建设制图应选用表 3-2 所示的图线。

表 3-2　图线

名　称		线　型	线　宽	用　途
实线	粗	——————	b	（1）新建建筑物±0.000 高度可见轮廓线 （2）新建铁路、管线
	中	——————	$0.7b$ $0.5b$	（1）新建构筑物、道路、桥涵、边坡、围墙、运输设施的可见轮廓线 （2）原有标准轨距铁路
	细	——————	$0.25b$	（1）新建建筑物±0.000 高度以上的可见建筑物、构筑物轮廓线 （2）原有建筑物、构筑物，原有窄轨、铁路、道路、桥涵、围墙的可见轮廓线 （3）新建人行道、排水沟、坐标线、尺寸线、等高线
虚线	粗	－ － － － －	b	新建建筑物、构筑物地下轮廓线
	中	－ － － － －	$0.5b$	计划预留扩建的建筑物、构筑物、铁路、道路、运输设施、管线、建筑红线及预留用地各线
	细	－ － － － －	$0.25b$	原有建筑物、构筑物、管线的地下轮廓线
单点长画线	粗	—·—·—·—	b	露天矿开采界限
	中	—·—·—·—	$0.5b$	土方填挖区的零点线
	细	—·—·—·—	$0.25b$	分水线、中心线、对称线、定位轴线

续表

名　称		线　型	线　宽	用　途
双点长画线	粗		b	用地红线
	中		$0.7b$	地下开采区塌落界限
	细		$0.5b$	建筑红线
折断线			$0.5b$	断线
不规则曲线			$0.5b$	新建人工水体轮廓线

注：根据各类图纸所表示的不同重点确定使用不同的粗、细线型。

二、字体

（1）图纸上注写的文字、数字或符号等，均应笔画清晰、字体端正、排列整齐标点符号应清楚正确。

（2）文字的字高参考表 3-3。字高大于 10mm 时宜采用 Truetype 字体，当书写更大字时，其高度应按 $\sqrt{2}$ 的倍数递增。

表 3-3　文字的字高

字体种类	中文矢量字体	Truetype 字体及非中文矢量字体
字高	3、5、5、7、10、14、20	3、4、6、8、10、14、20

（3）图纸及说明中的汉字宜采用仿宋体或黑体，同一图纸字体种类不应超过两种。大标题、图册封面、地形图等的汉字，也可书写成其他字体，但应易于辨认。

（4）汉字的简化字注写应符合国家有关汉字简化方案的规定。

（5）图纸及说明中的拉丁字母、阿拉伯数字与罗马数字宜采用单线简体或 Roman 字体，拉丁字母、阿拉伯数字与罗马数字的字高，不应小于 2.5mm。

（6）数量的数值注写，应用正体阿拉伯数字。各种计量单位，凡前面有量值的，均应用国家颁布的单位符号注写。单位符号应用正体字母书写。

（7）分数、百分数和比例数应用阿拉伯数字和数学符号注写。

（8）当注写的数字小于 1 时，应写出个位的"0"，小数点应采用圆点，对齐基准线注写。

（9）长仿宋汉字、拉丁字母、阿拉伯数字与罗马数字示例，应符合《技术制图—字体》（GB/T14691—2005）的有关规定。

三、比例

（1）图纸的比例，应为图形与实物相对应的线性尺寸之比。

（2）比例的符号应为"："，比例应以阿拉伯数字表示。

（3）比例宜注写在图名的右侧，字的基准线应取平；比例的字高宜比图名的字高小一号或二号，如图 3-1 所示。

平面图 1:100 　⑥ 1:20

图 3-1　比例的注写

（4）绘图所用的比例应根据图纸的用途与被绘对象的复杂程度，从表 3-4 中选用，并应优先采用表中常用比例。

表 3-4　绘图所用的比例

项目	内容
常用比例	1：1、1：2、1：5、1：10、1：20、1：30、1：50、1：100、1：150、1：200、1：500、1：1 000、1：2 000
可用比例	1：3、1：4、1：6、1：15、1：25、1：40、1：60、1：80、1：250、1：300、1：400、1：600、1：5 000、1：10 000、1：20 000、1：50 000、1：100 000、1：200 000

（5）一般情况下，一张图纸应选用一种比例。根据专业制图需要，同一图纸可选用两种比例。

（6）特殊情况下也可自选比例，这时除应注出绘图比例外，还应在适当位置绘制出相应的比例尺。

四、符号

1. 剖切符号

剖视的剖切符号应由剖切位置线及剖视方向线组成，均应以粗实线绘制。剖视的剖切符号应符合下列规定：

（1）剖切位置线的长度宜为 6～10mm；剖视方向线应垂直于剖切位置线，长度应短于剖切位置线，宜为 4～6mm，如图 3-2 所示。也可采用国际统一和常用的剖视方法，如图 3-3 所示。绘制时，剖视剖切符号不应与其他图线相接触。

（2）剖视剖切符号的编号宜采用粗阿拉伯数字，按剖切顺序由左至右、由下向上连续编排，并应注写在剖视方向线的端部。

（3）需要转折的剖切位置线，应在转角的外侧加注与该符号相同的编号。

（4）建（构）筑物剖面图的剖切符号应注在±0.000 标高的平面图或首层平面图上。

（5）局部剖面图（不含首层）的剖切符号应注在包含剖切部位的最下面一层的平面图上。

断面的剖切符号应符合下列规定：

（1）断面的剖切符号应只用剖切位置线表示，并应以粗实线绘制，长度宜为 6～10mm。

（2）断面剖切符号的编号宜采用阿拉伯数字，按顺序连续编排，并应注写在剖切位置线的一侧。编号所在的一侧应为该断面的剖视方向，如图 3-4 所示。

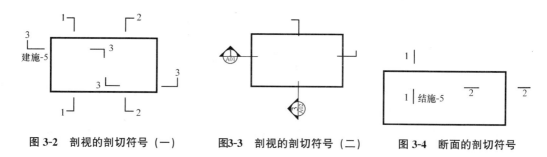

图 3-2　剖视的剖切符号（一）　　　图3-3　剖视的剖切符号（二）　　　图 3-4　断面的剖切符号

剖面图或断面图，当与被剖切图纸不在同一张图内，应在剖切位置线的另一侧注明其所在图纸的编号，也可以在图上集中说明。

2. 索引符号与详图符号

图纸中的某一局部或构件，如需另见详图，应以索引符号索引，如图 3-5（a）所示。索引符号由直径为 8～10mm 的圆和水平直径组成，圆及水平直径应以细实线绘制。索引符号应按下列规定编写：

（1）索引出的详图，如与被索引的详图同在一张图纸内，应在索引符号的上半圆中用阿拉伯数字注明该详图的编号，并在下半圆中间画一段水平细实线，如图 3-5（b）所示。

（2）索引出的详图，如与被索引的详图不在同一张图纸内，应在索引符号的上半圆中用阿拉伯数字注明该详图的编号，在索引符号的下半圆用阿拉伯数字注明该详图所在图纸的编号如图 3-5（c）所示。数字较多时，可加文字标注。

（3）索引出的详图，如采用标准图，应在索引符号水平直径的延长线上加注该标准图集的编号，如图 3-5（d）所示。需要标注比例时，文字在索引符号右侧或延长线下方，与符号下对齐。

（a）样式一　　　（b）样式二　　　（c）样式三　　　（d）样式四

图 3-5　索引符号

索引符号当用于索引剖视详图，应在被剖切的部位绘制剖切位置线，并以引出线引出索引符号，引出线所在的一侧应为剖视方向，如图 3-6 所示。

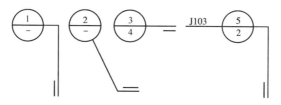

图 3-6　用于索引剖面详图的索引符号

零件、钢筋、杆件、设备等的编号宜以直径为 5～6mm 的细实线圆表示。同一图纸应保持一致，其编号应用阿拉伯数字按顺序编写，如图 3-7 所示。消火栓、配电箱、管井等的索引符号，直径宜为 4～6mm。

图 3-7　零件、钢筋等的编号

详图的位置和编号应以详图符号表示。详图符号的圆应以直径为 14mm 粗实线绘制。详图编号应符合下列规定：

（1）详图与被索引的图纸同在一张图纸内时，应在详图符号内用阿拉伯数字注明详图的编号，如图 3-8（a）所示。

（2）详图与被索引的图纸不在同一张图纸内时，应用细实线在详图符号内画一水平直径，在上半圆中注明详图编号，在下半圆中注明被索引的图纸的编号，如图 3-8（b）所示。

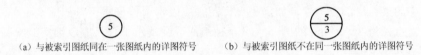

（a）与被索引图纸同在一张图纸内的详图符号　　　（b）与被索引图纸不在同一张图纸内的详图符号

图 3-8　详图符号

3. 引出线

引出线应以细实线绘制，宜采用水平方向的直线，与水平方向成 30°、45°、60°、90°的直线，或经上述角度再折为水平线。文字说明宜注写在水平线的上方，如图 3-9（a）所示，也可注写在水平线的端部，如图 3-9（b）所示。索引详图的引出线，应与水平直径线相连接，如图 3-9（c）所示。

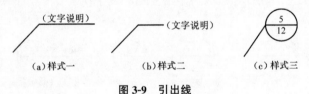

（a）样式一　　　　　（b）样式二　　　　　（c）样式三

图 3-9　引出线

同时引出的几个相同部分的引出线，宜互相平行，如图 3-10（a）所示，也可画成集中于一点的放射线，如图 3-10（b）所示。

（a）样式一　　　　　　　　（b）样式二

图 3-10　共用引出线

多层构造或多层管道共用引出线，应通过被引出的各层，并用圆点示意对应各层次。文字说明宜注写在水平线的上方，或注写在水平线的端部，说明的顺序应由上至下，并应与被说明的层次对应一致。如层次为横向排序，则由上至下的说明顺序应与由左至右的层次对应一致，如图 3-11 所示。

4. 对称符号

对称符号由对称线和两端的两对平行线组成。对称线用细单点长画线绘制；平行线用细实线绘制，其长度宜为 6～10mm，每对的间距宜为 2～3mm。对称线垂直平分于两对平行线，两端超出平行线宜为 2～3mm，如图 3-12 所示。

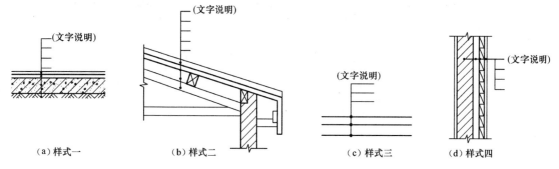

（a）样式一　　　　　（b）样式二　　　　　　　（c）样式三　　　　（d）样式四

图 3-11　多层共用引出线

5. 连接符号

连接符号应以折断线表示需连接的部位。两部位相距过远时，折断线两端靠图纸一侧应标注大写拉丁字母表示连接编号。两张被连接的图纸应用相同的字母编号，如图 3-13 所示。

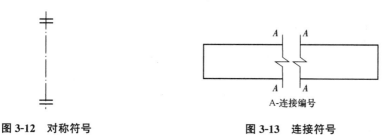

图 3-12　对称符号　　　　　　　　　　图 3-13　连接符号

6. 指北针

指北针的形状符合图 3-14 的规定，其圆的直径宜为 24mm，用细实线绘制；指针尾部的宽度宜为 3mm，指针头部应注"北"或"N"字。需用较大直径绘制指北针时，指针尾部的宽度宜为直径的 1/8。

7. 变更云线

对图纸中局部变更部分宜采用云线，并宜注明修改版次，如图 3-15 所示，图中的 1 为修改次数。

图 3-14　指北针　　　　　　　　图 3-15　变更云线

五、尺寸标注

图纸上标注的尺寸是由尺寸界线、尺寸线、尺寸起止符号和尺寸数字四部分组成的，故常称其为尺寸的四大要素，如图 3-16 所示。

（1）尺寸界线。用细实线绘制，一般应与被注长度垂直，其一端离图纸轮廓线的距离不小于 2mm，另一端宜超出尺寸线 2～3mm。必要时，可利用图纸轮廓线、中心线及轴线作为尺寸界线，如图 3-17 所示。

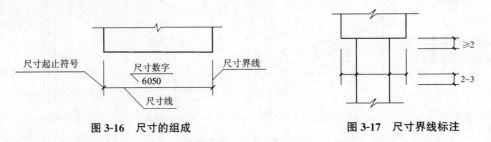

图 3-16　尺寸的组成　　　　　图 3-17　尺寸界线标注

总尺寸的尺寸界线，应靠近所指部位，中间分尺寸的尺寸界线可稍短，但其长度应相等，如图 3-18 所示。

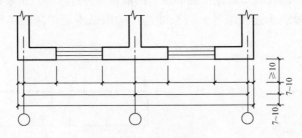

图 3-18　尺寸的排列

（2）尺寸线。应用细实线绘制，应与被注长度平行且不超出尺寸界线。相互平行的尺寸线，应从被注写的图纸轮廓线外由近向远整齐排列，较小尺寸靠近图纸轮廓标注，较大尺寸标注在较小尺寸的外面。图纸轮廓线以外的尺寸线，距图纸最外轮廓之间的距离不宜小于 10mm。平行排列的尺寸线的间距，宜为 7～10mm，并应保持一致，如图 3-18 所示。

（3）起止符号。一般用中粗斜短线绘制，其倾斜方向应与尺寸界线成顺时针 45°角，长度宜为 2～3mm，两端伸出长度各为一半，如图 3-19（a）所示。半径、直径、角度与弧长的尺寸起止符号，宜用箭头表示，如图 3-19（b）所示。当相邻尺寸界线间隔很小时，尺寸起止符号用小圆点表示。

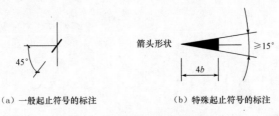

（a）一般起止符号的标注　　　　　　（b）特殊起止符号的标注

图 3-19　尺寸起止符号注写法

（4）尺寸数字。应靠近尺寸线，平行标注在尺寸线中央位置。水平尺寸要从左到右注在尺寸线上方（字头朝上），竖直尺寸要从下到上注在尺寸线左侧（字头朝左）。其他方的尺寸数字，如图 3-20（a）的形式注写，当尺寸数字位于斜线区内时，宜按图 3-20（b）的形式注写。

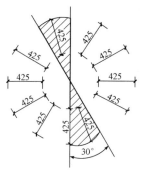
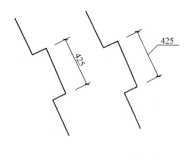

（a）在30°斜线区内注写尺寸数字是严禁的　　（b）在30°斜线区内注写尺寸数字的形式

图 3-20　尺寸数字的注写方向

（5）若没有足够的注写位置，最外侧的尺寸数字可注写在尺寸界线的外侧，中间相邻的尺寸数字可错开注写，或用引出线引出后再进行标注，不能缩小数字大小，如图 3-21（a）所示。尺寸宜标注在图纸轮廓以外，不宜与图线、文字及符号等相交。不可避免时，应将数字处的图线断开，如图 3-21（b）所示。

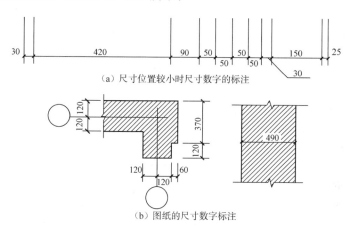

（a）尺寸位置较小时尺寸数字的标注

（b）图纸的尺寸数字标注

图 3-21　尺寸数字注写的位置

图纸上的尺寸一律用阿拉伯数字注写。它是以所绘形体的实际大小标注，与所选绘图比例无关，应以尺寸数字为准，不得从图上直接量取。图纸上的尺寸单位，除标高及总平面图以米（m）为单位外，其他必须以毫米（mm）为单位，图纸上的尺寸数字一般不注写单位。

六、标高

（1）标高符号应以直角等腰三角形表示，按图 3-22（a）所示形式用细实线绘制，当标注位置不够，也可按图 3-22（b）所示形式绘制。标高符号的具体画法应符合图 3-22（c）、（d）的规定。

（2）总平面图室外地坪标高符号，宜用涂黑的三角形表示，具体画法应符合相关规定，如图 3-23 所示。

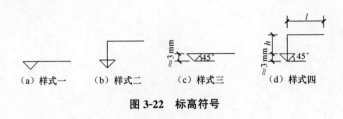

（a）样式一　　（b）样式二　　（c）样式三　　（d）样式四

图 3-22　标高符号

图 3-23　总平面图室外地坪标高符号

（3）标高符号的尖端应指至被注高度的位置。尖端可向下，也可向上。标高数字应注写在标高符号的上侧或下侧，如图 3-24 所示。

（4）标高数字应以"m"为单位，注写到小数点后第三位。在总平面图中，可注写到小数点后第二位。

（5）零点标高应注写成±0.000，正数标高不标注"＋"，负数标高应标注"－"，例如 3.000、－0.600。

（6）在图纸的同一位置需表示几个不同标高时，标高数字，可按图 3-25 的形式注写。

图 3-24　标高的指向　　　　　图 3-25　同一位置多个标高的标注

七、常见图例

1. 常用建筑材料图例

常用建筑材料图例见表 3-5。

表 3-5　常用建筑材料图例

序　号	名　称	图　例	备　注
1	自然土壤		包括各种自然土壤
2	夯实土壤		—
3	砂、灰土		靠近轮廓线点较密的点
4	砂砾石、碎砖三合土		—
5	天然石材		包括岩层、砌体、铺地、贴面等材料
6	毛石		—

续表

序　号	名　称	图　例	备　注
7	普通砖		包括砌体、砌块
8	耐火砖		包括耐酸砖等
9	空心砖		包括各种多孔砖
10	饰面砖		包括铺地砖、陶瓷锦砖、人造大理石等
11	混凝土		包括各种强度等级、骨料的混凝土
12	钢筋混凝土		在剖面图上画出钢筋时，不画图例线
13	焦渣、矿渣		包括与水泥、石灰等混合而成的材料
14	多孔材料		包括水泥珍珠岩、沥青珍珠岩、加气混凝土、泡沫塑料、软木等
15	纤维材料		包括麻丝、玻璃棉、矿渣棉、木丝板、纤维板等
16	松散材料		包括木屑、石灰木屑、稻壳等
17	木材		(a)~(c)为横断面，垫木（a）、木砖（b）、木龙骨（c）。(d)为纵断面
18	胶合板		注明几层胶合板
19	石膏板		
20	金属		包括各种金属
21	网状材料		包括金属、塑料网状材料
22	液体		注明液体名称
23	玻璃		包括平板玻璃、磨砂玻璃、夹丝玻璃、钢化玻璃等

续表

序 号	名 称	图 例	备 注
24	橡胶		—
25	塑料		包括各种软、硬塑料及有机玻璃等
26	防水材料		构造层次多或比例大时，采用上面图例
27	抹灰	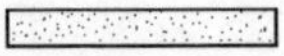	本图例点为较稀的点

2. 常用构件及配件图例

常用构件及配件图例见表 3-6。

表 3-6　常用构件及配件图例

序号	名称	图例	说明
1	墙体	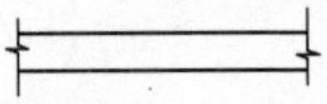	包括土筑墙、土坯墙、三合土墙等
2	隔断		(1) 包括板条抹灰、木制、石膏板、金属材料等隔断 (2) 适用于到顶与不到顶隔断
3	栏杆	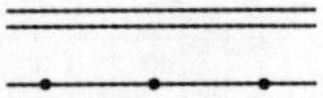	上图为非金属扶手，下图为金属扶手
4	楼梯	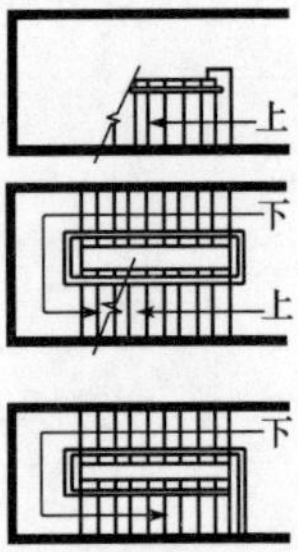	(1) 上图为底层楼梯平面，中图为中间层楼梯平面，下图为顶层顶梯平面 (2) 楼梯及栏杆扶手的形式和梯段踏步数应按实际情况绘制
5	坡道	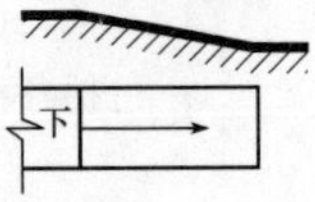	
6	检查孔		左图为可见检查孔，右图为不可见检查孔
7	孔洞		—
8	坑槽		—

续表

序号	名称	图例	说明
9	墙预留洞	宽×高 或 ϕ	—
10	墙预留槽	宽×高×深 或 ϕ	—
11	烟道		
12	通风道		
13	新建的墙和窗		本图为砖墙图例，若用其他材料，应按所用材料的图例绘制
14	在原有墙或楼板上局部填塞的洞		(1) 门的名称代号用 M 表示 (2) 图例中剖视图左为外、右为内，平面图下为外、上为内，依据《建筑制图标准》（GB/T 50104—2001） (3) 立面图上开启方向线交角的一侧为安装合页的一侧，实线为外开，虚线为内开 (4) 平面图上的开启弧线及立面图上的开启方向线，在一般设计图上不需表示，仅在制作图上表示 (5) 立面形式应按实际情况绘制
15	空门洞		
16	单扇门（包括平开或单面弹簧		(1) 门的名称代号用 M 表示 (2) 图例中剖视图左为外、右为内，平面图下为外、上为内，依据《建筑制图标准》（GB/T 50104—2001） (3) 立面图上开启方向线交角的一侧为安装合页的一侧，实线为外开，虚线为内开 (4) 平面图上的开启弧线及立面图上的开启方向线，在一般设计图上不需表示，仅在制作图上表示 (5) 立面形式应按实际情况绘制
17	双扇门（包括平开或单面弹簧）		

续表

序号	名称	图例	说明
18	双开折叠门		（1）门的名称代号用 M （2）图例中剖视图左为外、右为内，平面图下为外、上为内，依据《建筑制图标准》（GB/T 50104—2001） （3）立面图上开启方向线交角的一侧为安装合页的一侧，实线为外开，虚线为内开 （4）平面图上的开启弧线及立面图上的开启方向线，在一般设计图上不需表示，仅在制作图上表示 （5）立面形式应按实际情况绘制
19	墙外单扇推拉门		（1）门的名称代号用 M （2）图例中剖视图左为外、右为内，平面图下为外、上为内 （3）立面形式为应按实际情况绘制
20	墙外双扇推拉门		
21	墙内单扇推拉门		
22	墙内双扇推拉门		
23	单扇双面弹簧门		（1）门的名称代号用 M （2）图例中剖视图左为外、右为内，平面图下为外、上为内 （3）平面图上的开启弧线及立面图上的开启方向线，在一般设计图上不需表示，仅在制作图上表示 （4）立面形式应按实际情况绘制
24	双扇双面弹簧门		

续表

序号	名称	图例	说明
25	单扇内外开双层门（包括平开或单面弹簧）		（1）门的名称代号用 M （2）图例中剖视图左为外、右为内，平面图下为外、上为内 （3）平面图上的开启弧线及立面图上的开启方向线，在一般设计图上不需表示，仅在制作图上表示 （4）立面形式应按实际情况绘制
26	双扇内外开双层门（包括平开或单面弹簧）		
27	转门		（1）门的名称代号用 M （2）图例中副视图左为外、右为内，平面图下为外、上为内 （3）平面图上的开启弧线及立面图上的开启方向线，在一般设计图上不需表示，仅在制作图上表示 （4）立面形式应按实际情况绘制
28	折叠上翻门		（1）门的名称代号用 M （2）图例中剖视图左为外、右为内，平面图下为外、上为内 （3）立面图上开启方向线交角的一侧为安装合页的一侧，实线为外开，虚线为内开 （4）平面图上的开启弧线及立面图上的开启方向线，在一般设计图上不需表示，仅在制作图上表示 （5）立面形式应按实际情况绘制
29	卷门		（1）门的名称代号用 M （2）图例中剖视图左为外、右为内，平面图下为外、上为内 （3）立面形式应按实际情况绘制
30	提升门		

序号	名称	图例	说明
31	单层固定窗	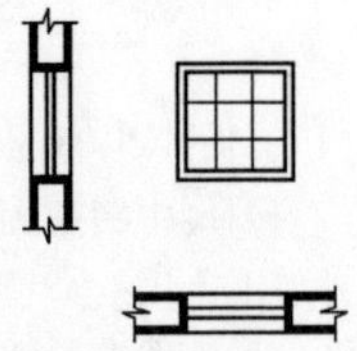	（1）窗的名称代号用 C 表示。 （2）立面图中的斜线表示窗的开启方向，实线为外开，虚线为内开；开启方向线交角的一侧为安装合页的一侧，一般设计图中可不表示。 （3）图例中，剖面图所示为外，右为内，平面图所示下为外，上为内。 （4）平面图和剖面图上的虚线仅说明开关方式，在设计图中不需表示。 （5）窗的立面形式应按实际绘制。 （6）小比例绘图时平、剖面的窗线可用单粗实线表示
32	单层外开上悬窗	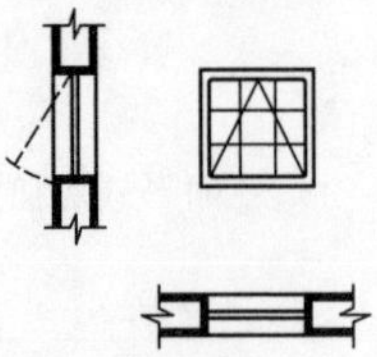	
33	单层中悬窗	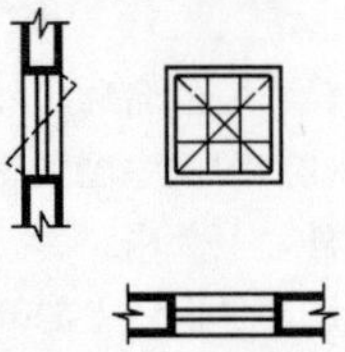	
34	单层内开下悬窗	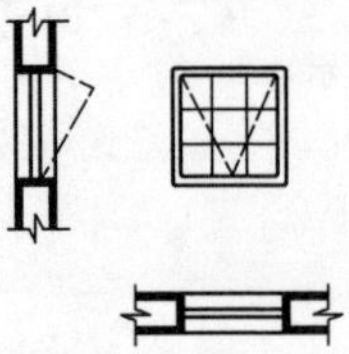	
35	单层外开 平开窗	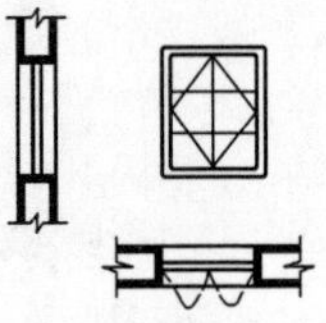	（1）窗的名称代号用 C 表示。 （2）立面图中的斜线表示窗的开启方向，实线为外开，虚线为内开；开启方向线交角的一侧为安装合页的一侧，一般设计图中可不表示。 （3）图例中，剖面图所示为外，右为内，平面图所示下为外，上为内。 （4）平面图和剖面图上的虚线仅说明开关方式，在设计图中不需表示。 （5）窗的立面形式应按实际绘制。 （6）小比例绘图时平、剖面的窗线可用单粗实线表示
36	立转窗	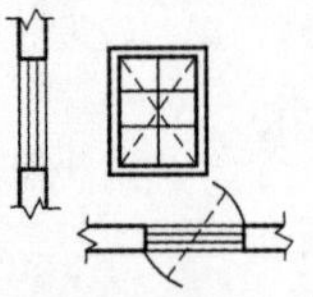	
37	单层内开平开窗	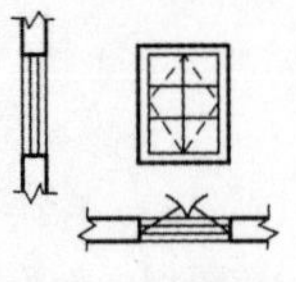	
38	双层内外开 平开窗	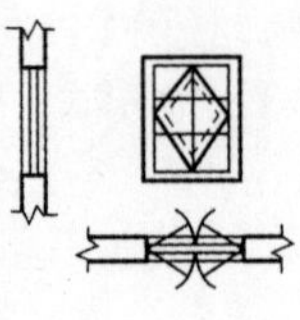	

序号	名称	图例	说明
39	左右推拉窗		（1）窗的名称代号用C （2）剖视图左为外、右为内，平面图下为外、上为内绘制 （3）窗的立面形式应按实际情况
40	上推窗		
41	百叶窗		（1）窗的名称代号用C （2）立面图中的斜线表示窗的开启方向，实线为外开；虚线为内开，开启方向线交角的一侧为安装合页的一侧，一般设计图中可不表示 （3）剖视图左为外、右为内，平面图下为外、上为内 （4）平面图、剖面图的虚线仅说明开关方式，在设计图中不需表示 （5）窗的立面形式应按实际情况绘制

注：其他常见图例见附录。

3. 常用构件代号

常用构件代号见表 3-7。

表 3-7　常用构件代号

序号	名称	代号	序号	名称	代号
1	板	B	12	天沟板	TGB
2	屋面板	WB	13	梁	L
3	空心板	KB	14	屋面梁	WL
4	槽形板	CB	15	吊车梁	DL
5	折板	ZB	16	圈梁	QL
6	密肋板	MB	17	过梁	GL
7	楼梯板	TB	18	连系梁	LL
8	盖板或沟盖板	GB	19	基础梁	JL
9	挡雨板或檐口板	YB	20	楼梯梁	TL
10	吊车安全走道板	DB	21	檩条	LT
11	墙板	QB	22	屋架	WJ

序号	名称	代号	序号	名称	代号
23	托架	TJ	33	垂直支撑	CC
24	天窗架	CJ	34	水平支撑	SC
25	框架	KJ	35	梯	T
26	刚架	GJ	36	雨篷	YP
27	支架	ZJ	37	阳台	YT
28	柱	Z	38	梁垫	LD
29	基础	J	39	预埋件	M
30	设备基础	SJ	40	天窗端壁	TD
31	桩	ZH	41	钢筋网	W
32	柱间支撑	ZC	42	钢筋骨架	G

4. 常用钢筋符号与图例

钢筋符号与图例见表 3-8～表 3-10。

表 3-8　常用钢筋种类及符号

钢筋种类	符号	钢筋种类	符号
HPR300	φ	HRBF400	ΦF
HRB335	Φ	RRB400	ΦR
HRBF335	ΦF	HRB500	Φ̄
HRB400	Φ	HRBF500	Φ̄F

表 3-9　钢筋的端部形态及搭接

序号	名称	图例	说明
1	钢筋横断面	•	
2	无弯钩的钢筋端部		下图表示长、短钢筋投影重叠时，短钢筋的端部用 45°斜短划线表示
3	带半圆形弯钩的钢筋端部		
4	带直钩的钢筋端部		
5	带丝扣的钢筋端部		
6	无弯钩的钢筋搭接		
7	带半圆弯钩的钢筋搭接		
8	带直钩的钢筋搭接		

续表

序号	名称	图例	说明
9	预应力钢筋或钢绞线		
10	机械连接的钢筋接头		用文字说明机械连接的方式（或冷挤压活锥螺纹等）

表 3-10 钢筋的配置

序 号	说 明	图 例
1	在结构平面图中配置双层钢筋时，底层钢筋的弯钩应向上或向左，顶层的钢筋的弯钩则向下或向右	
2	钢筋混凝土墙体配双层钢筋时，在配筋立面图中，远面钢筋的弯钩应向上或向左，而近面钢筋的弯钩向下或向右（JM 近面，YM 远面）	
3	若在断面图中不能表达清楚钢筋布置，应在断面图外增加钢筋大样图（如钢筋混凝土墙、楼梯等）	
4	图中所表示的箍筋、环筋等布置复杂时，可加画钢筋大样及说明	
5	每组相同的钢筋、箍筋或环筋，可用一根粗实线表示，同时用一两端带斜短划线的横穿细线，表示其条钢筋及止范围	

5. 钢筋的标注方法

钢筋的直径、根数及相邻钢筋中心距一般采用引出线的方式标注。常用钢筋的标注方法有以下两种。

（1）梁、柱中纵筋的标注。

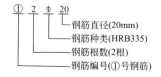

57

（2）梁、柱中箍筋的标注。

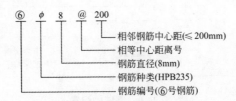

相邻钢筋中心距(≤200mm)
相等中心距离号
钢筋直径(8mm)
钢筋种类(HPB235)
钢筋编号(⑥号钢筋)

第三节　建筑施工图快速识读及实例

一、建筑总平面图识读及实例

总平面图（图 3-26）是用来反映一个工程的总体布局的，其基本组成有：房屋的位置、标高、道路布置、构筑物、地形、地貌等，可作为房屋定位、施工放线及施工总平面图布置的依据。

建筑–首层平面图空调留洞

扫码观看本视频

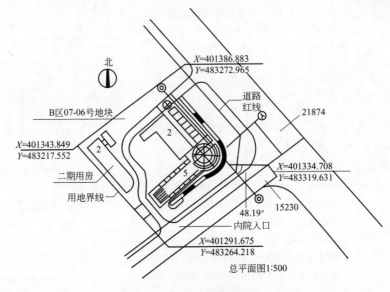

图 3-26　总平面图

1. 总平面图的基本内容

（1）表明新建区域的地形、地貌、平面布置，包括红线位置，各建（构）筑物、道路、河流、绿化等的位置及其相互间的位置关系。

（2）确定新建房屋的平面位置。通常依据原有建筑物或道路定位，标注定位尺寸；修建成片住宅、较大的公共建筑物、工厂或地形复杂时，用坐标确定房屋及道路转折点的位置。

（3）表明建筑物首层地面的绝对标高，室外地坪、道路的绝对标高；说明土方填挖情况、地面坡度及雨水排除方向。

（4）用指北针和风向频率玫瑰图来表示建筑物的朝向。

2. 总平面图识读要点

（1）熟悉总平面图的图例，查阅图标及文字说明，了解工程性质、位置、规模及图纸比例。

（2）查看建设基地的地形、地貌、用地范围及周围环境等，了解新建房屋和道路、绿化布置情况。

（3）了解新建房屋的具体位置和定位依据。

（4）了解新建房屋的室内、外高差，道路标高，坡度以及地表水排流情况。

建筑–首层平面图布置识别（一）

扫码观看本视频

二、建筑平面图识读及实例

1. 平面图的概念

建筑平面图就是将房屋用一个假想的水平面，沿窗口（位于窗台稍高一点）的地方水平切开，这个切口下部的图形投影至所切的水平面上，从上往下看到的图形即为该房屋的平面图。而设计时，则是设计人员根据业主要求的使用功能，按照规范和设计经验构思绘制出房屋建筑的平面图。建筑平面图包含的内容为以下几方面。

（1）由外围看可以知道它的外形，总长，总宽以及建筑的面积，如首层平面图上还绘有散水，台阶、外门、窗的位置，外墙的厚度，轴线标号，有的还可能影响变形缝、室外钢爬梯等的图示。

（2）往内看可以看到内墙位置、房间名称以及楼梯间、卫生间等的布置。

（3）从平面图上还可以了解到开间尺寸、内门窗位置、室内地面标高、门窗型号尺寸，以及所用详图等。平面图根据房屋的层数不同分为首层平面图、一层平面图、三层平面图等。如果楼层仅与首层不同，那么一层以上的平面图又称为标准层平面图。最后还有屋顶平面图，屋顶平面图是说明屋顶上建筑构造的平面布置和雨水排水坡度情况的图。

2. 平面图的识读要点

（1）熟悉建筑配件图例、图名、图号、比例及文字说明。

（2）定位轴线。定位轴线是表示建筑物主要结构或构件位置的点划线。凡是承重墙、柱、梁、屋架等主要承重构件都应画上轴线，并编上轴线号，以确定其位置；对于次要的墙、柱等承重构件，则编附加轴线号确定其位置。

（3）房屋平面布置，包括平面形状、朝向、出入口、房间、走廊、门厅、楼梯间等的布置组合情况。

（4）阅读各类尺寸。图中标注房屋总长及总宽尺寸，各房间开间、进深、细部尺寸和室内外地面标高。阅读时，应依次查阅总长和总宽尺寸，轴线间尺寸，门窗洞口和窗间墙尺寸，外部及内部局（细）部尺寸和高度尺寸（标高）。

（5）门窗的类型、数量、位置及开启方向。

（6）墙体、（构造）柱的材料、尺寸。漆黑的小方块表示构造柱的位置。

（7）阅读剖切符号和索引符号的位置和数量。图3-27为某建筑的底层平面图，以此为例，简单介绍建筑平面图的识读。

底层平面图表达了该住宅楼底层各房间的平面位置、墙体平面位置及其相互间轴线尺寸、门窗平面位置及其宽度、第一段楼梯平面、散水平面等。

底层平面图右上角有指北针，箭头指向为北。

从图中可以看出，从北向楼梯间处进入，有东西两户，东户为三室一厅，即一间客厅、三间卧室、另有厨房、卫生间各一间；西户为两室一厅，即一间客厅、两间卧室，另有厨房、卫生间各一间。

东户的客厅开间 3 900mm，进深 4 200mm，无门只有空圈，有 C-1 外窗；南卧室有两间，小间开间 2 700mm，进深 4 200mm；大间开间 3 600mm，进深 4 200mm；小间有 M-2 内门、C-2 外窗；大间有 M-2 内门，C-1 外窗；北卧室开间 3 000mm，进深 3 900mm，有 M-2 内门，C-2 外窗。厨房开间 2 400mm，进深 3 000mm，有 M-3 内门，C-2 外窗，室内有洗涤池一个；卫生间开间 2 100mm，进深 3 000mm，有 M-4 内门，C-3 外窗，室内有浴盆、坐便器、洗面器各一件。

西户的客厅开间 3 900mm，进深 4 200mm，无门只有空圈，有 C-1 外窗；南卧室开间 3 600mm，进深 4 200mm，有 M-2 内门，C-1 外窗；北卧室开间 3 600mm，进深 3 900mm，有 M-2 内门，C-2 外窗；厨房开间 2 400mm，进深 3 000mm，有 M-3 内门，C-2 外窗，室内有洗涤池一个；卫生间开间 2 100mm，进深 3 000mm，有 M-4 内门，C3 外窗，室内有浴盆、坐便器、洗面器各一件。

这两户的户门为 M-5。

楼梯间有第一梯段的大部分，及进入室内的两步室内台阶，梯段上的箭头方向是示出从箭头方向上楼。

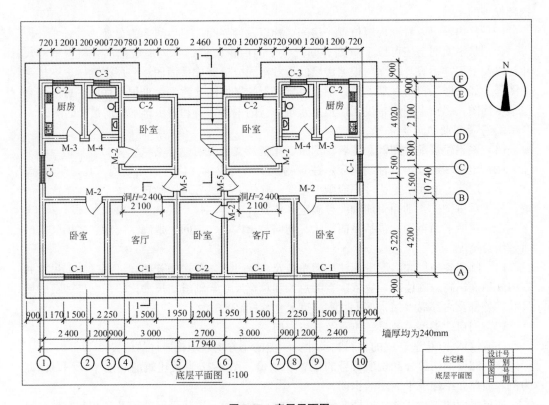

图 3-27　底层平面图

底层外墙外围是散水，仅表示散水宽度。

通过楼梯间有一道剖面符号1-1，表示该楼的剖面图从此处剖开从右向左剖视。

每道承重墙标有定位轴线，240mm厚墙体，定位轴线通过其中心。横向墙体的定位轴线用阿拉伯数字从左向右顺序编号，纵向墙体的定位轴线用英文大写从下向上顺序编号。底层平面图上有10道横向墙体定位轴线，6道纵向墙体定位轴线。

底层平面图上尺寸线，每边注3道（相对应边尺寸相同者只注其中一边尺寸），第一道为门窗宽及窗间墙宽，第二道为定位轴线间中距，第三道为外包尺寸。

看图时应该根据施工顺序抓住主要部位。如应先记住房屋的总长、总宽，几道轴线，轴线间的尺寸、墙厚、门、窗尺寸和编号，门窗还可以列出表来，可以提前加工。其他如楼梯平台标高、踏步走向以及再砌砖时有关的部分应先看懂，先记住。其次再记下一步施工的有关部分，往往施工的全过程中，对一张平面图要看好多次。所以看图纸时应先抓住总体、抓住关键，一步步地看才能把图记住。

建筑-首层平面图布置识别（二）

三、建筑立面图识读及实例

1. 立面图的概念

建筑立面图是建筑物的各个侧面，向它平行的竖直平面所作的正投影，这种投影得到的侧视图称为立面图。它分为正立面、

扫码观看本视频

背立面和侧立面，有时又按朝向分为南立面、北立面、东立面、西立面等。立面图的内容为以下几个方面。

（1）立面图反映了建筑物的外貌，如外墙上的檐口、门窗套、出檐、阳台、腰线、门窗外形、雨篷、花台、水落管、附墙柱、勒脚、台阶等构造形态。有时还标明外墙装修的做法，是清水墙还是抹灰，抹灰是水泥还是干粘石、水刷石或贴面砖等。

（2）立面图还标明各层建筑标高、层数，房屋的总高度或突出部分最高点的标高尺寸。有的立面图也在侧边采用竖向尺寸，标注出窗口的高点、层高尺寸等。

2. 立面图的识读要点

（1）了解立面图的朝向及外貌特征。例如房屋层数，阳台、门窗的位置和形式，雨水管、水箱的位置以及屋顶隔热层的形式等。

（2）外墙面装饰做法。

（3）各部位标高尺寸。找出图中标示室外地坪、勒脚、窗台、门窗顶及檐口等处的标高。

图3-28为某建筑的南立面图，以此为例，简单介绍建筑立面图的识读。

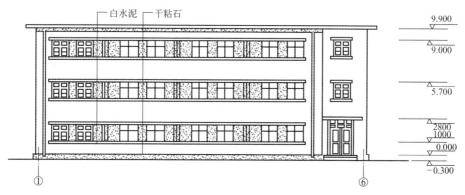

图3-28　某建筑的南立面图

（1）南立面为正立面，出入口在东端。

（2）轴线为①～⑥轴，与平面图编号一致，门窗编号、数量与平面图对应。

（3）门窗按"国标"规定图例表示，相同类型门窗可只画一两个完整图形，其他可画门窗洞口轮廓线及单线图形。

（4）主要部位高度用标高表示，如室外设计地坪标高为－0.3m，室内首层地面标高为±0，屋面板标高9.9m等。

（5）装修做法为：勒脚为干粘石，窗台抹白水泥。

（6）檐口形式为挑檐板，雨水管两根，室外台阶两步。

立面图是一座房屋的立面形象，因此主要应记住它的外形，外形中主要的是标高，门、窗位置，其次要记住装修做法，哪一部分有出檐，或有附墙柱等，哪些部分做抹面，都要分别记牢。此外附加的构造如爬梯、雨水管等的位置，记住后在施工时就可以考虑随施工的进展进行安装。总之，立面图是结合平面图说明房屋外形的图纸，图示的重点是外部构造，因此这些仅从平面图上是想象不出来的，必须依靠结合立面图，才能把房屋的外部构造表达出来。

建筑–二层平面图雨棚（一）

扫码观看本视频

四、建筑剖面图识读及实例

1. 剖面图的概念

为了了解房屋竖向的内部构造，假想一个垂直的平面把房屋切开，移去一部分，对余下的部分向垂直平面作投影，从而得到的剖视图即为该建筑在某一所切开处的剖面图。剖面图的内容为以下几方面：

（1）从剖面图可以了解各层楼面的标高，窗台、窗上口、顶棚的高度，以及室内净空尺寸。

（2）剖面图上还画出房屋从屋面至地面的内部构造特征，如屋盖是什么形式的、楼板是什么构造的、隔墙是什么构造的、内门的高度等。

（3）剖面图上还注明一些装修做法，楼地面做法，对所用材料等加以说明。

（4）剖面图上有时也可以表明屋面做法及构造，屋面坡度以及屋顶上女儿墙、烟囱等构造物的情形等。

2. 剖面图的识读要点

（1）熟悉建筑材料图例。

（2）了解剖切位置、投影方向和比例。注意图名及轴线编号应与底层平面图相对应。

（3）分层、楼梯分段与分级情况。

（4）标高及竖向尺寸。图中的主要标高包括室内外地坪、入口处、各楼层、楼梯休息平台、窗台、檐口、雨篷底等。主要尺寸包括房屋进深、窗高度，上下窗间墙高度，阳台高度等。

（5）主要构件间的关系，图中各楼板、屋面板及平台板均搁置在砖墙上，并设有圈梁和过梁。

（6）屋顶、楼面、地面的构造层次和做法。

图3-29为某建筑的剖面图，以此为例，简单介绍建筑剖面图的识读。

从剖面图中看出，该住宅楼为三个层次。层高为2.8m。屋顶为平屋面，有外伸挑檐。客厅外墙外侧有挑出阳台（二、三层有阳台，底层无阳台）。楼梯有三段：第一段楼梯从底层到二层为单跑梯；第二段楼梯从二层楼面到楼梯平台，第三段楼梯从楼梯平台到三层楼面，这两段楼梯组成双跑梯，从二层到三层。

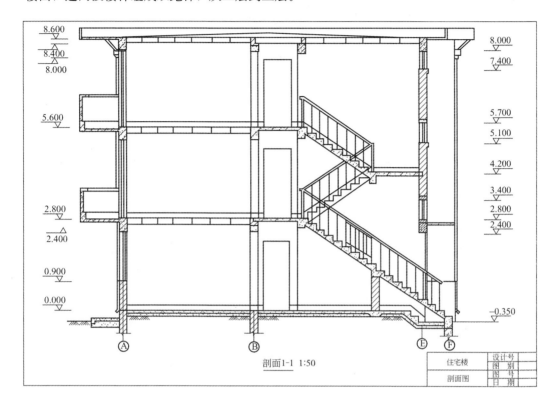

图 3-29 剖面图

根据建筑材料图例得知，二、三层客厅楼板为预制板，屋面板全为预制板，楼梯及走道为现浇混凝土，阳台、雨篷也为现浇混凝土。

每个外窗及空圈上边有钢筋混凝土过梁。三层外窗上面为挑檐圈梁。阳台门上面为阳台梁。楼梯间入口处上面为雨篷梁。

剖面图只表示到底层室内地面及室外地坪线，以下部分属于基础。

剖面图两侧均有标高线，标出底层室内地面、各层楼面、屋面板面、外窗上下边、楼梯平台、室外地坪等处标高值。以底层室内地面标高为零，以上者标正值，以下者标负值。通过看剖面图应记住各层的标高，各部位的材料做法，关键部位尺寸如内墙高、窗的离地高度、墙裙高度等。其他如外墙竖向尺寸、标高，如果结合立面图记忆就容易记住，这在砌砖施工时很重要。同时由于建筑标高和结构标高有所不同，所以楼板面和楼板底的标高必须通过计算才能知道。

五、建筑详图识读及实例

建筑详图是把房屋的细部或构配件（如楼梯、门窗）的形状、大小、材料和做法等，正投影原理，用较大比例绘制出的图样，故又叫大样图，它是对建筑平面图、立面图、剖面图的补充。

建筑-二层平面图雨棚（二）

扫码观看本视频

建筑详图主要包括外墙详图、楼梯详图、门窗详图、阳台详图以及厨房、浴室、卫生间详图等。常见的索引及详图符号可参考表 3-11。

表 3-11　常见索引及详图符号

名　　称	符　　号	说　　明
详图的索引	详图的编号 详图在本张图纸上 剖面详图的编号 剖面详图在本张图纸上 剖切位置线	详图在本章图上
	详图的编号 详图所在图纸的编号	详图不在本章图上
	标准图册的编号 标准图册详图的编号 标准图册详图所在图纸的编号 93J301 标准图册的编号 标准图册详图的编号 标准图册详图所在图纸的编号 93J301 剖切位置线——引出线表示剖视方向(本图向右)	标准详图
详图的标志	详图的编号	被索引的详图在本章图纸上

1. 外墙身详图识读

外墙身详图实际上是建筑剖面图的局部放大图。它主要表示房屋的屋顶、檐口、楼层、地面、窗台、门窗顶、勒脚、散水等处的构造；楼板与墙的连接关系。

外墙身详图的主要内容包括以下几方面：

（1）标注墙身轴线编号和详图符号。

（2）采用分层文字说明的方法表示屋面、楼面、地面的构造。

（3）表示各层梁、楼板的位置及与墙身的关系。

（4）表示檐口部分例如女儿墙的构造、防水及排水构造。

（5）表示窗台、窗过梁（或图梁）的构造情况。

（6）表示勒脚部分例如房屋外墙的防潮、防水和排水的做法。外墙身的防潮层，一般在室内底层地面下 60mm 左右处。外墙面下部有 30mm 厚 1：3 水泥砂浆，面层为褐色水刷石的勒脚。墙根处有坡度 5％的散水。

（7）标注各部位的标高及高度方向和墙身细部的大小尺寸。

（8）文字说明各装饰内、外表面的厚度及所用的材料。

2. 楼梯详图识读

楼梯详图一般包括平面图、剖面图及踏步栏杆详图等。它们表示出楼梯的形式,踏步、平台、栏杆的构造、尺寸、材料和做法。楼梯详图分为建筑详图与结构详图,并分别绘制。对于比较简单的楼梯,建筑详图和结构详图可以合并绘制,编入建筑施工图和结构施工图。

(1)楼梯平面图。一般每一层楼都要画一张楼梯平面图。三层以上的房屋,若中间各层的楼梯位置及其梯段数,踏步数和大小相同时,通常只画底层、中间层和顶层三个平面图。

楼梯平面图实际是各层楼梯的水平剖面图,水平剖切位置应在每层上行第一梯段及门窗洞口的任一位置处。各层(除顶层外)被剖到的梯段,按《房屋建筑制图统一标准》(GB/T 50001—2001)规定,均在平面图中以一根45°折断线表示。

在各层楼梯平面图中应标注该楼梯间的轴线及编号,以确定其在建筑平面图中的位置。底层楼梯平面图还应注明楼梯剖面图的剖切符号。

平面图中要注出楼梯间的开间和进深尺寸、楼地面和平台面的标高及各细部的详细尺寸。通常把梯段长度尺寸与踏面数、踏面宽的尺寸合写在一起。

(2)楼梯剖面图。假想用一铅垂平面通过各层的一个梯段和门窗洞将楼梯剖开,向另一束剖到的梯段方向投影,所得到的剖面图即为楼梯剖面图。

楼梯剖面图表达出房屋的层数,楼梯梯段数,步级数以及楼梯形式,楼地面、平台的构造及与墙身的连接等。

若楼梯间的屋面没有特殊之处,一般可不画。

楼梯剖面图中还应标注地面、平台面、楼面等处的标高和梯段、楼层、门窗洞口的高度尺寸。楼梯高度尺寸注法与平面图梯段长度注法相同。例如 $16×150＝2\ 400$(mm),16为步级数,表示该梯段为 16 级,150mm 为踏步高度。

楼梯剖面图中也应标注承重结构的定位轴线及编号。对需画详图的部位注出详图索引符号。

(3)节点详图。楼梯节点详图主要表示栏杆、扶手和踏步的细部构造。

图 3-30 和图 3-31 为某建筑的楼梯平面图和剖面图,以此为例,简单介绍楼梯详图识读。

①楼梯开间 4.25m,进深 2.7m,二、三层楼梯休息平台标高分别为 1.815m 和 4.95m,休息平台净宽 1.34m。

②每个踏步宽度 290mm,从一层地面到二层楼面需上 20 个踏步,从二层楼面到三层楼面也需上 20 个踏步。

③顶层平面图,由于剖切位置在栏板之上,向下作投影,有两段完整的梯段,从三层楼面 6.6m 到二层楼面 3.3m,需下 20 个踏步。

④定位轴线。轴线编号Ⓓ~Ⓕ,楼梯间进深 4.25m。

⑤竖向尺寸和标高。如每个踏步高 165mm,第一跑 11 个踏步,一层休息平台标高 1.815m,二层楼面标高 3.3m,楼梯间窗户高度 0.9m,杆高 0.9m。

⑥外纵墙情况。墙厚 360mm,墙上包括窗户、过梁、窗台、休息平台下梁等构件。

此外,建筑详图还有门窗详图、厨房详图、卫生间详图等各种类型的详图,但是这些详图相对比较简单,一般人参照图纸都能够理解,所以在此不做介绍。

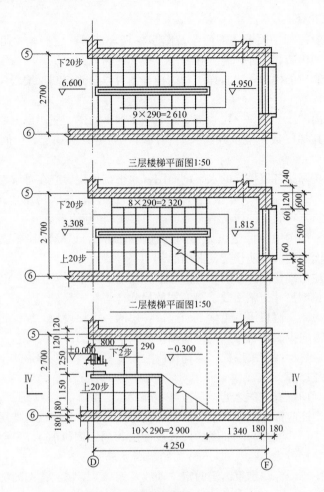

图 3-30 楼梯平面图（1∶50）

第四节　结构施工图快速识读与实例

一、结构工程图的识读方法与要点

1. 方法和顺序

看图纸必须掌握正确的方法，如果没有掌握看图方法，往往抓不住要点，分不清主次，其结果必然收效甚微。看图的实践经验告诉我们，看图的方法一般是先要弄清楚图纸的特点。归纳看图经验编出的顺口溜是："从上往下看、从左往右看、从里向外看、由大到小看、由粗到细看，图样与说明对照看，建筑与结施图结合看"。必要时还要把设备图拿来参照看，这样才能得到较好的看图效果。但是由于图面上的各种线条纵横交错，各种图例、符号繁多，对初学者来说，开始看图时必须要有耐心，认真细致，并要花费较长时间的实践，才能把图看明白。

看图顺序是，先看设计总说明，以了解建筑概况、技术要求等，然后看图。一般按目录的排列逐张往下看，如先看建筑总平面图，了解建筑物的地理位置、高程、坐标、朝向以及与建筑物有关的一些其他情况。

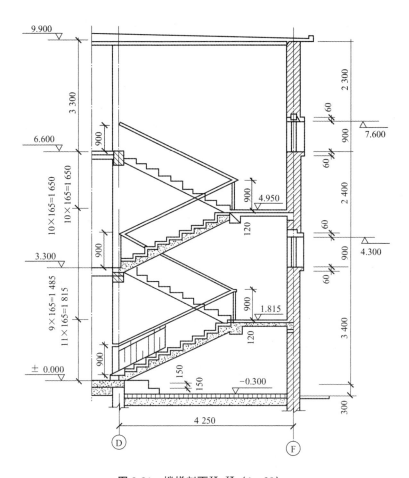

图 3-31　楼梯剖面 Ⅵ-Ⅵ（1：20）

看完建筑总平面图之后，则一般先看建筑施工图中的建筑平面图，从而了解房屋的长度、宽度、轴线间尺寸、开间大小、内部一般布局等。看了平面图之后再看立面图和剖面图，从而对该建筑物有一个总体的了解。

在对每张图纸经过初步全面的看阅之后，在对建筑、结构、水、电设备的大致了解之后，可以再回过头来根据施工程序的先后，从基础施工图开始一步步深入看图。

先从基础平面图、剖面图了解挖土的深度，由基础的构造、尺寸、轴线位置等开始仔细地看图。按照基础→结构→建筑→结合设施（包括各类详图）这个施工程序进行看图，遇到问题可以记下来，以便在继续看图过程中得到解决，或到设计交底时再提出问题。

在看基础施工图时，还应结合看地质勘看图，了解土质情况，以便施工中核对土质构造，保证地基土的质量。

在图纸全部看完之后，可按不同工种有关的施工部分，将图纸再细读，如砌砖工序要了解墙多厚、多高，门、窗洞口多大，是清水墙还是混水墙，窗口有没有出檐，用什么过梁等。木工工序就关心哪儿要支模板，如现浇钢筋混凝土梁、柱，就要了解梁、柱的断面尺寸、标高、长度、高度等。除结构之外，木工工序还要了解门窗的编号、数量、类型和建筑商有关的木装饰图纸。钢筋工序则凡是有钢筋的地方，都要看仔细才能配料和绑扎。

通过看图纸，详细了解要施工的建筑物，在必要时边看图边做笔记，记下关键的内容，以备忘记时可以查阅。其中的关键是轴线尺寸，开间尺寸，层高，楼高，主要梁、柱的截面尺寸、长度、高度；混凝土强度等级，砂浆强度等级等。当然在施工中不可看一次图就将建筑物全部记住，还要结合每个工序再仔细看与施工时有关的部分图纸。

2. 看图的要点

（1）了解基础深度、开挖方式（图纸上未注明开挖方式的，结合施工方案确定）以及基础、墙体的材料做法。

（2）了解结构设计说明中涉及工程量计算的条款内容，以便在工程量计算时，全面领会图纸的设计意图，避免重算或漏算。

（3）了解构件的平面布置及节点图的索引位置，以免在计算时再翻图纸查找，浪费时间。

（4）砖混结构要弄清圈梁有几种截面高度，具体分布在哪些墙体部位，内外墙圈梁宽度是否一致，以便在混凝土体积计算时，确定是否需要分别不同宽度计算。

（5）弄清挑檐、阳台、雨篷的墙内平衡梁与相交的连梁或圈梁的连接关系，以便在计算时做到心中有数。

目前施工图预算的编制主要是围绕工程招投标进行的，工程发标后按照惯例，建设单位一般在三天以内要组织有关方面对图纸进行答疑。因此，预算编制人员在此阶段应抓紧时间看图，对图纸中存在的问题做好记录。在看图过程中不要急于计算，避免盲目计算后又有所变化，造成来回调整。但是对"门窗表""构件索引表""钢筋明细表"中的构件以及钢筋的规格型号、数量、尺寸，要进行复核。待图纸答疑后，根据"图纸答疑纪要"，对图纸进行全面修正，然后再进行计算。

二、基础结构图识读及实例

基础图一般包括基础平面图、基础详图和设计说明等内容。基础图的图示内容包括以下方面：

1）基础平面图。不同类型的基础和柱分别用代号 J1、J2 等和 Z1、Z2 等表示。

（1）基础平面图的比例应与建筑平面图相同。常用比例为 1：100、1：200。

（2）基础平面图的定位轴线及其编号和轴线之间的尺寸应与建筑平面图一致。

（3）从基础平面图上可看出基础墙、柱、基础底面的形状、大小及基础与轴线的尺寸关系。

（4）基础梁代号为 JL1、JL2 等。

2）基础详图。条形基础，基础详图一般画的是基础的垂直断面图；独立基础，基础详图一般要画出基础的平面图、立面图的断面图。

基础的形状不同时应分别画出其详图，当基础形状仅部分尺寸不同时，也可用一个详图表示，但需标出不同部分的尺寸。

3）设计说明。一般包括地面设计标高、地基的允许承载力、基础的材料强度等级、防潮层的做法以及对基础施工的其他要求等。

图 3-32 为某建筑的基础图，以此为例，简单介绍基础图的识读。

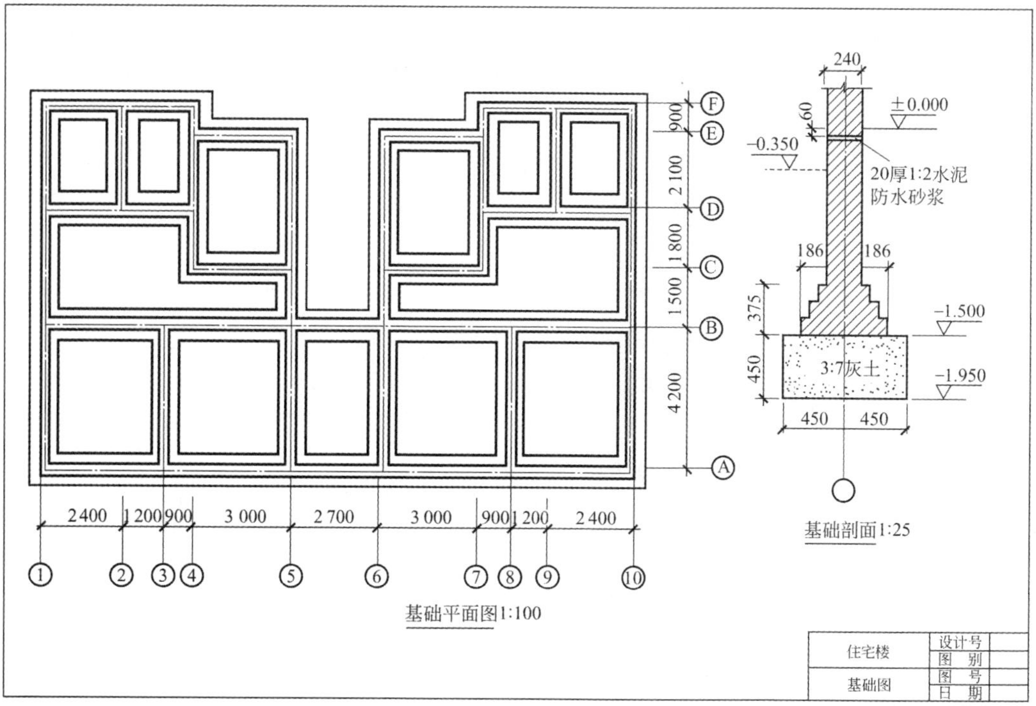

图 3-32　基础图

基础图中有基础平面图及基础详图（带形基础为剖面图）。

基础平面图表达了基础的平面位置及其定位轴线间尺寸。两条粗线之间距离表示墙基厚度，两条细线之间距离表示基础垫层的宽度，砖基础大放脚宽度不表示。从图中可以看出有承重墙下才有基础，无承重墙则没有基础，如楼梯间入口处（E 轴线中的 5～6 段），因无外墙故这段也没有基础。基础平面图中只注轴线尺寸。基础剖切符号依剂视位置而定。

基础详图表达了基础断面形状、用料及其标高、尺寸等。从基础详图中可以看出，该基础为砖砌，下有三层等高式大放脚，大放脚每层高 125mm，逐层两边各伸出 62mm，砖基础下面设置 3：7 灰土垫层，垫层宽 900mm，厚 450mm。垫层底的标高值为 -1.950，表示垫层底低于底层室内地面 1.950m。室外地坪线用虚线表示，其标高值为 -0.350，实际上垫层底距室外地坪为 1.600m，开挖基槽只要挖 1.6m 深即可。

在底层室内地面以下 60mm 处，还有一道水平防潮层，防潮层用 20mm 厚 1：2 水泥防水砂浆。

三、结构平面图识读及实例

（1）用粗实线表示预制楼板楼层平面轮廓，预制板的铺设用细实线表示，习惯上把楼板下不可见墙体的虚线改画为实线。

（2）在单元范围内，画出楼板数量及型号。铺设方式相同的单元预制板用相同的编号,如甲、乙等表示,而不一一画出楼板的布置。

(3)在单元范围内,画一条对角线,在对角线方向注明预制板数量及型号。

(4)用粗实线画出现浇楼板中的钢筋,同一种钢筋只需画一根。板可画出一个重合断面,表示板的形状、板厚及板的标高(图 3-33),重合断面是沿板垂直方向剖切,然后翻转 90°。

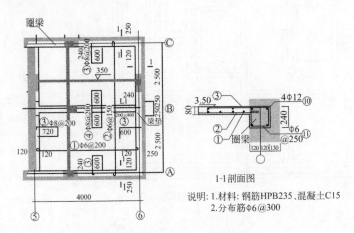

图 3-33　现浇楼板中的钢筋表示

(5)楼梯间的结构施工图一般不在楼层结构平面图中画,只用双对角线表示楼梯间。

(6)结构平面图的所有轴线必须与建筑平面图相符。

(7)结构相同的楼层平面图只画一个结构平面图,称为标准层平面图。

四、钢筋混凝土结构图识读及实例

图 3-34 为某建筑的钢筋混凝土结构图,以此为例,简单介绍钢筋混凝土结构图的识读。

钢筋混凝土结构图表达了现浇板(B-1,B-2、B-3)、过梁(GL-1,GL-2、GL-3)、单梁(L-1)的配筋情况及结构构件具体尺寸。

现浇板配筋图有 B-1、B2、B3 共三幅。其中钢筋以卧倒状态表示。

如 B-1 配筋图,图 3-34 中表示出 6 种钢筋的数量、直径、间距等。1 号钢筋为 φ8@150,表示 1 号钢筋直径为 8mm,间距为 150mm,沿板的短向布置,在板的下部作为受力钢筋;2 号钢筋为中 φ8@150,沿板的长向布置,在板的下部作为受力钢筋;3 号钢筋为 φ8@150,在板的上部作为抵抗支座处负弯矩,在板的两端沿板的短向布置,每根长 500mm,带 90°弯钩;4 号钢筋为 φ8@150,在板的上部作为抵抗支座处负弯矩,在板的两端沿板的长向布置,每根长 550mm,带 90°弯钩;5 号钢筋为 3 根 φ6,作为 3 号钢筋的连系筋,保持 3 号钢筋的间距不变;6 号钢筋为 3 根 φ6,作为 4 号钢筋的连系筋,保持 4 号钢筋间距不变。

B-2、B-3 配筋图识读方法同 B1 配筋图。

过梁配筋图有 GL-1,GL-2、GL-3 共三幅、各有过梁的立面及断面。

如 GL-1 配筋图,过梁长 2 600mm(洞口宽 2 100mm+500mm),断面为 115mm×180mm,1 号钢筋为 2 根 φ16,布置在过梁下部作为受力筋;2 号钢筋为 2 根 φ12,布置在过梁上部作为架立筋；3 号钢筋为 14 根φ6，间距为 200mm，沿过梁长向等距布置作为箍筋。

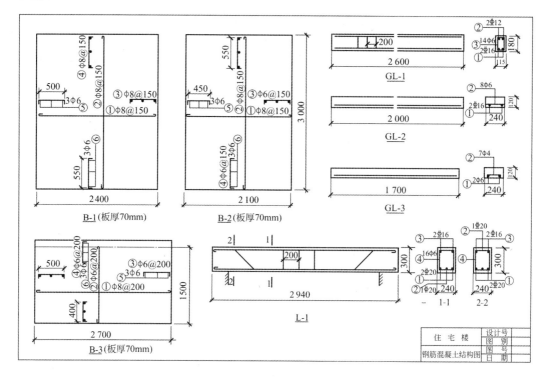

图 3-34　钢筋混凝土结构图

如 GL-2 配筋图，过梁长 2 000mm（洞口宽 1 500mm 加 500mm），断面为 240mm×120mm，1 号钢筋为 2 根⊈16，布置在过梁下部作为受力钢筋，2 号钢筋为 8 根φ6，布置在过梁下部作为 1 号钢筋的连系筋。

GL-3 配筋图识读方法同 GL-2 配筋图。

L-1 配筋图只有一幅，表示出 L-1 梁的立面、断面及其配筋情况，梁长 2 940mm，断面为 240mm×300mm，1 号钢筋为 2 根⊈20，布置在梁下部作为受力钢筋；2 号钢筋为 1 根⊈20，布置在梁下部作为受力钢筋，但其两端在支座附近弯起，弯起部分布置在梁的上部用以抵抗支座处负弯矩；3 号钢筋为 2 根⊈16，布置在梁的上部作为架立筋；4 号钢筋为 16 根φ6，间距为 200mm，沿梁长等距布置作为箍筋。

五、钢筋混凝土构件详图识读及实例

图 3-35 为某建筑钢筋混凝土详图，以此为例，简单介绍钢筋混凝土构件详图的识读。

1）梁模板尺寸。梁长 4 240mm，梁宽 200mm，梁高 400mm，板厚 80mm。

2）配筋

（1）主筋即受力筋，①号钢筋是 2 根直径 18mm 的钢筋，布置在梁底，并在梁的最外侧左右各一根，见 1-1 剖面，标准为 2⊈18；②号钢筋是 1 根直径 20mm 的弯起钢筋，布置在梁底中间部位，标准为 1⊈20。

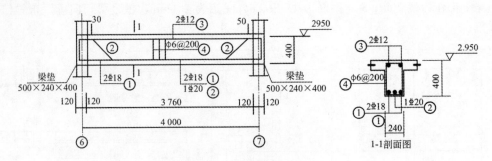

图 3-35　钢筋混凝土详

（2）架立筋：架立筋主要起架立作用，③号钢筋是两根直径 12mm 的钢筋，布置在梁的上部靠最外边左右各一根，标准为 2 ⎓ 12。

（3）箍筋：④号钢筋为箍筋，直径 6mm，间距 200mm，标准为 φ 6@200。

3）支座情况。两端支撑在⑥、⑦轴墙上，支承长度为 240mm，并设有素混凝土梁垫，长 500mm、宽 240mm、高 400mm。

4）钢筋表。包括构件编号、形状尺寸、规格、根数。

5）钢筋形状尺寸。钢筋的成型尺寸一般是指外包尺寸。确定钢筋形状和尺寸除计算要求外，一般考虑钢筋的保护层和钢筋的锚固要求等因素。钢筋锚固长度根据有关规范决定。图 3-36 表明①、②、④号钢筋成型尺寸。箍筋成型尺寸根据主筋保护层确定。箍筋尺寸注法各设计单位不统一，有的注内皮，有的注外皮。

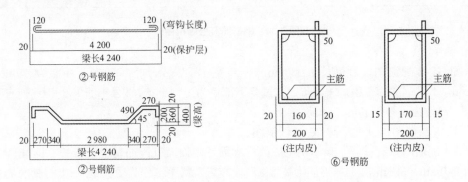

图 3-36　钢筋成型尺寸

6）钢筋的弯钩。螺纹钢筋和混凝土结合良好，末端不做弯钩，光圆钢筋要做弯钩。弯钩的设计长度见图 3-37，一个弯钩的长度为 6.25 倍钢筋直径（即 6.25d），这个长度是设计长度。如图①号钢筋直径为 18mm，所以弯钩的设计长度为 6.25×18＝120（mm），故其设计总长度为外包尺寸加两倍弯钩，即 4 200＋2×120＝4 440（mm）。

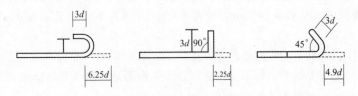

图 3-37　弯钩设计长度

7) 钢筋下料长度。钢筋成型时，由于钢筋弯曲变形，要伸长些，因此施工时实际下料长度应比设计长度要缩短。所减长度取决于钢筋直径和弯折角度，直径和弯折角越大，伸长越多，应减长度也就越多，如图 3-38 所示。因此一个半圆弯钩的实际下料长度应为 $6.25d-1.5d=4.75d$，一般可按 $5d$ 计算，如①号钢筋的实际下料长度应为 $4\ 200+5\times18\times2-4\ 380$（mm）。

图 3-38　弯钩设计长度

第五节　建筑水暖电施工图识读及实例

一、建筑给排水施工图识读及实例

1. 目录

先列新绘制图纸，后列选用的标准图或重复利用图。

2. 设计说明

设计说明分别写在有关的图纸上。

3. 平面图

（1）底层及标准层主要轴线编号、用水点位置及编号、给排水管道平面布置、立管位置及编号、底层给排水管道进出口与轴线位置尺寸和标高。

（2）热交换器站、开水间、卫生间、给排水设备及管道较多的地方，应有局部放大平面图。

（3）建筑物内用水点较多时，应有各层平面卫生设备、生产工艺用水设备位置和给排水管道平面布置图。

4. 系统图

各种管道系统图应表明管道走向、管径、坡度、管长、进出口（起点、末点）标高、各系统编号、各楼层卫生设备和工艺用水设备的连接点位置和标高。在系统图上应注明室内外标高差及相当于室内底层地面的绝对标高。

5. 局部设施

当建筑物内有提升、调节或小型局部给排水处理设施时，应有其平面图、剖面图及详图，或注明引用的详图、标准图等。

6. 详图

凡管道附件、设备、仪表及特殊配件需要加工又无标准图可以利用时，应有相应的详图。

对于给排水工程的识读，一般可以参照下面几点进行：

1）熟悉图纸目录，了解设计说明，在此基础上将平面图与系统图联系对照识读。

2）应按给水系统和排水系统分系统分别识读，在同类系统中应按编号依次识读。

建筑-二层平面图飘窗（二）

扫码观看本视频

（1）给水系统根据管网系统编号，从给水引入管开始沿水流方向经干管、立管、支管直至用水设备，循序渐进。

（2）排水系统根据管网系统编号，从用水设备开始沿排水方向经支管、立管用出管到室外检查井，循序渐进。

3）在施工图中，对于某些常见部位的管道器材、设备等细部的位置、尺寸和构造要求，往往是不加说明的，而是遵循专业设计规范、施工操作规程等标准进行施工的，读图时欲了解其详细做法，尚需参照有关标准图集和安装详图。

图 3-39 为水箱平面图，图 3-40 为水箱剖面图。

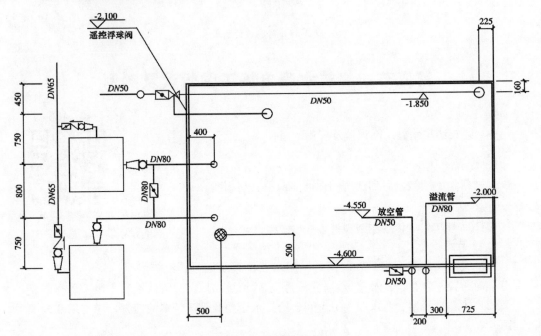

图 3-39　水箱平面图

水箱上的配管有进水管、出水管、溢流管、泄水管、水位信号管、通气管等。管道布置应符号如下要求：

进水管：其位置宜设在检修孔的下方。为防止溢流，进水管上应安装水位控制阀，如液压水位控制阀、浮球阀，并在进水端设检修用的阀门。液压阀体积小，且不易损坏，应优先采用；若采用浮球阀不宜少于 2 个。进水管入口距箱盖的距离应满足浮球阀的安装要求，一般进水管管口的最低点高出溢流边缘的高度等于进水管管径的 2.5 倍，但最小不应小于 25mm，最大不大于 150mm。当水箱由水泵供给水并采用自动控制水泵启闭的装置时，可不设水位控制阀。

出水管：可由水箱的侧壁或底部接出，管口应高出箱底 50mm，以免将箱底沉淀物带入配水管网，并应装设阀门以利检修。为防止水箱水出现短流，进、出水管宜分设在水箱两侧。

溢流管：溢流管口应在水箱设计最高水位以上 50mm 处，管径应比进水管大 1～2 级。溢流管上不允许设阀门，其出口应设网罩。

泄水管：用以检修或清洗时泄水，从箱底接出，可与溢流管相连后用同一根管排水，但不能与下水管道直接连接。泄水管上应设阀门，管径 40～50mm。

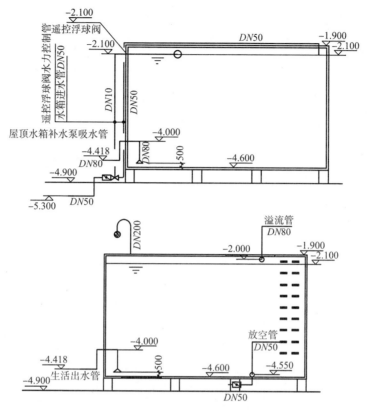

图 3-40　水箱剖面图

水位信号管：水位信号管是反映水位控制阀失灵报警的装置。可在溢流管口下 10mm 处设水位信号管，直通值班室的洗涤盆等处，管径 15～20mm。若水箱液位与水泵联动，则可在水箱侧壁或顶盖上安装液位继电器或信号器，采用自动水位报警装置。

通气管：生活用水水箱的储水量较大时，应在箱盖上设通气帽，以使水箱内空气流通，一般通气管管径≥50mm，通气帽高出水箱顶 0.5m。

水箱材料采用玻璃钢，水箱容积为 4.55m×2.75m×2.7m。

建筑-三层平面图（一）

扫码观看本视频

二、建筑暖通施工图识读及实例

1. 平面图的识读

平面图主要标明建筑物内采暖管道及采暖设备的平面布置情况，其主要内容包括以下几个方面。

①采暖总管入口和回水总管出口的位置、管径和坡度。

②各立管的位置和编号。

③地沟的位置、主要尺寸及管道支架部分的位置等。

④散热设备的安装位置及安装方式。

⑤热水供暖时，膨胀水箱、集气罐的位置及连接管的规格。

⑥蒸汽供暖时，管线间及末端的疏水装置、安装方法及规格。

⑦地热辐射供暖时，分配器的规格、数量，分配器与热辐射管件之间的连接和管件的布置方法及规格。

1）平面图图样画法。

（1）采暖平面图上的建筑物轮廓应与建筑专业图一致。

（2）管道系统用单线绘制。

（3）散热器用图例表示，画法如图 3-41 所示。

（4）散热器的供回水管道画法如图 3-41 所示。

2）系统图的图样画法。

采暖管道系统图通常采用 45°正面斜轴测投影法绘制，布图方法应与平面图一致，并采用与之对应的平面图相同的比例绘制。

（1）散热器的画法及数量、规格的标注如图 3-42 所示。

（2）系统图中的重叠、密集处可断开引入绘制，如图 3-42 所示。

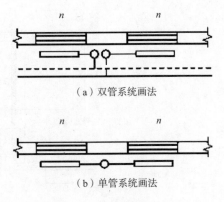

（a）双管系统画法

（b）单管系统画法

图 3-41　散热器画法

n-散热器数量

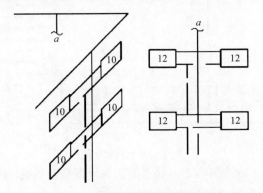

图 3-42　系统图中散热器画法及标注

3）标高与坡度。

采暖管道在需要限定高度时，应标注相对标高。管道的相对标高以建筑物底层室内地坪为±0.00 为界，低于地坪的为负值（例如地沟管道）、比地坪高的用"＋"号。

（1）管道标高一般为管中心标高，标注在管段的始端或末端。

（2）散热器宜标注底标高，同一层、同标高的散热器只标注右端的一组。

（3）管道的坡度用单面箭头表示。坡度符号与用"i"表示。箭头所指为坡向，而不是热媒流向，数字表示坡度。

4）管径与尺寸的标注。

（1）焊接钢管用公称直径 DN 表示管径规格。如：DN32、DN25。

（2）无缝钢管用外径和壁厚表示，如：D108×4。

（3）管径标注位置：

①应标注在变径处。

②水平管道应注在管道上方。

③斜管道应标注在管道斜上方。

④竖管道应标注在管道左侧。

⑤当管径规格无法按上述位置标注时，可另找适当位置标注，但应用引出线示意。

⑥同一种管径的管道较多时，可不在图上标注，但需用文字说明。

（4）管道施工图中注有详细的尺寸，以此作为安装制作的主要依据。尺寸符号由尺寸界线、尺寸线、箭头和尺寸数字组成，一般以 mm 为单位，当取其他单位时必须加以注明。如果有些尺寸线在施工图中标注的不完整，施工、预算时可根据比例，用比例尺量出。

5）比例。

图纸中管道的长短与实际大小相比的关系叫做比例。采暖管道平面图的比例一般随建筑图确定，系统图随平面图而定，其他详图可适当放大比例。但无论何种比例画出的图纸，图中尺寸均按实际尺寸标注。

2. 系统轴测图的识读

采暖系统轴测图表明整个供暖系统的组成及设备、管道、附件等的空间布置关系，表明各立管编号，各管段的直径、标高、坡度，散热器的型号与数量（片数），膨胀水箱和集气罐及阀件的位置、型号规格等。如图 3-43 所示。

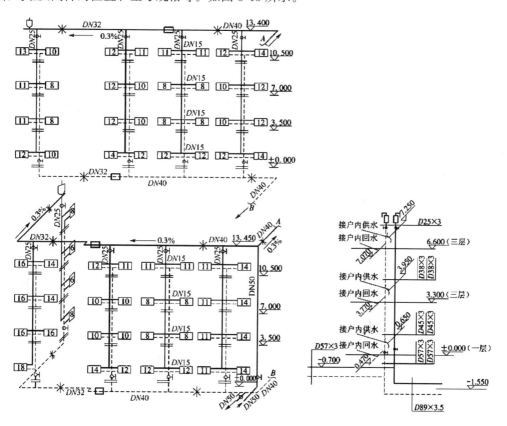

图 3-43　采暖系统轴测图

3. 详图的识读

采暖详图包括标准图和非标准图，采暖设备的安装都要采用标准图，个别的还要绘制详图。标准图包括散热器的连接安装、膨胀水箱的制作和安装、集气罐的制作和连接、补偿器和疏水器的安装、入口装置等；非标准图是指供暖施工平面图及轴测图中表示不清而又无标准图的节点图、零件图。

（1）对采暖施工图，一般只绘制平面图、系统图和通用标准图所缺的局部节点图。在阅读采暖详图时要弄清管道的连接做法、设备的局部构造尺寸、安装位置做法等。

（2）图3-44是一组散热器的安装详图。图3-44中标明暖气支管与散热器和立管之间的连接形式，散热器与地面、墙面之间的安装尺寸、结合方式及结合件本身的构造等。

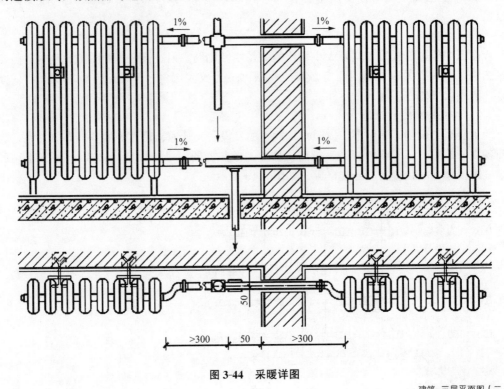

图3-44　采暖详图

建筑–三层平面图（二）

扫码观看本视频

三、建筑电气施工图识读及实例

1. 基本图的识读

基本图是由图纸目录、设计说明、系统图、平面图、立（剖）面图、控制原理图、设备材料表等组成的。

（1）设计说明。设计说明是图纸的文字解释。内容包括供电方式、电压等级，主要线路敷设形式，以及图中未有表达的各种技术数据、施工和验收要求等。

（2）主要设备材料表。主要设备材料表的内容有各种设备的名称、型号、规格、材质和数量。

（3）系统图。系统图是把整个工程的供电线路用单线连接形式示意性地表示的线路图。系统图有以下内容：

①整个配电的连接。

②主干线与各个分支回路的连接。

③主要配电设备的型号、规格。

④线路的敷设方式。

（4）电气平面图。常用的电气平面固有动力平面图、照明平面图、弱电平面图。电气平面图有以下内容：

①建筑物的平面布置、轴线分布、尺寸以及图纸比例。

②各种变、配电设备的编号、名称，各种用电设备的名称、型号以及它们在平面图上的位置。

③各种配电线路的起点和终点、敷设方式型号、规格、根数，以及在建筑物中的走向、平面和垂直位置。

（5）控制原理图。控制原理图是根据控制电器的工作原理，按规定的线段和图形符号绘制成的电路展开图，控制原理图一般不表示各电气元件的空间位置。

控制原理图的特点是线路简单、层次分明、易于掌握、便于识读和分析研究，是二次配线的依据。控制原理图不是每套图纸都有，只有当工程需要时才绘制。

2. 详图的识读

（1）电气工程详图。电气工程详图是电气设备（配电盘、柜）的布置和安装大样图。大样图上的各部位部注有详细的尺寸。

（2）标准图。标准图是具有通用的特件图的合编，里面注有具体图形和详细尺寸。

3. 电气施工图看图步骤

（1）先看图纸目录，初步了解图纸张数和内容，找出自己要看的电气图纸。

（2）看电气设计说明和规格表，了解设计意图及各种符号的意思。

（3）按顺序看各种图纸，了解图纸内容，并将系统图和平面图结合起来，弄清意思。在看平面图时应按房间有次序地阅读，了解线路走向、设备装置（如灯具、插销、机械等）。掌握施工图的内容后，才能进行制作及安装。

某小区住宅楼强电系统图如图 3-45～图 3-49 所示。

阅读过说明及图例之后，施工图阅读的一个重点就是整个工程的强、弱电系统图部分的阅读。系统图在电气施工图中具有十分重要的地位，它从总体上描述系统或者分系统，依据系统或者分系统功能依次分解的层次绘制，是系统的汇总。系统图从整体上确定了项目电气工程的规模，为电气计算、选择导线开关、拟定装置布置提供了依据。

系统图也是操作维护的重要文件。通过阅读系统图，才能正确地对系统进行操作维护，维护人员可以通过系统图判断故障位置，解决运行问题。

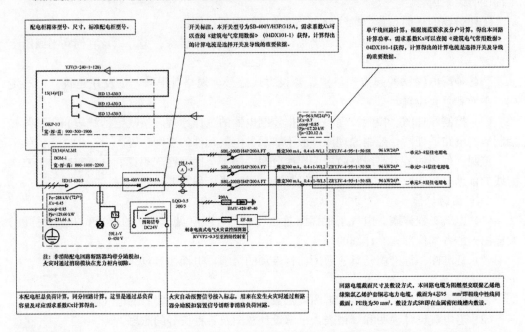

图 3-45 强电系统图（一）

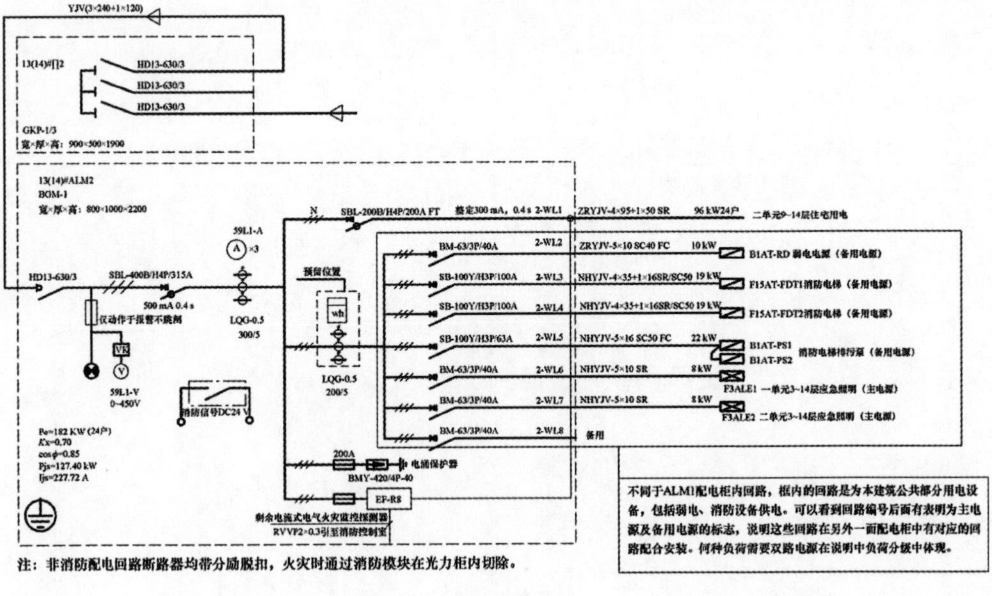

实例解析：

通过本图可以看出，本住宅楼的1号派接柜进户电缆为YJV-3×240+1×120，根据设计说明可以知道这段进户电缆引自小区的低基变配电所。派接柜的作用是为了分隔产权单位，低基变配电所电缆由供电局负责施工，到派接柜开关下口为止均由供电局负责安装维护，后电缆进入本楼配电室ALM1号柜。ALM从图例中可以看出是照明配电柜。

图 3-46 强电系统图（二）

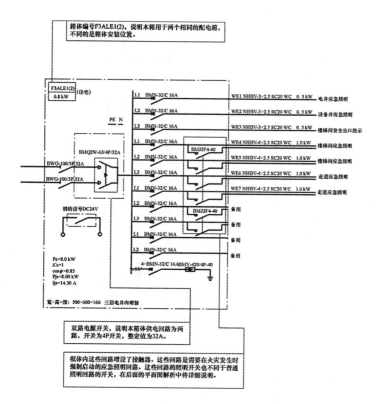

箱体编号F3ALE1(2)，说明本箱用于两个相同的配电箱，不同的是箱体安装位置。

双路电源开关，说明本箱体供电回路为两路，开关为4P开关，整定值为32A。

框体内这些回路增设了接触器。这些回路是需要在火灾发生时强制启动的应急照明回路。这些回路的照明开关也不同于普通照明回路的开关，在后面的平面图解析中将详细说明。

图3-47　强电系统图（三）

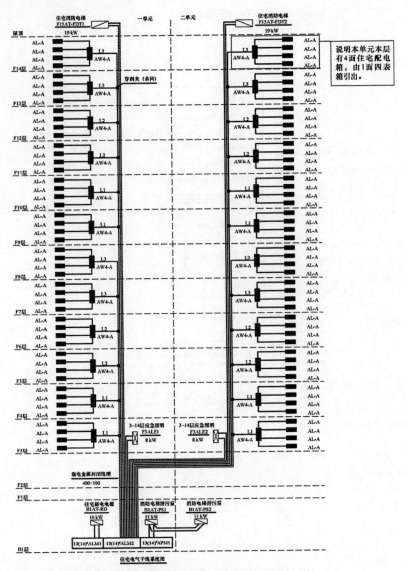

图 3-48 强电系统图（四）

竖向系统图是整个工程强电部分的整合说明，有助于阅读者对整个工程的强电系统进行理解。
通过竖向系统图的阅读，可以直观地了解配电柜与配电箱间的干线关系。

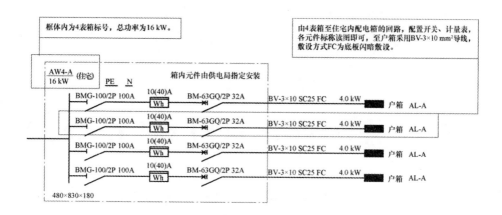

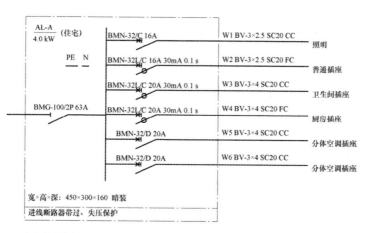

户箱系统图内表明了单个住宅户内回路设置，包括照明及插座不同回路，结合后面的平面图阅读可以更清晰地理解。

图 3-49　强电系统图（五）

第四章
建筑工程工程量计算规则与实例

第一节　建筑工程工程量计算基础知识

一、工程量的含义

工程量是指以物理计量单位或自然计量单位所表示的分部分项工程项目和措施项目的数量。

物理计量单位是指以公制度量表示的长度、面积、体积和重量等计量单位。自然计量单位指建筑成品表现在自然状态下的简单点数所表示的个、条、樘、块等计量单位。

二、工程量计算的依据、原则和顺序

1. 工程量计算的依据

（1）经审定的施工设计图纸及其说明。

（2）工程施工合同、招标文件的商务条款。

（3）经审定的施工组织设计（项目管理实施规划）或施工技术措施方案。施工图纸主要表现拟建工程的实体项目，分项工程的具体施工方法及措施，应按施工组织设计（项目管理实施规划）或施工技术措施方案确定。

（4）工程量计算规则。工程量计算规则是规定在计算工程实物数量时，从设计文件和图纸中摘取数值的取定原则的方法。

（5）经审定的其他有关技术经济文件。

2. 工程量计算的原则

（1）列项要正确，要严格按照规范或有关定额规定的工程量计算规则计算工程量，避免错算。

（2）工程量计量单位必须与工程量计算规范或有关定额中规定的计量单位相一致。

（3）根据施工图列出的工程量清单项目的口径必须与工程量计算规范中相应清单项目的口径相一致。

（4）按图纸，结合建筑物的具体情况进行计算。

（5）工程量计算精度要统一，要满足规范要求。

3. 工程量计算的顺序

（1）单位工程计算顺序。

一般按计价规范清单列项顺序计算，即按照计价规范上的分章或分部分项工程顺序计算工程量。

（2）单个分部分项工程计算顺序。

①按照顺时针方向计算法，即先从平面图的左上角开始，自左至右，然后再由上而下，最后转回到左上角为止，这样按顺时针方向转圈依次进行计算。

②按"先横后竖、先上后下、先左后右"计算。

③按图纸分项编号顺序计算法，即按照图纸上所注结构构件、配件的编号顺序进行计算。

注：按一定顺序计算工程量的目的是防止漏项少算或重复多算的现象发生，具体方法可因具体情况而异。

三、工程量计算的方法

运用统筹法计算工程量，就是分析工程量计算中各分部分项工程量计算之间的固有规律和相互之间的依赖关系，运用统筹法原理和统筹图图解来合理安排工程量的计算程序，以达到节约时间、简化计算、提高工效，为及时准确地编制工程预算提供科学数据的目的。

1. 基本要点

（1）统筹程序，合理安排。工程量计算程序的安排是否合理，关系着计量工作的效率高低、进度快慢。按施工顺序计算工程量，往往不能充分利用数据间的内在联系而造成重复计算，浪费时间和精力，有时还容易出现计算差错。

（2）利用基数，连续计算。就是以"线"或"面"为基数，利用连乘或加减，算出与它有关的分部分项工程量。

（3）一次算出，多次使用。在工程量计算过程中，往往有一些不能用"线""面"基数进行连续计算的项目，如木门窗、屋架、钢筋混凝土预制标准构件等。

（4）结合实际，灵活机动。用"线""面""册"计算工程量，是一般常用的工程量基本计算方法，实践证明，在一般工程上完全可以利用。但在特殊工程上，由于基础断面、墙厚、砂浆强度等级和各楼层的面积不同，就不能完全用"线"或"面"的一个数作为基数，而必须结合实际灵活地计算。一般常遇到的几种情况及采用的方法如下：

①分段计算法。当基础断面不同，在计算基础工程量时，应分段计算。

②分层计算法。如遇多层建筑物，各楼层的建筑面积或砌体砂浆强度等级不同时，均可分层计算。

③补加计算法。即在同一分项工程中，遇到局部外形尺寸或结构不同时，为便于利用基数进行计算，可先将其看作相同条件计算，然后再加上多出部分的工程量。

④补减计算法。与补加计算法相似，只是在原计算结果上减去局部不同部分工程量。

2. 统筹图

运用统筹法计算工程量，就是要根据统筹法原理对计价规范中清单列项和工程量计算规则，设计出计算工程量程序统筹图。

统筹图以"三线一面"作为基数，连续计算与之有共性关系的分部分项工程量，而与基数无共性关系的分部分项工程量则用"册"或图示尺寸进行计算。

（1）统筹图主要由计算工程量的主次程序线、基数、分部分项工程量计算式及计算单位组成。主要程序线是指在"线""面"基数上连续计算项目的线，次要程序线是指在分部分项项目上连续计算的线。

（2）统筹图的计算程序安排原则：共性合在一起，个性分别处理；先主后次，统筹安排；独立项目单独处理。

（3）用统筹法计算工程量的步骤，如图4-1所示。

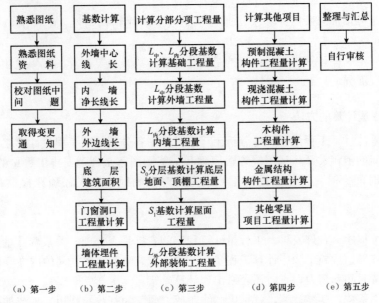

| 熟悉图纸 | 基数计算 | 计算分部分项工程量 | 计算其他项目 | 整理与汇总 |

| 熟悉图纸资料 | 外墙中心线长 | $L_{中}$、$L_{内}$分段基数计算基础工程量 | 预制混凝土构件工程量计算 | 自行审核 |

校对图纸中间问题 → 内墙净长线长 → $L_{中}$分段基数计算外墙工程量 → 现浇混凝土构件工程量计算

取得变更通知 → 外墙外边线长 → $L_{内}$分段基数计算内墙工程量 → 木构件工程量计算

底层建筑面积 → S_0分层基数计算底层地面、顶棚工程量 → 金属结构构件工程量计算

门窗洞口工程量计算 → S_1基数计算屋面工程量 → 其他零星项目工程量计算

墙体埋件工程量计算 → $L_{外}$分段基数计算外部装饰工程量

（a）第一步　　（b）第二步　　（c）第三步　　（d）第四步　　（e）第五步

图4-1　利用统筹法计算分部分项工程量步骤图

四、分部分项工程项目划分

1. 建筑工程分部分项工程划分

根据《建设工程工程量清单计价规范》（GB 50500—2013）的规定，建筑工程划分为17个分部工程：土石方工程，地基处理与边坡支护工程，桩基工程，砌筑工程，混凝土及钢筋混凝土工程，金属结构工程，木结构工程，门窗工程，屋面及防水工程，保温、隔热、防腐工程，楼地面装饰工程，墙、柱面装饰与隔断、幕墙工程，天棚工程，油漆、涂料、裱糊工程，其他装饰工程，拆除工程，措施项目。

每个分部工程中又分为若干分项工程，例如桩基工程分为打桩和灌注桩两个分项工程。建筑工程的分部分项工程项目划分具体可以参见表4-1。

表4-1　建筑工程分部分项划分

序号	分部工程名称	分项工程名称
1	土石方工程	1. 土方工程 2. 石方工程 3. 回填
2	地基处理与边坡支护工程	1. 地基处理 2. 基坑与边坡支护

续表

序号	分部工程名称	分项工程名称
3	桩基工程	1. 桩基工程 2. 灌注桩
4	砌筑工程	1. 砖砌体 2. 砌块砌体 3. 石砌体 4. 垫层
5	混凝土及钢筋混凝土工程	1. 现浇混凝土基础 2. 现浇混凝土柱 3. 现浇混凝土梁 4. 现浇混凝土墙 5. 现浇混凝土板 6. 现浇混凝土楼梯 7. 现浇混凝土其他构件 8. 后浇带 9. 预制混凝土柱 10. 预制混凝土梁 11. 预制混凝土屋架 12. 预制混凝土板 13. 预制混凝土楼梯 14. 其他预制构件 15. 钢筋工程 16. 螺栓、铁件
6	金属结构工程	1. 钢网架 2. 钢屋架、钢托架、钢桁架、钢架桥 3. 钢柱 4. 钢梁 5. 钢板楼板、墙板 6. 钢构件 7. 金属制品
7	木结构工程	1. 木屋架 2. 木构件 3. 屋面木基层

续表

序号	分部工程名称	分项工程名称
8	门窗工程	1. 木门 2. 金属门 3. 金属卷帘（闸门） 4. 厂库房大门、特种门 5. 其他门 6. 木窗 7. 金属窗 8. 门窗套 9. 窗台板 10. 窗帘、窗帘盒、轨
9	屋面及防水工程	1. 瓦、型材及其他屋面 2. 屋面防水及其他 3. 墙面防水、防潮 4. 楼（地）面防水、防潮
10	保温、隔热、防腐工程	1. 保温、隔热 2. 防腐面层 3. 其他防腐
11	楼地面装饰工程	1. 整体面层及找平 2. 块料面层 3. 橡塑面层 4. 其他材料面层 5. 踢脚线 6. 楼梯面层 7. 台阶装饰 8. 零星装饰项目
12	墙、柱面装饰与隔断、幕墙工程	1. 墙面抹灰 2. 柱（梁）面抹灰 3. 零星抹灰 4. 墙面块料面层 5. 柱（梁）面镶贴块料 6. 镶贴零星块料 7. 墙饰面 8. 柱（梁）饰面 9. 幕墙工程 10. 隔断

续表

序号	分部工程名称	分项工程名称
13	天棚工程	1. 天棚抹灰 2. 天棚吊顶 3. 采光天棚 4. 天棚其他装饰
14	油漆、涂料、裱糊工程	1. 门油漆 2. 窗油漆 3. 木扶手及其他板条、线条油漆 4. 木材面油漆 5. 金属面油漆 6. 抹灰面油漆 7. 喷刷涂料 8. 裱糊
15	其他装饰工程	1. 柜类、货架 2. 压条、装饰线 3. 扶手、栏杆、栏板装饰 4. 暖气罩 5. 浴厕配件 6. 雨篷、旗杆 7. 招牌、灯箱 8. 美术字
16	拆除工程	1. 砖砌体拆除 2. 混凝土及钢筋混凝土构件拆除 3. 木构件拆除 4. 抹灰层拆除 5. 块料面层拆除 6. 龙骨及饰面拆除 7. 屋面拆除 8. 铲除油漆涂料裱糊面 9. 栏杆栏板、轻质隔断隔墙拆除

续表

序号	分部工程名称	分项工程名称
16	拆除工程	10. 门窗拆除 11. 金属构件拆除 12. 管道及卫生洁具拆除 13. 灯具、玻璃拆除 14. 其他构件拆除 15. 开孔（打洞）
17	措施项目	1. 脚手架工程 2. 混凝土模板及支架 3. 垂直运输 4. 超高施工增加 5. 大型机械设备进出场及安拆 6. 施工排水、降水 7. 安全文明施工及其他措施项目

现在绝大多数工程项目都采用清单计价方式，因此在对建筑工程结构进行项目划分时，应该采用《建设工程工程量清单计价规范》（GB 50500—2013）中所列的分部分项工程进行，然后再对照定额标准进行分项子母组合计价。

例如，在进行项目砌筑实心砖墙的计价时，清单项目编号为 010401003，根据具体施工工艺对应查《全国统一建筑工程基础定额》中浑水砖墙项目。比如二四墙，就查定额编号 4-10，对应的就是 1 砖墙的人工、材料、机械定额费用。

2. 具体列分部分项工程项目

一般来说，现在都是根据《建设工程工程量清单计价规范》中的规定列分部分项工程项目。

（1）根据施工工艺确定分部工程。

根据建筑工程的施工图内容、施工方案及施工技术要求等，参照表 4-1 中的建筑工程分部、分项工程划分项目，确定该建筑工程的分部工程项目，一般从土石方工程开始，按照施工图结构顺序内容，逐个确定分部工程项目。通常情况下，一般的框架混凝土结构房屋主体施工大致可以分为土石方工程，桩基工程，措施项目，砌筑工程，混凝土及钢筋混凝土工程，门窗工程，木结构工程，楼地面工程，屋面及防水工程，保温、隔热、防腐工程，天棚工程以及相应的各种装饰项目。

（2）确定分项工程。

分部工程确定完后，参照施工图顺序，逐步确定分项工程项目。例如混凝土结构房屋的混凝土及钢筋混凝土分部工程中，如果采用现浇施工，一般又可以分为现浇混凝土基础、现浇混凝土柱、现浇混凝土梁、现浇混凝土墙、现浇混凝土板、现浇混凝土楼梯、现浇混凝土其他构件以及后浇带等分项工程项目。

（3）列子项。

当建筑工程的分部分项工程项目列完之后，就需要根据定额内容列出每一个分项工程对应的子项。一般来说，能够与施工项目对应上的定额子项，按照定额中确定的子项列出；如果施工项目有，而定额中没有对应的子项，则按照每个地区颁发的补充定额列出子项。

例如，多层砖混结构房屋砌筑工程分项中需要列出砖基础、1砖混水砖墙、钢筋砖过梁等子项。

对于一个分项工程含多个子项的项目，一定要将其全部子项列完整，避免丢项，影响最后的预算造价。例如，预制钢筋混凝土空心板（板厚120mm），需要列出5-164空心板模板、5-323φ6钢筋（点焊）、5-435空心板混凝土三个子项。

经验指导

需要注意的是，列子项时，一定要看清定额中关于该子项所用材料及其规格、构造做法等施工条件的说明。如果与施工内容完全相同，则完全套用定额中的该子项。还有很多情况下，施工内容会有部分条件与定额子项说明不同，这个时候，就要再列一个调整的子项。例如，某住宅钢门窗刷漆三遍，需要先列出11-574（本书除非特殊说明，提及定额编号，都以《全国建筑工程统一基础定额》为准）单层钢门窗刷调和漆两遍子项，再补充列出11-576单层钢门窗每增加一遍调和漆子项。

第二节　建筑面积的计算

一、建筑面积的概念及作用

1. 建筑面积的概念

建筑面积是指建筑物的水平平面面积，即外墙勒脚以上各层水平投影面积的总和。建筑面积包括使用面积、辅助面积和结构面积。

使用面积是指建筑物各层平面布置中，可直接为生产或生活使用的净面积总和。居室净面积在民用建筑中，亦称"居住面积"。

辅助面积，是指建筑物各层平面布置中为辅助生产或生活所占净面积的总和。使用面积与辅助面积的总和称为"有效面积"。

结构面积是指建筑物各层平面布置中的墙体、柱等结构所占面积的总和。

计算工业与民用建筑的建筑面积，总的规则是：凡在结构上、使用上形成具有一定使用功能的建筑物和构筑物，并能单独计算出其水平面积及其相应消耗的人工、材料和机械用量的，应计算建筑面积；反之，不应计算建筑面积。

2. 建筑面积的作用

（1）确定建设规模的重要指标。根据项目立项批准文件所核准的建筑面积，是初步设计的重要控制指标。对于国家投资的项目，施工图的建筑面积不得超过初步设计的5%，否则必须重新报批。

（2）确定各项技术经济指标的基础。有了建筑面积，才能确定每平方米建筑面积的工程造价。此外，还有很多其他的技术经济指标（如每平方米建筑面积的工料用量），也需要建筑面积这一数据。

（3）计算有关分项工程量的依据。应用统筹计算方法，根据底层建筑面积，就可以很方便地推算出室内回填土体积、地（楼）面面积和天棚面积等。另外，建筑面积也是脚手架、垂直运输机械费用的计算依据。

（4）选择概算指标和编制概算的主要依据。概算指标通常是以建筑面积为计量单位。用概算指标编制概算时，要以建筑面积为计算基础。

二、建筑面积的计算规则

现行国家标准《建筑工程建筑面积计算规范》（GB/T 50353—2013）规定了建筑面积的计算方法。

1）单层建筑物的建筑面积，应按其外墙勒脚以上结构外围水平面积计算，并应符合下列规定。

（1）单层建筑物高度在2.20m及以上者应计算全面积；高度不足2.20m者应计算1/2面积。

（2）利用坡屋顶内空间时净高超过2.10m部位应计算全面积；净高在1.20m～2.10m之间的部位应计算1/2面积；净高不足1.20m的部位不应计算面积，如图4-2所示。

2）单层建筑物内设有局部楼层，局部楼层的二层及以上楼层，有围护结构的应按其围护结构外围水平面积计算，无围护结构的应按其结构底板水平面积计算。层高在2.20m及以上者应计算全面积；层高不足2.20m者应计算1/2面积，如图4-3所示。

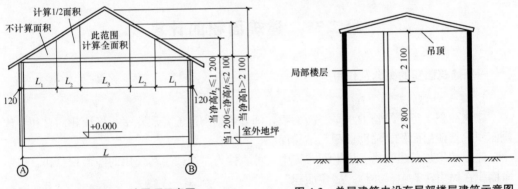

图4-2 坡屋顶示意图　　　　　　　图4-3 单层建筑内设有局部楼层建筑示意图

3）多层建筑物首层应按其外墙勒脚以上结构外围水平面积计算；二层及以上楼层应按其外墙结构外围水平面积计算。层高在2.20m及以上者应计算全面积；层高不足2.20m者应计算1/2面积。多层建筑物，如图4-4所示。

图4-4 多层建筑示意图

4）多层建筑坡屋顶内和场馆看台下，当设计加以利用时净高超过 2.10m 的部位应计算全面积；净高在 1.20m～2.10m 之间的部位应计算 1/2 面积；当设计不利用或室内净高不足 1.20m 时不应计算面积。多层建筑坡屋顶、单层建筑物坡屋顶及场馆看台下的空间的建筑面积计算规则是一样的，设计加以利用时，应按其净高确定建筑面积的计算。即当净高 $h_1 > 2.1m$ 时，计算全面积；当 $1.2m \leqslant$ 净高 $h_2 \leqslant 2.1m$ 时，计算 1/2 面积；当净高 $h_3 < 1.2m$ 时，不计算建筑面积，如图 4-5 所示。

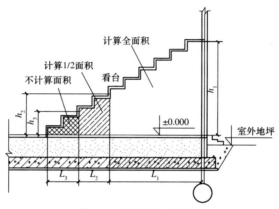

图 4-5 场馆看台示意图

5）地下室、半地下室（车间、商店、车站、车库、仓库等），包括相应的有永久性顶盖的出入口，应按其外墙上口（不包括采光井、外墙防潮层及其保护墙）外边线所围水平面积计算。层高在 2.20m 及以上者应计算全面积；层高不足 2.20m 者应计算 1/2 面积，如图 4-6 所示。房间地坪低于室外地坪的高度超过该房间净高的 1/2 者为地下室；房间地坪低于室外地坪的高度超过该房间净高的 1/3，且不超过 1/2 者为半地下室。

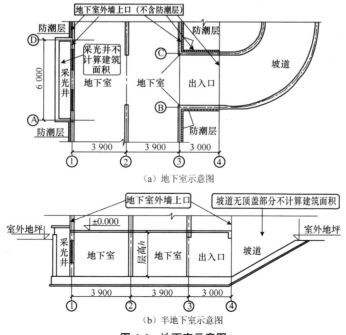

（a）地下室示意图

（b）半地下室示意图

图 4-6 地下室示意图

6）坡地的建筑物吊脚架空层、深基础架空层，设计加以利用并有围护结构的，层高在 2.20m 及以上的部位应计算全面积；层高不足 2.20m 的部位应计算 1/2 面积。设计加以利用、无围护结构的建筑吊脚架空层，应按其利用部位水平面积的 1/2 计算；设计不利用的深基础架空层（图 4-7）、坡地吊脚架空层（图 4-8）、多层建筑坡屋顶内、场馆看台下的空间不应计算面积。

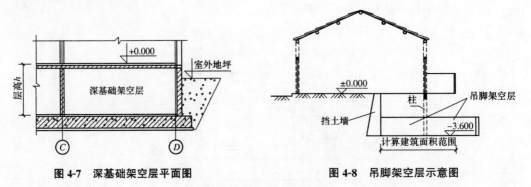

图 4-7　深基础架空层平面图　　　　　　　图 4-8　吊脚架空层示意图

7）建筑物的门厅、大厅按一层计算建筑面积。门厅、大厅内设有回廊时，应按其结构底板水平面积计算。层高在 2.20m 及以上者应计算全面积；层高不足 2.20m 者应计算 1/2 面积，如图 4-9 所示。

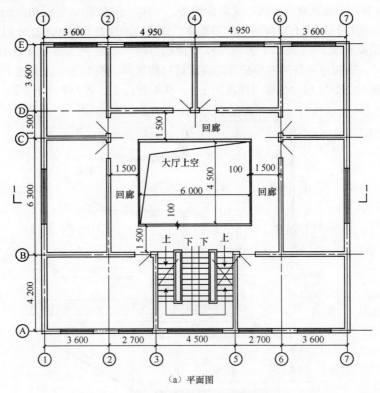

（a）平面图

图 4-9　大厅、回廊示意图

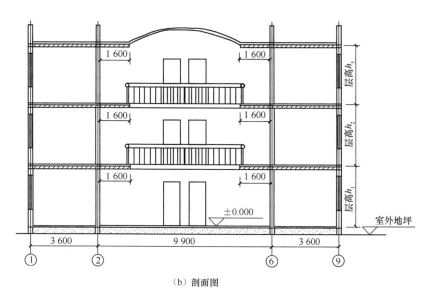

（b）剖面图

图 4-9（续）

8）建筑物间有围护结构的架空走廊，应按其围护结构外围水平面积计算。层高在2.20m 及以上者应计算全面积；层高不足 2.20m 者应计算 1/2 面积。有永久性顶盖无围护结构的应按其结构底板水平面积的 1/2 计算。

注：计算规则中的架空走廊指建筑物与建筑物之间，在二层或二层以上专门为水平交通设置的走廊，如图 4-10 所示。

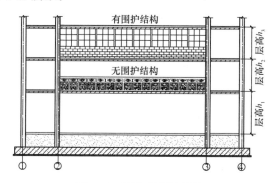

图 4-10　架空走廊示意图

9）立体书库、立体仓库、立体车库，无结构层的应按一层计算，有结构层的应按其结构层面积分别计算。层高在 2.20m 及以上者应计算全面积；层高不足 2.20m 者应计算1/2 面积，如图 4-11 所示。

10）有围护结构的舞台灯光控制室，应按其围护结构外围水平面积计算。层高在2.20m 及以上者应计算全面积；层高不足 2.20m 者应计算 1/2 面积。

11）建筑物外有围护结构的落地橱窗、门斗、挑廊、走廊、檐廊，应按其围护结构外围水平面积计算。层高在 2.20m 及以上者应计算全面积；层高不足 2.20m 者应计算 1/2面积。有永久性顶盖无围护结构的应按其结构底板水平面积的 1/2 计算。

12）有永久性顶盖无围护结构的场馆看台应按其顶盖水平投影面积的 1/2 计算。场馆看台,如图 4-12 所示。

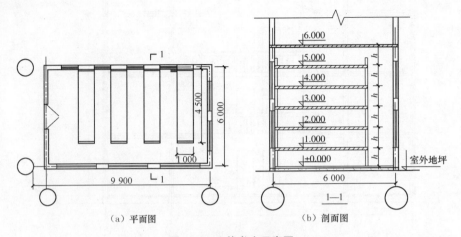

（a）平面图　　　　　　　　　（b）剖面图

图 4-11　立体书库示意图

13）建筑物顶部有围护结构的楼梯间、水箱间、电梯机房等,层高在 2.20m 及以上者应计算全面积;层高不足 2.20m 者应计算 1/2 面积,如遇建筑物屋顶的楼梯间是坡屋顶,应按坡屋顶的相关规定计算面积。

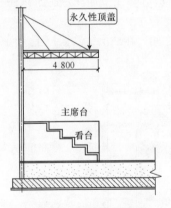

图 4-12　场馆看台剖面图

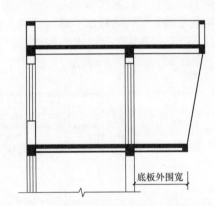

图 4-13　围护结构不垂直于水平面的建筑物

14）设有围护结构不垂直于水平面而超出底板外沿的建筑物,应按其底板面的外围水平面积计算。层高在 2.20m 及以上者应计算全面积;层高不足 2.20m 者应计算 1/2 面积,如图 4-13 所示。

15）建筑物内的室内楼梯间、电梯井、观光电梯井、提物井、管道井、通风排气竖井、垃圾道、附墙烟囱应按建筑物的自然层计算,如图 4-14 所示。遇跃层建筑,其共用的室内楼梯应按自然层计算;上下两错层户室共用的室内楼梯,应选上一层的自然层计算面积,如图 4-15 所示。在建筑面积计算时要正确区分复式、跃层、错层房屋的不同特征,其建筑面积的计算规则是不相同的。

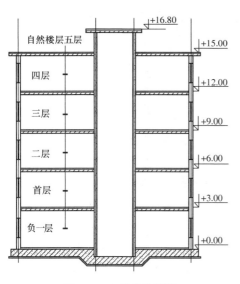

图 4-14　电梯井示意图

图 4-15　错层室内楼梯示意图

16）雨篷结构的外边线至外墙结构外边线的宽度超过 2.10m 者，应按雨篷结构板的水平投影面积的 1/2 计算。雨篷均以其宽度超过 2.10m 或不超过 2.10m 衡量，超过 2.10m 者应按雨篷的结构板水平投影面积的 1/2 计算。有柱雨篷与无柱雨篷的计算方法一致，即雨篷建筑面积的计算仅与雨篷结构板宽出的尺寸有关，与柱子的数量无关。

17）有永久性顶盖的室外楼梯，应按建筑物自然层的水平投影面积的 1/2 计算，如图 4-16 所示。若最上层楼梯无永久性顶盖，或有不能完全遮盖楼梯的雨篷，上层楼梯不计算面积，上层楼梯可视为下层楼梯的永久性顶盖，下层楼梯应计算面积。

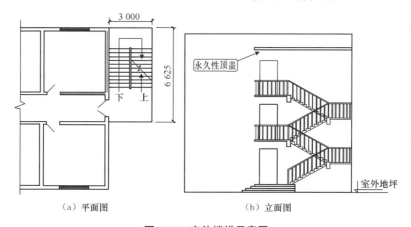

（a）平面图　　　　　　　　　（b）立面图

图 4-16　室外楼梯示意图

18）建筑物的阳台均应按其水平投影面积的 1/2 计算。建筑物的阳台，不论是凹阳台、挑阳台、封闭阳台、不封闭阳台，均按其水平投影面积的 1/2 计算，如图 4-17 所示。

19）有永久性顶盖无围护结构的车棚、货棚、站台、加油站、收费站等，应按其顶盖水平投影面积的 1/2 计算，如图 4-18、图 4-19 所示。

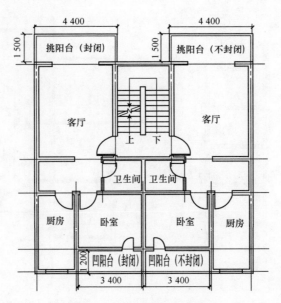

图 4-17　凸凹阳台示意图

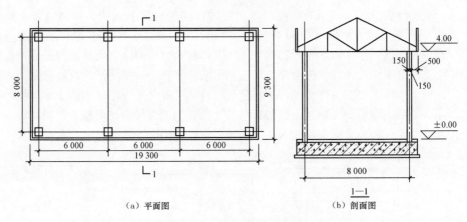

（a）平面图　　　　　　　　（b）剖面图

图 4-18　双排柱站台示意图

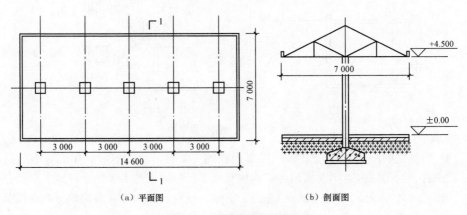

（a）平面图　　　　　　　　（b）剖面图

图 4-19　单排柱站台示意图

20）高低联跨的建筑物，应以高跨结构外边线为界分别计算建筑面积。其高低跨内部连通时，其变形缝应计算在低跨面积内，如图 4-20 所示。

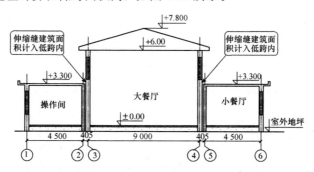

图 4-20　高低联跨及内部连通建筑物变形缝示意图

21）以幕墙作为围护结构的建筑物，应按幕墙外边线计算建筑面积。幕墙通常有两种，围护性幕墙和装饰性幕墙，围护性幕墙计算建筑面积，装饰性幕墙一般贴在墙外皮，其厚度不再计算建筑面积，如图 4-21 所示。

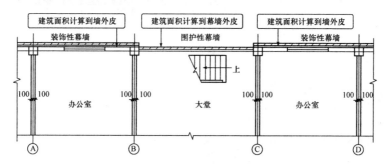

图 4-21　建筑物幕墙示意图

22）建筑物外墙外侧有保温隔热层的，应按保温隔热层外边线计算建筑面积，如图 4-22 所示。

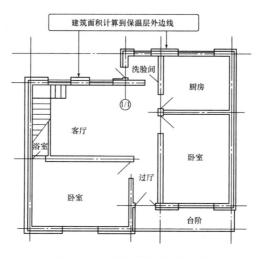

图 4-22　建筑物外墙保温示意图

23）建筑物内的变形缝，应按其自然层合并在建筑物面积内计算，如图 4-23 所示。计算规则中的"变形缝"是与建筑物相连通的变形缝，即暴露在建筑物内，在建筑物内可以看得见的变形缝。

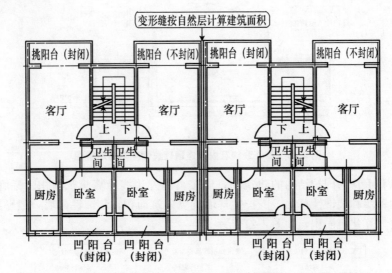

图 4-23　建筑物内变形缝示意图

24）下列项目不应计算面积。

（1）建筑物通道（骑楼、过街楼的底层）。

（2）建筑物内的设备管道夹层。

（3）建筑物内分隔的单层房间，舞台及后台悬挂幕布、布景的天桥、挑台等。

（4）屋顶水箱、花架、凉棚、露台、露天游泳池。

（5）建筑物内的操作平台、上料平台、安装箱和罐体的平台。

（6）勒脚、附墙柱、垛、台阶、墙面抹灰、装饰面、镶贴块料面层、装饰性幕墙、空调机外机搁板（箱）、飘窗、构件、配件、宽度在 2.10m 及以内的雨篷以及与建筑物内不相连通的装饰性阳台、挑廊。

（7）无永久性顶盖的架空走廊、室外楼梯和用于检修、消防等的室外钢楼梯、爬梯。

（8）自动扶梯、自动人行道。

（9）独立烟囱、烟道、地沟、油（水）罐、气柜、水塔、贮油（水）池、贮仓、栈桥、地下人防通道、地铁隧道。

第三节　土石方工程工程量的计算

一、土方工程的计算规则与计算实例

土方工程工程量清单项目设置及工程量计算规则，见表 4-2。

建筑—四层平面图（一）

扫码观看本视频

100

表 4-2 土方工程 (编码：010101)

项目编码	项目名称	项目特征	计量单位	工程量计算规则	工程内容
010101001	平整场地	1. 土壤类别 2. 弃土运距 3. 取土运距	m²	按设计图示尺寸以建筑物首层面积计算	1. 土方挖填 2. 场地找平 3. 运输
010201002	挖一般土方	1. 土壤类别 2. 挖土深度 3. 弃土运距	m³	按设计图示尺寸以体积计算	1. 排地表水 2. 土方开挖 3. 围挡（挡土板）拆除 4. 基底钎探 5. 运输
010101003	挖沟槽土方			按设计图示尺寸以基础垫层底面积×挖土深度计算	
010101004	挖基坑土方				
010101005	冻土开挖	1. 冻土厚度 2. 弃土运距		按设计图示尺寸开挖面积×厚度以体积计算	1. 爆破 2. 开挖 3. 清理 4. 运输
001011006	挖淤泥、流砂	1. 挖掘深度 2. 弃淤泥、流砂距离		按设计图示位置、界限以体积计算	1. 开挖 2. 运输
010101007	管沟土方	1. 土壤类别 2. 管外径 3. 挖沟深度 4. 回填要求	1. m 2. m³	1. 以米计量，按设计图示以管道中心线长度计算 2. 以立方米计量，按设计图示管底垫层面积×挖土深度计算；无管底垫层按管外径的水平投影面积×挖土深度计算。不扣除各类井的长度，井的土方并入	1. 排地表水 2. 土方开挖 3. 围护（挡土板）、支撑 4. 运输 5. 回填

注：1. 挖土方平均厚度应按自然地面测量标高至设计地坪标高间的平均厚度确定。基础土方开挖深度应按基础垫层底表面标高至交付施工场地标高确定，无交付施工场地标高时，应按自然地面标高确定。

2. 建筑物场地厚度≤±300 mm 的挖、填、运、找平，应按本表中平整场地项目编码列项。厚度＞±300 mm 的竖向布置挖土或山坡切土应按本表中挖一般土方项目编码列项。

3. 沟槽、基坑、一般土方的划分为：底宽≤7 m 且底长＞3 倍底宽为沟槽；底长≤3 倍底宽且底面积≤±150 m² 为基坑；超出上述范围则为一般土方。

4. 挖土方如需截桩头时，应按桩基工程相关项目列项。

5. 桩间挖土不扣除桩的体积，并在项目特征中加以描述。

6. 弃、取土运距可以不描述，但应注明由投标人根据施工现场实际情况自行考虑，决定报价。

7. 挖土出现流砂、淤泥时，应根据实际情况由发包人与承包人双方现场签证确认工程量。

8. 土方体积应按挖掘前的天然密实体积计算。如需按天然密实体积折算时，应按规范计算。

实例 1

某办公楼底层平面示意图，如图 4-24 所示，土壤类别为二类土，因施工要求，需要平整场地，计算该办公楼平整场地的工程量。

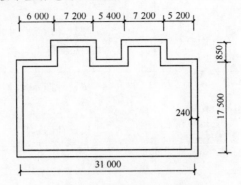

图 4-24 某办公楼底层平面示意图

解：

项目编码：010101001   项目名称：平整场地

工程量计算规则：按设计图示尺寸以建筑物首层面积计算。

平整场地的工程量：

$$S = (31+0.24)(25+0.24)+(7.2+0.24)\times1\times2$$
$$= 788.50+14.88$$
$$= 803.38(m^2)$$

实例 2

某办公楼基础平面、剖面图，如图 4-25 所示，因施工需要，需进行基坑土方开挖，计算挖基坑土方的工程量。

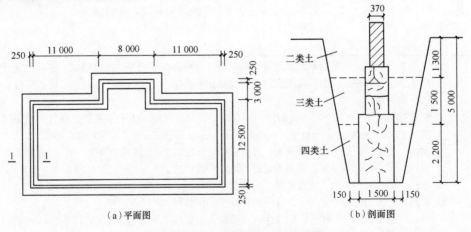

(a) 平面图   (b) 剖面图

图 4-25 某办公楼基础平面、剖面图

解：

项目编码：010101004   项目名称：挖基坑土方

工程量计算规则：按设计图示尺寸以基础垫层面积×挖土深度计算。

地槽中心线 $L_中 = (11+8+11+0.25×2+3+15+0.25×2)×2-0.37×4$

$\qquad = (30+0.50+3+15+0.50)×2-1.48$

$\qquad = 96.52$（m）

四类土基础土方的工程量$=1.5×2.2×96.52=318.52$（m³）

三类土基础土方的工程量$=1.5×1.5×96.52=217.17$（m³）

二类土基础土方的工程量$=1.5×1.3×96.52=188.21$（m³）

▶▶ 实例3

某办公楼工程在土方工程基础开挖中，由于处理不当，出现淤泥、流砂，该淤泥、流砂尺寸为长5m、宽4.1m、深3.5m，淤泥、流砂外运150m，计算挖淤泥、流砂的工程量。

解：

项目编码：010101006　项目名称：挖淤泥、流砂

工程量计算规则：按设计图示位置、界限以体积计算。

挖淤泥、流砂的工程量$=5×4.1×3.5=71.75$（m³）

▶▶ 实例4

某办公楼土方工程混凝土排水管中心线长度为48.82m，管外径为$\phi300$，土质为三类土，挖土平均深度为1.2m，分层夯填，计算人工挖管沟土方的工程量。

解：

项目编码：010101007　项目名称：管沟土方

工程量计算规则：1. 以米计量，按设计图示以管道中心线长度计算。2. 以立方米计量，按设计图示管底垫层面积×挖土深度计算；无管底垫层按管外径的水平投影面积×挖土深度计算。不扣除各类井的长度，井的土方并入。

管沟土方的工程量$=48.82$（m）

二、石方工程的计算规则与计算实例

石方工程工程量清单项目设置及工程量计算规则，见表4-3。

表4-3　石方工程（编码：010102）

项目编码	项目名称	项目特征	计量单位	工程量计算规则	工程内容
010102001	挖一般石方			按设计图示尺寸体积计算	
010102002	挖沟槽石方	1. 岩石类别 2. 开凿深度 3. 弃渣运距	m³	按设计图示尺寸沟槽底面积×挖石深度以体积计算	1. 排地表水 2. 凿石 3. 运输
010102003	挖基坑石方			按设计图示尺寸基坑底面积×挖石深度以体积计算	

续表

项目编码	项目名称	项目特征	计量单位	工程量计算规则	工程内容
010102004	挖管沟石方	1. 岩石类别 2. 管外径 3. 挖沟深度	1. m 2. m³	1. 以米计量，按设计图示以管道中心线长度计算 2. 以立方米计量，按设计图示截面积×长度计算	1. 排地表水 2. 凿石 3. 回填 4. 运输

注：1. 挖石应按自然地面测量标高至设计地坪标高的平均厚度确定。基础石方开挖深度应按基础垫层底表面标高至交付施工场地标高确定，无交付施工场地标高时，应按自然地面标高确定。

2. 厚度＞±300 mm的竖向布置挖石或山坡凿石应按本表中挖一般石方项目编码列项。

3. 沟槽、基坑、一般石方的划分为：底宽≤7 m且底长＞3倍底宽为沟槽；底长≤3倍底宽且底面积≤150 m²为基坑；超出上述范围则为一般石方。

4. 弃渣运距可以不描述，但应注明由投标人根据施工现场实际情况自行考虑决定报价。

5. 石方体积应按挖掘前的天然密实体积计算，如需按天然密实体积折算时，应按规范计算。

▶▶ **实例 5**

某办公楼石方工程沟槽开挖施工现场岩石为坚硬岩石，外墙沟槽开挖，沟槽长度为15m，深度为2m，宽度为3m，计算沟槽开挖工程量。

解：

项目编码：010102002 项目名称：挖沟槽石方

工程量计算规则：按设计图示尺寸沟槽底面积×挖石深度以体积计算。

$$沟槽开挖工程量＝15×2×3＝90（m^3）$$

▶▶ **实例 6**

某办公楼石方工程管沟开挖施工现场岩石为坚硬岩石，管沟深1.5m，全长20m，计算挖管沟石方的工程量。

解：

项目编码：010102004 项目名称：挖管沟石方

工程量计算规则：1. 以米计量，按设计图示以管道中心线长度计算。2. 以立方米计量，按设计图示截面积×长度计算。

$$挖管沟石方的工程量＝20（m）$$

三、回填的计算规则与计算实例

回填工程量清单项目设置及工程量计算规则，见表4-4。

表 4-4 回填（编码：010103）

项目编码	项目名称	项目特征	计量单位	工程量计算规则	工程内容
010103001	回填方	1. 密实度要求 2. 填方材料品种 3. 填方粒径要求 4. 填方来源、运距	m³	按设计图示尺寸以体积计算 1. 场地回填：回填面积×平均回填厚度 2. 室内回填：主墙间面积×回填厚度，不扣除间隔墙 3. 基础回填：按挖方清单项目工程量—自然地坪以下埋设的基础体积（包括基础垫层及其他构筑物）	1. 运输 2. 回填 3. 压实
010103002	余方弃置	1. 废弃料品种 2. 运距	m³	按挖方清单项目工程量—利用回填方体积（正数）计算	余方点装料运输至弃置点

注：1. 填方密实度要求，在无特殊要求情况下，项目特征可描述为满足设计和规范的要求。

2. 填方材料品种可以不描述，但应注明由投标人根据设计要求验方后方可填入，并符合相关工程的质量规范要求。

3. 填方粒径要求，在无特殊要求情况下，项目特征可以不描述。

4. 如需买土回填应在项目特征填方来源中描述，并注明土方数量。

▶▶ 实例 7

某办公楼土方工程的沟槽，沟槽截面为矩形，沟槽长为 55m，宽为 4m，平均深度为 2.5m，无检查井。沟槽内铺设直径为 $\phi1\,000$ 的钢筋混凝土平口管，管壁厚 0.1m，长为 45m。管下混凝土基础基座体积为 30.25m³，基座下砂石垫层体积为 12m³。机械回填土方，用 10t 压路机碾压，密实度为 99％，计算该沟槽基础回填土压实的工程量。

解：

项目编码：010103001 项目名称：回填方

工程量计算规则：按设计图示尺寸以体积计算。1. 场地回填：回填面积×平均回填厚度。2. 室内回填：主墙间面积×回填厚度，不扣除间隔墙。3. 基础回填：按挖方清单项目工程量—自然地坪以下埋设的基础体积（包括基础垫层及其他构筑物）。

$$沟槽体积=55×4×2.5=550（m³）$$

$$\phi1\,000\ 钢筋混凝土平口管体积=3.14×\left(\frac{1+0.1×2}{2}\right)^2×45=50.87（m³）$$

$$回填土的工程量=550-50.87-30.25-12=456.88（m³）$$

▶▶ 实例 8

某办公楼基础回填工程，已知基础挖方体积为 2 200m³，其中可用于基础回填方体积为 1 600m³，现场挖填平衡，余方运至施工现场外 2.5km 处一地点，计算余方外运的工程量。

解：

项目编码：010103002　项目名称：余方弃置

工程量计算规则：按挖方清单项目工程量一利用回填方体积（正数）计算。

余方弃置的工程量＝2 200－1 600＝600（m³）（自然方）

第四节　地基处理与边坡支护工程工程量的计算

建筑–四层平面图（二）

扫码观看本视频

一、地基处理工程的计算规则与计算实例

地基处理工程量清单项目设置及工程量计算规则，见表4-5。

表4-5　地基处理（编码：010201）

项目编码	项目名称	项目特征	计量单位	工程量计算规则	工程内容
010201001	换填垫层	1. 材料种类及配比 2. 压实系数 3. 掺加剂品种	m³	按设计图示尺寸以体积计算	1. 分层铺填 2. 碾压、振密或夯实 3. 材料运输
010201002	铺设土工合成材料	1. 部位 2. 品种 3. 规格		按设计图示尺寸以面积计算	1. 挖填锚固沟 2. 铺设 3. 固定 4. 运输
010201003	预压地基	1. 排水竖井种类、断面尺寸、排列方式、间距、深度 2. 预压方法 3. 预压荷载、时间 4. 砂垫层厚度	m²	按设计图示处理范围以面积计算	1. 设置排水竖井、盲沟、滤水管 2. 铺设砂垫层、密封膜 3. 堆载、卸载或抽气设备安拆、抽真空 4. 材料运输
010201004	强夯地基	1. 夯击能量 2. 夯击遍数 3. 夯击点布置形式、间距 4. 地耐力要求 5. 夯填材料种类			1. 铺设夯填材料 2. 强夯 3. 夯填材料运输
010201005	振冲密实（不填料）	1. 地层情况 2. 振密深度 3. 孔距			1. 振冲加密 2. 泥浆运输

续表

项目编码	项目名称	项目特征	计量单位	工程量计算规则	工程内容
010201006	振冲桩（填料）	1. 地层情况 2. 空桩长度、桩长 3. 桩径 4. 填充材料种类	1. m 2. m³	1. 以米计量，按设计图示尺寸以桩长计算 2. 以立方米计量，按设计桩截面×桩长以体积计算	1. 振冲成孔、填料、振实 2. 材料运输 3. 泥浆运输
010201007	砂石桩	1. 地层情况 2. 空桩长度、桩长 3. 桩径 4. 成孔方法 5. 材料种类、级配	1. m 2. m³	1. 以米计量，按设计图示尺寸以桩长（包括桩尖）计算 2. 以立方米计量，按设计桩截面×桩长（包括桩尖）以体积计算	1. 成孔 2. 填充、振实 3. 材料运输
010201008	水泥粉煤灰碎石桩	1. 地层情况 2. 空桩长度、桩长 3. 桩径 4. 成孔方法 5. 混合料强度等级		按设计图示尺寸以桩长（包括桩尖）计算	1. 成孔 2. 混合料制作、灌注、养护 3. 材料运输
010201009	深层搅拌桩	1. 地层情况 2. 空桩长度、桩长 3. 桩截面尺寸 4. 水泥强度等级、掺量	m	按设计图示尺寸以桩长计算	1. 预搅下钻、水泥浆制作、喷浆搅拌提升成桩 2. 材料运输
010201010	喷粉桩	1. 地层情况 2. 空桩长度、桩长 3. 桩径 4. 粉体种类、掺量 5. 水泥强度等级、石灰粉要求			1. 预搅下钻、喷粉搅拌提升成桩 2. 材料运输

续表

项目编码	项目名称	项目特征	计量单位	工程量计算规则	工程内容
010201011	夯实水泥土桩	1. 地层情况 2. 空桩长度、桩长 3. 桩径 4. 成孔方法 5. 水泥强度等级 6. 混合料配比	m	按设计图示尺寸以桩长（包括桩尖）计算	1. 成孔、夯底 2. 水泥土拌和、填料、夯实 3. 材料运输
010201012	高压喷射注浆桩	1. 地层情况 2. 空桩长度、桩长 3. 桩截面 4. 注浆类型、方法 5. 水泥强度等级		按设计图示尺寸以桩长计算	1. 成孔 2. 水泥浆制作、高压喷射注浆 3. 材料运输
010201013	石灰桩	1. 地层情况 2. 空桩长度、桩长 3. 桩径 4. 成孔方法 5. 掺合料种类、配合比	m	按设计图示尺寸以桩长（包括桩尖）计算	1. 成孔 2. 混合料制作、运输、夯填
010201014	灰土（土）挤密桩	1. 地层情况 2. 空桩长度、桩长 3. 桩径 4. 成孔方法 5. 灰土级配			1. 成孔 2. 灰土拌和、运输、填充、夯实
010201015	柱锤冲扩桩	1. 地层情况 2. 空桩长度、桩长 3. 桩径 4. 成孔方法 5. 桩体材料种类、配合比	m	按设计图示尺寸以桩长计算	1. 安、拔套管 2. 冲孔、填料、夯实 3. 桩体材料制作、运输

续表

项目编码	项目名称	项目特征	计量单位	工程量计算规则	工程内容
010201016	注浆地基	1. 地层情况 2. 空钻深度、注浆深度 3. 注浆间距 4. 浆液种类及配比 5. 注浆方法 6. 水泥强度等级	1. m 2. m³	1. 以米计量，按设计图示尺寸以钻孔深度计算 2. 以立方米计量，按设计图示尺寸以加固体积计算	1. 成孔 2. 注浆导管制作、安装 3. 浆液制作、压浆 4. 材料运输
010201017	褥垫层	1. 厚度 2. 材料品种及比例	1. m² 2. m³	1. 以平方米计量，按设计图示尺寸以铺设面积计算 2. 以立方米计量，按设计图示尺寸以体积计算	材料拌和、运输、铺设、压实

▶▶ 实例 1

某办公楼工程地基处理工程采用喷粉桩施工，如图 4-26 所示，三类土，桩径为 500mm，共有 35 个这样的喷粉桩，计算喷粉桩的工程量。

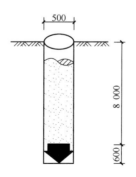

图 4-26　喷粉桩

解：

项目编码：010201010　项目名称：喷粉桩

工程量计算规则：按设计图示尺寸以桩长计算。

喷粉桩的工程量＝（8＋0.6）×35＝301.00（m）

实例 2

某办公楼基础工程采用夯实水泥土桩进行地基处理，如图 4-27 所示，三类土，桩尖长 550mm，共有该桩 750 根，计算夯实水泥土桩的工程量。

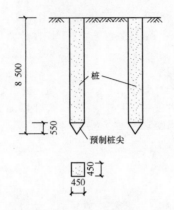

图 4-27　夯实水泥土桩

解：

项目编码：010201011　项目名称：夯实水泥土桩

工程量计算规则：按设计图示尺寸以桩长（包括桩尖）计算。

夯实水泥土桩的工程量＝8.5×750＝6 375.00（m）

二、基坑与边坡支护工程的计算规则与计算实例

基坑与边坡支护工程量清单项目设置及工程量计算规则，见表 4-6。

表 4-6　基坑与边坡支护（编码：010202）

项目编码	项目名称	项目特征	计量单位	工程量计算规则	工程内容
010202001	地下连续墙	1. 地层情况 2. 导墙类型、截面 3. 墙体厚度 4. 成槽深度 5. 混凝土种类、强度等级 6. 接头形式	m³	按设计图示墙中心线长×厚度×槽深以体积计算	1. 导墙挖填、制作、安装、拆除 2. 挖土成槽、固壁、清底置换 3. 混凝土制作、运输、灌注、养护 4. 接头处理 5. 土方、废泥浆外运 6. 打桩场地硬化及泥浆池、泥浆沟

续表

项目编码	项目名称	项目特征	计量单位	工程量计算规则	工程内容
010202002	咬合灌注桩	1. 地层情况 2. 桩长 3. 桩径 4. 混凝土种类、强度等级 5. 部位		1. 以米计量，按设计图示尺寸以桩长计算 2. 以根计量，按设计图示数量计算	1. 成孔、固壁 2. 混凝土制作、运输、灌注、养护 3. 套管压拔 4. 土方、废泥浆外运 5. 打桩场地硬化及泥浆池、泥浆沟
010202003	圆木桩	1. 地层情况 2. 桩长 3. 材质 4. 尾径 5. 桩倾斜度	1. m 2. 根	1. 以米计量，按设计图示尺寸以桩长（包括桩尖）计算 2. 以根计量，按设计图示数量计算	1. 工作平台搭拆 2. 桩机移位 3. 桩靴安装 4. 沉桩
010202004	预制钢筋混凝土板桩	1. 地层情况 2. 送桩深度、桩长 3. 桩截面 4. 沉桩方法 5. 连接方式 6. 混凝土强度等级			1. 工作平台搭拆 2. 桩机移位 3. 沉桩 4. 板桩连接
010202005	型钢桩	1. 地层情况或部位 2. 送桩深度、桩长 3. 规格型号 4. 桩倾斜度 5. 防护材料种类 6. 是否拔出	1. t 2. 根	1. 以吨计量，按设计图示尺寸以质量计算 2. 以根计量，按设计图示数量计算	1. 工作平台搭拆 2. 桩机移位 3. 打（拔）桩 4. 接桩 5. 刷防护材料
010202006	钢板桩	1. 地层情况 2. 桩长 3. 板桩厚度	1. t 2. m²	1. 以吨计量，按设计图示尺寸以质量计算 2. 以平方米计量，按设计图示墙中心线长×桩长以面积计算	1. 工作平台搭拆 2. 桩机移位 3. 打拔钢板桩

续表

项目编码	项目名称	项目特征	计量单位	工程量计算规则	工程内容
010202007	锚杆（锚索）	1. 地层情况 2. 锚杆（索）类型、部位 3. 钻孔深度 4. 钻孔直径 5. 杆体材料品种、规格、数量 6. 预应力 7. 浆液种类、强度等级	1. m 2. 根	1. 以米计量，按设计图示尺寸以钻孔深度计算 2. 以根计量，按设计图示数量计算	1. 钻孔、浆液制作、运输、压浆 2. 锚杆（锚索）制作、安装 3. 张拉锚固 4. 锚杆（锚索）施工平台搭设、拆除
010202008	土钉	1. 地层情况 2. 钻孔深度 3. 钻孔直径 4. 置入方法 5. 杆体材料品种、规格、数量 6. 浆液种类、强度等级			1. 钻孔、浆液制作、运输、压浆 2. 土钉制作、安装 3. 土钉施工平台搭设、拆除
010202009	喷射混凝土、水泥砂浆	1. 部位 2. 厚度 3. 材料种类 4. 混凝土（砂浆）类别、强度等级	m²	按设计图示尺寸以面积计算	1. 修整边坡 2. 混凝土（砂浆）制作、运输、喷射、养护 3. 钻排水孔、安装排水管 4. 喷射施工平台搭设、拆除
010202010	钢筋混凝土支撑	1. 部位 2. 混凝土种类 3. 混凝土强度等级	m³	按设计图示尺寸以体积计算	1. 模板（支架或支撑）制作、安装、拆除、堆放、运输及清理模内杂物、刷隔离剂等 2. 混凝土制作、运输、浇筑、振捣、养护
010202011	钢支撑	1. 部位 2. 钢材品种、规格 3. 探伤要求	t	按设计图示尺寸以质量计算。不扣除孔眼质量，焊条、铆钉、螺栓等不另增加质量	1. 支撑、铁件制作（摊销、租赁） 2. 支撑、铁件安装 3. 探伤 4. 刷漆 5. 拆除 6. 运输

▶▶ 实例 3

某办公楼基坑与边坡支护工程采用地下连续墙，如图 4-28 所示，土壤类别为三类土，墙体厚度为 300mm，成槽深度 4.5m，计算地下连续墙的工程量。

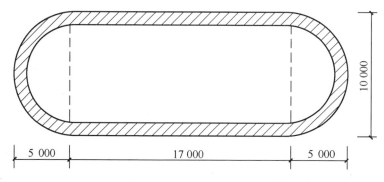

图 4-28 地下连续墙平面图

解：

项目编码：010202001 项目名称：地下连续墙

工程量计算规则：按设计图示墙中心线长×厚度×槽深以体积计算。

$$地下连续墙的工程量 = \left[17 \times 2 + \frac{1}{2} \times 3.14 \times (10 - 0.3) \times 2\right] \times 0.3 \times 4.5$$

$$= 87.02 (\text{m}^3)$$

▶▶ 实例 4

某办公楼工程采用圆木桩进行基坑与边坡支护，土壤类别为二类土，桩长 9m，圆木桩直径为 90mm，共 18 根，计算圆木桩的工程量。

解：

项目编码：010202003 项目名称：圆木桩

工程量计算规则：1. 以米计量，按设计图示尺寸以桩长（包括桩尖）计算。2. 以根计量，按设计图示数量计算。

$$圆木桩的工程量 = 18 （根）$$

第五节 桩基工程工程量的计算

一、打桩工程的计算规则与计算实例

打桩工程量清单项目设置及工程量计算规则，见表 4-7。

建筑-屋顶平面图（一）

扫码观看本视频

表 4-7　打桩（编码：010301）

项目编码	项目名称	项目特征	计量单位	工程量计算规则	工程内容
010301001	预制钢筋混凝土方桩	1. 地层情况 2. 送桩深度、桩长 3. 桩截面 4. 桩倾斜度 5. 沉桩方法 6. 接桩方式 7. 混凝土强度等级	1. m 2. m³ 3. 根	1. 以米计量，按设计图示尺寸以桩长（包括桩尖）计算 2. 以立方米计量，按设计图示截面积×桩长（包括桩尖）以实体积计算 3. 以根计量，按设计图示数量计算	1. 工作平台搭拆 2. 桩机竖拆、移位 3. 沉桩 4. 接桩 5. 送桩
010301002	预制钢筋混凝土管桩	1. 地层情况 2. 送桩深度、桩长 3. 桩外径、壁厚 4. 桩倾斜度 5. 沉桩方法 6. 桩尖类型 7. 混凝土强度等级 8. 填充材料种类 9. 防护材料种类			1. 工作平台搭拆 2. 桩机竖拆、移位 3. 沉桩 4. 接桩 5. 送桩 6. 桩尖制作安装 7. 填充材料、刷防护材料
010301003	钢管桩	1. 地层情况 2. 送桩深度、桩长 3. 材质 4. 管径、壁厚 5. 桩倾斜度 6. 沉桩方法 7. 填充材料种类 8. 防护材料种类	1. t 2. 根	1. 以吨计量，按设计图示尺寸以质量计算 2. 以根计量，按设计图示数量计算	1. 工作平台搭拆 2. 桩机竖拆、移位 3. 沉桩 4. 接桩 5. 送桩 6. 切割钢管、精割盖帽 7. 管内取土 8. 填充材料、刷防护材料
010301004	截（凿）桩头	1. 桩类型 2. 桩头截面、高度 3. 混凝土强度等级 4. 有无钢筋	1. m³ 2. 根	1. 以立方米计量，按设计桩截面×桩头长度以体积计算 2. 以根计量，按设计图示数量计算	1. 截（切割）桩头 2. 凿平 3. 废料外运

注：1. 项目特征中的桩截面、混凝土强度等级、桩类型等可直接用标准图代号或设计桩型进行描述。

2. 预制钢筋混凝土方桩、预制钢筋混凝土管桩项目以成品桩编制，应包括成品桩购置费，如果用现场预制，应包括现场预制桩的所有费用。

3. 打试验桩和打斜桩应按相应项目单独列项，并应在项目特征中注明试验桩或斜桩（斜率）。

4. 截（凿）桩头项目适用于《房屋建筑与装饰工程工程量计算规范》（GB 50854—2013）中所列桩的桩头截（凿）。

5. 预制钢筋混凝土管桩桩顶与承台的连接构造按《房屋建筑与装饰工程工程量计算规范》（GB 50854—2013）中相关项目列项。

▶▶ 实例 1

某教学楼桩基工程采用预制钢筋混凝土方桩进行打桩，如图 4-29 所示，土壤类别为二类土，用液压打桩机打桩，桩尖长度为 500mm，桩截面为 300mm×300mm，混凝土强度等级为 C30，送桩深度 4.5m，共 40 根，计算预制钢筋混凝土方桩工程量。

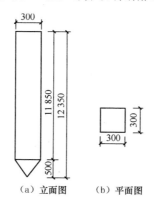

（a）立面图　（b）平面图

图 4-29　预制钢筋混凝土方桩示意图

解：

项目编码：010301001　项目名称：预制钢筋混凝土方桩

工程量计算规则：1. 以米计量，按设计图示尺寸以桩长（包括桩尖）计算。2. 以立方米计量，按设计图示截面积×桩长（包括桩尖）以实体积计算。3. 以根计量，按设计图示数量计算。

$$预制钢筋混凝土方桩工程量=(0.30×0.30)(11.85+0.5)×40$$
$$=0.09×12.35×40$$
$$=44.46(m^3)$$

▶▶ 实例 2

某工程打桩采用钢管桩，直径为 1 000mm，壁厚为 100mm，土壤类别为三类土，混凝土强度等级为 C30，共 42 根，计算该钢管桩的工程量。

解：

项目编码：010301003　项目名称：钢管桩

工程量计算规则：1. 以吨计量，按设计图示尺寸以质量计算。2. 以根计量，按设计图示数量计算。

$$钢管桩的工程量=42（根）$$

二、灌注桩工程的计算规则与计算实例

灌注桩工程量清单项目设置及工程量计算规则，见表 4-8。

表 4-8　灌注桩（编码：010302）

项目编码	项目名称	项目特征	计量单位	工程量计算规则	工程内容
010302001	泥浆护壁成孔灌注桩	1. 地层情况 2. 空桩长度、桩长 3. 桩径 4. 成孔方法 5. 护筒类型、长度 6. 混凝土种类、强度等级	1. m 2. m³ 3. 根	1. 以米计量，按设计图示尺寸以桩长（包括桩尖）计算 2. 以立方米计量，按不同截面在桩上范围内以体积计算 3. 以根计量，按设计图示数量计算	1. 护筒埋设 2. 成孔、固壁 3. 混凝土制作、运输、灌注、养护 4. 土方、废泥浆外运 5. 打桩场地硬化及泥浆池、泥浆沟
010302002	沉管灌注桩	1. 地层情况 2. 空桩长度、桩长 3. 复打长度 4. 桩径 5. 沉管方法 6. 桩尖类型 7. 混凝土种类、强度等级	1. m 2. m³ 3. 根	1. 以米计量，按设计图示尺寸以桩长（包括桩尖）计算 2. 以立方米计量，按不同截面在桩上范围内以体积计算 3. 以根计量，按设计图示数量计算	1. 打（沉）拔钢管 2. 桩尖制作、安装 3. 混凝土制作、运输、灌注、养护
010302003	干作业成孔灌注桩	1. 地层情况 2. 空桩长度、桩长 3. 桩径 4. 扩孔直径、高度 5. 成孔方法 6. 混凝土种类、强度等级	1. m 2. m³ 3. 根	1. 以米计量，按设计图示尺寸以桩长（包括桩尖）计算 2. 以立方米计量，按不同截面在桩上范围内以体积计算 3. 以根计量，按设计图示数量计算	1. 成孔、扩孔 2. 混凝土制作、运输、灌注、振捣、养护
010302004	挖孔桩土（石）方	1. 地层情况 2. 挖孔深度 3. 弃土（石）运距	m³	按设计图示尺寸（含护壁）截面积×挖孔深度以立方米计算	1. 排地表水 2. 挖土、凿石 3. 基底钎探 4. 运输

续表

项目编码	项目名称	项目特征	计量单位	工程量计算规则	工程内容
010302005	人工挖孔灌注桩	1. 桩芯长度 2. 桩芯直径、扩底直径、扩底高度 3. 护壁厚度、高度 4. 护壁混凝土种类、强度等级 5. 桩芯混凝土种类、强度等级	1. m³ 2. 根	1. 以立方米计量，按桩芯混凝土体积计算 2. 以根计量，按设计图示数量计算	1. 护壁制作 2. 混凝土制作、运输、灌注、振捣、养护
010302006	钻孔压浆桩	1. 地层情况 2. 空钻长度、直径 3. 钻孔直径 4. 水泥强度等级	1. m 2. 根	1. 以米计量，按设计图示尺寸以桩长计算 2. 以根计量，按设计图示数量计算	钻孔，下注浆管，投放骨料，浆液制作、运输，压浆
010302007	灌注桩后压浆	1. 注浆导管材料、规格 2. 注浆导管长度 3. 单孔注浆量 4. 水泥强度等级	孔	按设计图示以注浆孔数计算	1. 注浆导管制作、安装 2. 浆液制作、运输、压浆

注：1. 项目特征中的桩长应包括桩尖，空桩长度=孔深－桩长，孔深为自然地面至设计桩底的深度。
　　2. 项目特征中的桩截面（桩径）、混凝土强度等级、桩类型等可直接用标准图代号或设计桩型进行描述。
　　3. 泥浆护壁成孔灌注桩是指在泥浆护壁条件下成孔，采用水下灌注混凝土的桩。其成孔方法包括冲击钻成孔法、冲抓锥成孔法、回旋钻成孔法、潜水钻成孔法、泥浆护壁的旋挖成孔法等。
　　4. 沉管灌注桩的沉管方法包括锤击沉管法、振动沉管法、振动冲击沉管法、内夯沉管法等。
　　5. 干作业成孔灌注桩是指在不用泥浆护壁和套管护壁的情况下，用钻机成孔后下钢筋笼，灌注混凝土的桩，适用于地下水位以上的土层使用。其成孔方法包括螺旋钻成孔法、螺旋钻成孔扩底法、干作业的旋挖成孔法等。
　　6. 混凝土种类包括：清水混凝土、彩色混凝土、水下混凝土等，如在同一地区既使用预拌（商品）混凝土，又允许现场搅拌混凝土时，应注明。
　　7. 混凝土灌注桩的钢筋笼制作、安装，按《房屋建筑与装饰工程工程量计算规范》（GB 50854—2013）中相关项目编码列项。

 实例 3

某办公楼工程采用泥浆护壁成孔灌注桩，土壤类别为三类土，桩长 24m，共 12 根，计算泥浆护壁成孔灌注桩的工程量。

解：

项目编码：010302001　　项目名称：泥浆护壁成孔灌注桩

工程量计算规则：1. 以米计量，按设计图示尺寸以桩长（包括桩尖）计算。2. 以立方米计量，按不同截面在桩上范围内以体积计算。3. 以根计量，按设计图示数量计算。

泥浆护壁成孔灌注桩的工程量＝12（根）

▶▶ 实例 4

某教学楼工程采用钻孔压浆桩，土壤类别为二类土，桩长 25m，共 15 根，其直径为 400mm，水泥强度等级为 32.5 级，计算钻孔压浆桩的工程量。

解：

项目编码：010302006　项目名称：钻孔压浆桩

工程量计算规则：1. 以米计量，按设计图示尺寸以桩长计算。2. 以根计量，按设计图示数量计算。

钻孔压浆桩的工程量＝25×15＝375（m）

第六节　砌筑工程工程量的计算

建筑–屋顶平面图（二）

扫码观看本视频

一、砖砌体工程的计算规则与计算实例

砖砌体工程量清单项目设置及工程量计算规则，见表 4-9。

表 4-9　砖砌体（编码：010401）

项目编码	项目名称	项目特征	计量单位	工程量计算规则	工程内容
010401001	砖基础	1. 砖品种、规格、强度等级 2. 基础类型 3. 砂浆强度等级 4. 防潮层材料种类	m³	按设计图示尺寸以体积计算 　包括附墙垛基础宽出部分体积，扣除地梁（圈梁）、构造柱所占体积，不扣除基础大放脚 T 形接头处的重叠部分及嵌入基础内的钢筋、铁件、管道、基础砂浆防潮层和单个面积≤0.3 m² 的孔洞所占体积，靠墙暖气沟的挑檐不增加 　基础长度：外墙按外墙中心线，内墙按内墙净长线计算	1. 砂浆制作、运输 2. 砌砖 3. 防潮层铺设 4. 材料运输
010401002	砖砌挖孔桩护壁	1. 砖品种、规格、强度等级 2. 砂浆强度等级		按设计图示尺寸以立方米计算	1. 砂浆制作、运输 2. 砌砖 3. 材料运输

续表

项目编码	项目名称	项目特征	计量单位	工程量计算规则	工程内容
010401003	实心砖墙			按设计图示尺寸以体积计算 　　扣除门窗、洞口、嵌入墙内的钢筋混凝土柱、梁、圈梁、挑梁、过梁及凹进墙内的壁龛、管槽、暖气槽、消火栓箱所占体积，不扣除梁头、板头、檩头、垫木、木楞头、沿缘木、木砖、门窗走头、砖墙内加固钢筋、木筋、铁件、钢管及单个面积≤0.3 m² 的孔洞所占的体积。凸出墙面的腰线、挑檐、压顶、窗台线、虎头砖、门窗套的体积亦不增加。凸出墙面的砖垛并入墙体积内计算 　　1. 墙长度 　　外墙按中心线、内墙按净长计算 　　2. 墙高度	
010401004	多孔砖墙	1. 砖品种、规格、强度等级 2. 墙体类型 3. 砂浆强度等级、配合比	m³	（1）外墙：斜（坡）屋面无檐口天棚者算至屋面板底；有屋架且室内外均有天棚者算至屋架下弦底另加 200 mm；无天棚者算至屋架下弦底另加300 mm，出檐宽度超过 600 mm时按实砌高度计算；与钢筋混凝土楼板隔层者算至板顶。平屋顶算至钢筋混凝土板底 　　（2）内墙：位于屋架下弦者，算至屋架下弦底；无屋架者算至天棚底另加100 mm；有钢筋混凝土楼板隔层者算至楼板顶；有框架梁时算至梁底 　　（3）女儿墙：从屋面板上表面算至女儿墙顶面（如有混凝土压顶时算至压顶下表面） 　　（4）内、外山墙：按其平均高度计算 　　3. 框架间墙 　　不分内外墙按墙体净尺寸以体积计算 　　4. 围墙 　　高度算至压顶上表面（如有混凝土压顶时算至压顶下表面），围墙柱并入围墙体积内	1. 砂浆制作、运输 2. 砌砖 3. 刮缝 4. 砖压顶砌筑 5. 材料运输
010401005	空心砖墙				
010401006	空斗墙			按设计图示尺寸以空斗墙外形体积计算。墙角、内外墙交接处、门窗洞口立边、窗台砖、屋檐处的实砌部分体积并入空斗墙体积内	1. 砂浆制作、运输 2. 砌砖 3. 装填充料 4. 刮缝 5. 材料运输
010401007	空花墙			按设计图示尺寸以空花部分外形体积计算，不扣除空洞部分体积	

项目编码	项目名称	项目特征	计量单位	工程量计算规则	工程内容
010401008	填充墙	1. 砖品种、规格、强度等级 2. 墙体类型 3. 填充材料种类及厚度 4. 砂浆强度等级、配合比	m³	按设计图示尺寸，以填充墙外形体积计算	
010401009	实心砖柱	1. 砖品种、规格、强度等级 2. 柱类型 3. 砂浆强度等级、配合比	m³	按设计图示尺寸，以体积计算。扣除混凝土及钢筋混凝土梁垫、梁头、板头所占体积	1. 砂浆制作、运输 2. 砌砖 3. 刮缝 4. 材料运输
010401010	多孔砖柱				
010401011	砖检查井	1. 井截面、深度 2. 砖品种、规格、强度等级 3. 垫层材料种类、厚度 4. 底板厚度 5. 井盖安装 6. 混凝土强度等级 7. 砂浆强度等级 8. 防潮层材料种类	座	按设计图示数量计算	1. 砂浆制作、运输 2. 铺设垫层 3. 底板混凝土制作、运输、浇筑、振捣、养护 4. 砌砖 5. 刮缝 6. 井池底、壁抹灰 7. 抹防潮层 8. 材料运输
010401012	零星砌砖	1. 零星砌砖名称、部位 2. 砖品种、规格、强度等级 3. 砂浆强度等级、配合比	1. m³ 2. m² 3. m 4. 个	1. 以立方米计量，按设计图示尺寸截面积×长度计算 2. 以平方米计量，按设计图示尺寸水平投影面积计算 3. 以米计量，按设计图示尺寸长度计算 4. 以个计量，按设计图示数量计算	1. 砂浆制作、运输 2. 砌砖 3. 刮缝 4. 材料运输

续表

项目编码	项目名称	项目特征	计量单位	工程量计算规则	工程内容
010401013	砖散水、地坪	1. 砖品种、规格、强度等级 2. 垫层材料种类、厚度 3. 散水、地坪厚度 4. 面层种类、厚度 5. 砂浆强度等级	m²	按设计图示尺寸以面积计算	1. 土方挖、运、填 2. 地基找平、夯实 3. 铺设垫层 4. 砌砖散水、地坪 5. 抹砂浆面层
010401014	砖地沟、明沟	1. 砖品种、规格、强度等级 2. 沟截面尺寸 3. 垫层材料种类、厚度 4. 混凝土强度等级 5. 砂浆强度等级	m	以米计量，按设计图示以中心线长度计算	1. 土方挖、运、填 2. 铺设垫层 3. 底板混凝土制作、运输、浇筑、振捣、养护 4. 砌砖 5. 刮缝、抹灰 6. 材料运输

注：1. "砖基础"项目适用于各种类型砖基础：柱基础、墙基础、管道基础等。

2. 基础与墙（柱）身使用同一种材料时，以设计室内地面为界（有地下室者，以地下室室内设计地面为界），以下为基础，以上为墙（柱）身。基础与墙身使用不同材料时，位于设计室内地面高度≤±300 mm时，以不同材料为分界线，高度＞±300 mm时，以设计室内地面为分界线。

3. 砖围墙以设计室外地坪为界，以下为基础，以上为墙身。

4. 框架外表面的镶贴砖部分，按零星项目编码列项。

5. 附墙烟囱、通风道、垃圾道应按设计图示尺寸，以体积（扣除孔洞所占体积）计算并入所依附的墙体体积内。当设计规定孔洞内需抹灰时，应按《房屋建筑与装饰工程工程量计算规范》（GB 50854—2013）中零星抹灰项目编码列项。

6. 空斗墙的窗间墙、窗台下、楼板下、梁头下等的实砌部分，按零星砌砖项目编码列项。

7. "空花墙"项目适用于各种类型的空花墙，使用混凝土花格砌筑的空花墙，实砌墙体与混凝土花格应分别计算，混凝土花格按混凝土及钢筋混凝土中预制构件相关项目编码列项。

8. 台阶、台阶挡墙、梯带、锅台、炉灶、蹲台、池槽、池槽腿、砖胎模、花台、花池、楼梯栏板、阳台栏板、地垄墙≤0.3 m²的孔洞填塞等，应按零星砌砖项目编码列项。砖砌锅台与炉灶可按外形尺寸以个计算，砖砌台阶可按水平投影面积以平方米计算，小便槽、地垄墙可按长度计算，其他工程以立方米计算。

9. 砖砌体内钢筋加固、检查井内的爬梯、井内的混凝土构件均按《房屋建筑与装饰工程工程量计算规范》（GB 50854—2013）中混凝土及钢筋混凝土工程的相关项目编码列项。

10. 砖砌体勾缝按《房屋建筑与装饰工程工程量计算规范》（GB 50854—2013）中墙、柱面装饰与隔断、幕墙工程的相关项目编码列项。

11. 如施工图设计标注做法见标准图集时，应在项目特征描述中注明标注图集的编码、页号及节点大样。

▶▶ **实例1**

某教学楼工程内一砖无眠空斗墙示意图，如图4-30所示，计算该空斗墙工程量。

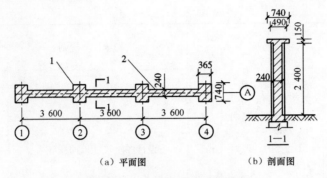

图 4-30　一砖无眠空斗墙示意图

1—2×1$\frac{1}{2}$砖墙；2——砖无眠空斗墙

解：

项目编码：010401006　项目名称：空斗墙

工程量计算规则：按设计图示尺寸以空斗墙外形体积计算。墙角、内外墙交接处、门窗洞口立边、窗台砖、屋檐处的实砌部分体积并入空斗墙体积内。

空斗墙的工程量＝墙身工程量＋砖压顶工程量

$$=(3.6-0.365)\times3\times2.5\times0.24+(3.6-0.365)\times3\times0.15\times0.49$$

$$=5.82+0.71$$

$$=6.53（m^3）$$

▶▶ **实例 2**

某建筑工程外墙采用空花墙，如图 4-31 所示，空花墙厚度为 120mm，采用规格为 300mm×300mm×120mm 的混凝土镂空花格砌块，用 M5 水泥砂浆砌筑，计算该空花墙的工程量。

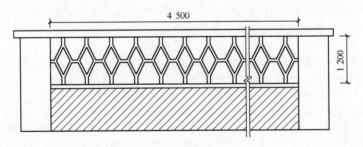

图 4-31　空花墙示意图

解：

项目编码：010401007　项目名称：空花墙

工程量计算规则：按设计图示尺寸以空花部分外形体积计算，不扣除空洞部分体积。

空花墙的工程量＝1.2×4.5×0.12＝0.65（m³）

二、砌块砌体工程的计算规则与计算实例

砌块砌体工程量清单项目设置及工程量计算规则，见表 4-10。

表 4-10　砌块砌体（编码：010402）

项目编码	项目名称	项目特征	计量单位	工程量计算规则	工程内容
010402001	砌块墙	1. 砌块品种、规格、强度等级 2. 墙体类型 3. 砂浆强度等级	m³	按设计图示尺寸以体积计算 扣除门窗、洞口、嵌入墙内的钢筋混凝土柱、梁、圈梁、挑梁、过梁及凹进墙内的壁龛、管槽、暖气槽、消火栓箱所占体积，不扣除梁头、板头、檩头、垫木、木楞头、沿缘木、木砖、门窗走头、砌块墙内加固钢筋、木筋、铁件、钢管及单个面积≤0.3 m² 的孔洞所占的体积。凸出墙面的腰线、挑檐、压顶、窗台线、虎头砖、门窗套的体积亦不增加。凸出墙面的砖垛并入墙体体积内计算 1. 墙长度 外墙按中心线、内墙按净长计算 2. 墙高度 （1）外墙：斜（坡）屋面无檐口天棚者算至屋面板底；有屋架且室内外均有天棚者算至屋架下弦底另加 200 mm；无天棚者算至屋架下弦底另加 300 mm，出檐宽度超过 600 mm 时按实砌高度计算；与钢筋混凝土楼板隔层者算至板顶；平屋面算至钢筋混凝土板底 （2）内墙：位于屋架下弦者，算至屋架下弦底；无屋架者算至天棚底另加 100 mm；有钢筋混凝土楼板隔层者算至楼板顶；有框架梁时算至梁底　（3）女儿墙：从屋面板上表面算至女儿墙顶面（如有混凝土压顶时算至压顶下表面） （4）内、外山墙：按其平均高度计算 3. 框架间墙 不分内外墙按墙体净尺寸以体积计算 4. 围墙 高度算至压顶上表面（如有混凝土压顶时算至压顶下表面），围墙柱并入围墙体积内	1. 砂浆制作、运输 2. 砌砖、砌块 3. 勾缝 4. 材料运输
010402002	砌块柱	1. 砌块品种、规格、强度等级 2. 墙体类型 3. 砂浆强度等级	m³	按设计图示尺寸以体积计算。扣除混凝土及钢筋混凝土梁垫、梁头、板头所占体积	1. 砂浆制作、运输 2. 砌砖、砌块 3. 勾缝 4. 材料运输

注：1. 砌体内加筋、墙体拉结的制作、安装，应按《房屋建筑与装饰工程工程量计算规范》（GB 50854—2013）中相关项目编码列项。

2. 砌块排列应上、下错缝搭砌，如果搭错缝长度满足不了规定的压搭要求，应采取压砌钢筋网片的措施，具体构造要求按设计规定。若设计无规定时，应注明由投标人根据工程实际情况自行考虑。钢筋网片按《房屋建筑与装饰工程工程量计算规范》（GB 50854—2013）中相应编码列项。

3. 砌体垂直灰缝宽＞30 mm 时，采用 C20 细石混凝土灌实。灌注的混凝土应按《房屋建筑与装饰工程工程量计算规范》（GB 50854—2013）中相关项目编码列项。

▶▶ **实例 3**

某教学楼工程砌块砌体施工，采用规格为 390mm×190mm×190mm 的轻骨料混凝土小型空心砌块，用 M5 砌筑砂浆砌筑，墙高 3.5m、宽 8m、厚 0.37m，计算砌块墙的工程量。

解：

项目编码：010402001　项目名称：砌块墙

工程量计算规则：按设计图示尺寸以体积计算。

$$砌块墙的工程量＝3.5×8×0.37＝10.36（m^3）$$

▶▶ **实例 4**

某教学楼工程砌筑施工，用蒸压加气混凝土砌块砌筑 15 根方形砌块柱，该砌块柱长 550mm、宽 300mm、高 2 500mm，计算此砌块柱的工程量。

解：

项目编码：010402002　项目名称：砌块柱

工程量计算规则：**按设计图示尺寸以体积计算，扣除混凝土及钢筋混凝土梁垫、梁头、板头所占体积。**

$$砌块柱的工程量＝0.55×0.3×2.5×15＝6.19（m^3）$$

三、石砌体工程的计算规则与计算实例

石砌体工程量清单项目设置及工程量计算规则，见表 4-11。

表 4-11　石砌体工程（编码：010403）

项目编码	项目名称	项目特征	计量单位	工程量计算规则	工程内容
010403001	石基础	1. 石料种类、规格 2. 基础类型 3. 砂浆强度等级	m³	按设计图示尺寸以体积计算。包括附墙垛基础宽出部分体积，不扣除基础砂浆防潮层及单面面积≤0.3 m² 的孔洞所占体积，靠墙暖气沟的挑檐不增加体积。基础长度：外墙按中心线，内墙按净长计算	1. 砂浆制作、运输 2. 吊装 3. 砌石 4. 防潮层铺设 5. 材料运输
010403002	石勒脚			按设计图示尺寸以体积计算，扣除单面面积＞0.3 m² 的孔洞所占的体积	
010403003	石墙	1. 石料种类、规格 2. 石表面加工要求 3. 勾缝要求 4. 砂浆强度等级、配合比		按设计图示尺寸以体积计算。扣除门窗、洞口、嵌入墙内的钢筋混凝土柱、梁、圈梁、挑梁、过梁及凹进墙内的壁龛、管槽、暖气槽、消火栓箱所占体积，不扣除梁头、板头、檩头、垫木、木	1. 砂浆制作、运输 2. 吊装 3. 砌石 4. 石表面加工 5. 勾缝 6. 材料运输

续表

项目编码	项目名称	项目特征	计量单位	工程量计算规则	工程内容
010403003	石墙	1. 石料种类、规格 2. 石表面加工要求 3. 勾缝要求 4. 砂浆强度等级、配合比	m³	楞头、沿缘木、木砖、门窗走头、石墙内加固钢筋、木筋、铁件、钢管及单个面积≤0.3 m²的孔洞所占的体积。凸出墙面的腰线、挑檐、压顶、窗台线、虎头砖、门窗套的体积亦不增加 凸出墙面的砖垛并入墙体体积内计算 1. 墙长度 外墙按中心线、内墙按净长计算 2. 墙高度 （1）外墙：斜（坡）屋面无檐口天棚者算至屋面板底；有屋架且室内外均有天棚者算至屋架下弦底另加200 mm；无天棚者算至屋架下弦底另加300 mm，出檐宽度超过600 mm时按实砌高度计算；有钢筋混凝土楼板隔层者算至板顶；平屋顶算至钢筋混凝土板底 （2）内墙：位于屋架下弦者，算至屋架下弦底；无屋架者算至天棚底另加100 mm；有钢筋混凝土楼板隔层者算至楼板顶；有框架梁时算至梁底 （3）女儿墙：从屋面板上表面算至女儿墙顶面（如有混凝土压顶时算至压顶下表面） （4）内、外山墙：按其平均高度计算 3. 围墙 高度算至压顶上表面（如有混凝土压顶时算至压顶下表面），围墙柱并入围墙体积内	1. 砂浆制作、运输 2. 吊装 3. 砌石 4. 变形缝、泄水孔、压顶抹灰 5. 滤水层 6. 勾缝 7. 材料运输
010403004	石挡土墙			按设计图示尺寸以体积计算	1. 砂浆制作、运输 2. 吊装 3. 砌石 4. 石表面加工 5. 勾缝 6. 材料运输
010403005	石柱		m		
010403006	石栏杆			按设计图示以长度计算	

项目编码	项目名称	项目特征	计量单位	工程量计算规则	工程内容
010403007	石护坡	1. 垫层材料种类、厚度 2. 石料种类、规格 3. 护坡厚度、高度 4. 石表面加工要求 5. 勾缝要求 6. 砂浆强度等级、配合比	m³	按设计图示尺寸以体积计算	1. 砂浆制作、运输 2. 吊装 3. 砌石 4. 石表面加工 5. 勾缝 6. 材料运输
010403008	石台阶				
010403009	石坡道		m²	按设计图示以水平投影面积计算	1. 铺设垫层 2. 石料加工 3. 砂浆制作、运输 4. 砌石 5. 石表面加工 6. 勾缝 7. 材料运输
010403010	石地沟、明沟	1. 沟截面尺寸 2. 土壤类别、运距 3. 垫层材料种类、厚度 4. 石料种类、规格 5. 石表面加工要求 6. 勾缝要求 7. 砂浆强度等级、配合比	m	按设计图示以中心线长度计算	1. 土方挖、运 2. 砂浆制作、运输 3. 铺设垫层 4. 砌石 5. 石表面加工 6. 勾缝 7. 回填 8. 材料运输

注: 1. 石基础、石勒脚、石墙的划分：基础与勒脚应以设计室外地坪为界。勒脚与墙身应以设计室内地面为界。石围墙内外地坪标高不同时，应以较低地坪标高为界，以下为基础。内外标高之差为挡土墙时，挡土墙以上为墙身。

2. "石基础"项目适用于各种规格（粗料石、细料石等）、各种材质（砂石、青石等）和各种类型（柱基、墙基、直形、弧形等）的基础。

3. "石勒脚""石墙"项目适用于各种规格（粗料石、细料石等）、各种材质（砂石、青石、大理石、花岗石等）和各种类型（直形、弧形等）的勒脚和墙体。

4. "石挡土墙"项目适用于各种规格（粗料石、细料石、块石、毛石、卵石等）、各种材质（砂石、青石、石灰石等）和各种类型（直形、弧形、台阶形等）的挡土墙。

5. "石柱"项目适用于各种规格、各种石质、各种类型的石柱。

6. "石栏杆"项目适用于无雕饰的一般石栏杆。

7. "石护坡"项目适用于各种石质和各种石料（粗料石、细料石、片石、块石、毛石、卵石等）。

8. "石台阶"项目包括石梯带（垂带），不包括石梯膀，石梯膀应按《房屋建筑与装饰工程工程量计算规范》（GB 50854—2013）中石挡土墙项目编码列项。

9. 如施工图设计标注做法见标准图集时，应在项目特征描述中注明标准图集的编码、页号及节点大样。

▶▶ 实例 5

某办公楼工程石基础剖面，如图 4-32 所示，采用毛石，用 M2.5 砌筑砂浆砌筑，墙厚为 370mm，基础外墙中心线长度和内墙净长度之和 65m，计算石基础的工程量。

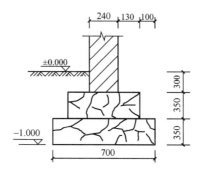

图 4-32　某办公楼工程石基础剖面示意图

解：

项目编码：010403001　项目名称：石基础

工程量计算规则：按设计图示尺寸以体积计算。包括附墙垛基础宽出部分体积，不扣除基础砂浆防潮层及单个面积≤0.3m² 的孔洞所占体积，靠墙暖气沟的挑檐不增加体积。基础长度：外墙按中心线，内墙按净长计算。

$$石基础的工程量＝毛石基础断面面积×（外墙中心线长度＋内墙净长度）$$
$$＝（0.7×0.35＋0.5×0.35）×65$$
$$＝27.30（m^3）$$

▶▶ 实例 6

某办公楼工程采用毛石挡土墙，如图 4-33 所示，用 M5 混合砌筑砂浆砌筑 150m，计算石挡土墙的工程量。

解：

项目编码：010403004　项目名称：石挡土墙

工程量计算规则：按设计图示尺寸以体积计算。

$$石挡土墙的工程量＝[（0.66＋1.80）×（1.80＋4.80）－$$
$$0.66×（1.80＋4.80－0.6）－$$
$$（1.80－1.00）×4.80×1/2]×150$$
$$＝（16.24－3.96－1.92）×150$$
$$＝10.36×150$$
$$＝1\ 554.00（m^3）$$

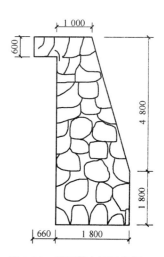

图 4-33　毛石挡土墙示意图

四、垫层工程的计算规则与计算实例

垫层工程工程量清单项目设置及工程量计算规则，见表 4-12。

表 4-12　垫层（编码：010404）

项目编码	项目名称	项目特征	计量单位	工程量计算规则	工程内容
010404001	垫层	垫层材料种类、配合比、厚度	m³	按设计图示尺寸以立方米计算	1. 垫层材料的拌制 2. 垫层铺设 3. 材料运输

注：除混凝土垫层应按《房屋建筑与装饰工程工程量计算规范》（GB 50854—2013）中相关项目编码列项外，没有包括垫层要求的清单项目应按本表垫层项目编码列项。

▶▶ **实例 7**

某住宅项目工程采用 2∶8 灰土垫层，该垫层长度为 90m，宽度为 45m，厚度为 100mm，计算垫层的工程量。

解：

项目编码：010404001　项目名称：垫层

工程量计算规则：按设计图示尺寸以体积计算。

$$垫层的工程量＝90×45×0.1＝405（m³）$$

第七节　混凝土及钢筋混凝土工程工程量的计算

建筑–立面图（一）

扫码观看本视频

一、现浇混凝土基础工程的计算规则与计算实例

现浇混凝土基础工程（编码：010501）工程量清单项目设置及工程量计算规则见表 4-13。

表 4-13　现浇混凝土基础工程（编码：010501）

项目编码	项目名称	项目特征	计量单位	工程量计算规则	工程内容
010501001	垫层	1. 混凝土种类 2. 混凝土强度等级	m³	按设计图示尺寸以体积计算，不扣除伸入承台基础的桩头所占体积	1. 模板及支撑制作、安装、拆除、堆放、运输及清理模内杂物、刷隔离剂等 2. 混凝土制作、运输、浇筑、振捣、养护
010501002	带形基础				
010501003	独立基础				
010501004	满堂基础				
010501005	桩承台基础				
010501006	设备基础				

注：1. 有肋带形基础、无肋带形基础应按本表中相关项目列项，并注明肋高。

2. 箱式满堂基础中柱、梁、墙、板按表 4-29～表 4-32 相关项目分别编码列项；箱式满堂基础底板按本表的满堂基础项目列项。

3. 框架式设备基础中柱、梁、墙、板分别按表 4-29～表 4-32 相关项目编码列项；基础部分按本表相关项目编码列项。

4. 如为毛石混凝土基础，项目特征应描述毛石所占比例。

实例 1

某教学楼工程采用现浇混凝土带形基础，如图 4-34 所示，混凝土强度等级为 C30。计算该现浇混凝土带形基础的工程量。

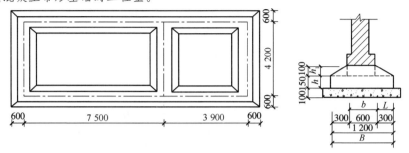

图 4-34　现浇钢筋混凝土工程

解：

项目编码：010501002　项目名称：带形基础

工程量计算规则：按设计图示尺寸以体积计算，不扣除深入承台基础的桩头所占体积。

$$V_外 = L_中 \times 截面面积$$

$$= (7.5 + 3.9 + 4.2) \times 2 \times \left(1.2 \times 0.15 + \frac{0.6 + 1.2}{2} \times 0.1\right)$$

$$= 31.2 \times 0.27$$

$$= 8.42 \ (m^3)$$

已知：L=0.3m，B=1.2m，h_1=0.1m，b=0.6m

$$V_{内接} = L \times h_1 \times \frac{2b + B}{6} = 0.3 \times 0.1 \times \frac{2 \times 0.6 + 1.2}{6} = 0.012 \ (m^3)$$

$$V_内 = (4.2 - 1.2) \times \left(1.2 \times 0.15 + \frac{0.6 + 1.2}{2} \times 0.1\right) + 2V_{内接}$$

$$= 3 \times 0.27 + 2 \times 0.012$$

$$= 0.81 + 0.024$$

$$= 0.83 \ (m^3)$$

带形基础的工程量 $= V_外 + V_内 = 8.42 + 0.83 = 9.25 \ (m^3)$

实例 2

某教学楼工程采用现浇混凝土独立基础，如图 4-35 所示，混凝土强度等级为 C35，该独立基础长、宽均为 2.1m，计算该独立基础的工程量。

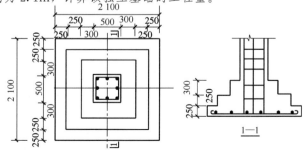

图 4-35　现浇混凝土独立基础示意图

解：

项目编码：010501003　项目名称：独立基础

工程量计算规则：按设计图示尺寸以体积计算。不扣除深入承台基础的桩头所占体积。

$$现浇混凝土独立基础的工程量 = (2.1 \times 2.1 + 1.6 \times 1.6) \times 0.25 + 1.1 \times 1.1 \times 0.3$$
$$= 1.74 + 0.36$$
$$= 2.10 \ (m^3)$$

二、现浇混凝土柱、梁、墙、板工程的计算规则与计算实例

（1）现浇混凝土柱（编码：010502）工程量清单项目设置及工程量计算规则见表4-14。

表4-14　现浇混凝土柱（编码：010502）

项目编码	项目名称	项目特征	计量单位	工程量计算规则	工程内容
010502001	矩形柱	1. 混凝土种类 2. 混凝土强度等级	m³	按设计图示尺寸以体积计算 柱高： 1. 有梁板的柱高，应自柱基上表面（或楼板上表面）至上一层楼板上表面之间的高度计算 2. 无梁板的柱高，应自柱基上表面（或楼板上表面）至柱帽下表面之间的高度计算 3. 框架柱的柱高：应自柱基上表面至柱顶高度计算 4. 构造柱按全高计算，嵌接墙体部分（马牙槎）并入柱身体积 5. 依附柱上的牛腿和升板的柱帽，并入柱身体积计算	1. 模板及支架（撑）制作、安装、拆除、堆放、运输及清理模内杂物、刷隔离剂等 2. 混凝土制作、运输、浇筑、振捣、养护
010502002	构造柱				
010502003	异形柱	1. 柱形状 2. 混凝土种类 3. 混凝土强度等级			

注：混凝土种类是指清水混凝土、彩色混凝土等，如在同一地区既使用预拌（商品）混凝土，又允许现场搅拌混凝土时，应注明。

（2）现浇混凝土梁（编码：010503）工程量清单项目设置及工程量计算规则见表4-15。

表4-15　现浇混凝土梁（编码：010503）

项目编码	项目名称	项目特征	计量单位	工程量计算规则	工程内容
010503001	基础梁	1. 混凝土种类 2. 混凝土强度等级	m³	按设计图示尺寸以体积计算。伸入墙内的梁头、梁垫并入梁体积内 梁长： 1. 梁与柱连接时，梁长算至柱侧面 2. 主梁与次梁连接时，次梁长算至主梁侧面	1. 模板及支架（撑）制作、安装、拆除、堆放、运输及清理模内杂物、刷隔离剂等 2. 混凝土制作、运输、浇筑、振捣、养护
010503002	矩形梁				
010503003	异形梁				
010503004	圈梁				
010503005	过梁				
010503006	弧形、拱形梁				

（3）现浇混凝土墙（编码：010504）工程量清单项目设置及工程量计算规则见表4-16。

表4-16 现浇混凝土墙（编码：010504）

项目编码	项目名称	项目特征	计量单位	工程量计算规则	工程内容
010504001	直形墙	1. 混凝土种类 2. 混凝土强度等级	m³	按设计图示尺寸，以体积计算扣除门窗洞口及单个面积大于0.3 m²的孔洞所占体积，墙垛及突出墙面部分并入墙体体积内计算	1. 模板及支架（撑）制作、安装、拆除、堆放、运输及清理模内杂物、刷隔离剂等 2. 混凝土制作、运输、浇筑、振捣、养护
010504002	弧形墙				
010504003	短肢剪力墙				
010504004	挡土墙				

注：短肢剪力墙是指截面厚度不大于300 mm、各肢截面高度与厚度之比的最大值大于4但不大于8的剪力墙；各肢截面高度与厚度之比的最大值不大于4的剪力墙按柱项目编码列项。

（4）现浇混凝土板（编码：010505）工程量清单项目设置及工程量计算规则见表4-17。

表4-17 现浇混凝土板（编码：010505）

项目编码	项目名称	项目特征	计量单位	工程量计算规则	工程内容
010505001	有梁板	1. 混凝土种类 2. 混凝土强度等级	m³	按设计图示尺寸以体积计算，不扣除单个面积小于或等于0.3 m²的柱、垛以及孔洞所占体积 压形钢板混凝土楼板扣除构件内压形钢板所占体积 有梁板（包括主、次梁与板）按梁、板体积之和计算，无梁板按板和柱帽体积之和计算，各类板伸入墙内的板头并入板体积内，薄壳板的肋、基梁并入薄壳体积内计算	1. 模板及支架（撑）制作、安装、拆除、堆放、运输及清理模内杂物、刷隔离剂等 2. 混凝土制作、运输、浇筑、振捣、养护
010505002	无梁板				
010505003	平板				
010505004	拱板				
010505005	薄壳板				
010505006	栏板				
010505007	天沟（檐沟）、挑檐板			按设计图示尺寸以体积计算	
010505008	雨篷、悬挑板、阳台板			按设计图示尺寸以墙外部分体积计算，包括伸出墙外的牛腿和雨篷反挑檐的体积	
010505009	空心板			按设计图示尺寸以体积计算。空心板（GBF高强薄壁蜂巢芯板等）应扣除空心部分体积	
0105050010	其他板			按设计图示尺寸以体积计算	

注：现浇挑檐、天沟板、雨篷、阳台与板（包括屋面板、楼板）连接时，以外墙外边线为分界线；与圈梁（包括其他梁）连接时，以梁外边线为分界线。外边线以外为挑檐、天沟、雨篷或阳台。

实例 3

某办公楼工程现浇混凝土柱采用矩形柱，如图 4-36 所示，混凝土强度等级为 C35，矩形柱截面分别为：650mm×600mm、500mm×450mm、400mm×350mm，计算矩形柱的工程量。

解：

项目编码：010502001 项目名称：矩形柱

工程量计算规则：按设计图示尺寸以体积计算。

（1）截面尺寸为 650mm×600mm 部分

$$矩形柱的工程量=(1.3+4.5+3.6×2)×0.65×0.60$$
$$=5.07(\text{m}^3)$$

（2）截面尺寸为 500mm×450mm 部分

$$矩形柱的工程量=3.6×3×0.5×0.45$$
$$=2.43(\text{m}^3)$$

（3）截面尺寸为 400mm×350mm 部分

$$矩形柱的工程量=(3.6×2+2.4)×0.40×0.35$$
$$=1.34(\text{m}^3)$$

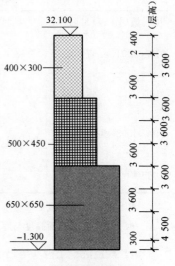

图 4-36 现浇混凝土柱

实例 4

某教学楼工程现浇混凝土选用异形柱，如图 4-37 所示，该异形柱总高为 15m，厚度为 370mm，共有 25 根，混凝土强度等级为 C35，计算该异形柱现浇混凝土的工程量。

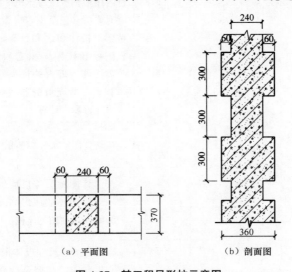

（a）平面图 （b）剖面图

图 4-37 某工程异形柱示意图

解：

项目编码：010502003 项目名称：异形柱

工程量计算规则：按设计图示尺寸以体积计算。

异形柱的工程量＝（图示柱宽度＋咬口宽度）×厚度×图示高度

$$＝（0.24＋0.06）×0.37×15×25$$

$$＝41.63（m^3）$$

▶▶ 实例 5

某住宅工程结构平面图，如图 4-38 所示，采用 C35 现浇混凝土浇筑，用组合钢模板进行支模，该层层高为 3.3m（标高＋3.000～标高＋6.300），板厚为 120mm，计算基础梁现浇混凝土的工程量。

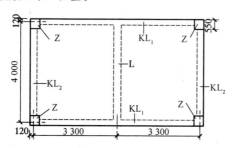

编号	尺寸
Z	550 mm×550 mm
KL₁	250 mm×650 mm
KL₂	250 mm×750 mm
L	250 mm×550 mm

图 4-38　某工程结构平面图

解：

项目编码：010503001　项目名称：基础梁

工程量计算规则：按设计图示尺寸以体积计算，深入墙内的梁头、梁垫并入梁体积内。

（1）C35 钢筋混凝土梁 KL1

　　工程量＝$(3.3×2＋0.12×2－0.55×2)×0.25×0.65×2＝1.87（m^3）$

（2）C35 钢筋混凝土梁 KL2

　　工程量＝$(4.0＋0.12×2－0.55×2)×0.25×0.75×2＝1.18（m^3）$

（3）C35 钢筋混凝土单梁 L

　　工程量＝$(4.0＋0.12×2－0.25×2)×0.25×0.55＝0.51（m^3）$

▶▶ 实例 6

某办公楼工程有现浇混凝土异形梁，如图 4-39 所示，该异形梁梁端有现浇梁垫，梁垫截面为 650mm×240mm×240mm，混凝土强度等级为 C30，共 25 根，计算现浇混凝土异形梁的工程量。

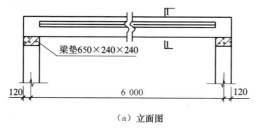

（a）立面图

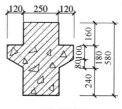

（b）剖面图

图 4-39　异形梁示意图

解：

项目编码：010503003　项目名称：异形梁

工程量计算规则：按设计图示尺寸以体积计算，深入墙内的梁头、梁垫并入梁体积内。

$$单根现浇混凝土异形梁的工程量 = 图示断面面积 \times 梁长 + 梁垫体积$$

$$= 0.25 \times 0.58 \times (6.0 + 0.12 \times 2) + \frac{1}{2} \times (0.1 + 0.18) \times 0.12 \times 2 \times$$

$$(6.0 - 0.12 \times 2) + 0.65 \times 0.24 \times 0.24 \times 2$$

$$= 0.90 + 0.19 + 0.07$$

$$= 1.16 (m^3)$$

$$25 根异形梁的工程量 = 25 \times 1.16 = 29.00 (m^3)$$

▶▶ **实例7**

某民用建筑平面布置图，如图4-40所示，采用标准砖砌筑墙体，规格为240mm×115mm×53mm，墙厚为240mm，圈梁支模均采用350mm×240mm组合钢模板，计算圈梁混凝土的工程量。

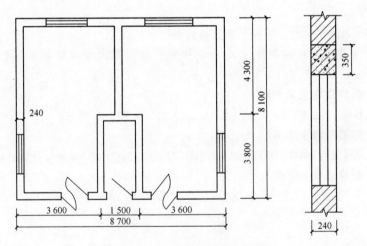

图4-40　某民用建筑平面布置图

解：

项目编码：010503004　项目名称：圈梁

工程量计算规则：按设计图示尺寸以体积计算，深入墙内的梁头、梁垫并入梁体积内。

$$L = (8.7 - 0.24 + 8.1 - 0.24) \times 2 + (3.8 - 0.24) \times 2 + 4.3 + 1.5$$

$$= 32.64 + 7.12 + 4.3 + 1.5$$

$$= 45.56 (m)$$

$$圈梁的工程量 = 45.56 \times 0.24 \times 0.35 = 3.83 (m^3)$$

实例 8

某小区住宅工程采用现浇混凝土挡土墙，如图 4-41 所示，该挡土墙长 25m、高 3.5m，混凝土强度等级为 C35，计算该现浇混凝土挡土墙的工程量。

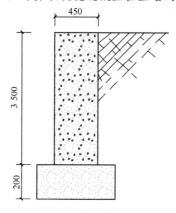

图 4-41 挡土墙示意图

解：

项目编码：010504004 项目名称：挡土墙

工程量计算规则：按设计图示尺寸以体积计算，扣除门窗洞口及单个面积＞0.3 m² 的孔洞所占面积，墙剁及突出墙面部分并入墙体体积内计算。

$$挡土墙的工程量＝25×3.5×0.45＝39.38（m^3）$$

实例 9

某办公楼工程现浇混凝土有梁板，如图 4-42 所示，该有梁板板厚 150mm，主梁为 200mm×400mm，次梁为 200mm×400mm，混凝土强度等级为 C30，计算有梁板的工程量。

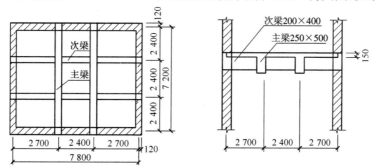

图 4-42 现浇混凝土有梁板

解：

项目编码：010505001 项目名称：有梁板

工程量计算规则：有梁板（包括主、次梁与板）按梁、板体积之和计算。

$$现浇板的工程量＝(7.8＋0.12×2)×(7.2＋0.12×2)×0.15$$
$$＝8.04×7.44×0.15$$
$$＝8.97(m^3)$$

板下梁的工程量＝0.25×(0.5−0.12)×2.4×3×2＋0.2×(0.4−0.12)×(7.8−

0.5)×2＋0.25×0.50×0.12×4＋0.20×0.40×0.12×4

＝1.37＋0.82＋0.06＋0.04

＝2.29(m³)

有梁板的工程量＝8.97＋2.29

＝11.26(m³)

▶▶ **实例 10**

某教学楼工程现浇混凝土无梁板，如图 4-43 所示，该无梁板长 15.9m、宽 9.8m、厚 250mm，计算现浇钢筋混凝土无梁板混凝土的工程量。

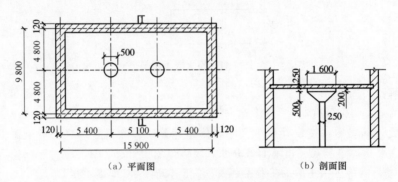

(a) 平面图　　　　　　(b) 剖面图

图 4-43　现浇混凝土无梁板示意图

解：

项目编码：010505002　项目名称：无梁板

工程量计算规则：无梁板按板和柱帽体积之和计算，各类板伸入墙内的板头并入板体积内，薄壳板的肋、基梁并入薄壳体积内计算。

无梁板混凝土的工程量＝图示长度×图示宽度×板厚＋柱帽体积

$$=15.9×9.8×0.25+(\frac{1.6}{2})^2×3.14×0.2×2+\frac{1}{3}×3.14×$$

$$0.5×(0.25^2+0.8^2+0.25×0.8)×2$$

$$=38.96+0.80+0.94$$

$$=40.70(m^3)$$

▶▶ **实例 11**

某办公楼工程现浇钢筋混凝土挑檐板，如图 4-44 所示，长度为 30m，挑檐板厚 120mm，混凝土强度等级为 C35，采用 HPB300 级钢筋，计算该挑檐板混凝土的工程量。

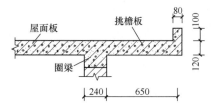

图 4-44 现浇挑檐板示意图

解：

项目编码：010505007 项目名称：天沟（檐沟）、挑檐板

工程量计算规则：按设计图示尺寸以体积计算。

$$挑檐板的工程量 = （0.65 \times 0.12 + 0.08 \times 0.1） \times 45$$
$$= 3.87（m^3）$$

▶▶ 实例 12

某办公楼室外雨篷，如图 4-45 所示，采用 C30 混凝土，雨篷长 2 100mm、宽 1 200mm，计算该雨篷的工程量。

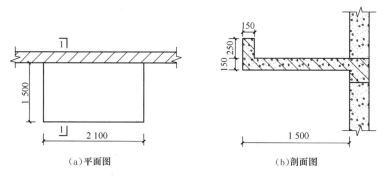

（a）平面图　　　　　　　　（b）剖面图

图 4-45 雨篷示意图

解：

项目编码：010505008 项目名称：雨篷、悬挑板、阳台板

工程量计算规则：按设计图示尺寸以墙外部分体积计算，包括伸出墙外的牛腿和雨篷反挑檐的体积。

$$雨篷的工程量 = 1.5 \times 2.1 \times 0.15 + 0.15 \times 0.25 \times 2.1$$
$$= 0.47 + 0.08$$
$$= 0.55（m^3）$$

三、现浇混凝土楼梯及其他构件工程的计算规则与计算实例

（1）现浇混凝土楼梯（编码：010506）工程量清单项目设置及工程量计算规则见表 4-18。

表 4-18　现浇混凝土楼梯（编码：010506）

项目编码	项目名称	项目特征	计量单位	工程量计算规则	工程内容
010506001	直形楼梯	1. 混凝土种类 2. 混凝土强度等级	1. m² 2. m³	1. 以平方米计量，按设计图示尺寸以水平投影面积计算。不扣除宽度≤500 mm 的楼梯井，伸入墙内部分不计算 2. 以立方米计量，按设计图示尺寸以体积计算	1. 模板及支架（撑）制作、安装、拆除、堆放、运输及清理模内杂物、刷隔离剂等 2. 混凝土制作、运输、浇筑、振捣、养护
010506002	弧形楼梯				

注：整体楼梯（包括直形楼梯、弧形楼梯）水平投影面积包括休息平台、平台梁、斜梁和楼梯的连接梁。当整体楼梯与现浇楼板无梯梁连接时，以楼梯的最后一个踏步边缘加 300mm 为界。

（2）现浇混凝土其他构件（编码：010507）工程量清单项目设置及工程量计算规则见表 4-19。

表 4-19　现浇混凝土其他构件（编码：010507）

项目编码	项目名称	项目特征	计量单位	工程量计算规则	工程内容
010507001	散水、坡道	1. 垫层材料种类、厚度 2. 面层厚度 3. 混凝土种类 4. 混凝土强度等级 5. 变形缝填塞材料种类	m²	按设计图示尺寸以水平投影面积计算。不扣除单个≤0.3 m² 的孔洞所占面积	1. 地基夯实 2. 铺设垫层 3. 模板及支撑制作、安装、拆除、堆放、运输及清理模内杂物、刷隔离剂等 4. 混凝土制作、运输、浇筑、振捣、养护 5. 变形缝填塞
010507002	室外地坪	1. 地坪厚度 2. 混凝土强度等级			
010507003	电缆沟、地沟	1. 土壤类别 2. 沟截面净空尺寸 3. 垫层材料种类、厚度 4. 混凝土种类 5. 混凝土强度等级 6. 防护材料种类	m	按设计图示以中心线长度计算	1. 挖填、运土石方 2. 铺设垫层 3. 模板及支撑制作、安装、拆除、堆放、运输及清理模内杂物、刷隔离剂等 4. 混凝土制作、运输、浇筑、振捣、养护 5. 刷防护材料
010507004	台阶	1. 踏步高、宽 2. 混凝土种类 3. 混凝土强度等级	1. m² 2. m³	1. 以平方米计量，按设计图示尺寸以水平投影面积计算 2. 以立方米计量，按设计图示尺寸以体积计算	1. 模板及支撑制作、安装、拆除、堆放、运输及清理模内杂物、刷隔离剂等 2. 混凝土制作、运输、浇筑、振捣、养护

续表

项目编码	项目名称	项目特征	计量单位	工程量计算规则	工程内容
010507005	扶手、压顶	1. 断面尺寸 2. 混凝土种类 3. 混凝土强度等级	1. m 2. m³	1. 以米计量，按设计图示的中心线延长米计算 2. 以立方米计量，按设计图示尺寸以体积计算	1. 模板及支架（撑）制作、安装、拆除、堆放、运输及清理模内杂物、刷隔离剂等 2. 混凝土制作、运输、浇筑、振捣、养护
010507006	化粪池、检查井	1. 部位 2. 混凝土强度等级 3. 防水、抗渗要求	1. m³ 2. 座	1. 按设计图示尺寸以体积计算 2. 以座计量，按设计图示数量计算	
010507007	其他构件	1. 构件的类型 2. 构件规格 3. 部位 4. 混凝土种类 5. 混凝土强度等级			

注：1. 现浇混凝土小型池槽、垫块、门框等，应按本表其他构件项目编码列项。

2. 架空式混凝土台阶，按现浇楼梯计算。

实例 13

某住宅楼工程现浇钢筋混凝土直形楼梯，如图 4-46 所示，该直形楼梯所用混凝土的强度等级为 C30，墙体厚度均为 240mm，楼梯井宽度为 200mm，计算现浇钢筋混凝土直形楼梯的工程量。

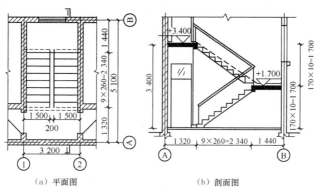

（a）平面图　　　（b）剖面图

图 4-46　直形楼梯示意图

解：

项目编码：010506001　项目名称：直形楼梯

工程量计算规则：1. 以平方米计量，按设计图示尺寸以水平投影面积计算。不扣除宽度≤500mm 的楼梯井，伸入墙内部分不计算。2. 以立方米计量，按设计图示尺寸以体积计算。

直形楼梯的工程量＝（3.2－0.24）×（2.34＋1.44－0.12）＝10.83（m²）

➡ 实例 14

某教学楼外坡道，如图 4-47 所示，混凝土结构层混凝土的强度等级为 C30，坡道坡度为 10％，计算该坡道的工程量。

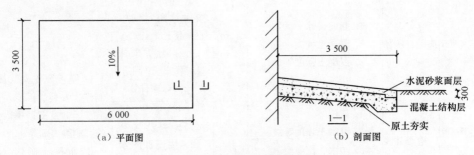

（a）平面图   （b）剖面图

图 4-47　坡道示意图

解：

项目编码：010507001　项目名称：散水、坡道

工程量计算规则：按设计图示尺寸以水平投影面积计算，不扣除单个≤0.3m² 的孔洞所占面积。

$$坡道的工程量＝6.0×3.5＝21（m^2）$$

➡ 实例 15

某住宅工程现浇混凝土地沟，如图 4-48 所示，混凝土强度等级为 C30，三类土，计算该地沟的工程量。

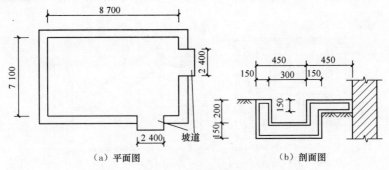

（a）平面图   （b）剖面图

图 4-48　地沟示意图

解：

项目编码：010507003　项目名称：电缆沟、地沟

工程量计算规则：按设计图示以中心线长度计算。

$$地沟的工程量＝(8.7＋0.45×2＋7.1＋0.45×2)×2－2.4×2$$
$$＝35.2－4.8$$
$$＝30.4(m)$$

四、后浇带工程的计算规则与计算实例

后浇带（编码：010508）工程量清单项目设置及工程量计算规则见表4-20。

表4-20 后浇带（编码：010508）

项目编码	项目名称	项目特征	计量单位	工程量计算规则	工程内容
010508001	后浇带	1. 混凝土种类 2. 混凝土强度等级	m³	按设计图示尺寸以体积计算	1. 模板及支架（撑）制作、安装、拆除、堆放、运输及清理模内杂物、刷隔离剂等 2. 混凝土制作、运输、浇筑、振捣、养护及混凝土交接面、钢筋等的清理

▶ 实例16

建筑工程现浇钢筋混凝土后浇带，如图4-49所示，采用C35混凝土，板的长度为5 500mm，宽度为2 500mm，厚度为150mm，计算现浇板后浇带的工程量。

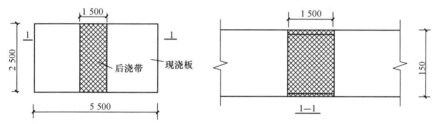

图4-49 现浇板后浇带示意图

解：

项目编码：010508001 项目名称：后浇带

工程量计算规则：按设计图示尺寸以体积计算。

$$后浇带的工程量 = 1.5 \times 2.5 \times 0.15 = 0.56 \, (m^3)$$

五、预制混凝土柱、梁、屋架、板工程的计算规则与计算实例

（1）预制混凝土柱（编码：010509）工程量清单项目设置及工程量计算规则见表4-21。

表4-21 预制混凝土柱（编码：010509）

项目编码	项目名称	项目特征	计量单位	工程量计算规则	工程内容
010509001	矩形柱	1. 图代号 2. 单件体积 3. 安装高度 4. 混凝土强度等级 5. 砂浆（细石混凝土）强度等级、配合比	1. m³ 2. 根	1. 以立方米计量，按设计图示尺寸以体积计算 2. 以根计量，按设计图示尺寸以数量计算	1. 模板制作、安装、拆除、堆放、运输及清理模内杂物、刷隔离剂等 2. 混凝土制作、运输、浇筑、振捣、养护 3. 构件运输、安装 4. 砂浆制作、运输 5. 接头灌缝、养护
010509002	异形柱				

注：以根计量，必须描述单件体积。

（2）预制混凝土梁（编码：010510）工程量清单项目设置及工程量计算规则见表4-22。

表4-22　预制混凝土梁（编码：010510）

项目编码	项目名称	项目特征	计量单位	工程量计算规则	工程内容
010510001	矩形梁	1. 图代号 2. 单件体积 3. 安装高度 4. 混凝土强度等级 5. 砂浆（细石混凝土）强度等级、配合比	1. m³ 2. 根	1. 以立方米计量，按设计图示尺寸以体积计算 2. 以根计量，按设计图示尺寸以数量计算	1. 模板制作、安装、拆除、堆放、运输及清理模内杂物、刷隔离剂等 2. 混凝土制作、运输、浇筑、振捣、养护 3. 构件运输、安装 4. 砂浆制作、运输 5. 接头灌缝、养护
010510002	异形梁				
010510003	过梁				
010510004	拱形梁				
010510005	鱼腹式吊车梁				
010510006	其他梁				

注：以根计量，必须描述单件体积。

（3）预制混凝土屋架（编码：010511）工程量清单项目设置及工程量计算规则见表4-23。

表4-23　预制混凝土屋架（编码：010511）

项目编码	项目名称	项目特征	计量单位	工程量计算规则	工程内容
010511001	折线型	1. 图代号 2. 单件体积 3. 安装高度 4. 混凝土强度等级 5. 砂浆（细石混凝土）强度等级、配合比	1. m³ 2. 榀	1. 以立方米计量，按设计图示尺寸以体积计算 2. 以榀计量，按设计图示尺寸以数量计算	1. 模板制作、安装、拆除、堆放、运输及清理模内杂物、刷隔离剂等 2. 混凝土制作、运输、浇筑、振捣、养护 3. 构件运输、安装 4. 砂浆制作、运输 5. 接头灌缝、养护
010511002	组合				
010511003	薄腹				
010511004	门式刚架				
010511005	天窗架				

注：1. 以榀计量，必须描述单件体积。

　　2. 三角形屋架按本表中折线型屋架项目编码列项。

（4）预制混凝土板（编码：010512）工程量清单项目设置及工程量计算规则见表4-24。

表 4-24　预制混凝土板（编码：010512）

项目编码	项目名称	项目特征	计量单位	工程量计算规则	工程内容
010512001	平板	1. 图代号 2. 单件体积 3. 安装高度 4. 混凝土强度等级 5. 砂浆（细石混凝土）强度等级、配合比	1. m³ 2. 块	1. 以立方米计量，按设计图示尺寸以体积计算。不扣除单个面积≤（300×300）mm² 的孔洞所占体积，扣除空心板空洞体积 2. 以块计量，按设计图示尺寸以数量计算	1. 模板制作、安装、拆除、堆放、运输及清理模内杂物、刷隔离剂等 2. 混凝土制作、运输、浇筑、振捣、养护 3. 构件运输、安装 4. 砂浆制作、运输 5. 接头灌缝、养护
010512002	空心板				
010512003	槽形板				
010512004	网架板				
010512005	折线板				
010512006	带肋板				
010512007	大型板				
010512008	沟盖板、井盖板、井圈	1. 单件体积 2. 安装高度 3. 混凝土强度等级 4. 砂浆强度等级、配合比	1. m³ 2. 块（套）	1. 以立方米计量，按设计图示尺寸以体积计算 2. 以块计量，按设计图示尺寸以数量计算	1. 模板制作、安装、拆除、堆放、运输及清理模内杂物、刷隔离剂等 2. 混凝土制作、运输、浇筑、振捣、养护 3. 构件运输、安装 4. 砂浆制作、运输 5. 接头灌缝、养护

注：1. 以块、套计量，必须描述单件体积。

2. 不带肋的预制遮阳板、雨篷板、挑檐板、栏板等，应按本表平板项目编码列项。

3. 预制 F 形板、双 T 形板、单肋板和带反挑檐的雨篷板、挑檐板、遮阳板等，应按本表带肋板项目编码列项。

4. 预制大型墙板、大型楼板、大型屋面板等，按本表中大型板项目编码列项。

▶▶ **实例 17**

某教学楼工程预制混凝土柱采用矩形柱，该矩形柱高 5 500 mm，矩形柱截面为 500 mm×800 mm，混凝土强度等级为 C35，本工程共有此种矩形柱 25 根，计算矩形柱的工程量。

　　解：

项目编码：010509001　项目名称：矩形柱

工程量计算规则：以立方米计量，按设计图示尺寸以体积计算；以根计量，按设计图示数量计算。

$$矩形柱的工程量＝5.5×0.5×0.8×25＝55（m³）$$

▶▶ **实例 18**

某建筑工程预制混凝土梁，如图 4-50 所示，该异形梁为 T 形，长为 8 500 mm，计算该异形梁的工程量。

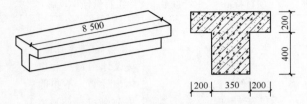

图 4-50　异形梁示意图

解：

项目编码：010510002　项目名称：异形梁

工程量计算规则：以立方米计量，按设计图示尺寸以体积计算；以根计量，按设计图示数量计算。

$$异形梁的工程量 = [0.2 \times (0.2 + 0.35 + 0.2) + 0.35 \times 0.4] \times 8.5$$
$$= (0.15 + 0.14) \times 8.5$$
$$= 2.47 (\text{m}^3)$$

▶▶ **实例 19**

某工程预制混凝土过梁，如图 4-51 所示，该过梁长 3 500mm，混凝土强度等级为 C30，计算该过梁的工程量。

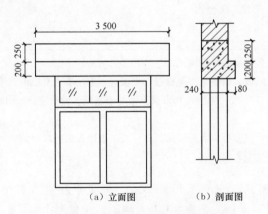

（a）立面图　　　（b）剖面图

图 4-51　预制混凝土过梁示意图

解：

项目编码：010510003　项目名称：过梁

工程量计算规则：以立方米计量，按设计图示尺寸以体积计算；以根计量，按设计图示数量计算。

$$过梁的工程量 = [0.25 \times 0.24 + 0.2 \times (0.24 + 0.08)] \times 3.5$$
$$= 0.43(\text{m}^3)$$

实例 20

某教学楼预制混凝土组合屋架，如图 4-52 所示，计算该组合屋架的工程量。

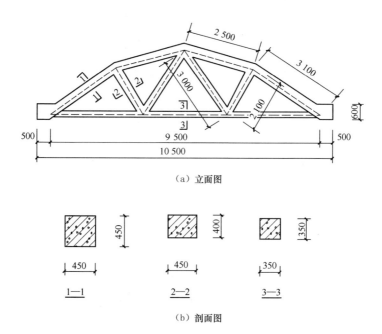

（a）立面图

1—1 2—2 3—3

（b）剖面图

图 4-52 预制组合屋架示意图

解：

项目编码：010511002 项目名称：组合

工程量计算规则：以立方米计量，按设计图示尺寸以体积计算；以榀计量，按设计图示数量计算。

$$组合屋架的工程量=(2.5+3.1)\times2\times0.45\times0.45+(3+2.1)\times2\times0.45\times$$
$$0.4+10.5\times0.35\times0.35$$
$$=2.27+1.84+1.29$$
$$=5.40(m^3)$$

实例 21

某办公楼预制混凝土门式刚架屋架，如图 4-53 所示，计算门式刚架屋架的工程量。

解：

项目编码：010511004 项目名称：门式钢架

工程量计算规则：以立方米计量，按设计图示尺寸以体积计算；以榀计量，按设计图示数量计算。

$$门式刚架屋架的工程量=0.45\times0.45\times5.0\times2+0.45\times0.5\times4.06\times2$$
$$=2.03+1.83$$
$$=3.86（m^3）$$

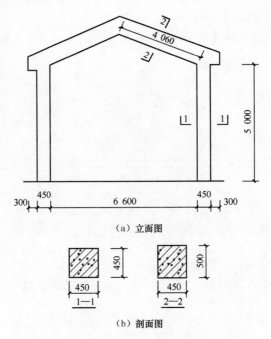

（a）立面图

（b）剖面图

图 4-53　预制混凝土门式刚架屋架示意图

实例 22

某预制混凝土空心板，如图 4-54 所示，混凝土强度等级为 C35，计算该空心板的工程量。

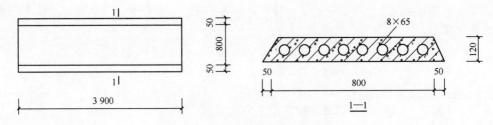

图 4-54　预制混凝土空心板示意图

解：

项目编码：010512002　项目名称：空心板

工程量计算规则：以立方米计量，按设计图示尺寸以体积计算。不扣除单个面积≤300mm×300mm 的孔洞所占面积，扣除空心板空洞体积；以块计量，按设计图示数量计算。

$$预制混凝土空心板的工程量 = \left[(0.8+0.9) \times \frac{1}{2} \times 0.12 - \frac{3.14}{4} \times 0.065^2 \times 8\right] \times 3.9$$

$$= (0.102 - 0.027) \times 3.9$$

$$= 0.29 \ (\text{m}^3)$$

实例 23

某预制混凝土带肋板（双 T 形板），如图 4-55 所示，计算该板的工程量。

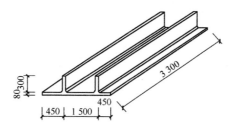

图 4-55 预制混凝土带肋板示意图

解：

项目编码：010512006 项目名称：带肋板

工程量计算规则：以立方米计量，按设计图示尺寸以体积计算。不扣除单个尺寸 ≤(300×300) mm² 的孔洞所占面积，扣除空心板空洞体积；以块计量，按设计图示数量计算。

$$预制混凝土带肋板的工程量 = 0.3×0.08×3.3×2 + (0.45×2+1.5)×0.08×3.3$$
$$= 0.158+0.634$$
$$= 0.79 (m^3)$$

六、预制混凝土楼梯及其他预制构件工程的计算规则与计算实例

（1）预制混凝土楼梯（编码：010513）工程量清单项目设置及工程量计算规则见表 4-25。

表 4-25 预制混凝土楼梯（编码：010513）

项目编码	项目名称	项目特征	计量单位	工程量计算规则	工程内容
010513001	楼梯	1. 楼梯类型 2. 单件体积 3. 混凝土强度等级 4. 砂浆（细石混凝土）强度等级	1. m³ 2. 段	1. 以立方米计量，按设计图示尺寸以体积计算。扣除空心踏步板空洞体积。 2. 以段计量，按设计图示数量计算	1. 模板制作、安装、拆除、堆放、运输及清理模内杂物、刷隔离剂等 2. 混凝土制作、运输、浇筑、振捣、养护 3. 构件运输、安装 4. 砂浆制作、运输 5. 接头灌缝、养护

注：以块计量，必须描述单件体积。

（2）其他预制构件（编码：010514）工程量清单项目设置及工程量计算规则见表 4-26。

表 4-26　其他预制构件（编码：010514）

项目编码	项目名称	项目特征	计量单位	工程量计算规则	工程内容
010514001	垃圾道、通风道、烟道	1. 单件体积 2. 混凝土强度等级 3. 砂浆强度等级	1. m³ 2. m² 3. 根（块、套）	1. 以立方米计量，按设计图示尺寸以体积计算。不扣除单个面积≤（300×300）mm² 的孔洞所占体积，扣除烟道、垃圾道、通风道的孔洞所占体积	1. 模板制作、安装、拆除、堆放、运输及清理模内杂物、刷隔离剂等 2. 混凝土制作、运输、浇筑、振捣、养护 3. 构件运输、安装 4. 砂浆制作、运输 5. 接头灌缝、养护
010514002	其他构件	1. 单件体积 2. 构件的类型 3. 混凝土强度等级 4. 砂浆强度等级		2. 以平方米计量，按设计图示尺寸以面积计算。不扣除单个面积≤（300×300）mm² 的孔洞所占面积 3. 以根计量，按设计图示尺寸以数量计算	

注：1. 以块、根计量，必须描述单件体积。
　　2. 预制钢筋混凝土小型池槽、压顶、扶手、垫块、隔热板、花格等，按本表中其他构件项目编码列项。

实例 24

某建筑物内预制混凝土楼梯，如图 4-56 所示，该楼梯为直形楼梯，混凝土强度等级为 C30，计算该楼梯梁的工程量。

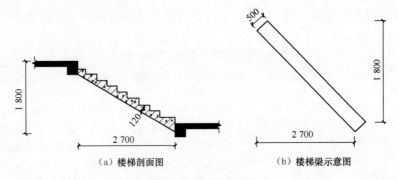

（a）楼梯剖面图　　　　　　　（b）楼梯梁示意图

图 4-56　楼梯示意图

解：

项目编码：010513001　项目名称：楼梯

工程量计算规则：以立方米计量，按设计图示尺寸以体积计算，扣除空心踏步板空洞体积；以段计量，按设计图示数量计算。

$$楼梯梁的工程量 = \sqrt{2.7^2 + 1.8^2} \times 0.5 \times 0.12 = 0.19 （m^3）$$

实例 25

某水磨石池槽，如图 4-57 所示，长 4.5m，计算该水磨石池槽的混凝土工程量。

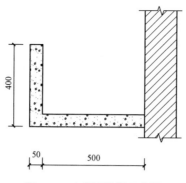

图 4-57 水磨石池槽示意图

解：

项目编码：010514002　项目名称：其他构件

工程量计算规则：以立方米计量，按设计图示尺寸以体积计算。不扣除单个面积≤（300×300）mm² 的孔洞所占体积，扣除烟道、垃圾道、通风道的孔洞所占体积；以平方米计量，按设计图示尺寸以面积计算。不扣除单个面积≤（300×300）mm² 的孔洞所占面积；以根计量，按设计图示数量计算。

$$水磨石池槽的工程量 = （0.5×0.05+0.05×0.4）×4.5$$
$$= 0.20（m^3）$$

七、钢筋工程的计算规则与计算实例

钢筋工程（编码：010515）工程量清单项目设置及工程量计算规则见表 4-27。

表 4-27　钢筋工程（编码：010515）

项目编码	项目名称	项目特征	计量单位	工程量计算规则	工程内容
010515001	现浇构件钢筋	钢筋种类、规格	t	按设计图示钢筋（网）长度（面积）×单位理论质量计算	1. 钢筋制作、运输 2. 钢筋安装 3. 焊接(绑扎)
010515002	预制构件钢筋				
01051503	钢筋网片				1. 钢筋网制作、运输 2. 钢筋网安装 3. 焊接(绑扎)
01051504	钢筋笼				1. 钢筋笼制作、运输 2. 钢筋笼安装 3. 焊接（绑扎）

项目编码	项目名称	项目特征	计量单位	工程量计算规则	工程内容
010515005	先张法预应力钢筋	1. 钢筋种类、规格 2. 锚具种类	t	按设计图示钢筋长度×单位理论质量计算	1. 钢筋制作、运输 2. 钢筋张拉
010515006	后张法预应力钢筋	1. 钢筋种类、规格 2. 钢丝种类、规格 3. 钢绞线种类、规格 4. 锚具种类 5. 砂浆强度等级		按设计图示钢筋（丝束、绞线）长度×单位理论质量计算 1. 低合金钢筋两端均采用螺杆锚具时，钢筋长度按孔道长度减 0.35 m 计算，螺杆另行计算 2. 低合金钢筋一端采用镦头插片，另一端采用螺杆锚具时，钢筋长度按孔道长度计算，螺杆另行计算 3. 低合金钢筋一端采用镦头插片，另一端采用帮条锚具时，钢筋增加 0.15 m 计算；两端均采用帮条锚具时，钢筋长度按孔道长度增加 0.3 m 计算 4. 低合金钢筋采用后张混凝土自锚时，钢筋长度按孔道长度增加 0.35 m 计算 5. 低合金钢筋（钢绞线）采用 JM、XM、QM 型锚具；孔道长度≤20 m 时，钢筋长度增加 1 m 计算；孔道长度>20 m 时，钢筋长度增加 1.8 m 计算 6. 碳素钢丝采用锥形锚具，孔道长度≤20 m 时，钢丝束长度按孔道长度增加 1 m 计算；孔道长度>20 m 时，钢丝束长度按孔道长度增加 1.8 m 计算 7. 碳素钢丝采用镦头锚具时，钢丝束长度按孔道长度增加 0.35 m 计算	1. 钢筋、钢丝束、钢绞线制作、运输 2. 钢筋、钢丝束、钢绞线安装 3. 预埋管孔道铺设 4. 锚具安装 5. 砂浆制作、运输 6. 孔道压浆、养护
010515007	预应力钢丝				
010515008	预应力钢绞线				
010515009	支撑钢筋（铁马）	1. 钢筋种类 2. 规格		按钢筋长度×单位理论质量计算	钢筋制作、焊接、安装

项目编码	项目名称	项目特征	计量单位	工程量计算规则	工程内容
010515010	声测管	1. 材质 2. 规格型号	t	按设计图示尺寸以质量计算	1. 检测管截断、封头 2. 套管制作、焊接 3. 定位、固定

注：1. 现浇构件中伸出构件的锚固钢筋应并入钢筋工程量内。除设计（包括规范规定）标明的搭接外，其他施工搭接不计算工程量，在综合单价中综合考虑。

2. 现浇构件中固定位置的支撑钢筋、双层钢筋用的"铁马"在编制工程量清单时，如果设计未明确，其工程数量可为暂估量，结算时按现场签证数量计算。

➡ 实例 26

某教学楼钢筋工程矩形梁，如图 4-58 所示，该矩形梁截面尺寸为 240mm×500mm，计算现浇构件钢筋的工程量。

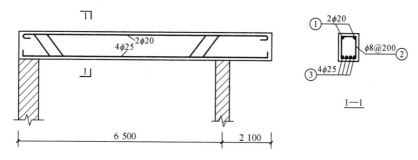

图 4-58　矩形梁钢筋示意图

解：

项目编码：010515001　项目名称：现浇构件钢筋

工程量计算规则：按设计图示钢筋（网）长度（面积）×单位理论质量计算。

①号钢筋 $2\phi20$（单位理论质量为 2.47kg）

$$工程量=(6.5+2.1-0.025\times2+6.25\times0.02\times2)\times2\times2.47$$
$$=8.8\times2\times2.47$$
$$=43.472（kg）$$
$$=0.043（t）$$

②号钢筋 $\phi8@200$（单位理论质量为 0.395kg）

$$根数=\frac{6.5+2.1-0.025\times2}{0.2}+1=44（根）$$

$$单根长度=(0.24+0.5)\times2-0.025\times8-8\times0.008-3\times1.75\times0.008+$$
$$2\times1.9\times0.008+2\times10\times0.008$$
$$=1.48-0.2-0.064-0.042+0.030\,4+0.16=1.36（m）$$
$$工程量=44\times1.36\times0.395$$
$$=23.64（kg）$$

$$=0.024 \text{（t）}$$

③号钢筋 $4\phi25$（单位理论质量为 3.85kg）

工程量 $=（6.5+2.1-0.025×2-2×1.75×0.025+10×0.025）×4×3.85$

$$=8.71×4×3.85$$

$$=134.13 \text{（kg）}$$

$$=0.134 \text{（t）}$$

▶▶ **实例 27**

某钢筋工程后张预应力吊车梁，如图 4-59 所示，下部后张预应力钢筋所用锚具为 XM 型锚具，计算后张法预应力钢筋的工程量。

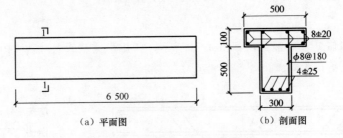

(a) 平面图　　　　　(b) 剖面图

图 4-59　后张预应力吊车梁示意图

解：

项目编码：010515006　项目名称：后张法预应力钢筋

工程量计算规则：按设计图示钢筋（丝束、绞线）长度×单位理论质量计算。

后张预应力钢筋（4 根直径为 25 的二级钢筋，单位理论质量为 3.85kg）

后张法预应力钢筋的工程量 $=$（设计图示钢筋长度+增加长度）×单位理论质量

$$=（6.5+1.00）×4×3.85$$

$$=115.50 \text{（kg）}$$

$$=0.116 \text{（t）}$$

八、螺栓、铁件工程的计算规则与计算实例

螺栓、铁件（编码：010516）工程量清单项目设置及工程量计算规则见表 4-28。

表 4-28　螺栓、铁件（编码：010516）

项目编码	项目名称	项目特征	计量单位	工程量计算规则	工程内容
010516001	螺栓	1. 螺栓种类 2. 规格	t	按设计图示尺寸以质量计算	1. 螺栓、铁件制作、运输 2. 螺栓、铁件安装
010516002	预埋铁件	1. 钢材种类 2. 规格 3. 铁件尺寸			

续表

项目编码	项目名称	项目特征	计量单位	工程量计算规则	工程内容
010516003	机械连接	1. 连接方式 2. 螺纹套筒种类 3. 规格	个	按数量计算	1. 钢筋套丝 2. 套筒连接

注：编制工程量清单时，如果设计未明确，其工程数量可为暂估量，实际工程量按现场签证数量计算。

▶▶ 实例 28

某办公楼工程预埋件，如图 4-60 所示，其埋入 60mm×60mm×8mm 方铁，共 1 500 个，计算预埋件的工程量。

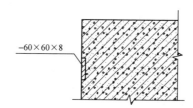

$-60×60×8$

图 4-60　楼梯栏杆预埋件示意图

解：

项目编码：010516002　项目名称：预埋铁件

工程量计算规则：按设计图示尺寸以质量计算。

$$预埋铁件的工程量 = （0.060×0.060×0.008）×78×103×1\ 500$$
$$= 336.96（kg）$$
$$= 0.337（t）$$

第八节　金属结构工程工程量的计算

建筑-立面图（二）

扫码观看本视频

一、钢架工程的计算规则与计算实例

（1）钢网架（编码：010601）工程量清单项目设置及工程量计算规则见表 4-29。

表 4-29　钢网架（编码：010601）

项目编码	项目名称	项目特征	计量单位	工程量计算规则	工程内容
010601001	钢网架	1. 钢材品种、规格 2. 网架节点形式、连接方式 3. 网架跨度、安装高度 4. 探伤要求 5. 防火要求	t	按设计图示尺寸以质量计算。不扣除孔眼的质量，焊条、铆钉等不另增加质量	1. 拼装 2. 安装 3. 探伤 4. 补刷油漆

（2）钢屋架、钢托架、钢桁架、钢架桥（编码：010602）工程量清单项目设置及工程量计算规则见表 4-30。

表 4-30　钢屋架、钢托架、钢桁架、钢架桥（编码：010602）

项目编码	项目名称	项目特征	计量单位	工程量计算规则	工程内容
010602001	钢屋架	1. 钢材品种、规格 2. 单榀质量 3. 屋架跨度、安装高度 4. 螺栓种类 5. 探伤要求 6. 防火要求	1. 榀 2. t	1. 以榀计量，按设计图示数量计算 2. 以吨计量，按设计图示尺寸以质量计算。不扣除孔眼的质量，焊条、铆钉、螺栓等不另增加质量	1. 拼装 2. 安装 3. 探伤 4. 补刷油漆
010602002	钢托架	1. 钢材品种、规格 2. 单榀质量 3. 安装高度 4. 螺栓种类 5. 探伤要求 6. 防火要求	t	按设计图示尺寸以质量计算。不扣除孔眼的质量，焊条、铆钉、螺栓等不另增加质量	
010602003	钢桁架				
010602004	钢架桥	1. 桥类型 2. 钢材品种、规格 3. 单榀质量 4. 安装高度 5. 螺栓种类 6. 探伤要求			

注：以榀计量，按标准图设计的应注明标准图代号，按非标准图设计的项目特征必须描述单榀屋架的质量。

实例 1

某厂房金属结构工程钢屋架，如图 4-61 所示，上弦钢材单位理论质量为 7.398kg，下弦钢材单位理论质量为 1.58kg，立杆钢材、斜撑钢材和檩托钢材单位理论质量为 3.77kg，连接板单位理论质量为 62.80kg，计算该钢屋架的工程量。

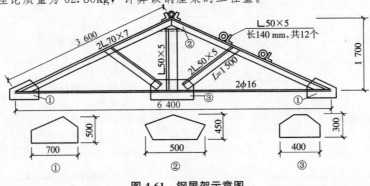

图 4-61　钢屋架示意图

解:

项目编码:010602001　项目名称:钢屋架

工程量计算规则:以榀计量,按图示数量计算;以吨计量,按设计图示尺寸以质量技算。不扣除孔眼的质量,焊条、铆钉、螺栓等不另增加质量。

$$杆件质量=杆件设计图示长度×单位理论质量$$

$$上弦质量=3.60×2×2×7.398=106.53(kg)$$

$$下弦质量=6.40×2×1.58=20.22(kg)$$

$$立杆质量=1.70×3.77=6.41(kg)$$

$$斜撑质量=1.50×2×2×3.77=22.62(kg)$$

$$檩托质量=0.14×12×3.77=6.33(kg)$$

$$多边形钢板质量=最大对角线长度×最大宽度×面密度$$

①号连接板质量=0.8×0.5×2×62.80=50.24(kg)

②号连接板质量=0.5×0.45×62.80=14.13(kg)

③号连接板质量=0.4×0.3×62.80=7.54(kg)

$$钢屋架的工程量=106.53+20.22+6.41+22.62+6.33+50.24+14.13+7.54$$
$$=234.02(kg)$$
$$=0.234(t)$$

二、钢柱、梁、板工程的计算规则与计算实例

(1) 钢柱 (编码:010603) 工程量清单项目设置及工程量计算规则见表 4-31。

表 4-31　钢柱 (编码:010603)

项目编码	项目名称	项目特征	计量单位	工程量计算规则	工程内容
010603001	实腹钢柱	1. 柱类型 2. 钢材品种、规格 3. 单根柱质量 4. 螺栓种类 5. 探伤要求 6. 防火要求	t	按设计图示尺寸以质量计算。不扣除孔眼的质量,焊条、铆钉、螺栓等不另增加质量,依附在钢柱上的牛腿及悬臂梁等并入钢柱工程量内	1. 拼装 2. 安装 3. 探伤 4. 补刷油漆
010603002	空腹钢柱				
010603003	钢管柱	1. 钢材品种、规格 2. 单根柱质量 3. 螺栓种类 4. 探伤要求 5. 防火要求		按设计图示尺寸以质量计算。不扣除孔眼的质量,焊条、铆钉、螺栓等不另增加质量,钢管柱上的节点板、加强环、内衬管、牛腿等并入钢管柱工程量内	

注:1. 实腹钢柱类型指十字形、T形、L形、H形等。

2. 空腹钢柱类型指箱形、格构式等。

3. 型钢混凝土柱浇筑钢筋混凝土,其混凝土和钢筋应按《房屋建筑与装饰工程工程量计算规范》(GB 50854—2013) 中混凝土及钢筋混凝土工程中相关项目编码列项。

（2）钢梁（编码：010604）工程量清单项目设置及工程量计算规则见表4-32。

表4-32　钢梁（编码：010604）

项目编码	项目名称	项目特征	计量单位	工程量计算规则	工程内容
010604001	钢梁	1. 梁类型 2. 钢材品种、规格 3. 单根质量 4. 螺栓种类 5. 安装高度 6. 探伤要求 7. 防火要求	t	按设计图示尺寸以质量计算。不扣除孔眼的质量，焊条、铆钉、螺栓等不另增加质量，制动梁、制动板、制动桁架、车挡并入钢吊车梁工程量内	1. 拼装 2. 安装 3. 探伤 4. 补刷油漆
010604002	钢吊车梁	1. 钢材品种、规格 2. 单根质量 3. 螺栓种类 4. 安装高度 5. 探伤要求 6. 防火要求			

注：1. 梁类型指H形、L形、T形、箱形、格构式等。
　　2. 型钢混凝土梁浇筑钢筋混凝土，其混凝土和钢筋应按《房屋建筑与装饰工程工程量计算规范》（GB 50854—2013）中混凝土及钢筋混凝土工程中相关项目编码列项。

（3）钢板楼板、墙板（编码：010605）工程量清单项目设置及工程量计算规则见表4-33。

表4-33　钢板楼板、墙板（编码：010605）

项目编码	项目名称	项目特征	计量单位	工程量计算规则	工程内容
010605001	钢板楼板	1. 钢材品种、规格 2. 钢板厚度 3. 螺栓种类 4. 防火要求	m²	按设计图示尺寸以铺设水平投影面积计算。不扣除单个≤0.3 m²柱、垛及孔洞所占面积	1. 拼装 2. 安装 3. 探伤 4. 补刷油漆
010605002	钢板墙板	1. 钢材品种、规格 2. 钢板厚度、复合板厚度 3. 螺栓种类 4. 复合板夹芯材料种类、层数、型号、规格 5. 防火要求		按设计图示尺寸以铺挂展开面积计算。不扣除单个面积≤0.3 m²的梁、孔洞所占面积，包角、包边、窗台泛水等不另加面积	1. 拼装 2. 安装 3. 探伤 4. 补刷油漆

注：1. 钢板楼板上浇筑钢筋混凝土，其混凝土和钢筋应按《房屋建筑与装饰工程工程量计算规范》（GB 50854—2013）中混凝土及钢筋混凝土工程中相关项目编码列项。
　　2. 压型钢楼板按本表中钢板楼板项目编码列项。

实例 2

某教学楼采用 H 形实腹钢柱，如图 4-62 所示，钢柱长度为 3 500mm，计算该实腹钢柱的工程量（6mm 厚钢板的单位理论质量为 47.1kg/m²，8mm 厚钢板的单位理论质量为 62.8kg/m²）。

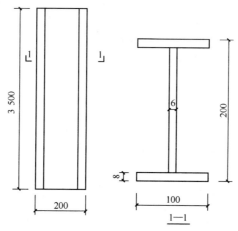

图 4-62 H 形实腹钢柱示意图

解：

项目编码：010603001   项目名称：实腹钢柱

工程量计算规则：按设计图示尺寸以质量计算。不扣除孔眼的质量，焊条、铆钉、螺栓等不另增加质量，依附在钢柱上的牛腿及悬臂梁等并入钢柱工程量内。

$$翼缘板的工程量 = 62.8 \times 0.1 \times 3.5 \times 2$$
$$= 43.96 \,（kg）$$
$$= 0.044 \,（t）$$
$$腹翼板的工程量 = 47.1 \times 3.5 \times （0.2 - 0.008 \times 2）$$
$$= 30.33 \,（kg）$$
$$= 0.030 \,（t）$$
$$实腹钢柱的工程量 = 0.044 + 0.030 = 0.074 \,（t）$$

实例 3

某厂房钢管柱，如图 4-63 所示，共 30 根，32 钢材的单位理论质量 43.25kg，角钢（100mm×8mm）的单位理论质量 12.276kg，角钢（140mm×10mm）的单位理论质量 21.488kg，钢板 12mm 的单位理论质量 94.20kg，计算该钢管柱的工程量。

解：

项目编码：010603002   项目名称：空腹钢柱

工程量计算规则：按设计图示尺寸以质量计算。不扣除孔眼的质量，焊条、铆钉、螺栓等不另增加质量，依附在钢柱上的牛腿及悬臂梁等并入钢柱工程量内。

（1）钢管柱主体钢材（32 钢材）

柱高：

$$0.14 + （1 + 0.1） \times 3 = 3.44 \,（m）$$

2 根，则重为：

$$43.25 \times 3.44 \times 2 = 297.56 \text{（kg）}$$

（2）水平杆角钢（100mm×8mm）

角钢长：

$$0.32 - （0.005 + 0.01）\times 2 = 0.29 \text{（m）}$$

6 根，则重为：

$$12.276 \times 0.29 \times 6 = 21.36 \text{（kg）}$$

（3）底座角钢（140mm×10mm）

$$21.488 \times 0.32 \times 4 = 27.50 \text{（kg）}$$

（4）底座钢板（12mm）

$$94.20 \times 0.7 \times 0.7 = 46.16 \text{（kg）}$$

1 根钢管柱的工程量 $= 297.56 + 21.36 + 27.50 + 46.16 = 392.58$（kg）

30 根钢管柱的工程量 $= 392.58 \times 30 = 11\ 777.40$（kg）$= 11.777$（t）

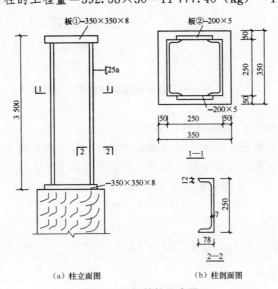

（a）柱立面图   （b）柱剖面图

图 4-63　钢管柱示意图

▶▶ **实例 4**

某教学楼工程钢梁，如图 4-64 所示，该钢梁长为 5 500mm，25b 的单位理论质量为 31.3kg/m，计算该钢梁的工程量。

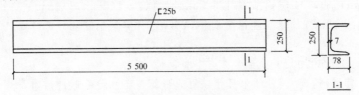

图 4-64　钢梁示意图

解：

项目编码：010604001　项目名称：钢梁

工程量计算规则：按设计图示尺寸以质量计算。不扣除孔眼的质量，焊条、铆钉、螺栓等不另增加质量，制动梁、制动板、制动桁架、车挡并入钢吊车梁工程量内。

$$钢梁的工程量＝31.3×5.5＝172.15（kg）$$
$$＝0.172（t）$$

实例 5

某教学楼工程钢吊车梁，如图 4-65 所示，该钢吊车梁长为 15 000mm，110×10 的单位理论质量为 16.69kg/m，5mm 厚钢板的单位理论质量为 39.2kg/m²，计算该钢吊车梁的工程量。

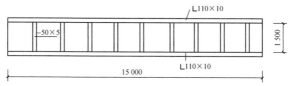

图 4-65　钢吊车梁示意图

解：

项目编码：010604002　项目名称：钢吊车梁

工程量计算规则：按设计图示尺寸以质量计算。不扣除孔眼的质量，焊条、铆钉、螺栓等不另增加质量，制动梁、制动板、制动桁架、车挡并入钢吊车梁工程量内。

$$轨道的工程量＝16.69×15×2＝500.7（kg）$$
$$＝0.501（t）$$
$$加强板的工程量＝39.2×0.05×1.5×9$$
$$＝26.46（kg）$$
$$＝0.026（t）$$
$$钢吊车梁的工程量＝0.501＋0.026$$
$$＝0.527（t）$$

实例 6

某建筑物压型钢板墙板，如图 4-66 所示，该板波高 80mm，计算该钢板墙板的工程量。

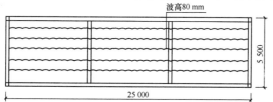

图 4-66　钢板墙板平面示意图

解：

项目编码：010605002　项目名称：钢板墙板

工程量计算规则：按设计图示尺寸以铺挂展开面积计算，不扣除单个面积≤0.3m² 的梁、孔洞所占面积，包角、包边，窗台泛水等不另加面积。

$$钢板墙板的工程量＝25×5.5＝137.50（m²）$$

三、钢构件及金属制品工程的计算规则与计算实例

（1）钢构件（编码：010606）工程量清单项目设置及工程量计算规则见表 4-34。

表 4-34 钢构件（编码：010606）

项目编码	项目名称	项目特征	计量单位	工程量计算规则	工程内容
010606001	钢支撑、钢拉条	1. 钢材品种、规格 2. 构件类型 3. 安装高度 4. 螺栓种类 5. 探伤要求 6. 防火要求	t	按设计图示尺寸以质量计算，不扣除孔眼的质量，焊条、铆钉、螺栓等不另增加质量	1. 拼装 2. 安装 3. 探伤 4. 补刷油漆
010606002	钢檩条	1. 钢材品种、规格 2. 构件类型 3. 单根质量 4. 安装高度 5. 螺栓种类 6. 探伤要求 7. 防火要求			
010606003	钢天窗架	1. 钢材品种、规格 2. 单榀质量 3. 安装高度 4. 螺栓种类 5. 探伤要求 6. 防火要求		按设计图示尺寸以质量计算，不扣除孔眼的质量，焊条、铆钉、螺栓等不另增加质量	
010606004	钢挡风架	1. 钢材品种、规格 2. 单榀质量 3. 螺栓种类 4. 探伤要求 5. 防火要求			
010606005	钢墙架				
010606006	钢平台	1. 钢材品种、规格 2. 螺栓种类 3. 防火要求			
010606007	钢走道		t		1. 拼装 2. 安装 3. 探伤 4. 补刷油漆
010606008	钢梯	1. 钢材品种、规格 2. 钢梯形式 3. 螺栓种类 4. 防火要求			
010606009	钢护栏	1. 钢材品种、规格 2. 防火要求			
010606010	钢漏斗	1. 钢材品种、规格 2. 漏斗、天沟形式 3. 安装高度 4. 探伤要求		按设计图示尺寸以质量计算，不扣除孔眼的质量，焊条、铆钉、螺栓等不另增加质量，依附漏斗或天沟的型钢并入漏斗或天沟工程量内	
010606011	钢板天沟				
010606012	钢支架	1. 钢材品种、规格 2. 安装高度 3. 防火要求		按设计图示尺寸以质量计算，不扣除孔眼的质量，焊条、铆钉、螺栓等不另增加质量	
010606013	零星钢构件	1. 构件名称 2. 钢材品种、规格			

注：1. 钢墙架项目包括墙架柱、墙架梁和连接杆件。
　　2. 钢支撑、钢拉条类型指单式、复式；钢檩条类型指型钢式、格构式；钢漏斗形式指方形、圆形；天沟形式指矩形沟或半圆形沟。
　　3. 加工铁件等小型构件，按本表中零星钢构件项目编码列项。

（2）金属制品（编码：010607）工程量清单项目设置及工程量计算规则见表 4-35。

表 4-35 金属制品（编码：010607）

项目编码	项目名称	项目特征	计量单位	工程量计算规则	工程内容
010607001	成品空调金属百叶护栏	1. 材料品种、规格 2. 边框材质	m²	按设计图示尺寸以框外围展开面积计算	1. 安装 2. 校正 3. 预埋铁件及安螺栓
010607002	成品栅栏	1. 材料品种、规格 2. 边框及立柱型钢品种、规格			1. 安装 2. 校正 3. 预埋铁件 4. 安螺栓及金属立柱
010607003	成品雨篷	1. 材料品种、规格 2. 雨篷宽度 3. 晾衣杆品种、规格	1. m 2. m²	1. 以米计量，按设计图示接触边以米计算 2. 以平方米计量，按设计图示尺寸以展开面积计算	1. 安装 2. 校正 3. 预埋铁件及安螺栓
010607004	金属网栏	1. 材料品种、规格 2. 边框及立柱型钢品种、规格	m²	按设计图示尺寸以框外围展开面积计算	1. 安装 2. 校正 3. 安螺栓及金属立柱
010607005	砌块墙钢丝网加固	1. 材料品种、规格 2. 加固方式		按设计图示尺寸以面积计算	1. 铺贴 2. 锚固
010607006	后浇带金属网				

注：抹灰钢丝网加固按本表中砌块墙钢丝网加固项目编码列项。

▶▶ 实例 7

某厂房建筑内钢檩条，如图 4-67 所示，8mm 厚钢板的单位理论质量为 62.8kg/m²，6mm 厚钢板的单位理论质量为 47.1kg/m²，计算该钢檩条的工程量。

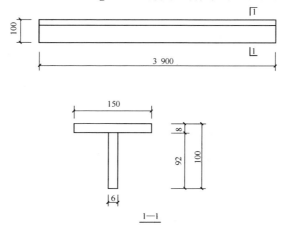

图 4-67 钢檩条示意图

解：

项目编码：010606002　项目名称：钢檩条

工程量计算规则：按设计图示尺寸以质量计算，不扣除孔眼的质量，焊条、铆钉、螺栓等不另增加质量。

$$翼缘的工程量＝62.8×0.15×3.9$$
$$＝36.738（kg）$$
$$＝0.037（t）$$
$$腹板的工程量＝47.1×0.092×3.9$$
$$＝16.899（kg）$$
$$＝0.017（t）$$
$$钢檩条的工程量＝0.037＋0.017$$
$$＝0.054（t）$$

▶▶ 实例 8

某厂房内钢走道，如图 4-68 所示，该钢走道长为 15 000mm，共 4 个，10mm 厚钢板的单位理论质量为 78.5kg/m²，计算该钢走道的工程量。

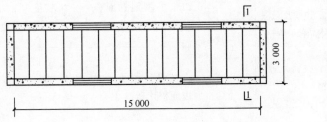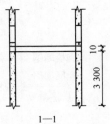

图 4-68　钢走道示意图

解：

项目编码：010606007　项目名称：钢走道

工程量计算规则：按设计图示尺寸以质量计算，不扣除孔眼的质量，焊条、铆钉、螺栓等不另增加质量。

$$钢走道的工程量＝78.5×3×15×4$$
$$＝14\,130（kg）$$
$$＝14.130（t）$$

▶▶ 实例 9

某建筑内阳台钢护栏，如图 4-69 所示，直径 20 的钢管的理论质量为 2.47kg/m，6mm 厚钢板的理论质量为 47.1kg/m²，50×4 角钢的理论质量为 3.059kg/m，计算该钢护栏的工程量。

解：

项目编码：010606009　项目名称：钢护栏

工程量计算规则：按设计图示尺寸以质量计算，不扣除孔眼的质量，焊条、铆钉、螺栓等不另增加质量。

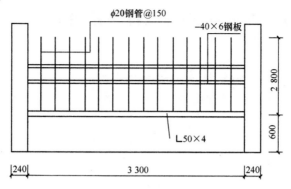

图 4-69 钢护栏示意图

$$\phi 20 \text{ 钢管的工程量} = 2.47 \times 2.8 \times \left(\frac{3.3}{0.15} - 1\right) = 145.236 \text{ (kg)} = 0.145 \text{ (t)}$$

$$6\text{mm 厚钢板的工程量} = 47.1 \times 0.04 \times 3.3 \times 2$$
$$= 12.43 \text{ (kg)}$$
$$= 0.012 \text{ (t)}$$

$$\llcorner 50 \times 4 \text{ 角钢的工程量} = 3.059 \times 3.3 = 10.09 \text{ (kg)} = 0.010 \text{ (t)}$$

$$\text{钢护栏的工程量} = 0.145 + 0.012 + 0.010 = 0.167 \text{ (t)}$$

▶▶ 实例 10

某建筑工程零星钢构件，如图 4-70 所示，该构件为 3mm 厚的不等边六边形钢板，3mm 厚钢板的理论质量为 2.36kg/m^2，计算该零星钢构件钢板的工程量。

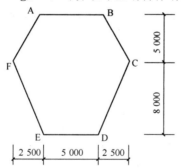

图 4-70 不等边六边形钢板示意图

解：

项目编码：010606013 项目名称：零星钢构件

工程量计算规则：按设计图示尺寸以质量计算，不扣除孔眼的质量，焊条、铆钉、螺栓等不另增加质量。

$$\text{零星钢构件钢板的工程量} = (2.5 + 5 + 2.5) \times (5 + 8) \times 2.36$$
$$= 306.8 \text{ (kg)}$$
$$= 0.307 \text{ (t)}$$

建筑-剖面图（一）

扫码观看本视频

第九节　木结构工程工程量的计算

一、木屋架工程的计算规则与计算实例

木屋架（编码：010701）工程量清单项目设置及工程量计算规则见表4-36。

表 4-36　木屋架（编码：010701）

项目编码	项目名称	项目特征	计量单位	工程量计算规则	工程内容
010701001	木屋架	1. 跨度 2. 材料品种、规格 3. 刨光要求 4. 拉杆及夹板种类 5. 防护材料种类	1. 榀 2. m³	1. 以榀计量，按设计图示数量计算 2. 以立方米计量，按设计图示的规格尺寸以体积计算	1. 制作 2. 运输 3. 安装 4. 刷防护材料
010701002	钢木屋架	1. 跨度 2. 木材品种、规格 3. 刨光要求 4. 钢材品种、规格 5. 防护材料种类	榀	以榀计量，按设计图示数量计算	

注：1. 屋架的跨度应以上、下弦中心线两交点之间的距离计算。

2. 带气楼的屋架和马尾、折角及正交部分的半屋架，按相关屋架项目编码列项。

3. 以榀计量，按标准图设计的应注明标准图代号，按非标准图设计的项目特征必须按本表要求予以描述。

实例 1

某建筑物内木屋架，如图4-71所示，该屋架跨度12m，共10榀，计算该木屋架的工程量。

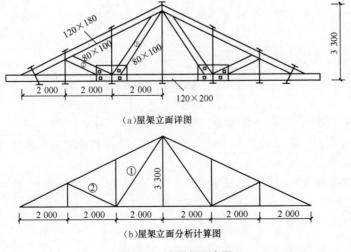

（a）屋架立面详图

（b）屋架立面分析计算图

图 4-71　木屋架示意图

解：

项目编码：010701001　项目名称：木屋架

工程量计算规则：以榀计量，按设计图示数量计算；以立方米计量，按设计图示的规格尺寸以体积计算。

$$木屋架的工程量＝10（榀）$$

二、木构件工程的计算规则与计算实例

木构件（编码：010702）工程量清单项目设置及工程量计算规则见表 4-37。

表 4-37　木构件（编码：010702）

项目编码	项目名称	项目特征	计量单位	工程量计算规则	工程内容
010702001	木柱	1. 构件规格尺寸 2. 木材种类 3. 刨光要求 4. 防护材料种类	m³	按设计图示尺寸以体积计算	1. 制作 2. 运输 3. 安装 4. 刷防护材料
010702002	木梁				
010702003	木檩		1. m³ 2. m	1. 以立方米计量，按设计图示尺寸以体积计算 2. 以米计量，按设计图示尺寸以长度计算	
010702004	木楼梯	1. 楼梯形式 2. 木材种类 3. 刨光要求 4. 防护材料种类	m²	按设计图示尺寸以水平投影面积计算。不扣除宽度≤300 mm 的楼梯井，伸入墙内部分不计算	
010702005	其他木构件	1. 构件名称 2. 构件规格尺寸 3. 木材种类 4. 刨光要求 5. 防护材料种类	1. m³ 2. m	1. 以立方米计量，按设计图示尺寸以体积计算 2. 以米计量，按设计图示尺寸以长度计算	

注：1. 木楼梯的栏杆（栏板）、扶手，应按《房屋建筑与装饰工程工程量计算规范》（GB 50854—2013）中的相关项目编码列项。

　　2. 以米计量，项目特征必须描述构件规格尺寸。

▶▶ **实例 2**

某建筑物内木梁，如图 4-72 所示，该木梁为圆形，直径 250mm，计算该圆形木梁的工程量。

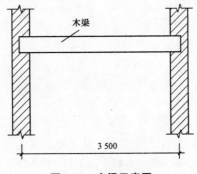

图 4-72　木梁示意图

解：

项目编码：010702002　项目名称：木梁

工程量计算规则：按设计图示尺寸以体积计算。

$$木梁的工程量 = 3.5 \times 3.14 \times (\frac{0.25}{2})^2$$
$$= 0.17 （m^3）$$

▶▶ **实例 3**

某建筑内标准层木楼梯，如图 4-73 所示，计算该木楼梯的工程量。

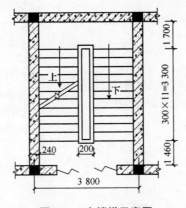

图 4-73　木楼梯示意图

解：

项目编码：010702004　项目名称：木楼梯

工程量计算规则：按设计图示尺寸以水平投影面积计算，不扣除宽度≤300mm 的楼梯井，伸入墙内部分不计算。

$$木楼梯的工程量 = （3.8 - 0.24） \times （3.3 + 1.7）$$
$$= 17.80 （m^2）$$

三、屋面木基层工程的计算规则与计算实例

屋面木基层（编码：010703）工程量清单项目设置及工程量计算规则见表4-38。

表4-38　屋面木基层（编码：010703）

项目编码	项目名称	项目特征	计量单位	工程量计算规则	工程内容
010703001	屋面木基层	1. 椽子断面尺寸及椽距 2. 望板材料种类、厚度 3. 防护材料种类	m^3	按设计图示尺寸以斜面积计算 不扣除房上烟囱、风帽底座、风道、小气窗、斜沟等所占面积，小气窗的出檐部分不增加面积	1. 椽子制作、安装 2. 望板制作、安装 3. 顺水条和挂瓦条制作、安装 4. 刷防护材料

▶▶ **实例4**

某工业厂房屋顶，如图4-74所示，计算该屋顶木基层的椽子、挂瓦条的工程量。

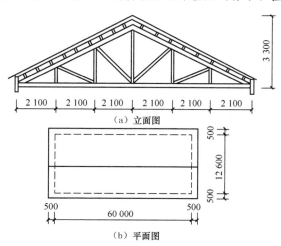

图4-74　屋顶示意图

解：

项目编码：010703001　项目名称：屋面木基层

工程量计算规则：按图示尺寸以斜面积计算，不扣除房上烟囱、风帽底座、风道、小气窗、斜沟等所占面积，小气窗的出檐部分不增加面积。

$$木基层的椽子、挂瓦条的工程量=[(40+0.5\times2)+(12.6+0.5\times2)]\times2$$
$$=(41+13.6)\times2$$
$$=109.20(m^2)$$

第十节　门窗工程工程量的计算

一、木门、金属门工程的计算规则与计算实例

（1）木门工程量清单项目设置及工程量计算规则，见表 4-39。

表 4-39　木门（编码：010801）

项目编码	项目名称	项目特征	计量单位	工程量计算规则	工程内容
010801001	木质门	1. 门代号及洞口尺寸 2. 镶嵌玻璃品种、厚度	1. 樘 2. m²	1. 以樘计量，按设计图示数量计算 2. 以平方米计量，按设计图示洞口尺寸以面积计算	1. 门安装 2. 玻璃安装 3. 五金安装
010801002	木质门带套				
010801003	木质连窗门				
010801004	木质防火门				
010801005	木门框	1. 门代号及洞口尺寸 2. 框截面尺寸 3. 防护材料种类	1. 樘 2. m	1. 以樘计量，按设计图示数量计算 2. 以米计量，按设计图示框的中心线以延长米计算	1. 木门框制作、安装 2. 运输 3. 刷防护材料
010801006	门锁安装	1. 锁品种 2. 锁规格	个（套）	按设计图示数量计算	安装

（2）金属门工程量清单项目设置及工程量计算规则，见表 4-40。

表 4-40　金属门（编码：010802）

项目编码	项目名称	项目特征	计量单位	工程量计算规则	工程内容
010802001	金属（塑钢）门	1. 门代号及洞口尺寸 2. 门框或扇外围尺寸 3. 门框、扇材质 4. 玻璃品种、厚度	1. 樘 2. m²	1. 以樘计量，按设计图示数量计算 2. 以平方米计量，按设计图示洞口尺寸以面积计算	1. 门安装 2. 五金安装 3. 玻璃安装
010802002	彩板门	1. 门代号及洞口尺寸 2. 门框或扇外围尺寸			
010802003	钢质防火门	1. 门代号及洞口尺寸 2. 门框或扇外围尺寸 3. 门框、扇材质			1. 门安装 2. 五金安装
010802004	防盗门				

（3）金属卷帘（闸）门工程量清单项目设置及工程量计算规则，见表4-41。

表4-41 金属卷帘（闸）门（编码：010803）

项目编码	项目名称	项目特征	计量单位	工程量计算规则	工程内容
010803001	金属卷帘（闸）门	1. 门代号及洞口尺寸 2. 门材质 3. 启动装置品种、规格	1. 樘 2. m²	1. 以樘计量，按设计图示数量计算 2. 以平方米计量，按设计图示洞口尺寸以面积计算	1. 门运输、安装 2. 启动装置、活动小门、五金安装
010803002	防火卷帘（闸）门				

▶▶ **实例 1**

某厂库房平开木板大门，如图4-75所示，计算该木质门的工程量。

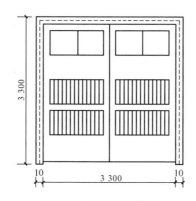

3 300

10 3 300 10

图 4-75 木质门示意图

解：

项目编码：010804001 项目名称：木质门

工程量计算规则：以樘计量，按设计图示数量计算；以平方米计量，按设计图示洞口尺寸以面积计算。

$$木质门的工程量 = 3.3 \times (3.0 + 0.01 \times 2) = 9.97(m^2)$$

二、厂库房门、特种门工程的计算规则与计算实例

厂库房大门、特种门工程量清单项目设置及工程量计算规则，见表4-42。

表 4-42　厂库房大门、特种门（编码：010804）

项目编码	项目名称	项目特征	计量单位	工程量计算规则	工程内容
010804001	木板大门	1. 门代号及洞口尺寸 2. 门框或扇外围尺寸 3. 门框、扇材质 4. 五金种类、规格 5. 防护材料种类	1. 樘 2. m²	1. 以樘计量，按设计图示数量计算 2. 以平方米计量，按设计图示洞口尺寸以面积计算	1. 门（骨架）制作、运输 2. 门、五金配件安装 3. 刷防护涂料
010804002	钢木大门				
010804003	全钢板大门			1. 以樘计量，按设计图示数量计算 2. 以平方米计量，按设计图示门框或扇以面积计算	
010804004	防护铁丝门				
010804005	金属格栅门	1. 门代号及洞口尺寸 2. 门框或扇外围尺寸 3. 门框、扇材质 4. 启动装置的品种、规格		1. 以樘计量，按设计图示数量计算 2. 以平方米计量，按设计图示洞口尺寸以面积计算	1. 门安装 2. 启动装置、五金配件安装
010804006	钢质花饰大门	1. 门代号及洞口尺寸 2. 门框或扇外围尺寸 3. 门框、扇材质		1. 以樘计量，按设计图示数量计算 2. 以平方米计量，按设计图示门框或扇以面积计算	1. 门安装 2. 五金配件安装
010804007	特种门			1. 以樘计量，按设计图示数量计算 2. 以平方米计量，按设计图示洞口尺寸以面积计算	

▶▶ **实例 2**

某教学楼内平开式钢木大门，如图 4-76 所示，共 4 樘，洞口尺寸为 3.0m×3.6m，计算该钢木大门的工程量。

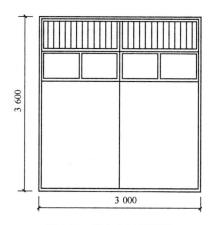

图 4-76　钢木大门示意图

解：

项目编码：010804002　项目名称：钢木大门

工程量计算规则：以樘计算，按设计图示数量计算；以平方米计量，按设计图示洞口尺寸以面积计算。

$$钢木大门的工程量 = 3 \times 3.6 \times 4 = 43.20（m^2）$$

▶▶ **实例 3**

某厂区内围墙大门采用防护铁丝门，如图 4-77 所示，门洞尺寸为 3.2m×2.4m，计算该防护铁丝门的工程量。

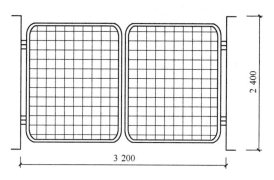

图 4-77　防护铁丝门示意图

解：

项目编码：010804004　项目名称：防护铁丝门

工程量计算规则：以樘计量，按设计图示数量计算；以平方米计量，按设计图示门框或扇以面积计算。

$$防护铁丝门的工程量 = 3.2 \times 2.4 = 7.68（m^2）$$

第十一节　屋面防水工程工程量的计算

一、瓦、型材及其他屋面工程的计算规则与计算实例

瓦、型材及其他屋面工程量清单项目设置及工程量计算规则，见表4-43。

表 4-43　瓦、型材及其他屋面（编码：010901）

项目编码	项目名称	项目特征	计量单位	工程量计算规则	工程内容
010901001	瓦屋面	1. 瓦品种、规格 2. 黏结层砂浆的配合比	m²	按设计图示尺寸以斜面积计算 不扣除房上烟囱、风帽底座、风道、小气窗、斜沟等所占面积。小气窗的出檐部分不增加面积	1. 砂浆制作、运输、摊铺、养护 2. 安瓦、作瓦脊
010901002	型材屋面	1. 型材品种、规格 2. 金属檩条材料品种、规格 3. 接缝、嵌缝材料种类			1. 檩条制作、运输、安装 2. 屋面型材安装 3. 接缝、嵌缝
010901003	阳光板屋面	1. 阳光板品种、规格 2. 骨架材料品种、规格 3. 接缝、嵌缝材料种类 4. 油漆品种、刷漆遍数		按设计图示尺寸以斜面积计算 不扣除屋面面积≤0.3 m² 孔洞所占面积	1. 骨架制作、运输、安装、刷防护材料、油漆 2. 阳光板安装 3. 接缝、嵌缝
010901004	玻璃钢屋面	1. 玻璃钢品种、规格 2. 骨架材料品种、规格 3. 玻璃钢固定方式 4. 接缝、嵌缝材料种类 5. 油漆品种、刷漆遍数			1. 骨架制作、运输、安装、刷防护材料、油漆 2. 玻璃钢制作、安装 3. 接缝、嵌缝
010901005	膜结构屋面	1. 膜布品种、规格 2. 支柱（网架）钢材品种、规格 3. 钢丝绳品种、规格 4. 锚固基座做法 5. 油漆品种、刷漆遍数		按设计图示尺寸以需要覆盖的水平投影面积计算	1. 膜布热压胶接 2. 支柱（网架）制作、安装 3. 膜布安装 4. 穿钢丝绳、锚头锚固 5. 锚固基座、挖土、回填 6. 刷防护材料，油漆

注：1. 瓦屋面若是在木基层上铺瓦，项目特征不必描述粘结层砂浆的配合比，瓦屋面铺防水层，按《房屋建筑与装饰工程工程量计算规范》屋面防水及其他中相关项目编码列项。

　　2. 型材屋面、阳光板屋面、玻璃钢屋面需的柱、梁、屋架，按《房屋建筑与装饰工程工程量计算规范》金属结构工程、木结构工程中相关项目编码列项。

⯈ 实例 1

某厂房金属压型板单坡屋面，如图 4-78 所示，该屋面长为 50m，宽为 12m，檩距为 7m，计算该型材屋面的工程量。

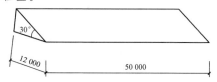

图 4-78　金属压型板单坡屋面示意图

解：

项目编码：010901002　项目名称：型材屋面

工程量计算规则：按设计图示尺寸以斜面面积计算；不扣除房上烟囱、风帽底座、风道、小气窗、斜沟等所占面积。小气窗的出檐部分不增加面积。

$$金属压型板屋面的工程量 = 50 \times 12 \times \frac{2\sqrt{3}}{3}$$
$$= 692.82（\text{m}^2）$$

二、屋面防水及其他工程的计算规则与计算实例

屋面防水及其他工程量清单项目设置及工程量计算规则，见表 4-44。

表 4-44　屋面防水及其他（编码：010902）

项目编码	项目名称	项目特征	计量单位	工程量计算规则	工程内容
010902001	屋面卷材防水	1. 卷材品种、规格、厚度 2. 防水层数 3. 防水层做法	m²	按设计图示尺寸以面积计算 1. 斜屋顶（不包括平屋顶找坡）按斜面积计算，平屋顶按水平投影面积计算 2. 不扣除房上烟囱、风帽底座、风道、屋面小气窗和斜沟所占面积 3. 屋面的女儿墙、伸缩缝和天窗等处的弯起部分，并入屋面工程量内	1. 基层处理 2. 刷底油 3. 铺油毡卷材、接缝
010902002	屋面涂膜防水	1. 防水膜品种 2. 涂膜厚度、遍数 3. 增强材料种类			1. 基层处理 2. 刷基层处理剂 3. 铺布、喷涂防水层
010902003	屋面刚性层	1. 刚性层厚度 2. 混凝土种类 3. 混凝土强度等级 4. 嵌缝材料种类 5. 钢筋规格、型号		按设计图示尺寸以面积计算。不扣除房上烟囱、风帽底座、风道等所占面积	1. 基层处理 2. 混凝土制作、运输、铺筑、养护 3. 钢筋制安
010902004	屋面排水管	1. 排水管品种、规格 2. 雨水斗、山墙出水口品种、规格 3. 接缝、嵌缝材料种类 4. 油漆品种、刷漆遍数	m	按设计图示尺寸以长度计算。如设计未标注尺寸，以檐口至设计室外散水上表面垂直距离计算	1. 排水管及配件安装、固定 2. 雨水斗、山墙出水口、雨水算子安装 3. 接缝、嵌缝 4. 刷漆

续表

项目编码	项目名称	项目特征	计量单位	工程量计算规则	工程内容
010902005	屋面排（透）气管	1. 排（透）气管品种、规格 2. 接缝、嵌缝材料种类 3. 油漆品种、刷漆遍数	m	按设计图示尺寸以长度计算	1. 排（透）气管及配件安装、固定 2. 铁件制作、安装 3. 接缝、嵌缝 4. 刷漆
010902006	屋面（廊、阳台）泄（吐）水管	1. 吐水管品种、规格 2. 接缝、嵌缝材料种类 3. 吐水管长度 4. 油漆品种、刷漆遍数	根（个）	按设计图示数量计算	1. 水管及配件安装、固定 2. 接缝、嵌缝 3. 刷漆
010902007	屋面天沟、檐沟	1. 材料品种、规格 2. 接缝、嵌缝材料种类	m²	按设计图示数量计算	1. 天沟材料铺设 2. 天沟配件安装 3. 接缝、嵌缝 4. 刷防护材料
010902008	屋面变形缝	1. 嵌缝材料种类 2. 止水带材料种类 3. 盖缝材料 4. 防护材料种类	m	按设计图示尺寸以展开面积计算	1. 清缝 2. 填塞防水材料 3. 止水带安装 4. 盖缝制作、安装 5. 刷防护材料

注：1. 屋面刚性层无锅筋，其钢筋项目特征不必描述。
2. 层面找平层按《房屋建筑与装饰工程工程量计算规范》楼地面装饰工程"平面砂浆找平层"项目编码列项。
3. 屋面防水搭接及附加层用量不另行计算，在综合单价中考虑。
4. 屋面保温找坡层按《房屋建筑与装饰工程工程计算规范》保温、隔热、防腐工程"保温隔热屋面"项目编码列面。

▶▶ 实例 2

某建筑物屋面卷材防水工程，如图 4-79 所示，该屋面屋顶为平屋顶，采用自粘聚合物改性沥青防水卷材，计算该屋面卷材防水的工程量。

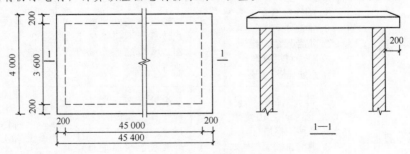

图 4-79 平面层防水工程

解：

项目编码：010902001 项目名称：屋面卷材防水

工程量计算规则：按设计图示尺寸以面积计算。

$$屋面卷材防水的工程量＝4.0×45.4＝181.60（m^2）$$

▶▶ 实例3

某厂房屋面天沟，如图4-80所示，长25m，计算该屋面天沟的工程量。

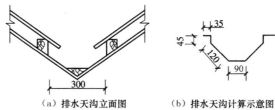

（a）排水天沟立面图 （b）排水天沟计算示意图

图4-80 屋面天沟示意图

解：

项目编码：010902007 项目名称：屋面天沟、檐沟

工程量计算规则：按设计图示尺寸以展开面积计算。

$$屋面天沟的工程量＝25×（0.035×2＋0.045×2＋0.12×2＋0.09）＝12.25（m^2）$$

三、墙面防水、防潮工程的计算规则与计算实例

墙面防水、防潮工程量清单项目设置及工程量计算规则，见表4-45。

表4-45 墙面防水、防潮（编码：010903）

项目编码	项目名称	项目特征	计量单位	工程量计算规则	工程内容
010903001	墙面卷材防水	1. 卷材品种、规格、厚度 2. 防水层数 3. 防水层做法	m²	按设计图示尺寸以面积计算	1. 基层处理 2. 刷黏结剂 3. 铺防水卷材 4. 接缝、嵌缝
010903002	墙面涂膜防水	1. 防水膜品种 2. 涂膜厚度、遍数 3. 增强材料种类			1. 基层处理 2. 刷基层处理剂 3. 铺布、喷涂防水层
010903003	墙面砂浆防水（防潮）	1. 防水层做法 2. 砂浆厚度、配合比 3. 钢丝网规格			1. 基层处理 2. 挂钢丝网片 3. 设置分格缝 4. 砂浆制作、运输、摊铺、养护
010903004	墙面变形缝	1. 嵌缝材料种类 2. 止水带材料种类 3. 盖缝材料 4. 防护材料种类	m		1. 清缝 2. 填塞防水材料 3. 止水带安装 4. 盖缝制作、安装 5. 刷防护材料

注：1. 墙面防水搭接及附加层用量不另行计算，在综合单价中考虑。

　　2. 墙面变形缝，若做双面，工程×系数2。

　　3. 墙面找平层按《房座建筑与装饰工程工程计算规范》墙、柱面装饰与隔断、幕墙工程"立面砂浆找平层"项目编码。

▶▶ 实例 4

某住宅楼墙面涂膜防水示意图，如图 4-81 所示，采用高聚物改性沥青防水涂料，计算该墙面涂膜防水的工程量。

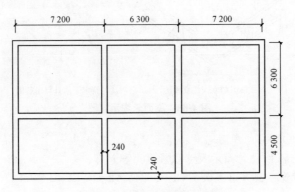

图 4-81　墙面涂膜防水示意图

解：

项目编码：010903002　项目名称：墙面涂膜防水

工程量计算规则：按设计图示尺寸以面积计算。

外墙基工程量＝（7.2＋6.3＋7.2＋6.3＋4.5）×2×0.24＝15.12（m^2）

内墙基工程量＝［（4.5＋6.3－0.24）×2＋（7.2－0.24）×2＋（6.3－0.24）］×0.24
　　　　　＝9.86（m^2）

墙面涂膜防水的工程量＝15.12＋9.86＝24.98（m^2）

▶▶ 实例 5

某住宅楼外墙墙面变形缝宽 10mm、长 15 000mm，接缝用密封材料封严，计算该墙面变形缝的工程量。

解：

项目编码：010903004　项目名称：墙面变形缝

工程量计算规则：按设计图示尺寸以长度计算。

墙面变形缝的工程量＝15（m）

四、楼（地）面防水、防潮工程的计算规则与计算实例

楼（地）面防水、防潮工程量清单项目设置及工程量计算规则，见表 4-46。

表 4-46　楼（地）面防水、防潮（编码：010904）

项目编码	项目名称	项目特征	计量单位	工程量计算规则	工程内容
010904001	楼（地）面卷材防水	1. 卷材品种、规格、厚度 2. 防水层数 3. 防水层做法 4. 反边高度	m²	按设计图示尺寸以面积计算 1. 楼（地）面防水：按主墙间净空面积计算，扣除凸出地面的构筑物、设备基础等所占面积，不扣除间壁墙及单个面积≤0.3m² 柱、垛、烟囱和孔洞所占面积 2. 楼（地）面防水反边高度≤300 mm算作地面防水，反边高度＞300 mm按墙面防水计算	1. 基层处理 2. 刷黏结剂 3. 铺防水卷材 4. 接缝、嵌缝
010904002	楼（地）面涂膜防水	1. 防水膜品种 2. 涂膜厚度、遍数 3. 增强材料种类 4. 反边高度			1. 基层处理 2. 刷基层处理剂 3. 铺布、喷涂防水层
010904003	楼（地）面砂浆防水（防潮）	1. 防水层做法 2. 砂浆厚度、配合比 3. 反边高度			1. 基层处理 2. 砂浆制作、运输、摊铺、养护
010904004	楼（地）面变形缝	1. 嵌缝材料种类 2. 止水带材料种类 3. 盖缝材料 4. 防护材料种类	m	按设计图示以长度计算	1. 清缝 2. 填塞防水材料 3. 止水带安装 4. 盖缝制作、安装 5. 刷防护材料

注：1. 楼地面防水找平层按《房屋建筑与装饰工程工程量计算规范》楼地面装饰工程"平面砂浆找平层"项目编码列项。

　　2. 楼地面防水搭接及附加层用量不另行计算，在综合单价中考虑。

▶▶ 实例 6

某教学楼设置 2 条通北地面变形缝，如图 4-82 所示，接缝处用密封材料封严，计算该地面变形缝的工程量。

解：

项目编码：010904001　项目名称：楼（地）面卷材防水

工程量计算规则：按设计图示尺寸以面积计算。楼（地）面防水按主墙间净空面积计算，扣除凸出地面的构筑物、设备基础等所占面积，不扣除间壁墙及单个面积≤0.3m² 柱、垛、烟囱和孔洞所占面积；楼（地）面防水反边高度≤300mm算作地面防水，反边高度＞300mm按墙面防水计算。

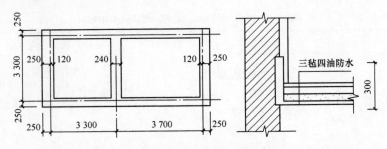

图 4-82 地面变形缝示意图

地面卷材防水的工程量 = $(3.3 - 0.12 \times 2) \times (3.3 - 0.12 \times 2) + (3.7 - 0.12 \times 2) \times$
$(3.3 - 0.12 \times 2)$
$= 19.95 \ (m^2)$

▶▶ **实例 7**

某教学楼设置 2 条通北地面变形缝，如图 4-83 所示，接缝处用密封材料封严，计算该地面变形缝的工程量。

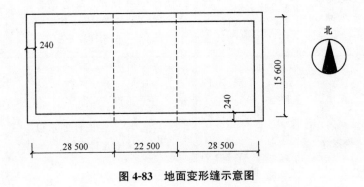

图 4-83 地面变形缝示意图

解：

项目编码：010904004 项目名称：楼（地）面变形缝

工程量计算规则：按设计图示尺寸以长度计算。

地面变形缝的工程量 = $(16.5 - 0.24) \times 2$
$= 32.52 \ (m)$

第十二节 保温、隔热、防腐工程工程量的计算

建筑–墙身详图（二）

一、保温隔热工程的计算规则与计算实例

保温、隔热、防腐（编码 011001）工程量清单项目设置及工程量计算规则见表 4-47。

扫码观看本视频

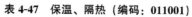

表 4-47　保温、隔热（编码：011001）

项目编码	项目名称	项目特征	计量单位	工程量计算规则	工程内容
011001001	保温隔热屋面	1. 保温隔热材料品种、规格、厚度 2. 隔气层材料品种、厚度 3. 黏结材料种类、做法 4. 防护材料种类、做法	m²	按设计图示尺寸以面积计算。扣除面积＞0.3 m² 孔洞及占位面积	1. 基层清理 2. 刷黏结材料 3. 铺粘保温层 4. 铺、刷（喷）防护材料
011001002	保温隔热天棚	1. 保温隔热面层材料品种、规格、厚度 2. 保温隔热材料品种、规格及厚度 3. 黏结材料种类及做法 4. 防护材料种类及做法		按设计图示尺寸以面积计算。扣除面积＞0.3 m² 上柱、垛、孔洞所占面积，与天棚相连的梁按展开面积，计算并入天棚工程量内	
011001003	保温隔热墙面	1. 保温隔热部位 2. 保温隔热方式 3. 踢脚线、勒脚线保温做法 4. 龙骨材料品种、规格		按设计图示尺寸以面积计算。扣除门窗洞口以及面积＞0.3 m² 梁、孔洞所占面积；门窗洞口侧壁以及与墙相连的柱，并入保温墙体工程量内	1. 基层清理 2. 刷界面剂 3. 安装龙骨 4. 填贴保温材料 5. 保温板安装 6. 黏贴面层 7. 铺设增强格网、抹抗裂、防水砂浆面层 8. 嵌缝 9. 铺、刷（喷）防护材料
011001004	保温柱、梁	5. 保温隔热面层材料品种、规格、性能 6. 保温隔热材料品种、规格及厚度 7. 增强网及抗裂防水砂浆种类 8. 黏结材料种类及做法 9. 防护材料种类及做法		按设计图示尺寸以面积计算 1. 柱按设计图示柱断面保温层中心线展开长度乘保温层高度以面积计算，扣除面积＞0.3 m² 梁所占面积 2. 梁按设计图示梁断面保温层中心线展开长度乘保温层长度以面积计算	

179

续表

项目编码	项目名称	项目特征	计量单位	工程量计算规则	工程内容
011001005	保温隔热楼地面	1. 保温隔热部位 2. 保温隔热材料品种、规格、厚度 3. 隔气层材料品种、厚度 4. 黏结材料种类、做法 5. 防护材料种类、做法	m²	按设计图示尺寸以面积计算。扣除面积＞0.3 m² 柱、垛、孔洞等所占面积。门洞、空圈、暖气包槽、壁龛的开口部分不增加面积	1. 基层清理 2. 刷黏结材料 3. 铺粘保温层 4. 铺、刷（喷）防护材料
011001006	其他保温隔热	1. 保温隔热部位 2. 保温隔热方式 3. 隔气层材料品种、厚度 4. 保温隔热面层材料品种、规格、性能 5. 保温隔热材料品种、规格及厚度 6. 黏结材料种类及做法 7. 增强网及抗裂防水砂浆种类 8. 防护材料种类及做法		按设计图示尺寸以展开面积计算。扣除面积＞0.3 m² 孔洞及占位面积	1. 基层清理 2. 刷界面剂 3. 安装龙骨 4. 填贴保温材料 5. 保温板安装 6. 黏贴面层 7. 铺设增强格网、抹抗裂防水砂浆面层 8. 嵌缝 9. 铺、刷（喷）防护材料

注：1. 保温隔热装饰面层，按《房屋建筑与装饰工程工程量计算规范》（GB 50854—2013）"楼地面装饰工程""墙、柱面装饰与隔断、幕墙工程""天棚工程""油漆、涂料、裱糊工程""其他装饰工程"中相关项目编码列项；仅做找平层按《房屋建筑与装饰工程工程量计算规范》（GB 50854—2013）中楼地面装饰工程"平面砂浆找平层"或墙、柱面装饰与隔断、幕墙工程"立面砂浆找平层"项目编码列项。
2. 柱帽保温隔热应并入天棚保温隔热工程量内。
3. 池槽保温隔热应按其他保温隔热项目编码列项。
4. 保温隔热方式：指内保温、外保温、夹心保温。
5. 保温柱、梁适用于不与墙、天棚相连的独立柱、梁。

▶▶ 实例1

某住宅楼保温隔热屋面，如图 4-84 所示，保温隔热层最薄处厚度为 60mm，屋面坡度为 5%，计算该保温隔热屋面的工程量。

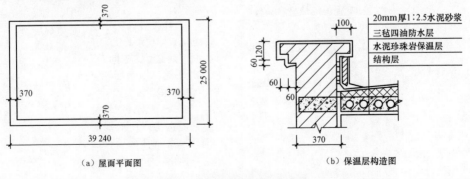

（a）屋面平面图　　　　　　　　　　（b）保温层构造图

图 4-84　保温隔热屋面示意图

解：

项目编码：011001001　项目名称：保温隔热屋面

工程量计算规则：按设计图示尺寸以面积计算，扣除面积＞0.3m²。

保温隔热屋面的工程量＝(39.24−0.37×2)×(25−0.37×2)＝934.01(m²)

实例2

某建筑物内保温隔热墙面平面图，如图4-85所示，该墙面使用软木做保温层，厚度15mm，计算该保温隔热墙面的工程量。

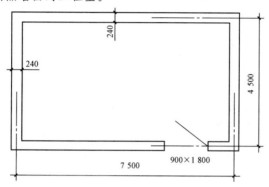

图4-85　保温隔热墙面平面示意图

解：

项目编码：011001003　项目名称：保温隔热墙面

工程量计算规则：按设计图示尺寸以面积计算。扣除门窗洞口及面积＞0.3m²梁、孔洞所占面积；门窗洞口侧壁以及与墙相连的柱，并入保温墙体工程量内。

保温隔热墙面的工程量＝[(7.5−0.24)+(4.5−0.24)]×2−0.9×1.8

＝21.42(m²)

实例3

某住宅内保温隔热楼地面，如图4-86所示，楼地面采用沥青铺加气混凝土块隔热层，计算该保温隔热楼地面的工程量。

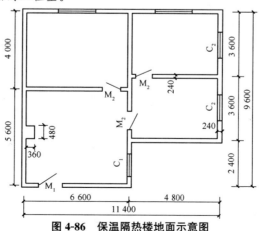

图4-86　保温隔热楼地面示意图

解:

项目编码：011001005　项目名称：保温隔热楼地面

工程量计算规则：按设计图示尺寸以面积计算。扣除 门窗洞口及面积＞0.3m² 柱、垛、孔洞所占面积；门洞、空圈、暖气包槽、壁龛的开口部分不增加面积。

隔热楼地面的工程量＝(6.6－0.24)×(5.6－0.24)＋(6.6－0.24)×(4.0－0.24)＋

(3.6－0.24)×(4.8－0.24)×2

＝34.09＋23.91＋30.64

＝88.64(m²)

二、防腐工程的计算规则与计算实例

(1) 防腐面层（编码：011002）工程量清单项目设置及工程量计算规则见表 4-48。

表 4-48　防腐面层（编码：011002）

项目编码	项目名称	项目特征	计量单位	工程量计算规则	工程内容
011002001	防腐混凝土面层	1. 防腐部位 2. 面层厚度 3. 混凝土种类 4. 胶泥种类、配合比			1. 基层清理 2. 基层刷稀胶泥 3. 混凝土制作、运输、摊铺、养护
011002002	防腐砂浆面层	1. 防腐部位 2. 面层厚度 3. 砂浆、胶泥种类、配合比		按设计图示尺寸以面积计算 1. 平面防腐：扣除凸出地面的构筑物、设备基础等及面积＞0.3m²孔洞、柱、垛等所占面积，门洞、空圈、暖气包槽、壁龛的开口部分不增加面积 2. 立面防腐：扣除门、窗、洞口及面积＞0.3m²孔洞、梁所占面积，门、窗、洞口侧壁、垛突出部分按展开面积并入墙面积内	1. 基层清理 2. 基层刷稀胶泥 3. 砂浆制作、运输、摊铺、养护
011002003	防腐胶泥面层	1. 防腐部位 2. 面层厚度 3. 胶泥种类、配合比	m²		1. 基层清理 2. 胶泥调制、摊铺
011002004	玻璃钢防腐面层	1. 防腐部位 2. 玻璃钢种类 3. 贴布材料的种类、层数 4. 面层材料品种			1. 基层清理 2. 刷底漆、刮腻子 3. 胶浆配制、涂刷 4. 黏布、涂刷面层
011002005	聚氯乙烯板面层	1. 防腐部位 2. 面层材料品种、厚度 3. 黏结材料种类			1. 基层清理 2. 配料、涂胶 3. 聚氯乙烯板铺设
011002006	块料防腐面层	1. 防腐部位 2. 块料品种、规格 3. 黏结材料种类 4. 勾缝材料种类			1. 基层清理 2. 铺贴块料 3. 胶泥调制、勾缝

续表

项目编码	项目名称	项目特征	计量单位	工程量计算规则	工程内容
011002007	池、槽块料防腐面层	1. 防腐池、槽名称、代号 2. 块料品种、规格 3. 黏结材料种类 4. 勾缝材料种类	m^2	按设计图示尺寸以展开面积计算	1. 基层清理 2. 铺贴块料 3. 胶泥调制、勾缝

注：防腐踢脚线，应按《房屋建筑与装饰工程工程量计算规范》（GB 50854—2013）中楼地面装饰工程"踢脚线"项目编码列项。

（2）其他防腐（编码：011003）工程量清单项目设置及工程量计算规则见表4-49。

表4-49　其他防腐（编码：011003）

项目编码	项目名称	项目特征	计量单位	工程量计算规则	工程内容
011003001	隔离层	1. 隔离层部位 2. 隔离层材料品种 3. 隔离层做法 4. 粘贴材料种类	m^2	按设计图示尺寸以面积计算 1. 平面防腐：扣除凸出地面的构筑物、设备基础等及面积＞0.3 m^2孔洞、柱、垛等所占面积，门洞、空圈、暖气包槽、壁龛的开口部分不增加面积 2. 立面防腐：扣除门、窗、洞口及面积＞0.3 m^2孔洞、梁所占面积，门、窗、洞口侧壁、垛突出部分按展开面积并入墙面积内	1. 基层清理、刷油 2. 煮沥青 3. 胶泥调制 4. 隔离层铺设
011003002	砌筑沥青浸渍砖	1. 砌筑部位 2. 浸渍砖规格 3. 胶泥种类 4. 浸渍砖砌法	m^3	按设计图示尺寸以体积计算	1. 基层清理 2. 胶泥调制 3. 浸渍砖铺砌
011003003	防腐涂料	1. 涂刷部位 2. 基层材料类型 3. 刮腻子的种类、遍数 4. 涂料品种、刷涂遍数	m^2	按设计图示尺寸以面积计算 1. 平面防腐：扣除凸出地面的构筑物、设备基础等及面积大于0.3 m^2孔洞、柱、垛等所占面积，门洞、空圈、暖气包槽、壁龛的开口部分不增加面积 2. 立面防腐：扣除门、窗、洞口及面积大于0.3 m^2孔洞、梁所占面积，门、窗、洞口侧壁、垛突出部分按展开面积并入墙面积内	1. 基层清理 2. 刮腻子 3. 刷涂料

注：浸渍砖砌法指平砌、立砌。

实例4

某建筑物内防腐混凝土面层，如图4-87所示，采用耐酸沥青混凝土，踢脚板高度为120mm，计算该防腐混凝土面层的工程量。

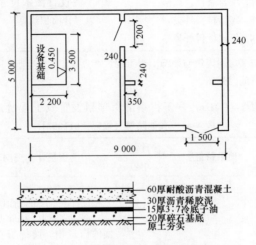

图4-87 防腐混凝土面层示意图

解：

项目编码：011002001　项目名称：防腐混凝土面层

工程量计算规则：按设计图示尺寸以面积计算。平面防腐：扣除凸出地面的构筑物、设备基础等及面积＞0.3m²孔洞、柱、垛等所占面积，门洞、空圈、暖气包槽、壁龛的开口部分不增加面积；立面防腐：扣除门、窗、洞口及面积＞0.3m²孔洞、梁所占面积，门、窗、洞口侧壁、垛突出部分按展开面积并入墙面积内。

$$防腐混凝土地面的工程量 = (9-0.24) \times (5.0-0.24) - 2.2 \times 3.5 - (5.0-0.24) \times$$
$$0.24 + 1.2 \times 0.24 - 0.35 \times 0.24 \times 2$$
$$= 41.70 - 7.7 - 1.14 + 0.29 - 0.17$$
$$= 32.98 (m^2)$$

$$防腐混凝土踢脚板长度 = (9-0.24+5.0-0.24) \times 2 - 1.5 + 0.12 \times 2 + 2.2 \times 2 +$$
$$(5.0-0.24-1.2) \times 2 + 0.35 \times 4$$
$$= 27.04 - 1.5 + 0.24 + 4.4 + 7.12 + 1.4$$
$$= 38.7 (m)$$

$$防腐混凝土踢脚板的工程量 = 38.7 \times 0.12 = 4.64 (m^2)$$

实例5

某仓库内防腐砂浆面层，如图4-88所示，地面、踢脚线抹铁屑砂浆，厚度20mm，计算该地面、踢脚线防腐砂浆面层的工程量。

解：

项目编码：011002002　项目名称：防腐砂浆面层

工程量计算规则：按设计图示尺寸以面积计算。平面防腐：扣除凸出地面的构筑物、设备基础等以及面积＞0.3m²孔洞、柱、垛等所占面积，门洞、空圈、暖气包槽、壁龛的开口部分不增加面积；立面防腐：扣除门、窗、洞口以及面积＞0.3m²孔洞、梁所占面积，门、窗、洞口侧壁、垛突出部分按展开面积并入墙面积内。

（1）防腐地面的工程量＝设计图示净长×净宽－应扣面积、耐酸防腐

$$=(7.8-0.24)\times(4.0-0.24)=28.43(m^2)$$

（2）防腐踢脚线的工程量＝（踢脚线净长＋门、垛侧面宽度－门宽）×净高

$$=[(4.0-0.24+7.8-0.24-1.2)\times2+0.24\times8+0.12\times4]$$
$$\times0.15$$
$$=(20.24+1.92+0.48)\times0.15$$
$$=3.40(m^2)$$

说明：0.24×8 为 4 个墙垛的侧面长度和，0.12×4 为两扇门的侧面一半长度和。

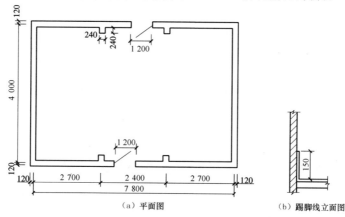

（a）平面图　　　（b）踢脚线立面图

图 4-88　防腐砂浆面层示意图

实例 6

某教学楼内平面图，如图 4-89 所示，该教学楼内墙面刷过氯乙烯漆耐酸防腐涂料，计算该教学楼防腐涂料的工程量。

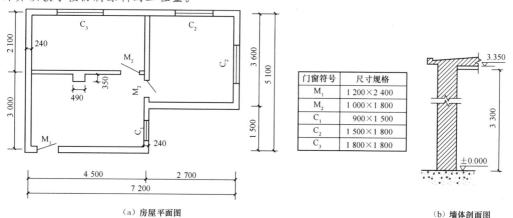

门窗符号	尺寸规格
M₁	1 200×2 400
M₂	1 000×1 800
C₁	900×1 500
C₂	1 500×1 800
C₃	1 800×1 800

（a）房屋平面图　　　（b）墙体剖面图

图 4-89　某教学楼平面示意图

解：

项目编码：011003003　项目名称：防腐涂料

工程量计算规则：按设计图示尺寸以面积计算。平面防腐：扣除凸出地面的构筑物、设备基础等及面积＞0.3m² 孔洞、柱、垛等所占面积，门洞、空圈、暖气包槽、壁龛的开口部分不增加面积；立面防腐：扣除门、窗、洞口及面积＞0.3m² 孔洞、梁所占面积，门、窗、洞口侧壁、垛突出部分按展开面积并入墙面积内。

$$墙面面积＝[(2.1-0.24)\times2+(3-0.24)\times2+(4.7-0.24)\times4+(3.6-0.24)\times2+$$
$$(2.5-0.24)\times2]\times3.3$$
$$＝(3.72+5.52+17.84+6.72+4.52)\times3.3$$
$$＝38.32\times3.3$$
$$＝126.46(m^2)$$

$$门窗洞口面积＝1.2\times2.4+1\times1.8\times2+0.9\times1.5+1.5\times1.8\times2+1.8\times1.8$$
$$＝2.88+7.2+1.35+5.4+3.24$$
$$＝20.07(m^2)$$

$$砖垛展开面积＝0.35\times2\times3.3＝2.31(m^2)$$
$$防腐涂料的工程量＝126.46-20.07+2.31＝108.70(m^2)$$

第十三节　装饰装修工程工程量的计算

一、楼地面装饰工程的计算规则与计算实例

1. 抹灰工程

楼地面抹灰工程量清单项目设置及工程量计算规则见表 4-50。

表 4-50　楼地面抹灰（编码：011101）

项目编码	项目名称	项目特征	计量单位	工程量计算规则	工程内容
011101001	水泥砂浆楼地面	1. 垫层材料种类、厚度 2. 找平层厚度、砂浆配合比 3. 素水泥浆遍数 4. 面层厚度、砂浆配合比 5. 面层做法要求	m²	按设计图示尺寸以面积计算。扣除凸出地面构筑物、设备基础、室内铁道、地沟等所占面积，不扣除间壁墙及≤0.3m² 柱、垛、附墙烟囱及孔洞所占面积。门洞、空圈、暖气包槽、壁龛的开口部分不增加面积	1. 基层清理 2. 垫层铺设 3. 抹找平层 4. 抹面层 5. 材料运输
011101002	现浇水磨石楼地面	1. 垫层材料种类、厚度 2. 找平层厚度、砂浆配合比 3. 面层厚度、水泥石子砂浆配合比 4. 嵌条材料种类、规格 5. 石子种类、规格、颜色 6. 颜料种类、颜色 7. 图案要求 8. 磨光、酸洗、打蜡要求			1. 基层清理 2. 垫层铺设 3. 抹找平层 4. 面层铺设 5. 嵌缝条安装 6. 磨光、酸洗打蜡 7. 材料运输

续表

项目编码	项目名称	项目特征	计量单位	工程量计算规则	工程内容
011101003	细石混凝土楼地面	1. 垫层材料种类、厚度 2. 找平层厚度、砂浆配合比 3. 面层厚度、混凝土强度等级	m²	按设计图示尺寸以面积计算。扣除凸出地面构筑物、设备基础、室内铁道、地沟等所占面积，不扣除间壁墙及≤0.3m²柱、垛、附墙烟囱及孔洞所占面积。门洞、空圈、暖气包槽、壁龛的开口部分不增加面积	1. 基层清理 2. 垫层铺设 3. 抹找平层 4. 面层铺设 5. 材料运输
011101004	菱苦土楼地面	1. 垫层材料种类、厚度 2. 找平层厚度、砂浆配合比 3. 面层厚度 4. 打蜡要求			1. 基层清理 2. 垫层铺设 3. 抹找平层 4. 面层铺设 5. 打蜡 6. 材料运输
011101005	自流坪楼地面	1. 垫层材料种类、厚度 2. 找平层砂浆配合比、厚度	m²	按设计图示尺寸以面积计算	1. 基层清理 2. 抹找平层 3. 材料运输
011101006	平面砂浆找平层	1. 找平层砂浆配合比、厚度 2. 界面剂材料种类 3. 中层漆材料种类、厚度 4. 面漆材料种类、厚度 5. 面层材料种类			1. 基层处理 2. 抹找平层 3. 涂界面剂 4. 涂刷中层漆 5. 打磨、吸尘 6. 镘自流平面漆（浆） 7. 拌和自流平浆料 8. 铺面层

注：1. 水泥砂浆面层处理是拉毛还是提浆压光应在面层做法要求中描述。

2. 平面砂浆找平层只适用于仅做找平层的平面抹灰。

3. 间壁墙指墙厚≤120mm的墙。

2. 块料面层

楼地面镶贴工程量清单项目设置及工程量计算规则见表4-51。

表 4-51　楼地面抹灰（编码：011102）

项目编码	项目名称	项目特征	计量单位	工程量计算规则	工程内容
011102001	石材楼地面	1. 找平层厚度、砂浆配合比 2. 结合层厚度、砂浆配合比	m²	按设计图示尺寸以面积计算。门洞、空圈、暖气包槽、壁龛的开口部分并入相应的工程量内	1. 基层清理抹找平层 2. 面层铺设、磨边 3. 嵌缝 4. 刷防护材料 5. 酸洗、打蜡 6. 材料运输
011102002	碎石材楼地面	3. 面层材料品种、规格、颜色 4. 嵌缝材料种类 5. 防护层材料种类 6. 酸洗、打蜡要求			
011102003	块料楼地面	1. 垫层材料种类、厚度 2. 找平层厚度、砂浆配合比 3. 结合层厚度、砂浆配合比 4. 面层材料品种、规格、颜色 5. 嵌缝材料种类 6. 防护层材料种类 7. 酸洗、打蜡要求			

注：1. 在描述碎石材项目的面层材料特征时可不用描述规格、品牌、颜色。

2. 石材、块料与粘接材料的结合面刷防渗材料的种类在防护层材料种类中描述。

3. 上表工作内容中的磨边指施工现场磨边，后面章节工作内容中涉及的磨边含义同此条。

3. 塑料面具

塑料面具工程量清单项目设置及工程量计算规则见表 4-52。

表 4-52　塑料面具（编码：011103）

项目编码	项目名称	项目特征	计量单位	工程量计算规则	工程内容
011103001	橡胶板楼地面	1. 黏结层厚度、材料种类 2. 面层材料品种、规格、颜色 3. 压线条种类	m²	按设计图示尺寸以面积计算。门洞、空圈、暖气包槽、壁龛的开口部分并入相应的工程量内	1. 基层清理 2. 面层铺贴 3. 压缝条装钉 4. 材料运输
011103002	橡胶板卷材楼地面				
011103003	塑料板楼地面				
011103004	塑料卷材楼地面				

4. 其他材料面层

其他材料面层工程量清单项目设置及工程量计算规则见表4-53。

表4-53　其他材料面层（编码：011104）

项目编码	项目名称	项目特征	计量单位	工程量计算规则	工程内容
011104001	地毯楼地面	1. 面层材料品种、规格、颜色 2. 防护材料种类 3. 黏结材料种类 4. 压线条种类	m²	按设计图示尺寸以面积计算。门洞、空圈、暖气包槽、壁龛的开口部分并入相应的工程量内	1. 基层清理 2. 铺贴面层 3. 刷防护材料 4. 装钉压条 5. 材料运输
011104002	竹木地板	1. 龙骨材料种类、规格、铺设间距 2. 基层材料种类、规格 3. 面层材料品种、规格、颜色 4. 防护材料种类			1. 基层清理 2. 龙骨铺设 3. 基层铺设 4. 面层铺贴 5. 刷防护材料 6. 材料运输
011104003	金属复合地板				
011104004	防静电活动地板	1. 支架高度、材料种类 2. 面层材料品种、规格、颜色 3. 防护材料种类			1. 基层清理 2. 固定支架安装 3. 活动面层安装 4. 刷防护材料 5. 材料运输

5. 踢脚线

踢脚线工程量清单项目设置及工程量计算规则见表4-54。

表4-54　踢脚线（编码：011105）

项目编码	项目名称	项目特征	计量单位	工程量计算规则	工程内容
011105001	水泥砂浆踢脚线	1. 踢脚线高度 2. 底层厚度、砂浆配合比 3. 面层厚度、砂浆配合比	1. m² 2. m	1. 按设计图示长度×高度以面积计算。 2. 按延长米计算	1. 基层清理 2. 底层和面层抹灰 3. 材料运输
011105002	石材踢脚线	1. 踢脚线高度 2. 粘贴层厚度、材料种类 3. 面层材料品种、规格、颜色 4. 防护材料种类			1. 基层清理 2. 底层抹灰 3. 面层铺贴、磨边 4. 擦缝 5. 磨光、酸洗、打蜡 6. 刷防护材料 7. 材料运输
011105003	块料踢脚线				

189

项目编码	项目名称	项目特征	计量单位	工程量计算规则	工程内容
011105004	塑料板踢脚线	1. 踢脚线高度 2. 黏结层厚度、材料种类 3. 面层材料种类、规格、颜色	1. m² 2. m	1. 按设计图示长度×高度以面积计算。 2. 按延长米计算	1. 基层清理 2. 基层铺贴 3. 面层铺贴 4. 材料运输
011105005	木质踢脚线	1. 踢脚线高度 2. 基层材料种类、规格 3. 面层材料品种、规格、颜色			
011105006	金属踢脚线				
011105007	防静电踢脚线				

注：石材、块料与粘接材料的结合面刷防渗材料的种类在防护层材料种类中描述。

6. 楼梯面层

楼梯面层工程量清单项目设置及工程量计算规则见表4-55。

表 4-55　楼梯面层（编码：011106）

项目编码	项目名称	项目特征	计量单位	工程量计算规则	工程内容
011106001	石材楼梯面层	1. 找平层厚度、砂浆配合比 2. 黏结层厚度、材料种类 3. 面层材料品种、规格、颜色 4. 防滑条材料种类、规格 5. 勾缝材料种类 6. 防护材料种类 7. 酸洗、打蜡要求	m²	按设计图示尺寸以楼梯（包括踏步、休息平台及≤500mm的楼梯井）水平投影面积计算。楼梯与楼地面相连时，算至梯口梁内侧边沿；无梯口梁者，算至最上一层踏步边沿加300mm	1. 基层清理 2. 抹找平层 3. 面层铺贴、磨边 4. 贴嵌防滑条 5. 勾缝 6. 刷防护材料 7. 酸洗、打蜡 8. 材料运输
011106002	块料楼梯面层				
011106003	拼碎块料楼梯面层				
011106004	水泥砂浆楼梯面层	1. 找平层厚度、砂浆配合比 2. 面层厚度、砂浆配合比 3. 防滑条材料种类、规格			1. 基层清理 2. 抹找平层 3. 抹面层 4. 抹防滑条 5. 材料运输

续表

项目编码	项目名称	项目特征	计量单位	工程量计算规则	工程内容
011106005	现浇水磨石楼梯面层	1. 找平层厚度、砂浆配合比 2. 面层厚度、水泥石子浆配合比 3. 防滑条材料种类、规格 4. 石子种类、规格、颜色 5. 颜料种类、颜色 6. 磨光、酸洗打蜡要求	m²	楼梯与楼地面相连时，算至梯口梁内侧边沿；无梯口梁者，算至最上一层踏步边沿加300mm	1. 基层清理 2. 抹找平层 3. 抹面层 4. 贴嵌防滑条 5. 磨光、酸洗、打蜡 6. 材料运输
011106006	地毯楼梯面层	1. 基层种类 2. 面层材料品种、规格、颜色 3. 防护材料种类 4. 黏结材料种类 5. 固定配件材料种类、规格			1. 基层清理 2. 铺贴面层 3. 固定配件安装 4. 刷防护材料 5. 材料运输
011106007	木板楼梯面层	1. 基层材料种类、规格 2. 面层材料品种、规格、颜色 3. 黏结材料种类 4. 防护材料种类			1. 基层清理 2. 基层铺贴 3. 面层铺贴 4. 刷防护材料 5. 材料运输
011106008	橡胶板楼梯面层	1. 黏结层厚度、材料种类 2. 面层材料品种、规格、颜色 3. 压线条种类			1. 基层清理 2. 面层铺贴 3. 压缝条装钉 4. 材料运输
011106009	塑料板楼梯面层				

注：1. 在描述碎石材项目的面层材料特征时可不用描述规格、品牌、颜色。

2. 石材、块料与粘接材料的结合面刷防渗材料的种类在防护层材料种类中描述。

7. 台阶装饰

台阶装饰工程量清单项目设置及工程量计算规则见表4-56。

表 4-56　楼梯面层（编码：011107）

项目编码	项目名称	项目特征	计量单位	工程量计算规则	工程内容
011107001	石材台阶面	1. 找平层厚度、砂浆配合比 2. 黏结材料种类 3. 面层材料品种、规格、颜色 4. 勾缝材料种类 5. 防滑条材料种类、规格 6. 防护材料种类			1. 基层清理 2. 抹找平层 3. 面层铺贴 4. 贴嵌防滑条 5. 勾缝 6. 刷防护材料 7. 材料运输
011107002	块料台阶面				
011107003	拼碎块料台阶面				
011107004	水泥砂浆台阶面	1. 找平层厚度、砂浆配合比 2. 面层厚度、砂浆配合比 3. 防滑条材料种类	m²	按设计图示尺寸以台阶（包括最上层踏步边沿加300mm）水平投影面积计算	1. 基层清理 2. 抹找平层 3. 抹面层 4. 抹防滑条 5. 材料运输
011107005	现浇水磨石台阶面	1. 找平层厚度、砂浆配合比 2. 面层厚度、水泥石子浆配合比 3. 防滑条材料种类、规格 4. 石子种类、规格、颜色 5. 颜料种类、颜色 6. 磨光、酸洗、打蜡要求			1. 清理基层 2. 抹找平层 3. 抹面层 4. 贴嵌防滑条 5. 打磨、酸洗、打蜡 6. 材料运输
011107006	剁假石台阶面	1. 找平层厚度、砂浆配合比 2. 面层厚度、砂浆配合比 3. 剁假石要求			1. 清理基层 2. 抹找平层 3. 抹面层 4. 剁假石 5. 材料运输

注：1. 在描述碎石材项目的面层材料特征时可不用描述规格、品牌、颜色。

　　2. 石材、块料与粘接材料的结合面刷防渗材料的种类在防护层材料种类中描述。

8. 零星装饰项目

零星装饰项目工程量清单项目设置及工程量计算规则见表 4-57。

表 4-57 楼梯面层 (编码: 011108)

项目编码	项目名称	项目特征	计量单位	工程量计算规则	工程内容
011108001	石材零星项目	1. 工程部位 2. 找平层厚度、砂浆配合比	m²	按设计图示尺寸以面积计算	1. 清理基层 2. 抹找平层 3. 面层铺贴、磨边 4. 勾缝 5. 刷防护材料 6. 酸洗、打蜡 7. 材料运输
011108002	拼碎石材零星项目	3. 贴结合层厚度、材料种类 4. 面层材料品种、规格、颜色 5. 勾缝材料种类 6. 防护材料种类 7. 酸洗、打蜡要求			
011108003	块料零星项目				
011108004	水泥砂浆零星项目	1. 工程部位 2. 找平层厚度、砂浆配合比 3. 面层厚度、砂浆厚度			1. 清理基层 2. 抹找平层 3. 抹面层 4. 材料运输

注: 1. 楼梯、台阶牵边和侧面镶贴块料面层, ≤0.5m² 的少量分散的楼地面镶贴块料面层应按零星装饰项目执行。

2. 石材、块料与粘接材料的结合面刷防渗材料的种类在防护层材料种类中描述。

▶▶ 实例 1

某房屋平面如图 4-90 所示。已知内、外墙墙厚均为 240mm, 水泥砂浆踢脚线高 150mm, 门均为 900m 宽。要求计算: (1) 100mmC15 混凝土地面垫层工程量。(2) 20mm 厚水泥砂浆面层工程量。

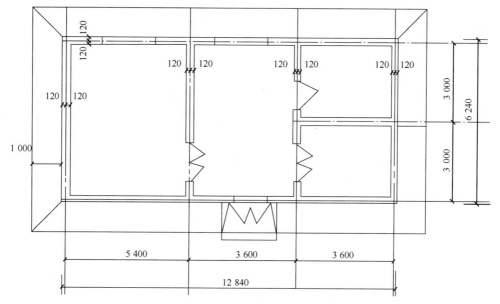

图 4-90 某房屋平面图

解：

项目编码：011106004　项目名称：水泥砂浆楼梯面层

工程量计算规则：按设计图示尺寸以楼梯（包括踏步、休息平台及≤500mm 的楼梯井）水平投影面积计算。楼梯与楼地面相连时，算至楼梯口梁内侧边沿；无楼梯梁者，算至最上一层踏步边沿加 300mm。

（1）100mmC15 混凝土地面垫层

地面垫层工程量＝主墙间净空面积×垫层厚度

$$=[(12.84-0.24\times3)\times(6.0-0.24)-(3.6-0.24)\times0.24]\times$$
$$0.1(m^3)$$
$$=6.9(m^3)$$

（2）20mm 厚水泥砂浆面层

地面面层工程量＝主墙间净空面积

$$=[(12.84-0.24\times3)\times(6.0-0.24)-(3.6-0.24)\times0.24](m^2)$$
$$=69(m^2)$$

▶▶ **实例 2**

某住宅楼二层选用大理石石材做踢脚线，其构造尺寸如图 4-91 所示，住宅楼二层墙厚均为 240mm，非成品踢脚线高为 120mm，计算大理石踢脚线的工程量。

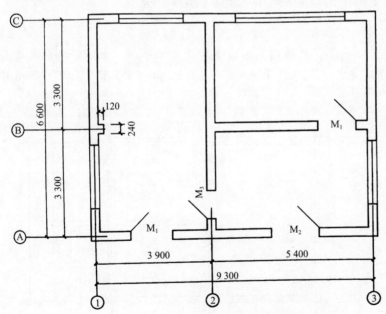

编号	门宽
M_1	1 000
M_2	1 200
M_3	900

图 4-91　某石材踢脚线建筑平面图

解：

项目编码：011105002　项目名称：石材踢脚线

工程量计算规则：以平方米计量，按设计图纸长度×高度以面积计算。

大理石踢脚线的工程量＝（内墙踢脚线长度－M1－M2－M3＋墙垛）×0.12

$$=[(3.9-0.24+6.6-0.24)\times 2+(5.4-0.24+3.3-0.24)\times 2\times 2]\times 0.12-(1\times 2+1.2+0.9)\times 0.12+0.12\times 2\times 0.12(\text{m}^2)$$

$$=(20.04+32.88)\times 0.12-0.492+0.028\,8(\text{m}^2)$$

$$=5.89(\text{m}^2)$$

▶▶ **实例 3**

某房屋采用高成品木质踢脚线，其构造尺寸如图 4-92 所示，该房屋墙厚均为 240mm，踢脚线高为 150mm，计算木质踢脚线的工程量。

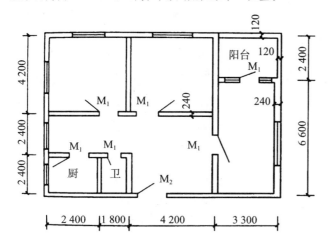

编号	M₁	M₂
尺寸	900×2 000	1 200×2 000

图 4-92　某房屋高成品木质踢脚线平面图

解：

项目编码：011105005　项目名称：木质踢脚线

工程量计算规则：以平方米计量，按设计图纸长度×高度以面积计算。

房屋踢脚线长度＝房屋宽度×房屋长度

$$=(4.2-0.24+4.2-0.24)\times 2\times 2+(2.4-0.24+2.4+1.8+4.2-0.24)\times 2+(3.3-0.24+6.6-0.24)\times 2$$

$$=31.68+20.64+18.84$$

$$=71.16(\text{m})$$

应扣除的门洞宽度＝M₁ 门宽度×9＋M₂ 门宽度

$$=0.9\times 9+1.2=9.3(\text{m})$$

应增加的侧壁长度＝0.24mm 墙厚×6＋0.12mm 墙厚×8

$$=0.24\times 6+0.12\times 8=2.4(\text{m})$$

踢脚线的工程量＝（房屋踢脚线长度－应扣除的门洞宽度＋应增加的侧壁长度）
　　　　　　　×踢脚线高度

$$=(71.16-9.3+2.4)\times 0.15=64.26\times 0.15=9.64(\text{m}^2)$$

二、墙、柱面装饰与隔断、幕墙工程的计算规则与计算实例

1. 墙面抹灰

墙面抹灰工程量清单项目设置及工程量计算规则见表4-58。

表4-58 墙面抹灰（编码：011201）

项目编码	项目名称	项目特征	计量单位	工程量计算规则	工程内容
011201001	墙面一般抹灰	1. 墙体类型 2. 底层厚度、砂浆配合比 3. 面层厚度、砂浆配合比		按设计图示尺寸以面积计算。扣除墙裙、门窗洞口及单个>0.3m² 的孔洞面积，不扣除踢脚线、挂镜线和墙与构件交接处的面积，门窗洞口和孔洞的侧壁及顶面不增加面积。附墙柱、梁、垛、烟囱侧壁并入相应的墙面面积内	1. 基层清理 2. 砂浆制作、运输 3. 底层抹灰 4. 抹面层 5. 抹装饰面 6. 勾分格缝
011201002	墙面装饰抹灰	4. 装饰面材料种类 5. 分格缝宽度、材料种类			
011201003	墙面勾缝	1. 勾缝类型 2. 勾缝材料种类	m²	1. 外墙抹灰面积按外墙垂直投影面积计算 2. 外墙裙抹灰面积按其长度×高度计算 3. 内墙抹灰面积按主墙间的净长×高度计算 （1）无墙裙的，高度按室内楼地面至天棚底面计算	1. 基层清理 2. 砂浆制作、运输 3. 勾缝
011201004	立面砂浆找平层	1. 基层类型 2. 找平层砂浆厚度、配合比		（2）有墙裙的，高度按墙裙顶至天棚底面计算 （3）有吊顶天棚抹灰，高度算至天棚底 4. 内墙裙抹灰面按内墙净长×高度计算	1. 基层清理 2. 砂浆制作、运输 3. 抹灰找平

注：1. 立面砂浆找平层项目适用于仅做找平层的立面抹灰。

　　2. 墙面抹石灰砂浆、水泥砂浆、混合砂浆、聚合物水泥砂浆、麻刀石灰浆、石膏灰砂浆等按本表中墙面一般抹灰列项；墙面水刷石、斩假石、干粘石、假面砖等按本表中墙面装饰抹灰列项。

　　3. 飘窗凸出外墙面增加的抹灰并入外墙工程量内。

　　4. 有吊顶天棚的内墙面抹灰，抹至吊顶以上部分在综合单价中考虑。

2. 柱（梁）面抹灰

柱（梁）面抹灰工程量清单项目设置及工程量计算规则见表4-59。

表 4-59　柱（梁）面抹灰（编码：011202）

项目编码	项目名称	项目特征	计量单位	工程量计算规则	工程内容
011202001	柱、梁面一般抹灰	1. 柱（梁）体类型 2. 底层厚度、砂浆配合比	m²	1. 柱面抹灰：按设计图示柱断面周长×高度以面积计算 2. 梁面抹灰：按设计图示梁断面周长×长度以面积计算	1. 基层清理 2. 砂浆制作、运输 3. 底层抹灰 4. 抹面层 5. 勾分格缝
011202002	柱、梁面装饰抹灰	3. 面层厚度、砂浆配合比 4. 装饰面材料种类 5. 分格缝宽度、材料种类			
011202003	柱、梁面砂浆找平	1. 柱（梁）体类型 2. 找平的砂浆厚度、配合比			1. 基层清理 2. 砂浆制作、运输 3. 抹灰找平
011202004	柱面勾缝	1. 勾缝类型 2. 勾缝材料种类		按设计图示柱断面周长×高度以面积计算	1. 基层清理 2. 砂浆制作、运输 3. 勾缝

注：1. 砂浆找平层项目适用于仅做找平层的柱（梁）面抹灰。

　　2. 柱（梁）面抹石灰砂浆、水泥砂浆、混合砂浆、聚合物水泥砂浆、麻刀石灰浆、石膏灰砂浆等按本表中墙面一般抹灰列项；柱（梁）面水刷石、斩假石、干粘石、假面砖等按本表中柱（梁）面装饰抹灰项目编码列项。

3. 零星抹灰

零星抹灰工程量清单项目设置及工程量计算规则见表 4-60。

表 4-60　柱（梁）面抹灰（编码：011203）

项目编码	项目名称	项目特征	计量单位	工程量计算规则	工程内容
011203001	零星项目一般抹灰	1. 基层类型、部位 2. 底层厚度、砂浆配合比	m²	按设计图示尺寸以面积计算	1. 基层清理 2. 砂浆制作、运输 3. 底层抹灰 4. 抹面层 5. 抹装饰面 6. 勾分格缝
011203002	零星项目装饰抹灰	3. 面层厚度、砂浆配合比 4. 装饰面材料种类 5. 分格缝宽度、材料种类			
011203003	零星项目砂浆找平	1. 基层类型、部位 2. 找平的砂浆厚度、配合比			1. 基层清理 2. 砂浆制作、运输 3. 抹灰找平

注：1. 零星项目抹石灰砂浆、水泥砂浆、混合砂浆、聚合物水泥砂浆、麻刀石灰浆、石膏灰砂浆等按本表中零星项目一般抹灰列项；水刷石、斩假石、干粘石、假面砖等按本表中零星项目装饰抹灰项目编码列项。

　　2. 墙、柱（梁）面≤0.5m²的少量分散的抹灰按本表中零星抹灰项目编码列项。

4.墙面块料面层

墙面块料面层工程量清单项目设置及工程量计算规则见表4-61。

表4-61　墙面块料面层（编码：011204）

项目编码	项目名称	项目特征	计量单位	工程量计算规则	工程内容
011204001	石材墙面	1. 墙体类型 2. 安装方式 3. 面层材料品种、规格、颜色 4. 缝宽、嵌缝材料种类 5. 防护材料种类 6. 磨光、酸洗、打蜡要求	m²	按镶贴表面积计算	1. 基层清理 2. 砂浆制作、运输 3. 黏结层铺贴 4. 面层安装 5. 嵌缝 6. 刷防护材料 7. 磨光、酸洗、打蜡
011204002	拼碎石材墙面				
011204003	块料墙面				
011204004	干挂石材钢骨架	1. 骨架种类、规格 2. 防锈漆品种遍数	t	按设计图示以质量计算	1. 骨架制作、运输、安装 2. 刷漆

注：1. 在描述碎石材项目的面层材料特征时可不用描述规格、品牌、颜色。

2. 石材、块料与粘接材料的结合面刷防渗材料的种类在防护层材料种类中描述。

3. 安装方式可描述为砂浆或粘结剂粘贴、挂贴、干挂等，不论哪种安装方式，都要详细描述与组价相关的内容。

5.柱（梁）面镶贴块料

柱（梁）面镶贴块料工程量清单项目设置及工程量计算规则见表4-62。

表4-62　柱（梁）面镶贴块料（编码：011205）

项目编码	项目名称	项目特征	计量单位	工程量计算规则	工程内容
011205001	石材柱面	1. 柱截面类型、尺寸 2. 安装方式 3. 面层材料品种、规格、颜色 4. 缝宽、嵌缝材料种类 5. 防护材料种类 6. 磨光、酸洗、打蜡要求	m²	按镶贴表面积计算	1. 基层清理 2. 砂浆制作、运输 3. 黏结层铺贴 4. 面层安装 5. 嵌缝 6. 刷防护材料 7. 磨光、酸洗、打蜡
011205002	块料柱面				
011205003	拼碎块柱面				
011205004	石材梁面				
011205005	块料梁面	1. 安装方式 2. 面层材料品种、规格、颜色 3. 缝宽、嵌缝材料种类 4. 防护材料种类 5. 磨光、酸洗、打蜡要求			

注：1. 在描述碎块项目的面层材料特征时可不用描述规格、品牌、颜色。

2. 石材、块料与粘接材料的结合面刷防渗材料的种类在防护层材料种类中描述。

3. 柱梁面干挂石材的钢骨架按表4-61相应项目编码列项。

6. 镶贴零星块料

镶贴零星块料工程量清单项目设置及工程量计算规则见表 4-63。

表 4-63 镶贴零星块料（编码：011206）

项目编码	项目名称	项目特征	计量单位	工程量计算规则	工程内容
011206001	石材零星项目	1. 基层类型、部位 2. 安装方式 3. 面层材料品种、规格、颜色 4. 缝宽、嵌缝材料种类 5. 防护材料种类 6. 磨光、酸洗、打蜡要求	m^2	按镶贴表面积计算	1. 基层清理 2. 砂浆制作、运输 3. 面层安装 4. 嵌缝 5. 刷防护材料 6. 磨光、酸洗、打蜡
011206002	块料零星项目				
011206003	拼碎块零星项目				

注：1. 在描述碎块项目的面层材料特征时可不用描述规格、品牌、颜色。

　　2. 石材、块料与粘接材料的结合面刷防渗材料的种类在防护层材料种类中描述。

　　3. 零星项目干挂石材的钢骨架按表 4-61 相应项目编码列项。

　　4. 墙柱面≤0.5m² 的少量分散的镶贴块料面层应按零星项目执行。

7. 墙饰面

墙饰面工程量清单项目设置及工程量计算规则见表 4-64。

表 4-64 墙饰面（编码：011207）

项目编码	项目名称	项目特征	计量单位	工程量计算规则	工程内容
011207001	墙面装饰板	1. 龙骨材料种类、规格、中距 2. 隔离层材料种类、规格 3. 基层材料种类、规格 4. 面层材料品种、规格、颜色 5. 压条材料种类、规格	m^2	按设计图示墙净长×净高以面积计算。扣除门窗洞口及单个>0.3m² 的孔洞所占面积	1. 基层清理 2. 龙骨制作、运输、安装 3. 钉隔离层 4. 基层铺钉 5. 面层铺贴

8. 柱（梁）饰面

柱（梁）饰面工程量清单项目设置及工程量计算规则见表 4-65。

表 4-65　柱（梁）饰面（编码：011208）

项目编码	项目名称	项目特征	计量单位	工程量计算规则	工程内容
011208001	柱（梁）面装饰	1. 龙骨材料种类、规格、中距 2. 隔离层材料种类 3. 基层材料种类、规格 4. 面层材料品种、规格、颜色 5. 压条材料种类、规格	m²	按设计图示饰面外围尺寸以面积计算。柱帽、柱墩并入相应柱饰面工程量内	1. 清理基层 2. 龙骨制作、运输、安装 3. 钉隔离层 4. 基层铺钉 5. 面层铺贴
011208002	成品装饰柱	1. 柱截面、高度尺寸 2. 柱材质	1. 根 2. m	1. 以根计量，按设计数量计算 2. 以米计量，按设计长度计算	柱运输、固定、安装

9. 幕墙工程

幕墙工程工程量清单项目设置及工程量计算规则见表 4-66。

表 4-66　幕墙工程（编码：011209）

项目编码	项目名称	项目特征	计量单位	工程量计算规则	工程内容
011209001	带骨架幕墙	1. 骨架材料种类、规格、中距 2. 面层材料品种、规格、颜色 3. 面层固定方式 4. 隔离带、框边封闭材料品种、规格 5. 嵌缝、塞口材料种类	m²	按设计图示框外围尺寸以面积计算。与幕墙同种材质的窗所占面积不扣除	1. 骨架制作、运输、安装 2. 面层安装 3. 隔离带、框边封闭 4. 嵌缝、塞口 5. 清洗
011209002	全玻（无框玻璃）幕墙	1. 玻璃品种、规格、颜色 2. 黏结塞口材料、种类 3. 固定方式		按设计图示尺寸以面积计算。带肋全玻幕墙按展开面积计算	1. 幕墙安装 2. 嵌缝、塞口 3. 清洗

10. 隔断

隔断工程量清单项目设置及工程量计算规则见表 4-67。

表 4-67 隔断（编码：011209）

项目编码	项目名称	项目特征	计量单位	工程量计算规则	工程内容
011210001	木隔断	1. 骨架、边框材料种类、规格 2. 隔板材料品种、规格、颜色 3. 嵌缝、塞口材料品种 4. 压条材料种类	m²	按设计图示框外围尺寸以面积计算。不扣除单个≤0.3m²的孔洞所占面积；浴厕门的材质与隔断相同时，门的面积并入隔断面积内	1. 骨架及边框制作、运输、安装 2. 隔板制作、运输、安装 3. 嵌缝、塞口 4. 装钉压条
011210002	金属隔断	1. 骨架、边框材料种类、规格 2. 隔板材料品种、规格、颜色 3. 嵌缝、塞口材料品种			1. 骨架及边框制作、运输、安装 2. 隔板制作、运输、安装 3. 嵌缝、塞口
011210003	玻璃隔断	1. 边框材料种类、规格 2. 玻璃品种、规格、颜色 3. 嵌缝、塞口材料品种		按设计图示框外围尺寸以面积计算。不扣除单个≤0.3m²的孔洞所占面积	1. 边框制作、运输、安装 2. 玻璃制作、运输、安装 3. 嵌缝、塞口
011210004	塑料隔断	1. 边框材料种类、规格 2. 隔板材料品种、规格、颜色 3. 嵌缝、塞口材料品种			1. 骨架及边框制作、运输、安装 2. 隔板制作、运输、安装 3. 嵌缝、塞口
011210005	成品隔断	1. 隔断材料品种、规格、颜色 2. 配件品种、规格	1. m² 2. 间	1. 以平方米计量，按设计图示框外围尺寸以面积计算 2. 以间计量，按设计间的数量计算	1. 隔断运输、安装 2. 嵌缝、塞口

续表

项目编码	项目名称	项目特征	计量单位	工程量计算规则	工程内容
011210006	其他隔断	1. 骨架、边框材料种类、规格 2. 隔板材料品种、规格、颜色 3. 嵌缝、塞口材料品种	m²	按设计图示框外围尺寸以面积计算。不扣除单个≤0.3m²的孔洞所占面积	1. 骨架及边框安装 2. 隔板安装 3. 嵌缝、塞口

▶▶ **实例4**

某砖混结构工程如图 4-93 所示，外墙面抹水泥砂浆，底层 1：3 水泥砂浆打底，14mm 厚，面层为 1：2 水泥砂浆抹面，6mm 厚。外墙裙水刷石，1：3 水泥砂浆打底，12mm 厚，刷素水泥浆 2 遍，1：2.5 水泥白石子，10mm 厚。挑檐水刷白石子，厚度与配合比均与定额相同。内墙面抹 1：2 水泥砂浆打底，1：3 石灰砂浆找平层，麻刀石灰浆面层，共 20mm 厚。内墙裙采用 1：3 水泥砂浆打底，19mm 厚，1：2.5 水泥砂浆面层，6mm 厚，计算内、外墙抹灰工程量。

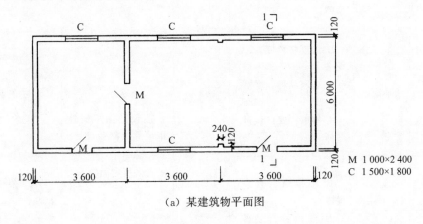

（a）某建筑物平面图

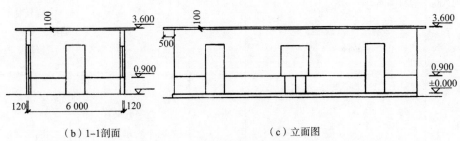

（b）1-1剖面　　　　　　　（c）立面图

图 4-93　某建筑物示意图

解：

项目编码：011201001

项目名称：墙面一般抹灰

工程量计算规则：按设计图纸尺寸以面积计算。扣除墙裙、门窗洞口及单个＞0.3m² 的孔洞面积，不扣除踢脚线、挂镜线和墙与构件交接处的面积，门窗洞口和孔洞的侧壁及 顶面不增加面积。附墙柱、梁、垛、烟囱侧壁并入相应的墙面面积内。

(1) 外墙抹灰面积按外墙垂直投影面积计算。

(2) 外墙裙抹灰面积按其长度×高度计算。

(3) 内墙抹灰面积按主墙间的净长×高度计算。

①无墙裙的，高度按室内楼地面至天棚底面计算。

②有墙裙的，高度按墙裙顶至天棚底面计算。

(4) 内墙裙抹灰面按内墙净长×高度计算。

内墙：

内墙面抹灰工程量＝内墙面面积－门窗洞口的空圈所占面积＋墙垛、附墙烟囱侧壁面积

$$＝\{[(3.6×3-0.24×2+0.12×2)×2+(6.0-0.24)×4]×(3.60-0.10$$
$$-0.90)-1.0×(2.40-0.90)×4-1.50×1.80×4\}(m^2)＝98.02(m^2)$$

内墙裙抹灰工程量＝内墙面净长度×内墙裙抹灰高度－门窗洞口和空圈所占面积＋墙 垛、附墙烟囱侧壁面积

$$＝[(3.6×3-0.24×2+0.12×2)×2+(6.0-0.24)×4-1.0×4]$$
$$×0.90(m^2)＝36.14(m^2)$$

外墙：

外墙面水泥砂浆工程量＝外墙周长×外墙面水泥砂浆高度－门的宽度×外墙面水泥砂浆高度

$$＝[(3.6×3+0.24+6.0+0.24)×2×(3.60-0.10-0.90)-1.0×$$
$$(2.40-0.90)×2-1.50×1.80×4](m^2)$$
$$＝76.06(m^2)$$

外墙裙水刷白石子工程量＝(外墙周长－门宽)×墙裙水刷白石子高度

$$＝[(3.6×3+0.24+6.0+0.24)×2-1.0×2]×0.90(m^2)$$
$$＝29.3(m^2)$$

内、外墙抹灰工程量汇总：内墙面抹灰工程量98.02(m²)

内墙裙抹灰工程量36.14(m²)

外墙面水泥砂浆工程量76.06(m²)

外墙裙水刷白石子工程量29.3(m²)

实例5

某工程挑檐天沟剖面，其构造尺寸如图4-94所示，该挑檐天沟宽度为120m，计算正 面水刷白石子挑檐天沟墙面装饰抹灰的工程量。

解：

项目编码：011201002　项目名称：墙面装饰抹灰

工程量计算规则：按设计图纸尺寸以面积计算。扣除墙裙、门窗洞口及单个＞0.3m² 的孔洞面积，不扣除踢脚线、挂镜线和墙与构件交接处的面积，门窗洞口和孔洞的侧壁及 顶面不增加面积。附墙柱、梁、垛、烟囱侧壁并入相应的墙面面积内。

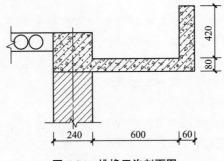

图 4-94   挑檐天沟剖面图

(1) 外墙抹灰面积按外墙垂直投影面积计算。

(2) 外墙裙抹灰面积按其长度×高度计算。

(3) 内墙抹灰面积按主墙间的净长×高度计算。

①无墙裙的，高度按室内楼地面至天棚底面计算。

②有墙裙的，高度按墙裙顶至天棚底面计算。

(4) 内墙裙抹灰面按内墙净长×高度计算。

挑檐天沟正面的工程量＝挑檐天沟长度×挑檐天沟宽度

$$＝(0.42＋0.08)×120＝60.00（m^2）$$

▶▶ 实例 6

某建筑有一圆形混凝土柱，其构造尺寸如图 4-95 所示，计算圆形混凝土柱面一般抹灰的工程量。

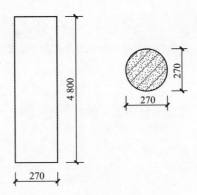

图 4-95   圆形混凝土柱示意图

解：

项目编码：011202001   项目名称：柱、梁面一般抹灰

工程量计算规则：按设计图示柱断面周长×高度以面积计算。

柱面一般抹灰的工程量＝圆形混凝土柱直径×3.14×高度

$$＝0.27×3.14×4.8＝4.07（m^2）$$

实例 7

某房间用水刷石装饰方柱的柱面，其构造尺寸如图 4-96 所示，该房间总共有这样的 6 根柱子，计算该柱装饰面的工程量。

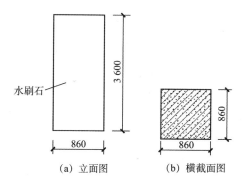

(a) 立面图 (b) 横截面图

图 4-96 某方柱示意图

解：

项目编码：011202002 项目名称：柱、梁面装饰抹灰

工程量计算规则：按设计图示柱断面周长×高度以面积计算。

柱面装饰抹灰的工程量＝方柱的柱面周长×柱高×6

$$＝0.86×4×3.6×6＝74.30（m^2）$$

实例 8

某房间有一木隔断，其构造尺寸如图 4-97 所示，该木隔断上有一木质门，木质门规格为 1 500mm×2 100mm，计算木隔断的工程量。

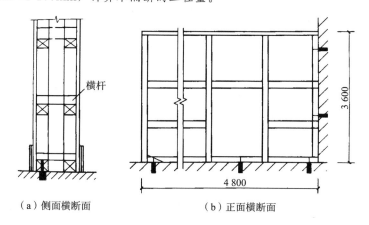

(a) 侧面横断面 (b) 正面横断面

图 4-97 木隔断示意图

解：

项目编码：011210001 项目名称：木隔断

工程量计算规则：按设计图示框外围尺寸以面积计算。不扣除单个≤0.3m² 的孔洞所

占面积；浴厕门的材质与隔断相同时，门的面积并入隔断面积内。

木隔断的工程量＝木隔断的长度×木隔断的宽度

$$=4.8×3.6=17.28(m^2)$$

▶▶ 实例9

某工程有成品隔断10间，该成品隔断高为3.6m，隔断为玻璃材料制成的，计算成品隔断的清单工程量。

解：

项目编码：011210005　项目名称：成品隔断

工程量计算规则：以间计量，按设计间的数量计算。

成品隔断的清单工程量＝隔断数量＝10（间）

▶▶ 实例10

某全玻（无框玻璃）幕墙，其构造尺寸如图4-98所示，该幕墙纵向带有肋玻璃，计算全玻（无框玻璃）幕墙的工程量。

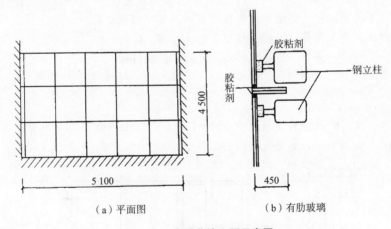

（a）平面图　　　　　　　（b）有肋玻璃

图4-98　全玻幕墙立面示意图

解：

项目编码：011209002　项目名称：全玻（无框玻璃）幕墙

工程量计算规则：按设计图示尺寸以面积计算，带肋全玻幕墙按展开面积计算。

全玻(无框玻璃)幕墙的工程量＝全玻(无框玻璃)幕墙长度×全玻(无框玻璃)幕墙宽度
　　　　　　　　　＋胶粘剂长度×胶粘剂宽度×数量
　　　　　　　　　$$=5.1×4.5+4.5×0.45×4=31.05(m^2)$$

▶▶ 实例11

某带骨架幕墙，其构造尺寸如图4-99所示，这样的幕墙共有两堵，其中有一堵幕墙上开了一个带亮窗，其规格为1 500mm×2 100mm，计算带骨架幕墙的工程量。

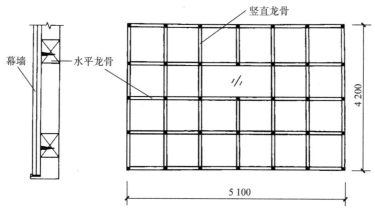

图 4-99 带骨架幕墙示意图

解：

项目编码：011209001 项目名称：带骨架幕墙

工程量计算规则：按设计图示框外围尺寸以面积计算，与幕墙同种材质的窗所占面积不扣除。

带骨架幕墙的工程量＝带骨架幕墙长度×带骨架幕墙宽度×数量－带亮窗的面积

$$＝5.1×4.2×2－2.1×1.5＝39.69(m^2)$$

三、天棚工程的计算规则与计算实例

1. 天棚抹灰

天棚抹灰工程量清单项目设置及工程量计算规则见表 4-68。

表 4-68 天棚抹灰（编码：011301）

项目编码	项目名称	项目特征	计量单位	工程量计算规则	工程内容
011301001	天棚抹灰	1. 基层类型 2. 抹灰厚度、材料种类 3. 砂浆配合比	m²	按设计图示尺寸以水平投影面积计算。不扣除间壁墙、垛、柱、附墙烟囱、检查口和管道所占的面积，带梁天棚的梁两侧抹灰面积并入天棚面积内，板式楼梯底面抹灰按斜面积计算，锯齿形楼梯底板抹灰按展开面积计算	1. 基层清理 2. 底层抹灰 3. 抹面层

2. 天棚吊顶

天棚吊顶工程量清单项目设置及工程量计算规则见表 4-69。

表 4-69　天棚吊顶（编码：011302）

项目编码	项目名称	项目特征	计量单位	工程量计算规则	工程内容
011302001	吊顶天棚	1. 吊顶形式、吊杆规格、高度 2. 龙骨材料种类、规格、中距 3. 基层材料种类、规格 4. 面层材料品种、规格 5. 压条材料种类、规格 6. 嵌缝材料种类 7. 防护材料种类		按设计图示尺寸以水平投影面积计算。天棚面中的灯槽及跌级、锯齿形、吊挂式、藻井式天棚面积不展开计算。不扣除间壁墙、检查口、附墙烟囱、柱垛和管道所占面积，扣除单个＞0.3m²的孔洞、独立柱及与天棚相连的窗帘盒所占的面积	1. 基层清理、吊杆安装 2. 龙骨安装 3. 基层板铺贴 4. 面层铺贴 5. 嵌缝 6. 刷防护材料
011302002	格栅吊顶	1. 龙骨材料种类、规格、中距 2. 基层材料种类、规格 3. 面层材料品种、规格 4. 防护材料种类	m²		1. 基层清理 2. 安装龙骨 3. 基层板铺贴 4. 面层铺贴 5. 刷防护材料
011302003	吊筒吊顶	1. 吊筒形状、规格 2. 吊筒材料种类 3. 防护材料种类		按设计图示尺寸以水平投影面积计算	1. 基层清理 2. 吊筒制作安装 3. 刷防护材料
011302004	藤条造型悬挂吊顶	1. 骨架材料种类、规格 2. 面层材料品种、规格			1. 基层清理 2. 龙骨安装 3. 铺贴面层
011302005	织物软雕吊顶				
011302006	网架（装饰）吊顶	网架材料品种、规格			1. 基层清理 2. 网架制作安装

3. 采光天棚

采光天棚工程量清单项目设置及工程量计算规则见表 4-70。

表 4-70 采光天棚 （编码：011303）

项目编码	项目名称	项目特征	计量单位	工程量计算规则	工程内容
011303001	采光天棚	1. 骨架类型 2. 固定类型、固定材料品种、规格 3. 面层材料品种、规格 4. 嵌缝、塞口材料种类	m^2	按框外围展开面积计算	1. 清理基层 2. 面层制安 3. 嵌缝、塞口 4. 清洗

4. 天棚其他装饰

天棚其他装饰工程量清单项目设置及工程量计算规则见表 4-71。

表 4-71 天棚其他装饰 （编码：011304）

项目编码	项目名称	项目特征	计量单位	工程量计算规则	工程内容
011304001	灯带（槽）	1. 灯带形式、尺寸 2. 格栅片材料品种、规格 3. 安装固定方式	m^2	按设计图示尺寸以框外围面积计算	安装、固定
011304002	送风口、回风口	1. 风口材料品种、规格 2. 安装固定方式 3. 防护材料种类	个	按设计图示数量计算	1. 安装、固定 2. 刷防护材料

▶▶ **实例 12**

某钢筋混凝土天棚如图 4-100 所示。已知板厚 100mm，计算其天棚抹灰工程量。

解：

项目编码：011301001 项目名称：天棚抹灰

工程量计算规则：按设计图示尺寸以水平投影面积计算。不扣除间壁墙、垛、柱、附墙烟囱、检查口和管道所占的面积，带梁天棚、梁两侧抹灰面积并入天棚面积内，板式楼梯底面抹灰按斜面积计算，锯齿形楼梯底板抹灰按展开面积计算。

主墙间净面积＝钢筋混凝土天棚长度×钢筋混凝土天棚宽度

$$＝(2.0×4-0.24)×(2.0×3-0.24)(m^2)＝44.70(m^2)$$

L1 的侧面抹灰面积＝L1 的侧面抹灰长度×L1 的侧面抹灰宽度

$$＝\{[(2.0-0.12-0.125)×2+(2.0-0.125×2)×2]×(0.6-$$
$$0.1)×2×2+0.1×0.25×3×2×2\}(m^2)＝14.32(m^2)$$

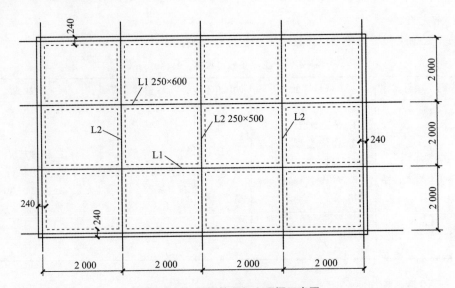

图4-100 某钢筋混凝土顶棚示意图

L2 的侧面抹灰面积＝L2 的侧面抹灰长度×L2 的侧面抹灰宽度

$$=[(2-0.12-0.125)\times2+(2-0.125\times2)]\times(0.5-0.1)\times2\times3$$

$$(\mathrm{m}^2)=12.63(\mathrm{m}^2)$$

顶棚抹灰工程量＝主墙间净面积＋L1、L2 的侧面积抹灰面积

$$=(44.70+14.32+12.63)(\mathrm{m}^2)=71.65(\mathrm{m}^2)$$

实例 13

某工程有一套三室两厅商品房，其客厅为不上人型轻钢龙骨石膏吊顶，如图 4-101 所示，龙骨间距为 450mm×450mm。计算天棚工程量。

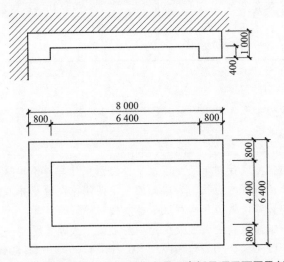

图4-101 某工程天棚不上人型轻钢龙骨石膏板吊顶平面图及剖面图

解：

项目编码：011302001   项目名称：吊顶天棚

工程量计算规则：按设计图示尺寸以水平投影面积计算。天棚面中的灯槽及跌级、锯齿形、吊挂式、藻井式天棚面积不展开计算。不扣除间壁墙、检查口、附墙烟囱、柱垛和管道所占面积，扣除单个>0.3m² 的孔洞、独立柱及与天棚相连的窗帘盒所占的面积。

天棚工程量＝天棚长度×天棚宽度＝8.0×6.0（m²）＝48.0（m²）

四、油漆、涂料、裱糊工程的计算规则与计算实例

1. 门油漆

门油漆工程量清单项目设置及工程量计算规则见表 4-72。

表 4-72　门油漆（编码：011401）

项目编码	项目名称	项目特征	计量单位	工程量计算规则	工程内容
011401001	木门油漆	1. 门类型 2. 门代号及洞口尺寸 3. 腻子种类 4. 刮腻子遍数 5. 防护材料种类 6. 油漆品种、刷漆遍数	1. 樘 2. m²	1. 以樘计量，按设计图示数量计量 2. 以平方米计量，按设计图示洞口尺寸以面积计算	1. 基层清理 2. 刮腻子 3. 刷防护材料、油漆
011401002	金属门油漆				1. 除锈、基层清理 2. 刮腻子 3. 刷防护材料、油漆

注：1. 木门油漆应区分木大门、单层木门、双层（一玻一纱）木门、双层（单裁口）木门、全玻自由门、半玻自由门、装饰门及有框门或无框门等项目，分别编码列项。

2. 金属门油漆应区分平开门、推拉门、钢制防火门列项。

3. 以平方米计量，项目特征可不必描述洞口尺寸。

2. 窗油漆

窗油漆工程量清单项目设置及工程量计算规则见表 4-73。

表 4-73　窗油漆（编码：011402）

项目编码	项目名称	项目特征	计量单位	工程量计算规则	工程内容
011402001	木窗油漆	1. 窗类型 2. 窗代号及洞口尺寸 3. 腻子种类 4. 刮腻子遍数 5. 防护材料种类 6. 油漆品种、刷漆遍数	1. 樘 2. m²	1. 以樘计量，按设计图示数量计量 2. 以平方米计量，按设计图示洞口尺寸以面积计算	1. 基层清理 2. 刮腻子 3. 刷防护材料、油漆
011402002	金属窗油漆				1. 除锈、基层清理 2. 刮腻子 3. 刷防护材料、油漆

注：1. 木窗油漆应区分单层木门、双层（一玻一纱）木窗、双层框扇（单裁口）木窗、双层框三层（二玻一纱）木窗、单层组合窗、双层组合窗、木百叶窗、木推拉窗等项目，分别编码列项。

2. 金属窗油漆应区分平开窗、推拉窗、固定窗、组合窗、金属隔栅窗分别列项。

3. 以平方米计量，项目特征可不必描述洞口尺寸。

3. 木扶手及其他板条、线条油漆

木扶手及其他板条、线条油漆工程量清单项目设置及工程量计算规则见表4-74。

表4-74　木扶手及其板条、线条油漆（编码：011403）

项目编码	项目名称	项目特征	计量单位	工程量计算规则	工程内容
011403001	木扶手油漆	1. 断面尺寸 2. 腻子种类 3. 刮腻子遍数 4. 防护材料种类 5. 油漆品种、刷漆遍数	m	按设计图示尺寸以长度计算	1. 基层清理 2. 刮腻子 3. 刷防护材料、油漆
011403002	窗帘盒油漆				
011403003	封檐板、顺水板油漆				
011403004	挂衣板、黑板框油漆				
011403005	挂镜线、窗帘棍、单独木线油漆				

注：木扶手应区分带托板与不带托板，分别编码列项。若是木栏杆代扶手，木扶手不应单独列项，应包含在木栏杆油漆中。

4. 木材面油漆

木材面油漆工程量清单项目设置及工程量计算规则见表4-75。

表4-75　木材面油漆（编码：011404）

项目编码	项目名称	项目特征	计量单位	工程量计算规则	工程内容
011404001	木护墙、木墙裙油漆	1. 腻子种类 2. 刮腻子遍数	m²	按设计图示尺寸以面积计算	1. 基层清理 2. 刮腻子
011404002	窗台板、筒子板、盖板、门窗套、踢脚线油漆				
011404003	清水板条天棚、檐口油漆				
011404004	木方格吊顶天棚油漆				
011404005	吸音板墙面、天棚面油漆				
011404006	暖气罩油漆				
011404007	其他木材面				

续表

项目编码	项目名称	项目特征	计量单位	工程量计算规则	工程内容
011404008	木间壁、木隔断油漆	3. 防护材料种类 4. 油漆品种、刷漆遍数	m²	按设计图示尺寸以单面外围面积计算	3. 刷防护材料、油漆
011404009	玻璃间壁露明墙筋油漆				
011404010	木栅栏、木栏杆（带扶手）油漆				
011404011	衣柜、壁柜油漆			按设计图示尺寸以油漆部分展开面积计算	
011404012	梁柱饰面油漆				
011404013	零星木装修油漆				
011404014	木地板油漆			按设计图示尺寸以面积计算。空洞、空圈、暖气包槽、壁龛的开口部分并入相应的工程量内	
011404015	木地板烫硬蜡面	1. 硬蜡品种 2. 面层处理要求			1. 基层清理 2. 烫蜡

5. 金属面油漆

金属面油漆工程量清单项目设置及工程量计算规则见表 4-76。

表 4-76　金属面油漆（编码：011405）

项目编码	项目名称	项目特征	计量单位	工程量计算规则	工程内容
011405001	金属面油漆	1. 构件名称 2. 腻子种类 3. 刮腻子要求 4. 防护材料种类 5. 油漆品种、刷漆遍数	1. t 2. m²	1. 以吨计量，按设计图示尺寸以质量计算 2. 以平方米计量，按设计展开面积计算	1. 基层清理 2. 刮腻子 3. 刷防护材料、油漆

6. 抹灰面油漆

抹灰面油漆工程量清单项目设置及工程量计算规则见表 4-77。

表 4-77　金属面油漆（编码：011406）

项目编码	项目名称	项目特征	计量单位	工程量计算规则	工程内容
011406001	抹灰面油漆	1. 基层类型 2. 腻子种类 3. 刮腻子遍数 4. 防护材料种类 5. 油漆品种、刷漆遍数 6. 部位	m²	按设计图示尺寸以面积计算	1. 基层清理 2. 刮腻子 3. 刷防护材料、油漆
011406002	抹灰线条油漆	1. 线条宽度、道数 2. 腻子种类 3. 刮腻子遍数 4. 防护材料种类 5. 油漆品种、刷漆遍数	m	按设计图示尺寸以长度计算	
011406003	满刮腻子	1. 基层类型 2. 腻子种类 3. 刮腻子遍数	m²	按设计图示尺寸以面积计算	1. 基层清理 2. 刮腻子

7. 喷刷涂料

喷刷涂料工程量清单项目设置及工程量计算规则见表 4-78。

表 4-78　喷刷涂料（编码：011407）

项目编码	项目名称	项目特征	计量单位	工程量计算规则	工程内容
011407001	墙面喷刷涂料	1. 基层类型 2. 喷刷涂料部位 3. 腻子种类 4. 刮腻子要求 5. 涂料品种、喷刷遍数	m²	按设计图示尺寸以面积计算	1. 基层清理 2. 刮腻子 3. 刷、喷涂料
011407002	天棚喷刷涂料				
011407003	空花格、栏杆刷涂料	1. 腻子种类 2. 刮腻子遍数 3. 涂料品种、刷喷遍数		按设计图示尺寸以单面外围面积计算	
011407004	线条刷涂料	1. 基层清理 2. 线条宽度 3. 刮腻子遍数 4. 刷防护材料、油漆	m	按设计图示尺寸以长度计算	

续表

项目编码	项目名称	项目特征	计量单位	工程量计算规则	工程内容
011407005	金属构件刷防火涂料	1. 喷刷防火涂料构件名称 2. 防火等级要求 3. 涂料品种、喷刷遍数	1. t 2. m²	1. 以吨计量，按设计图示尺寸以质量计算 2. 以平方米计量，按设计展开面积计算	1. 基层清理 2. 刷防护材料、油漆
011407006	木材构件喷刷防火涂料		m²	以平方米计量，按设计图示尺寸以面积计算	1. 基层清理 2. 刷防火材料

注：喷刷墙面涂料部位要注明内墙或外墙。

8. 裱糊

裱糊工程量清单项目设置及工程量计算规则见表4-79。

表 4-79　裱糊（编码：011408）

项目编码	项目名称	项目特征	计量单位	工程量计算规则	工程内容
011408001	墙纸裱糊	1. 基层类型 2. 裱糊部位 3. 腻子种类 4. 刮腻子遍数 5. 黏结材料种类 6. 防护材料种类 7. 面层材料品种、规格、颜色	m²	按设计图示尺寸以面积计算	1. 基层清理 2. 刮腻子 3. 面层铺粘 4. 刷防护材料 m²
011408002	织锦缎裱糊				

▶▶ 实例 14

某工程喷有油漆的木质推拉门，其构造尺寸如图4-102所示，该工程共有14个这样的木质门喷油漆，计算木质推拉门的油漆工程量。

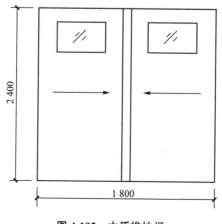

图 4-102　木质推拉门

解：

项目编码：011401001　项目名称：木门油漆

工程量计算规则：以平方米计量，按设计图示洞口尺寸以面积计算。

木门油漆的工程量＝木质推拉门宽度×木质推拉门高度×数量

$$=1.8 \times 2.4 \times 14 = 60.48（\mathrm{m}^2）$$

▶▶ **实例 15**

某工程共有喷有油漆的金属门 20 樘，该金属门高为 2mm，计算金属门的清单工程量。

解：

项目编码：011401002　项目名称：金属门油漆

工程量计算规则：以樘计量，按设计图示数量计算。

金属门的工程量＝金属门的数量＝20（樘）

▶▶ **实例 16**

某工程有长 5m 的抹灰线条，共有这样的 10 条抹灰线条，现需要将抹灰线条刷上油漆，计算抹灰线条油漆的清单工程量。

解：

项目编码：011406002　项目名称：抹灰线条油漆

工程量计算规则：按设计图示尺寸以长度计算。

抹灰线条油漆的清单工程量＝抹灰线条数量×抹灰线条长度＝10×5＝50（m）

▶▶ **实例 17**

某刷喷涂料房间墙面为混凝土墙彩色喷涂，其构造尺寸如图 4-103 所示，该房间窗高为 1.4m，层高为 3.6m，窗洞侧涂料宽为 100mm，门高为 2.1m，地面上瓷砖贴面的高为 210mm，计算墙面刷喷涂料的工程量。

解：

项目编码：011407001　项目名称：墙面喷刷涂料

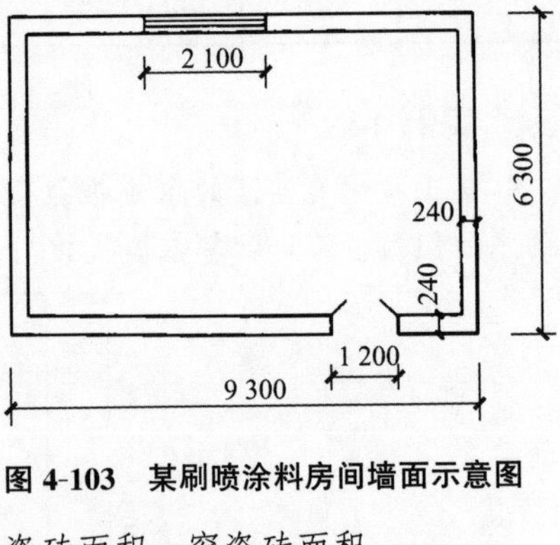

图 4-103　某刷喷涂料房间墙面示意图

工程量计算规则：按设计图示尺寸以面积计算。

墙面刷喷涂料的工程量＝墙面宽度×瓷砖高度－门瓷砖面积－窗瓷砖面积＋窗洞侧涂料面积

$$=(6.3-0.24 \times 2+9.3-0.24 \times 2) \times (3.6-0.21)$$
$$-(2.1-0.21) \times 1.2 - 1.4 \times 2.1 + 1.4 \times 0.1 \times 2$$
$$=49.63-2.27-2.94+0.28$$
$$=44.70（\mathrm{m}^2）$$

实例 18

某住宅书房墙面裱糊金属墙纸，其构造尺寸如图 4-104 所示，该书房窗的规格为 1 500mm×1 500mm，门的规格为 1 200mm×2 100mm，房间榉木踢脚板高为 150mm，房间顶棚高度为 2 800mm，计算房间墙纸裱糊的工程量。

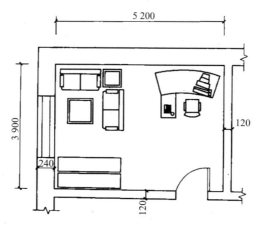

图 4-104　书房平面布置图

解：

项目编码：011408001　项目名称：墙纸裱糊

工程量计算规则：按设计图示尺寸以面积计算。

墙纸裱糊的工程量＝房间墙面周长×房间顶棚高度－窗面积－门面积

$$=(3.9+5.2)\times 2\times(2.8-0.15)-1.5\times 1.5-1.2\times 2.1$$

$$=43.46(\mathrm{m}^2)$$

实例 19

某办公室的墙面要贴织锦缎，其构造尺寸如图 4-105 所示，该办公室吊平顶标高 3.50m，木墙裙高 1.20m，窗洞口侧壁为 100mm，窗台高 1m，计算织锦缎裱糊的工程量。

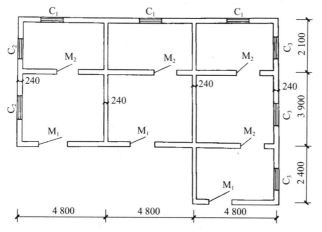

编号	尺寸
M_1	2 100×2 400
M_2	1 500×2 100
C_1	1 800×1 800
C_2	1 500×1 500
C_3	1 200×1 500

图 4-105　办公室平面示意图

解：

项目编码：011408002　项目名称：织锦缎裱糊

工程量计算规则：按设计图示尺寸以面积计算。

织锦缎裱糊的工程量＝墙面面积－门面积－窗面积

$$
\begin{aligned}
&=[(2.1-0.24+4.8-0.24)\times2\times3+(3.9-0.24+4.8-0.24)\times2\times3+\\
&\quad(2.4-0.24+4.8-0.24)\times2]\times(3.5-1.2)-2.1\times(2.4-1.2)\times3-1.5\\
&\quad\times(2.1-1.2)\times4-1.8\times(1.8-0.1)\times3-1.5\times(1.5-0.1)\times2-1.2\times\\
&\quad(1.5-0.1)\times3+1.8\times2\times0.1\times3+1.5\times2\times0.1\times2+1.5\times2\times0.1\times3\\
&=(38.52+49.32+13.44)\times2.3-7.56-5.4-9.18-4.2-5.04+\\
&\quad1.08+0.6+0.9\\
&=232.94-7.56-5.4-9.18-4.2-5.04+1.08+0.6+0.9\\
&=204.14(\text{m}^2)
\end{aligned}
$$

五、其他装饰工程的计算规则与计算实例

1. 柜类、货架

柜类、货架工程量清单项目设置及工程量计算规则见表4-80。

表4-80　柜类、货架（编码：011501）

项目编码	项目名称	项目特征	计量单位	工程量计算规则	工程内容
011501001	柜台	1. 台柜规格 2. 材料种类、规格 3. 五金种类、规格 4. 防护材料种类 5. 油漆品种、刷漆遍数	1. 个 2. m 3. m³	1. 以个计量，按设计图示数量计量 2. 以米计量，按设计图示尺寸以延长米计算 3. 以立方米计量，按设计图示尺寸以体积计算	1. 台柜制作、运输、安装（安放） 2. 刷防护材料、油漆 3. 五金件安装
011501002	酒柜				
011501003	衣柜				
011501004	存包柜				
011501005	鞋柜				
011501006	书柜				
011501007	厨房壁柜				
011501008	木壁柜				
011501009	厨房低柜				
011501010	厨房吊柜				
011501011	矮柜				
011501012	吧台背柜				
011501013	酒吧吊柜				
011501014	酒吧台				
011501015	展台				
011501016	收银台				
011501017	试衣间				
011501018	货架				
011501019	书架				
011501020	服务台				

2. 压条、装饰线

压条、装饰线工程量清单项目设置及工程量计算规则见表 4-81。

表 4-81　压条、装饰线（编码：011502）

项目编码	项目名称	项目特征	计量单位	工程量计算规则	工程内容
011502001	金属装饰线	1. 基层类型 2. 线条材料品种、规格、颜色 3. 防护材料种类	m	按设计图示尺寸以长度计算	1. 线条制作、安装 2. 刷防护材料
011502002	木质装饰线				
011502003	石材装饰线				
011502004	石膏装饰线	1. 基层类型 2. 线条材料品种、规格、颜色 3. 防护材料种类			
011502005	镜面玻璃线				
011502006	铝塑装饰线				
011502007	塑料装饰线				

3. 扶手、栏杆、栏板装饰

扶手、栏杆、栏板装饰工程量清单项目设置及工程量计算规则见表 4-82。

表 4-82　扶手、栏杆、栏板装饰（编码：011503）

项目编码	项目名称	项目特征	计量单位	工程量计算规则	工程内容
011503001	金属扶手、栏杆、栏板	1. 扶手材料种类、规格 2. 栏杆材料种类、规格 3. 栏板材料种类、规格、颜色 4. 固定配件种类 5. 防护材料种类	m	按设计图示以扶手中心线长度（包括弯头长度）计算	1. 制作 2. 运输
011503002	硬木扶手、栏杆、栏板				
011503003	塑料扶手、栏杆、栏板				
011503004	GRC 栏杆、扶手	1. 栏杆的规格 2. 安装间距 3. 扶手类型规格 4. 填充材料种类			

项目编码	项目名称	项目特征	计量单位	工程量计算规则	工程内容
011503005	金属靠墙扶手	1. 扶手材料种类、规格 2. 固定配件种类 3. 防护材料种类	m	按设计图示以扶手中心线长度（包括弯头长度）计算	3. 安装 4. 刷防护材料
011503006	硬木靠墙扶手				
011503007	塑料靠墙扶手	1. 栏杆玻璃的种类、规格、颜色 2. 固定方式 3. 固定配件种类			
011503008	玻璃栏板				

4. 暖气罩

暖气罩工程量清单项目设置及工程量计算规则见表 4-83。

表 4-83　暖气罩（编码：011504）

项目编码	项目名称	项目特征	计量单位	工程量计算规则	工程内容
011504001	饰面板暖气罩	1. 暖气罩材质 2. 防护材料种类	m²	按设计图示尺寸以垂直投影面积（不展开）计算	1. 暖气罩制作、运输、安装 2. 刷防护材料
011504002	塑料板暖气罩				
011504003	金属暖气罩				

5. 浴厕配件

浴厕配件工程量清单项目设置及工程量计算规则见表 4-84。

表 4-84　浴厕配件（编码：011505）

项目编码	项目名称	项目特征	计量单位	工程量计算规则	工程内容
011505001	洗漱台	1. 材料品种、规格、颜色	1. m² 2. 个	1. 按设计图示尺寸以台面外接矩形面积计算。不扣除孔洞、挖弯、削角所占面积，挡板、吊沿板面积并入台面面积内 2. 按设计图示数量计算	1. 台面及支架运输、安装 2. 杆、环、盒、配件安装 3. 刷油漆
011505002	晒衣架		个	按设计图示数量计算	
011505003	帘子杆				
011505004	浴缸拉手				
011505005	卫生间扶手				

续表

项目编码	项目名称	项目特征	计量单位	工程量计算规则	工程内容
011505006	毛巾杆（架）	2. 支架、配件品种、规格	套	按设计图示数量计算	1. 台面及支架制作、运输、安装 2. 杆、环、盒、配件安装 3. 刷油漆
011505007	毛巾环		副		
011505008	卫生纸盒		个		
011505009	肥皂盒				
011505010	镜面玻璃	1. 镜面玻璃品种、规格 2. 框材质、断面尺寸 3. 基层材料种类 4. 防护材料种类	m²	按设计图示尺寸以边框外围面积计算	1. 基层安装 2. 玻璃及框制作、运输、安装
011505011	镜箱	1. 箱体材质、规格 2. 玻璃品种、规格 3. 基层材料种类 4. 防护材料种类 5. 油漆品种、刷漆遍数	个	按设计图示数量计算	1. 基层安装 2. 箱体制作、运输、安装 3. 玻璃安装 4. 刷防护材料、油漆

6. 雨篷、旗杆

雨篷、旗杆工程量清单项目设置及工程量计算规则见表 4-85。

表 4-85　雨篷、旗杆（编码：011506）

项目编码	项目名称	项目特征	计量单位	工程量计算规则	工程内容
011506001	雨篷吊挂饰面	1. 基层类型 2. 龙骨材料种类、规格、中距 3. 面层材料品种、规格 4. 吊顶（天棚）材料品种、规格 5. 嵌缝材料种类 6. 防护材料种类	m²	按设计图示尺寸以水平投影面积计算	1. 底层抹灰 2. 龙骨基层安装 3. 面层安装 4. 刷防护材料、油漆

项目编码	项目名称	项目特征	计量单位	工程量计算规则	工程内容
011506002	金属旗杆	1. 旗杆材料、种类、规格 2. 旗杆高度 3. 基础材料种类 4. 基座材料种类 5. 基座面层材料、种类、规格	根	按设计图示数量计算	1. 土石挖、填、运 2. 基础混凝土浇筑 3. 旗杆制作、安装 4. 旗杆台座制作、饰面
011506003	玻璃雨篷	1. 玻璃雨篷固定方式 2. 龙骨材料种类、规格、中距 3. 玻璃材料品种、规格 4. 嵌缝材料种类 5. 防护材料种类	m²	按设计图示尺寸以水平投影面积计算	1. 龙骨基层安装 2. 面层安装 3. 刷防护材料、油漆

7. 招牌、灯箱

招牌、灯箱工程量清单项目设置及工程量计算规则见表 4-86。

表 4-86　招牌、灯箱（编码：011507）

项目编码	项目名称	项目特征	计量单位	工程量计算规则	工程内容
011507001	平面、箱式招牌	1. 箱体规格 2. 基层材料种类 3. 面层材料种类 4. 防护材料种类	m²	按设计图示尺寸以正立面边框外围面积计算。复杂形的凸凹造型部分不增加面积	1. 基层安装 2. 箱体及支架制作、运输、安装 3. 面层制作、安装 4. 刷防护材料、油漆
011507002	竖式标箱	1. 箱体规格 2. 基层材料种类 3. 面层材料种类 4. 保护材料种类 5. 户数	个	按设计图示数量计算	
011507003	灯箱				
011507004	信报箱				

8. 美术字

美术字工程量清单项目设置及工程量计算规则见表 4-87。

表 4-87　美术字（编码：011508）

项目编码	项目名称	项目特征	计量单位	工程量计算规则	工程内容
011508001	泡沫塑料字	1. 基层类型 2. 镂字材料品种、颜色 3. 字体规格 4. 固定方式 5. 油漆品种、刷漆遍数	个	按设计图示数量计算	1. 字制作、运输、安装 2. 刷油漆
011508002	有机玻璃字				
011508003	木质字				
011508004	金属字				
011508005	吸塑字				

⟫⟫ 实例 20

某商场饰品店货架示意图，如图 4-106 所示，该商场共有这样的货架 240 个，计算货架的工程量。

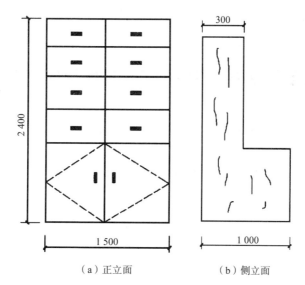

（a）正立面　　　　　　　（b）侧立面

图 4-106　货架示意图

解：

项目编码：011501018　项目名称：货架

工程量计算规则：以个计量，按设计图示数量计算。

货架的工程量＝货架数量＝240（个）

⟫⟫ 实例 21

某户外竖式广告牌，其构造尺寸如图 4-107 所示，广告牌面层材料为不锈钢板，上面有浮层雕花。计算平面招牌工程量。

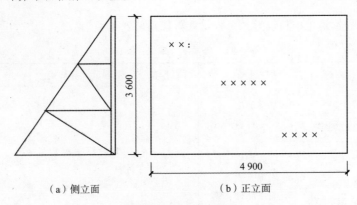

（a）侧立面　　　　　　　　（b）正立面

图 4-107　竖式广告牌

解：

项目编码：011507001　项目名称：平面招牌

工程量计算规则：按设计图示尺寸以正立面边框外围面积计算，复杂形的凸凹造型部分不增加面积。

平面招牌的工程量＝广告牌高度×广告牌宽度＝3.6×4.9＝17.64（m²）

第十四节　措施项目工程量的计算

一、措施项目工程量计算规则

1. 脚手架工程

工程量清单项目设置、项目特征描述的内容、计量单位及工程量计算规则，应按表 4-88 的规定执行。

表 4-88　脚手架工程（编码：011701）

项目编码	项目名称	项目特征	计量单位	工程量计算规则	工程内容
011701001	综合脚手架	1. 建筑结构形式 2. 檐口高度	m²	按建筑面积计算	1. 场内、场外材料搬运 2. 搭、拆脚手架、斜道、上料平台 3. 安全网的铺设 4. 选择附墙点与主体连接 5. 测试电动装置、安全锁等 6. 拆除脚手架后材料的堆放

续表

项目编码	项目名称	项目特征	计量单位	工程量计算规则	工程内容
011701002	外脚手架	1. 搭设方式 2. 搭设高度 3. 脚手架材质	m²	按所服务对象的垂直投影面积计算	1. 场内、场外材料搬运 2. 搭、拆脚手架、斜道、上料平台 3. 安全网的铺设 4. 拆除脚手架后材料的堆放
011701003	里脚手架				
011701004	悬空脚手架	1. 搭设方式 2. 悬挑宽度 3. 脚手架材质		按搭设的水平投影面积计算	
011701005	挑脚手架		m	按搭设长度×搭设层数以延长米计算	
011701006	满堂脚手架	1. 搭设方式 2. 搭设高度 3. 脚手架材质		按搭设的水平投影面积计算	
011701007	整体提升架	1. 搭设方式及启动装置 2. 搭设高度	m²	按所服务对象的垂直投影面积计算	1. 场内、场外材料搬运 2. 选择附墙点与主体连接 3. 搭、拆脚手架、斜道、上料平台 4. 安全网的铺设 5. 测试电动装置、安全锁等 6. 拆除脚手架后材料的堆放
011701008	外装饰吊篮	1. 升降方式及启动装置 2. 搭设高度及吊篮型号		按所服务对象的垂直投影面积计算	1. 场内、场外材料搬运 2. 吊篮的安装 3. 测试电动装置、安全锁、平衡控制器等 4. 吊篮的拆卸

注：1. 使用综合脚手架时，不再使用外脚手架、里脚手架等单项脚手架；综合脚手架适用于能够按"建筑面积计算规则"计算建筑面积的建筑工程脚手架，不适用于房屋加层、构筑物及附属工程脚手架。

2. 同一建筑物有不同檐高时，按建筑物竖向切面分别按不同檐高编列清单项目。

3. 整体提升架已包括2米高的防护架体设施。

4. 脚手架材质可以不描述，但应注明由投标人根据工程实际情况按照《建筑施工扣件式钢管脚手架安全技术规范》《建筑施工附着升降脚手架管理规定》等规范自行确定。

225

2. 混凝土模板及支架（撑）

工程量清单项目设置、项目特征描述的内容、计量单位、工程量计算规则及工作内容，应按表 4-89 的规定执行。

表 4-89　混凝土模板及支架（撑）（编码：011702）

项目编码	项目名称	项目特征	计量单位	工程量计算规则	工作内容
011702001	基础	基础类型	m²	按模板与现浇混凝土构件的接触面积计算 1. 现浇钢筋混凝土墙、板单孔面积 ≤ 0.3mm² 的孔洞不予扣除，洞侧壁模板亦不增加；单孔面积＞0.3m² 时应予扣除，洞侧壁模板面积并入墙、板工程量内计算 2. 现浇框架分别按梁、板、柱有关规定计算；附墙柱、暗梁、暗柱并入墙内工程量内计算 3. 柱、梁、墙、板相互连接的重叠部分，均不计算模板面积 4. 构造柱按图示外露部分计算模板面积	1. 模板制作 2. 模板安装、拆除、整理堆放及场内外运输 3. 清理模板粘结物及模内杂物、刷隔离剂等
011702002	矩形柱				
011702003	构造柱				
011702004	异形柱	柱截面形状			
011702005	基础梁	梁截面形状			
011702006	矩形梁	支撑高度			
011702007	异形梁	1. 梁截面 2. 支撑高度			
011702008	圈梁				
011702009	过梁				
011702010	弧形、拱形梁	1. 梁截面 2. 支撑高度			
011702011	直形墙				
011702012	弧形墙				
011702013	短肢剪力墙、电梯井壁				
011702014	有梁板				
011702015	无梁板				
011702016	平板				
011702017	拱板				
011702018	薄壳板	板厚度			
011702019	空心板				
011702020	其它板				
011702021	栏板				

续表

项目编码	项目名称	项目特征	计量单位	工程量计算规则	工作内容
011702022	天沟、檐沟	构件类型	m²	按模板与现浇混凝土构件的接触面积计算	1. 模板制作 2. 模板安装、拆除、整理堆放及场内外运输 3. 清理模板粘结物及模内杂物、刷隔离剂等
011702023	雨篷、悬挑板、阳台板	1. 构件类型 2. 板厚度		按图示外挑部分尺寸的水平投影面积计算，挑出墙外的悬臂梁及板边不另计算	
011702024	楼梯	类型		按楼梯（包括休息平台、平台梁、斜梁和楼层板的连接梁）的水平投影面积计算，不扣除宽度≤500mm 的楼梯井所占面积，楼梯踏步、踏步板、平台梁等侧面模板不另计算，伸入墙内部分亦不增加	
011702025	其它现浇构件	构件类型		按模板与现浇混凝土构件的接触面积计算	
011702026	电缆沟、地沟	1. 沟类型 2. 沟截面		按模板与电缆沟、地沟接触的面积计算	
011702027	台阶	形状		按图示台阶水平投影面积计算，台阶端头两侧不另计算模板面积。架空式混凝土台阶，按现浇楼梯计算	
011702028	扶手	扶手断面尺寸		按模板与扶手的接触面积计算	
011702029	散水	坡度		按模板与散水的接触面积计算	
011702030	后浇带	后浇带部位		按模板与后浇带的接触面积计算	
011702031	化粪池	1. 化粪池部位 2. 化粪池规格		按模板与混凝土接触面积	
011702032	检查井	1. 检查井部位 2. 检查井规格			

注：1. 原槽浇灌的混凝土基础、垫层，不计算模板。
2. 此混凝土模板及支撑（架）项目，只适用于以平方米计量，按模板与混凝土构件的接触面积计算，以"立方米"计量，模板及支撑（支架）不再单列，按混凝土及钢筋混凝土实体项目执行，综合单价中应包含模板及支撑（支架）。
3. 采用清水模板时，应在特征中注明。
4. 若现浇混凝土梁、板支撑高度超过 3.6m 时，项目特征应描述支撑高度。

3. 垂直运输

工程量清单项目设置、项目特征描述的内容、计量单位、工程量计算规则应按表 4-90 的规定执行。

表 4-90　垂直运输（011703）

项目编码	项目名称	项目特征	计量单位	工程量计算规则	工作内容
011703001	垂直运输	1. 建筑物建筑类型及结构形式 2. 地下室建筑面积 3. 建筑物檐口高度、层数	1. m² 2. 天	1. 按建筑面积计算 2. 按施工工期日历天数	1. 垂直运输机械的固定装置、基础制作、安装 2. 行走式垂直运输机械轨道的铺设、拆除、摊销

注：1. 建筑物的檐口高度是指设计室外地坪至檐口滴水的高度（平屋顶系指屋面板底高度），突出主体建筑物屋顶的电梯机房、楼梯出口间、水箱间、瞭望塔、排烟机房等不计入檐口高度。

　　2. 垂直运输机械指施工工程在合理工期内所需垂直运输机械。

　　3. 同一建筑物有不同檐高时，按建筑物的不同檐高做纵向分割，分别计算建筑面积，以不同檐高分别编码列项。

4. 超高施工增加

工程量清单项目设置、项目特征描述的内容、计量单位、工程量计算规则应按表 4-91 的规定执行。

表 4-91　超高施工增加（011704）

项目编码	项目名称	项目特征	计量单位	工程量计算规则	工作内容
011704001	超高施工增加	1. 建筑物建筑类型及结构形式 2. 建筑物檐口高度、层数 3. 单层建筑物檐口高度超过 20m，多层建筑物超过 6 层部分的建筑面积	m²	按建筑物超高部分的建筑面积计算	1. 建筑物超高引起的人工工效降低以及由于人工工效降低引起的机械降效 2. 高层施工用水加压水泵的安装、拆除及工作台班 3. 通信联络设备的使用及摊销

注：1. 单层建筑物檐口高度超过 20m，多层建筑物超过 6 层时，可按超高部分的建筑面积计算超高施工的增加。计算层数时，地下室不计入层数。

　　2. 同一建筑物有不同檐高时，可按不同高度的建筑面积分别计算建筑面积，以不同檐高分别编码列项。

5. 大型机械设备进出场及安拆

大型机械设备进出场及安拆工程量清单项目设置、项目特征描述的内容及计量单位及工程量计算规则应按表 4-92 的规定执行。

表 4-92　大型机械设备进出场及安拆（编码：011705）

项目编码	项目名称	项目特征	计量单位	工程量计算规则	工作内容
011705001	大型机械设备进出场及安拆	1. 机械设备名称 2. 机械设备规格型号	台次	按使用机械设备的数量计算	1. 安拆费包括施工机械、设备在现场进行安装、拆卸所需的人工、材料、机械和试运转费用以及机械辅助设施的折旧、搭设、拆除等费用 2. 进出场费包括施工机械、设备整体或分体自停放场地运至施工现场或由一个施工地点运至另一个施工地点所发生的运输、装卸、辅助材料等费用

6. 施工排水、降水

施工排水、降水工程量清单项目设置、项目特征描述的内容及计量单位及工程量计算规则应按表 4-93 的规定执行。

表 4-93　施工排水、降水（编码：011706）

项目编码	项目名称	项目特征	计量单位	工程量计算规则	工作内容
011706001	成井	1. 成井方式 2. 地层情况 3. 成井直径 4. 井（滤）管类型、直径	m	按设计图示尺寸以钻孔深度计算	1. 准备钻孔机械、埋设护筒、钻机就位；泥浆制作、固壁；成孔、出渣、清孔等 2. 对接上、下井管（滤管），焊接，安防，下滤料，洗井，连接试抽等
011706002	排水、降水	1. 机械规格型号 2. 降排水管规格	昼夜	按排、降水日历天数计算	1. 管道安装、拆除，场内搬运等 2. 抽水、值班、降水设备维修等

注：相应专项设计不具备时，可按暂估量计算。

7. 安全文明施工及其他措施项目

安全文明施工及其他措施项目工程量清单项目设置、计量单位、工作内容及包含范围应按表 4-94 的规定执行。

表 4-94　安全文明施工及其他措施项目（011707）

项目编码	项目名称	工作内容及包含范围
011701001	安全文明施工（含环境保护、文明施工、安全施工、临时设施）	1. 环境保护：现场施工机械设备降低噪音、防扰民措施；水泥和其他易飞扬细颗粒建筑材料密闭存放或采取覆盖措施等；工程防扬尘洒水；土石方、建渣外运车辆冲洗、防洒漏等；现场污染源的控制、生活垃圾清理外运、场地排水排污措施；其他环境保护措施 2. 文明施工："五牌一图"；现场围挡的墙面美化（包括内外粉刷、刷白、标语等）、压顶装饰；现场厕所便槽刷白、贴面砖，水泥砂浆地面或地砖，建筑物内临时便溺设施；其他施工现场临时设施的装饰装修、美化措施；现场生活卫生设施；符合卫生要求的饮水设备、淋浴、消毒等设施；生活用洁净燃料；防煤气中毒、防蚊虫叮咬等措施；施工现场操作场地的硬化；现场绿化、治安综合治理；现场配备医药保健器材、物品费用和急救人员培训；用于现场工人的防暑降温费、电风扇、空调等设备及用电；其他文明施工措施 3. 安全施工包含范围：安全资料、特殊作业专项方案的编制，安全施工标志的购置及安全宣传；"三宝"（安全帽、安全带、安全网）、"四口"（楼梯口、电梯井口、通道口、预留洞口）、"五临边"（阳台、围边、楼板围边、屋面围边、槽坑围边、卸料平台两侧），水平防护架、垂直防护架、外架封闭等防护；施工安全用电，包括配电箱三级配电、两级保护装置要求、外电防护措施；起重机、塔吊等起重设备（含井架、门架）及外用电梯的安全防护措施（含警示标志）及卸料平台的临边防护、层间安全门、防护棚等设施；建筑工地起重机械的检验检测；施工机具防护棚及其围栏的安全保护设施；施工安全防护通道；工人的安全防护用品、用具购置；消防设施与消防器材的配置；电气保护、安全照明设施；其他安全防护措施 4. 临时设施包含范围：施工现场采用彩色、定型钢板，砖、混凝土砌块等围挡的安砌、维修、拆除费或摊销；施工现场临时建筑物、构筑物的搭设、维修、拆除或摊销；如临时宿舍、办公室，食堂、厨房、厕所、诊疗所、临时文化福利用房、临时仓库、加工场、搅拌台、临时简易水塔、水池等。施工现场临时设施的搭设、维修、拆除或摊销。如临时供水管道、临时供电管线、小型临时设施等；施工现场规定范围内临时简易道路铺设，临时排水沟、排水设施安砌、维修、拆除；其他临时设施搭设、维修、拆除
011707002	夜间施工	1. 夜间固定照明灯具和临时可移动照明灯具的设置、拆除 2. 夜间施工时，施工现场交通标志、安全标牌、警示灯等的设置、移动、拆除 3. 包括夜间照明设备摊销及照明用电、施工人员夜班补助、夜间施工劳动效率降低等

续表

项目编码	项目名称	工作内容及包含范围
011701003	非夜间施工照明	为保证工程施工正常进行，在如地下室等特殊施工部位施工时所采用的照明设备的安拆、维护、摊销及照明用电等
011707004	二次搬运	包括由于施工场地条件限制而发生的材料、成品、半成品等一次运输不能到达堆放地点，必须进行二次或多次搬运的费用
011707005	冬雨季施工	1. 冬雨（风）季施工时增加的临时设施（防寒保温、防雨、防风设施）的搭设、拆除 2. 冬雨（风）季施工时，对砌体、混凝土等采用的特殊加温、保温和养护措施 3. 冬雨（风）季施工时，施工现场的防滑处理、对影响施工的雨雪的清除 4. 包括冬雨（风）季施工时增加的临时设施的摊销、施工人员的劳动保护用品、冬雨（风）季施工劳动效率降低等费用
011707006	地上、地下设施、建筑物的临时保护设施	在工程施工过程中，对已建成的地上、地下设施和建筑物进行的遮盖、封闭、隔离等必要保护措施所发生的费用
011707007	已完工程及设备保护	对已完工程及设备采取的覆盖、包裹、封闭、隔离等必要保护措施所发生的费用

注：本表所列项目应根据工程实际情况计算措施项目费用，需分摊的应合理计算摊销费用。

二、措施项目工程量计算规则详解

1. 脚手架工程量计算一般规则

脚手架工程量计算一般规则见表 4-95 所示。

表 4-95　脚手架工程量计算一般规则

序　号	内　　容
1	建筑物外墙脚手架，凡设计室外地坪至檐口（或女儿墙上表面）的砌筑高度在 15m 以下的按单排脚手架计算；砌筑高度在 15m 以上的或砌筑高度虽不足 15m，但外墙门窗及装饰面积超过外墙表面积 60% 以上时，均按双排脚手架计算
2	建筑物内墙脚手架，凡设计室内地坪至顶板下表面（或山墙高度的 1/2 处）的砌筑高度在 3.6m 以下的，按里脚手架计算；砌筑高度超过 3.6m 以上时，按单排脚手架计算
3	石砌墙体，凡砌筑高度超过 1.0m 以上时，按外脚手架计算
4	计算内、外墙脚手架时，均不扣除门、窗洞口、空圈空口等所占的面积
5	同一建筑物高度不同时，应按不同高度分别计算
6	现浇钢筋混凝土框架柱、梁按双排脚手架计算

序　号	内　　容
7	围墙脚手架，凡室外自然地坪至围墙顶面的砌筑高度在 3.6m 以下的，按里脚手架计算；砌筑高度超过 3.6m 以上时，按单排脚手架计算
8	室内天棚装饰面距设计室内地坪在 3.6m 以上时，应计算满堂脚手架，计算满堂脚手架后，墙面装饰工程则不再计算脚手架
9	滑升模板施工的钢筋混凝土烟囱、筒仓，不另计算脚手架
10	砌筑贮仓，按双排外脚手架计算
11	贮水（油）池，大型设备基础，凡距地坪高度超过 1.2m 以上的，均按双排脚手架计算
12	整体满堂钢筋混凝土基础，凡其宽度超过 3m 以上时，按其底板面积计算满堂脚手架

2. 砌筑脚手架工程量计算

（1）外脚手架按外墙外边线长度×外墙砌筑高度以平方米计算，突出墙外宽度在 24cm 以内的墙垛，附墙烟囱等不计算脚手架；宽度超过 24cm 以外时按图示尺寸展开计算，并入外脚手架工程量之内。

（2）里脚手架按墙面垂直投影面积计算。

（3）独立柱按图示柱结构外围周长另加 3.6m×砌筑高度以平方米计算，套用相应外脚手架定额。

3. 现浇钢筋混凝土框架脚手架工程量计算

（1）现浇钢筋混凝土柱，按柱图示周长尺寸另加 3.6m×柱高以平方米计算，套用相应外脚手架定额。

（2）现浇钢筋混凝土梁、墙，按设计室外地坪或楼板上表面至楼板底之间的高度×梁、墙净长以平方米计算，套用相应双排外脚手架定额。

4. 装饰工程脚手架工程量计算

（1）满堂脚手架，按室内净面积计算，其高度在 3.6～5.2m 之间时，计算基本层，超过 5.2m 时，每增加 1.2m 按增加一层计算，不足 0.6m 的不计。计算式如下：

$$满堂脚手架增加层 = \frac{室内净高度 - 5.2（m）}{1.2（m）}$$

（2）挑脚手架，按搭设长度和层数，以延长米计算。

（3）悬空脚手架，按搭设水平投影面积以平方米计算。

（4）高度超过 3.6m 墙面装饰不能利用原砌筑脚手架时，可以利用装饰脚手架。装饰脚手架按双排脚手架×0.3 计算。

5. 其他脚手架工程量计算

其他脚手架工程量计算见表 4-96 所示。

表 4-96　其他脚手架工程量计算内容

序　号	内　　容
1	水平防护架，按实际铺板的水平投影面积以平方米计算

续表

序　号	内　容
2	垂直防护架，按自然地坪至最上一层横杆之间的搭设高度×实际搭设长度，以平方米计算
3	架空运输脚手架，按搭设长度以延长米计算
4	烟囱、水塔脚手架，区别不同搭设高度，以座计算
5	电梯井脚手架，按单孔以座计算
6	斜道，区别不同高度以座计算
7	砌筑贮仓脚手架，不分单筒或贮仓组均按单筒外边线周长×设计室外地坪至贮仓上口之间高度，以平方米计算
8	贮水（油）池脚手架，按外壁周长×室外地坪至池壁顶面之间高度，以平方米计算
9	大型设备基础脚手架，按其外形周长×地坪至外形顶面边线之间高度，以平方米计算
10	建筑物垂直封闭工程量按封闭面的垂直投影面积计算

6. 安全网工程量计算

（1）立挂式安全网按架网部分的实挂长度×实挂高度计算。

（2）挑出式安全网按挑出的水平投影面积计算。

7. 垂直运输机械台班用量计算

（1）建筑物垂直运输机械台班用量，区分不同建筑物的结构类型及高度按建筑面积以平方米计算。建筑面积按本章第二节中相关规定计算。

（2）构筑物垂直运输机械台班以座计算。超过规定高度时再按每增高 1m 定额项目计算，其高度不足 1m 时，亦按 1m 计算。

8. 降效系数

降效系数的具体内容见表 4-97 所示。

表 4-97　降效系数的具体内容

序　号	内　容
1	各项降效系数中包括的内容指建筑物基础以上的全部工程项目，但不包括垂直运输、各类构件的水平运输及各项脚手架
2	人工降效按规定内容中的全部人工费×定额系数计算
3	吊装机械降效按吊装项目中的全部机械费×定额系数计算
4	其他机械降效按规定内容中的全部机械费（不包括吊装机械）×定额系数计算

9. 建筑物施工用水水泵台班计算

建筑物施工用水加压增加的水泵台班，按建筑面积以平方米计算。

第十五节 工程量速算方法

一、工程量计算基本要素

1. 工程量构成要素

对于预算计算人员来说，拿到一份图纸仅可直接读出点和线，不能直接读取面积与体积，这两者都是需要经过后期计算得出的。

工程量构成要素的具体内容见表 4-98 所示。

表 4-98 工程量构成要素的内容

名 称	内 容
点（个数）	如窗户几樘、桩几根是可以直接在图中读出来的
线（长度）	如墙体有多长、散水沟有多长，也可以直接在图中读出来
面（面积）	比如室内地坪面积有多少？它是由两条线（边长）的乘积计算出来的
体（体积）	比如，一个板的体积是多少，它是由两个边长、一个厚度三者的乘积而得

仔细分析下来，工程量计算其实并不难，只是几何实体的点（个数、重量）、线（长度）、面（面积）、体（体积）。按几何实体分析，任何一个实体都有它的共有特性值，如长度、面积、体积。三者之间是一种层级递进关系。先有长度，再有面积，最后有体积，如图 4-108 所示。

$$点 \xrightarrow{\times 长度} 线 \xrightarrow{\times 长度} 面 \xrightarrow{\times 长度} 体$$

图 4-108 工程量计算要素

不过，在实际工作中，为什么有的人算得即快又准，有的人不仅算得慢，而且还会漏项呢？关键在于计算工程量需要有一定的技巧和顺序。

2. 列计算式

一些刚开始做工程量计算的人，工程量计算底稿中的计算式通常都相当长，有时一个计算式子会写满一整页纸，他们习惯于一个子目或分项列一个计算式，例如混凝土柱工程量，便将整个工程中混凝土柱工程用一个计算式完成，240 外砖墙工程量，将整个工程的240 外砖墙用一个计算式完成。所以，有时一个项目的计算式列一页纸还写不完，用计算器计算都不能一次全部计算完一个式子（因为一般计算器可容纳的位数不够）。这样列算式的坏处是不便于检查核对，只有自己清楚计算过程，其他人不知道。时间一长，可能连自己也忘记计算过程。

计算式列的是否合理，对于工程量的计算准确性，尤其是后期的复核工作非常重要。正确有效的列式章法是：不宜列过长的计算式，所有的计算式，都要列清楚部位或名称，例如混凝土柱工程量的计算列式，先要标明所在的部位（轴线等），再列柱的名称，最后再列计算式，有多少种规格的柱，便要列多少个计算式，柱子的宽、厚、高、数量都要列清楚。

二、构件间扣减与分层关系

1. 扣减规则

1）精确扣减。

建筑工程构件层次、搭接错综复杂，要保证计算结果的准确，需要对计算规则、扣减关系的完全理解。对构件间的嵌入情况、相关情况出现的"重合"点必须进行精确扣减，这样才能保证工程量计算结果的准确。

在处理扣减关系中，要牢记相交的两个构件，一边扣除，另一边必须不扣除，如梁扣柱，柱就不能再扣梁。

2）近似扣减。

工程量计算工作并不是必须毫无偏差，通常是在计算结果精确性与计算的工作量之间寻求平衡。因此，在计算规划的设置上，对一些细微量的计算规则就做了近似处理，从而在保证整体计量精度的基础上简化了工程量计算工作。比如规则中规定：0.3平方米以内的孔洞在计算工程量时通常是不扣除的，计算内墙抹灰面积时，不扣除踢脚线、门窗内侧壁亦不增加。

2. 常见扣减情形及处理

1）常见情况及处理方法。

（1）嵌入扣减（大构件内含小构件）：如混凝土构件嵌入墙，在计算混凝土构件工程量时设一负值，工程量套墙体清单编码或定额子目，实现对墙体工程量扣减。

（2）相交扣减（两体量基本相等构件相交）：如梁与柱相交等。处理好这个扣减问题是要处理好两构件的边界问题。

2）相交构件间边界的界定。界定构件间边界时，应把握以下几个方面的原则：

（1）工程量最小原则。

①构件拆分最少原则，即在界定构件时，尽量保证拆分后的计算工程量构件数量最少。

如图4-109所示为两堵砖墙相交，在拆分构件，计算时边界时，可以分为图4-110和图4-111两种情况。

图4-109　两堵墙相交　　　　图4-110　拆分方案1　　　　图4-111　拆分方案2

由以上两图可知，按拆分方案1，共拆分为2个墙段，且两段墙均保持完整。按拆分方案 2，共拆分成了 3 个墙段，而且其中一段墙还被拆分成了两段。自然是选择方案 1 更为方便。

②取厚优先：较厚的构件与较薄的构件相交，较厚的构件拉通，保持完整性。

③外墙优先：外墙与同墙相交，外墙拉通，保持完整性。

④墙长优先：同厚度墙相交，长度较长的墙拉通，保持完整性。

（2）主导构件优先原则。

在处理扣减关系中，必须明确相交的两个构件中"扣减与被扣减"的关系，哪个构件处于主导地位，应确保其完整性不被扣减，与其相交的其他构件全被扣减。

例如柱子一般都是先施工的，要确保其完整性。因而扣减时，计算柱工程量时，与柱相交部分的量，柱拉通计算（即相交部分的量计入柱），而其他板、梁、墙等构件的扣减扣柱。

三、"三线一面"统筹法

1. "三线一面"统筹法简介

统筹法是一种用来研究、分析事物内在规律及相互依赖关系，从全局角度出发，明确工作重点，合理安排工作顺序，提高工作质量和效率的科学管理方法。

运用统筹思想对工程量计算过程进行分析后，可以看出，虽然各项工程量计算各有特点，但有些数据存在着内在的联系。例如，外墙地槽、外墙基础垫层、外墙基础可以用同一个长度计算工程量。如果抓住这些基本数据，利用它来计算较多工程量的这个主要矛盾，就能达到简化工程量计算的目的。

2. 统筹程序、合理安排

统筹程序、合理安排的统筹法计算工程量的要点是，不按施工顺序或者不按传统的顺序计算工程量，只按计算简便的原则安排工程量计算顺序。例如，有关地面项目工程量计算顺序，按施工顺序完成是：

$$\underset{长 \times 宽 \times 厚}{室内回填土} \overset{①}{\longrightarrow} \underset{长 \times 宽 \times 厚}{地面垫层} \overset{②}{\longrightarrow} \underset{长 \times 宽}{地面面层} \overset{③}{\longrightarrow}$$

这一顺序，计算了三次"长×宽"。如果按计算简便的原则安排，上述顺序变为：

$$\underset{长 \times 宽}{地面面层} \overset{①}{\longrightarrow} \underset{地面面层 \times 厚}{地面垫层} \overset{②}{\longrightarrow} \underset{地面面层 \times 厚}{室内回填土} \overset{③}{\longrightarrow}$$

3. 利用基数连续计算

在工程量计算中有一些反复使用的基数。对于这些基数，应在计算各分部分项工程量以前先计算出来，供在后面计算时直接利用，而不必每次都计算，达到节约时间，提高计算的速度和准确性的目的。

1）底层建筑面积（$S_{底}$）。

建筑面积本身也是一些分部分项的计算指标，如脚手架项目、垂直运输项目等，在一般情况下，它们的工程量都为 $S_{建筑面积}$。$S_{底}$ 可以作为平整场地、地面垫层、找平层、面层、防水层等项目工程量的基数，见表 4-99。

表 4-99　底层建筑面积计算工程量项目

基数名称	项目名称	计算方法
$S_底$	人工平整场地	$S=S_底+L_外×2+16$
	室内回填土	$V=（S_底-墙结构面积）×厚度$
	地面垫层	同上
	地面面层	$S=S_底-墙结构面积$
	顶棚面抹灰	同上
	屋面防水卷材	$S=S_底-女儿墙结构面积+四周卷起面积$
	屋面找坡层	$S=（S_底±女儿墙结构面积）×平均厚$

2）室内净面积（$S_净$）。

室内净面积可以作为室内回填土方、地面找平层、垫层、面层和天棚抹灰等的基数。

3）外墙外边线的长（$L_外$）。

外墙外边线是计算平整场地、排水、脚手架等项目的基数，见表 4-100。

表 4-100　外墙外边线计算工程量项目

基数名称	项目名称	计算方法
$L_外$	人工平整场地	$S=L_外×2+16+S_底$
	墙脚排水坡	$S=（L_外+4×散水宽）×散水宽$
	墙脚明沟（暗沟）	$L=L_外+8×散水宽+4×明沟（暗沟）宽$
	外墙脚手架	$S=L_外×墙高$
	挑檐	$V=（L_外+4×挑檐宽）×挑檐断面积$

4）外墙中心线（$L_中$）。

外墙中心线是外墙基础沟槽土方、外墙基础体积、外墙基础防潮层等项目工程量的计算基数，见表 4-101。

表 4-101　外墙中心线计算工程量项目

基数名称	项目名称	计算方法
$L_中$	外墙基槽	$V=L_中×基槽断面积$
	外墙基础垫层	$V=L_中×垫层断面积$
	外墙基础	$V=L_中×基础断面积$
	外墙体积	$V=（L_中×墙高-门窗面积）×墙厚$
	外墙圈梁	$V=L_中×圈梁断面积$
	外墙基防潮层	$S=L_中×墙厚$

5）内墙净长线（$L_内$）。

内墙净长线是计算内墙基础体积、内墙体积等项目工程量计算基数，见表 4-102。

表 4-102　内墙净长线计算工程量项目

基数名称	项目名称	计算方法
$L_内$	内墙基槽	$V=（L_内-调整值）×基槽断面积$
	内墙基础垫层	$V=（L_内-调整值）×垫层断面积$
	内墙基础	$V=L_内×基础断面积$
	内墙体积	$V=（L_内×墙高-门窗面积）×墙厚$
	内墙圈梁	$V=L_内×圈梁断面积$
	内墙基防潮层	$V=L_内×墙厚$

6）内墙面净长线（$L_{内墙面净长线}$）。

内墙面净长线不同于内墙净长线，外墙的内面也称为内墙面。用内墙面净长线来计算踢脚线和内墙面抹灰工程量很方便。

（1）踢脚线 L 的计算。踢脚线的工程量为室内净空周长或面积（长度×踢脚线高），即房间内墙面的长度，即 $L=L_{内墙面净长线}$。

（2）内墙面抹灰面积 S。如前所述，内墙面不同于内墙墙面，如果仅仅用内墙净长线计算，则会出现工程量漏算的情况。利用内墙面净长线计算内墙面抹灰，则 $S=L_{内墙面净长线}×H-T$ 形头重叠面积，H 为内墙面净高。

4.“三线一面”统筹法的计算顺序

对于一般工程，分部工程量计算顺序应为先地下后地上，先主体后装饰，先内部后外部。在计算建筑和装饰部分时也要对计算顺序进行合理安排。

（1）计算建筑部分时，按基础工程、土石方工程、混凝土工程、木门窗工程、砌筑工程这样一个顺序，而不能按定额的章节顺序来计算，否则会对某些项目反复计算，从而浪费大量的时间。例如，先算出了混凝土工程中的梁、柱的体积和门窗面积，那么，在计算砌筑工程需要扣除墙体内混凝土构件体积和门窗部分在墙体内所占体积时，可以利用前面计算的梁、柱的体积和门窗部分所占的体积。

当然，在计算各分部的各项目工程量时，也有一定的顺序技巧。如计算混凝土工程部分时，一般应采用由下向上，先混凝土、模板后钢筋，分层计算按层统计，最后汇总的顺序。砌筑工程可从整体上分层计算，每层的量可采取“整算零扣”的方法。

（2）计算装饰部分时，要先地面、天棚，后墙面。先算地面工程量的好处是可以利用地面的面积，计算出平面天棚和斜天棚的面积。计算墙面扣除门窗及洞口面积时，可利用先前算出的面积。当以房间为单元计算抹灰工程量时，有一点需要注意的是，同一门窗要扣两次面积。

（3）计算预制混凝土构件时，要按预制构件的施工顺序计算。

经验指导

这些基数主要为“三线一面”，即“外墙外边线 $L_外$”“外墙中心线 $L_中$”“内墙净长线 $L_内$”和“底层建筑面积 $S_底$”。对于“三线”的长度，如遇墙厚不一致或各层平面布局不同时，应按墙厚、层分别统计。另外“室内净面积”和“内墙面净长线”也是经常使用的基数。

第十六节　工程量复核方法

一般情况下，导致工程量计算出错的多为重算、多算、漏算和点错小数点等问题。

1. 漏项

衡量清单漏项与否的标准是设计施工图纸和《建设工程工程量清单计价规范》的 17 个附录。若施工图表达出的工程内容，在《建设工程工程量清单计价规范》的某个附录中有相应的"项目编码"和"项目名称"，但在清单并没有反映出来，属于清单漏项。若施工图表达出的工程内容，在《建设工程工程量清单计价规范》附录的任何地方均没有反映，而且是应该由清单编制者进行补充的清单项目，也属于清单漏项。若施工图表达出的工程内容，虽然在《建设工程工程量清单计价规范》附录的"项目名称"中没有反映，但在本清单已经列出的某个"项目名称"包含的"工程内容"中有所反映，则不属于清单漏项，而应当作为主体项目的附属项目，并入综合单价计价。

2. 责任划分

为了合理减少工程施工方的风险，并遵照谁引起的风险，谁承担责任的原则，规范对工程量的变更及其综合单价的确定作了规定。执行中应注意表 4-103 中的几个方面：

表 4-103　执行中的注意事项

序　号	内　容
1	无论由于工程量清单有误或漏项，还是由于设计变更引起新的工程量清单项目或清单项目工程数量的增减，一般均应按实调整
2	工程量变更后综合单价的确定应按规范的规定执行
3	不多算，不少算，不漏算，重要的是不留缺口，以防止日后的工程造价追加

在实际工作中，建设单位提供的工程量清单常常存在部分编制内容不完整或不严谨，非相关专业人员编制的其他专业的清单工程量不准确等。许多投标单位在拿到招标文件时，没有注意审查工程量清单的质量，只是把投标报价作为重点，以为控制了总价，就可中标。但是，由于清单报价要求为综合单价报价，不考虑工程量的问题，不仅造成了评标过程中的困难，而且也给签订施工合同、竣工结算带来了很多困难。

3. 工程量复核

工程造价是一个大的综合专业，包括了土建、装饰、电气设备、给排水等多个专业，这就要求分专业对施工图进行工程量的数量审查。常用的复核办法有：

（1）技术经济指标复核法。

将编制好的清单进行套定额计价从工程造价指标、主要材料消耗量指标、主要工程量指标等方面与同类建筑工程进行比较分析。

例如普通多层砖混住宅每平米的钢筋含量在 15～25kg，框架住宅地上（±0 以上）部分每平方米建筑面积的钢筋含量约为 40～60kg，如果清单的指标偏高或偏低，可以进一步分析其中的柱梁板楼梯等构件占的比重或原因。按图具体核算，并予以纠正。用技术经济指标可从宏观上判断清单是否大致准确。

（2）利用相关工程量之间的逻辑关系复核，复核其正确性。如：

外墙装饰面积＝外墙面积－外墙门窗面积　　　　　　　　　　　　　　(4-1)

内墙装饰面积＝外墙面积＋内墙面积×2－（外门窗＋内门窗面积×2）　(4-2)

天棚面积＝地面面积＋楼地面面积　　　　　　　　　　　　　　　　　(4-3)

平屋面面积＝建筑面积/层数　　　　　　　　　　　　　　　　　　　　(4-4)

（3）仔细阅读建筑说明、结构说明及各节点详图，进一步复核清单。清单出来后，应该再仔细阅读建筑说明、结构说明及各节点详图，从中可以发现一些疏忽和遗漏的项目，及时补足。核对清单名称是否与设计相同，表达是否明确清楚，有无错漏项。

经验指导

在复核时，要选择与此工程具有相同或相似结构类型建筑形式、装修标准、层数等的以往工程，将上述几种技术经济指标逐一比较。如果出入不大，可判定清单基本正确，如果出入较大则肯定其中必有问题，那就按图纸在各分部中查找原因。

建筑–楼梯详图（一）　　　建筑–楼梯详图（二）

扫码观看本视频　　　　扫码观看本视频

第五章　建筑工程预算编制

第一节　建筑工程预算编制原理

建筑–门窗表及详图（一）

扫码观看本视频

建筑–门窗表及详图（二）

扫码观看本视频

一、建筑工程预算的费用构成

工程预算的费用构成如图 5-1 所示。

二、建筑安装工程费用项目组成

建筑安装工程造价的组成如图 5-2 所示。

三、建筑工程概预算编制程序

工程预算编制的基本程序如图 5-3 所示。

工程概预算单位价格的形成过程，就是依据概预算定额所确定的消耗量×定额单价或市场价，经过不同层次的计算形成相应造价的过程。可以用公式进一步明确工程预算编制的基本方法和程序：

（1）每一计量单位建筑产品的基本构造要素（假定建筑产品）的直接工程费单价＝人工费＋材料费＋施工机械使用费　　　　　　　　　　　　　　　　　　　　　　　　　　（5-1）

其中：　　　　　　　　人工费＝∑（人工工日数量×人工单价）　　　　　　　　（5-2）

材料费＝∑（材料用量×材料单价）＋检验试验费　　　　　　（5-3）

机械使用费＝∑（机械台班用量×机械台班单价）　　　　　　（5-4）

（2）单位工程直接费＝∑（假定建筑产品工程量×直接工程费单价）＋措施费　（5-5）

（3）单位工程概预算造价＝单位工程直接费＋间接费＋利润＋税金　　　　　　（5-6）

（4）单项工程概预算造价＝∑单位工程概预算造价＋设备、工器具购置费　　　（5-7）

（5）建设项目全部工程概预算造价＝∑单项工程的概预算造价＋预备费＋有关的其他费用

（5-8）

若采用全费用综合单价法进行概预算编制，单位工程概预算的编制程序将更加简单，只需将概算定额或预算定额规定的定额子目的工程量×各子目的全费用综合单价汇总而成即可，然后可以用上述公式（5-7）和公式（5-8）计算单项工程概预算造价以及建设项目全部工程概预算造价。

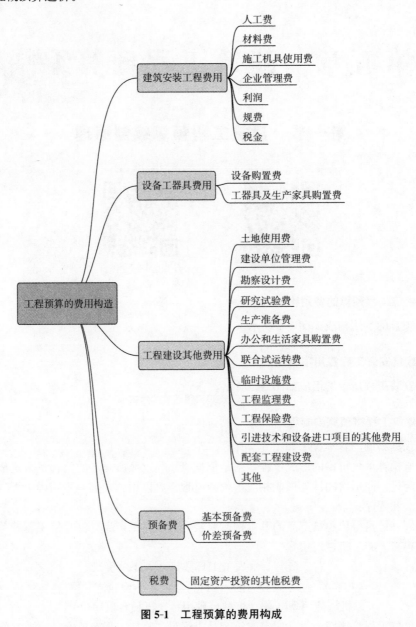

图 5-1　工程预算的费用构成

四、施工图预算编制程序

施工图预算的编制一般应在施工图纸技术交底之后进行，其编制程序如图 5-4 所示。

1. 熟悉施工图纸及施工组织设计

在编制施工图预算之前，必须熟悉施工图纸，尽可能详细地掌握施工图纸和有关设计资料，熟悉施工组织设计和现场情况，了解施工方法、工序、操作及施工组织、进度。要掌握单位工程各部位建筑概况，诸如层数、层高、室内外标高，墙体，楼板、顶棚材质、地面厚度、墙面装饰等工程的做法，对工程的全貌和设计意图有了全面、详细的了解后，才能正确使用定额，并结合各分部分项工程项目计算相应工程量。

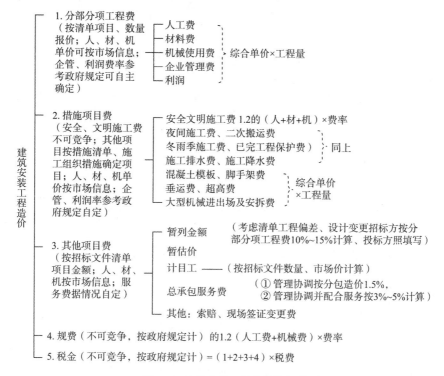

图5-2 建筑安装工程造价的组成

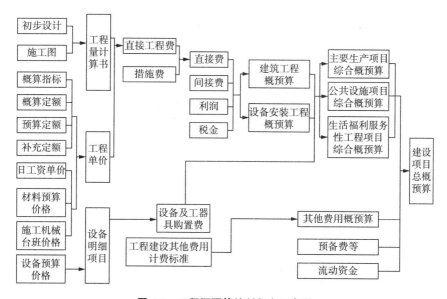

图5-3 工程概预算编制程序示意图

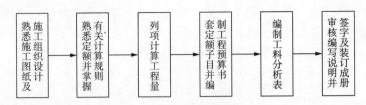

图 5-4　施工图预算的编制程序

2. 熟悉定额并掌握有关计算规则

建筑工程预算定额有关工程量计算的规则、规定等，是正确使用定额计算定额"三量"的重要依据。因此，在编制施工图预算计算工程量之前，必须清楚定额所列项目包括的内容、使用范围、计量单位及工程量的计算规则等，以便为工程项目的准确列项、计算、套用定额做好准备。

3. 列项、计算工程量

施工图预算的工程量，具有特定的含义，不同于施工现场的实物量。工程量往往要综合，包括多种工序的实物量。工程量的计算应以施工图及设计文件参照预算定额计算工程量的有关规定列项、计算。

工程量是确定工程造价的基础数据，计算要符合有关规定。工程量的计算要认真、仔细，既不重复计算，又不漏项。计算底稿要清楚、整齐，便于复查。

4. 套定额子目，编制工程预算书

将工程量计算底稿中的预算项目、数量填入工程预算表中，套相应定额子目，计算工程直接费，按有关规定计取其他直接费、现场管理费等，汇总求出工程直接费。

5. 编制工科分析表

将各项目工料用量求出汇总后，即可求出用工或主要材料用量。

6. 审核、编写说明、签字、装订成册

工程施工预算书计算完毕后，为确保其准确性，应经有关人员审核后，结合工程及编制情况编写说明，填写预算书封面，签字，装订成册。

土建工程预算、暖卫工程预算、电气工程预算分别编制完成后，由施工企业预算合同部集中汇总送建设单位签字、盖章、审核，然后才能确定其合法性。

第二节　编制建筑工程预算准备

一、图纸及资料准备

投标报价之前，必须准备与报价有关的所有资料，这些资料的质量高低直接影响到投标报价成败。

投标前需要准备的资料主要有：招标文件；设计文件；施工规范；有关的法律、法规；企业内部定额及有参考价值的政府消耗量定额；企业人工、材料、机械价格系统资料；可以询价的网站及其他信息来源；与报价有关的财务报表及企业积累的数据资源；拟建工程所在地的地质资料及周围的环境情况；投标对手的情况及对手常用的投标策略；招标人的情况及资金情况等。所有这些都是确定投标策略的

钢筋新建过程及轴网第一集

扫码观看本视频

钢筋新建过程及轴网第二集

扫码观看本视频

依据，只有全面地掌握第一手资料，才能快速准确地确定投标策略。

投标人在报价之前需要准备的资料可分为两类：

（1）一类是公用的，任何工程都必须用，投标人可以在平时日常积累，如规范、法律、法规、企业内部定额及价格系统等。

（2）另一类是特有资料，只能针对投标工程，这些必须是在得到招标文件后才能收集整理，如设计文件、地质、环境、竞争对手的资料等。

确定投标策略的资料主要是特有资料，因此投标人对这部分资料要格外重视。投标人要在投标时显示出核心竞争力就必须有一定的策略，有不同于别的投标竞争对手的优势。主要从以下几方面考虑。

1. 掌握全面的设计文件

招标人提供给投标人的工程量清单是按设计图纸及规范规则进行编制的，可能未进行图纸会审，在施工过程中不免会出现这样那样的问题，这就是所说的设计变更，所以投标人在投标之前就要对施工图纸结合工程实际进行分析，了解清单项目在施工过程中发生变化的可能性，对于不变的报价要适中，对于有可能增加工程量的报价要调高，有可能减少工程量的报价要调低等，只有这样才能降低风险，获得最大的利润。

2. 实地勘察施工现场

投标人应该在编制施工方案之前对施工现场进行勘察，对现场和周围环境，以及与此工程有关的可用资料进行勘察和了解。实地勘察施工现场主要从以下几方面进行：

（1）现场的形状和性质，其中包括地表以下的条件。

（2）水文和气候条件。

（3）为工程施工和竣工，以及修补其任何缺陷所需的工作和材料的范围和性质。

（4）进入现场的手段，以及投标人需要的住宿条件等。

3. 调查与拟建工程有关的环境

投标人不仅要勘察施工现场，在报价前还要详尽了解项目所在地的环境，包括政治形势、经济形势、法律法规和风俗习惯、自然条件、生产和生活条件等，各部分的内容见表5-1。

表 5-1　调查有关环境的内容

名　　称	内　　容
对政治形势的调查	应着重了解工程所在地和投资方所在地的政治稳定性
对经济形势的调查	应着重了解工程所在地和投资方所在地的经济发展情况，工程所在地金融方面的换汇限制、市场汇率、主要银行及其存款和信贷利率、管理制度等
对自然条件的调查	应着重了解工程所在地的水文地质情况、交通运输条件、是否多发自然灾害、气候状况如何等
对法律法规和风俗习惯的调查	应着重了解工程所在地政府对施工的安全、环保、时间限制等各项管理规定，以及宗教信仰和节假日等
对生产和生活条件的调查	应着重了解施工现场周围情况，如道路、供电、给排水、通信是否便利通畅，工程所在地的劳务和材料资源是否丰富，生活物资的供应是否充足等

4. 调查招标人与竞争对手

1) 调查招标人。对招标人的调查应着重以下几个方面。

(1) 资金来源是否可靠，避免承担过多的资金风险。

(2) 项目开工手续是否齐全，提防有些发包人以招标为名，让投标人免费为其估价。

(3) 是否有明显的授标倾向，招标是否仅仅是出于政府的压力而不得不采取的形式。

2) 调查竞争对手。对竞争对手的调查应着重从以下几个方面进行。

(1) 了解参加投标的竞争对手有几个，其中哪些是有威胁性的特别是工程所在地的承包人，可能会有评标优势。

(2) 根据上述分析，筛选出主要竞争对手，分析其以往同类工程投标方法，惯用的投标策略，开标会上提出的问题等。

投标人必须知己知彼才能制定切实可行的投标策略，提高中标的概率。

二、编制建筑工程预算清单式

工程量清单的格式见表5-2。

表 5-2　工程量清单的格式

序号	清单格式	详细内容
1	封面	工程量清单封面，见图 5-5
		招标控制价封面，见图 5-6
		投标总价封面，见图 5-7
		竣工结算总价封面，见图 5-8
2	总说明	见表 5-3
3	汇总表	工程项目招标控制价/投标报价汇总表，见表 5-4
		单项工程招标控制价/投标报价汇总表，见表 5-5
		单位工程招标控制价/投标报价汇总表，见表 5-6
		工程项目竣工结算汇总表，见表 5-7
		单项工程竣工结算汇总表，见表 5-8
		单位工程竣工结算汇总表，见表 5-9
4	分部分项 工程量清单表	分部分项工程量清单与计价表，见表 5-10
		工程量清单综合单价分析表，见表 5-11
5	措施项目清单表	措施项目清单与计价表（一），见表 5-12
		措施项目清单与计价表（二），见表 5-13
6	其他项目清单表	其他项目清单与计价汇总表，见表 5-14
		暂列金额明细表，见表 5-15
		材料暂估单价表，见表 5-16
		专业工程暂估价表，见表 5-17
		计日工表，见表 5-18
		总承包服务费计价表，见表 5-19
		索赔与现场签证计价汇总表，见表 5-20
		费用索赔申请（核准）表，见表 5-21
		现场签证表，见表 5-22

续表

序号	清单格式	详细内容
7	规费、税金项目清单与计价表	见表5-23
8	工程款支付申请（核准）表	见表5-24

表 5-3　总说明

工程名称：　　　　　　　　　　　　　　　　　　　　　　　　　　第　页共　页

　　　　　　　　　　　　　　　　　　　　　　　　　　　　　　工程

工　程　量　清　单

招标人：＿＿＿＿＿＿＿＿＿＿＿　　　　工程造价
咨询人：＿＿＿＿＿＿＿＿＿＿＿

（单位盖章）　　　　　　　　　　（单位资质专用章）

法定代表人　　　　　　　　　　　　法定代表人
或其授权人：＿＿＿＿＿＿＿＿＿　　或其授权人：＿＿＿＿＿＿＿＿＿

（签字或盖章）　　　　　　　　　　（签字或盖章）

编制人：＿＿＿＿＿＿＿＿＿＿＿　　复核人：＿＿＿＿＿＿＿＿＿＿＿

（造价人员签字盖专用章）　　　　　　（造价工程师签字盖专用章）

编制时间：　年　月　日　　　　复核时间：　年　月　日

图 5-5　工程量清单封面

表 5-4　工程项目招标控制价/投标报价汇总表

工程名称：　　　　　　　　　　　　　　　　　　　　　　　　　　第　页　共　页

序号	单项工程名称	金额/元	其中：/元		
			暂估价	安全文明施工费	规费
	合计				

注：本表适用于工程项目招标控制价或投标报价的汇总。

　　　　　　　　　　　　　　　　　　　　　　　　　　　工程

招　标　控　制　价

招标控制价（小写）：　　　　　　　　　　　　　　　

　　　　　（大写）：　　　　　　　　　　　　　　　

招标人：　　　　　　　　　　　　　　　工程造价
　　　　　　　　　　　　　　　　　　　咨询人：　　　　　　　　　　

　　（单位盖章）　　　　　　　　　　　（单位资质专用章）

法定代表人　　　　　　　　　　　　　法定代表人
或其授权人：　　　　　　　　　　　　或其授权人：　　　　　　　　　

　　（签字或盖章）　　　　　　　　　　（签字或盖章）

编制人：　　　　　　　　　　　　　　复核人：　　　　　　　　　　

（造价人员签字盖专用章）　　　　　　（造价工程师签字盖专用章）

编制时间：　　年　　月　　日　　　　复核时间：　　年　　月　　日

图 5-6　招标控制价封面

表 5-5　单项工程招标控制价/投标报价总表

工程名称：　　　　　　　　　　　　　　　　　　　　　　　　　　　　　第　页　共　页

序号	单项工程名称	金额/元	其中：/元		
			暂估价	安全文明施工费	规费
	合计				

注：本表适用于单项工程招标控制价或投标报价的汇总。暂估价包括分部分项工程中的暂估价和专业工程暂估价。

投　标　总　价

投标人：＿＿＿＿＿＿＿＿＿＿＿＿＿＿＿＿＿＿＿＿＿

工程名称：＿＿＿＿＿＿＿＿＿＿＿＿＿＿＿＿＿＿＿

投标总价（小写）：＿＿＿＿＿＿＿＿＿＿＿＿＿＿＿＿

（大写）：＿＿＿＿＿＿＿＿＿＿＿＿＿＿＿＿

投标人：＿＿＿＿＿＿＿＿＿＿＿＿＿＿＿＿
（单位盖章）

法定代表人
或其授权人：＿＿＿＿＿＿＿＿＿＿＿＿＿＿＿
（签字或盖章）

编制人：＿＿＿＿＿＿＿＿＿＿＿＿＿＿＿＿
（造价人员签字盖专用章）

时　间：　　年　　月　　日

图 5-7　投标总价封面

表 5-6 单位工程招标控制价/投标报价汇总表

工程名称： 标段： 第 页 共 页

序号	汇总内容	金额/元	其中：暂估价/元
1	分部分项工程		
1.1			
1.2			
1.3			
1.4			
1.5			
2	措施项目		—
2.1	其中：安全文明施工费		—
3	其他项目		—
3.1	其中：暂列金额		—
3.2	其中：专业工程暂估价		—
3.3	其中：计日工		—
3.4	其中：总承包服务费		—
4	规费		—
5	税金		—
	招标控制价合计＝1＋2＋3＋4＋5		

注：本表适用于工程项目招标控制价或投标报价的汇总。如无单位工程划分，单位工程也使用本表汇总。

表 5-7　工程项目竣工结算汇总表

工程名称：　　　　　　　　　　　　　　　　　　　　　　　　　第　页　共　页

序号	单项工程名称	金额/元	其中：/元	
			安全文明施工费	规费
合计				

表 5-8　单项工程竣工结算汇总表

工程名称：　　　　　　　　　　　　　　　　　　　　　　　　　第　页　共　页

序号	单项工程名称	金额/元	其中	
			安全文明施工费/元	规费/元
合计				

_____工程

招 标 控 制 价

招标控制价（小写）：_____

（大写）：_____

招标人：_____   工程造价
咨询人：_____

（单位盖章）   （单位资质专用章）

法定代表人   法定代表人
或其授权人：_____   或其授权人：_____

（签字或盖章）   （签字或盖章）

编制人：_____   复核人：_____

（造价人员签字盖专用章）   （造价工程师签字盖专用章）

编制时间：　年　月　日　　　复核时间：　年　月　日

图 5-8　竣工结算总价封面

表 5-9　单位工程竣工结算汇总表

工程名称：　　　　　　　　标段：　　　　　　　　　　　第 页 共 页

序号	汇总内容	金额/元
1	分部分项工程	
1.1		
1.2		
1.3		
1.4		

续表

序号	汇总内容	金额/元
1.5		
2	措施项目	
2.1	其中：安全文明施工费	
3	其他项目	
3.1	其中：专业工程结算价	
3.2	其中：计日工	
3.3	其中：总承包服务费	
3.4	其中：索赔与现场签证	
4	规费	
5	税金	
竣工结算总价合计＝1＋2＋3＋4＋5		

注：如无单位工程划分，单项工程也使用本表汇总。

表 5-10　分部分项工程量清单与计价表

工程名称：　　　　　　　　　　　标段：　　　　　　　　　　　　　第　页　共　页

序号	项目编码	项目名称	项目特征描述	计量单位	工程量	金额/元		
						综合单价	合价	其中：暂估价
	本页小计							
	合计							

注：根据原建设部、财政部发布的《建筑安装工程费用组成》（建标〔2003〕206 号）的规定，为供计取规费等的使用，可在表中增设"直接费""人工费"或"人工费＋机械费"。

表 5-11 工程量清单综合单价分析表

工程名称：　　　　　　　　　　标段：　　　　　　　　　　第 页 共 页

项目编码		项目名称		计量单位		

清单综合单价组成明细

定额编号	定额名称	定额单位	数量	单价				合价			
				人工费	材料费	机械费	管理费和利润	人工费	材料费	机械费	管理费和利润
人工单价			小计								
元/工日			未计价材料费								

清单项目综合单价

	主要材料名称、规格、型号	单位	数量	单价/元	合价/元	暂估单价/元	暂估合价/元
材料费明细							
	其他材料费			—		—	
	材料费小计			—		—	

注：1. 如不使用省级或行业建设主管部门发布的计价依据，可不填定额项目、编号等。

2. 招标文件提供了暂估单价的材料，按暂估的单价填入表内"暂估单价"栏及"暂估合价"栏。

表 5-12　措施项目清单与计价表（一）

工程名称：　　　　　　　　　　　　　　标段：　　　　　　　　　　　　第　页　共　页

序号	项目编号	项目名称	计算基础	费率/%	金额/元	调整费率/%	调整后金额/元	备注
		安全文明施工费						
		夜间施工增加费						
		二次搬运费						
		冬雨季施工						
		大型机械设备进出场及安拆费						
		施工排水						
		施工降水						
		地上、地下设施、建筑物的临时保护设施						
		已完工程及设备保护						
		各专业工程的措施项目						
合计								

注：1. 本表适用于以"项"计价的措施项目。

　　2. 根据原建设部、财政部发布的《建筑安装工程费用组成》（建标〔2003〕206 号）的规定，"计算基础"可为"直接费""人工费"或"人工费＋机械费"。

表 5-13　措施项目清单与计价表（二）

工程名称：　　　　　　　　　　　　　　标段：　　　　　　　　　　　　第　页　共　页

序号	项目编码	项目名称	项目特征描述	计量单位	工程量	金额/元	
						综合单价	合价
本页小计							
合计							

注：本表适用于以综合单价形式计价的措施项目。

表 5-14　其他项目清单与计价汇总表

工程名称：　　　　　　　　　　　　　标段：　　　　　　　　　　　第 页共 页

序号	项目名称	计量单位	金额/元	备注
1	暂列金额	项		明细详见表 5-14
2	暂估价			
2.1	材料（工程设备）暂估价			明细详见表 5-15
2.2	专业工程暂估价			明细详见表 5-16
3	计日工			明细详见表 5-17
4	总承包服务费			明细详见表 5-18
	合计			

注：材料暂估单价进入清单项目综合单价，此处不汇总。

表 5-15　暂列金额明细表

工程名称：　　　　　　　　　　　　　标段：　　　　　　　　　　　第 页共 页

序号	项目名称	计量单位	暂定金额/元	备注
1				
2				
3				
	合计			

注：此表由招标人填写，如不能详列，也可只列暂定金额总额，投标人应将上述暂列金额计入投标
　　总价中。

表 5-16　材料暂估单价表

工程名称：　　　　　　　　　　　　　标段：　　　　　　　　　　　第 页共 页

序号	材料（工程设备）名称、规格、型号	计量单位	金额/元	备注
	合计			

注：1. 此表由招标人填写，并在备注栏说明暂估价的材料拟用在哪些清单项目上，投标人应将上述
　　　材料暂估单价计入工程量清单综合单价报价中。
　　2. 材料包括原材料、燃料、构配件以及按规定应计入建筑安装工程造价的设备。

表 5-17 专业工程暂估价表

工程名称： 标段： 第 页 共 页

序号	工程名称	工程内容	金额/元	备注
合计				

注：此表由招标人填写，投标人应将上述专业工程暂估价计入投标总价中。

表 5-18 计日工表

工程名称： 标段： 第 页 共 页

序号	项目名称	单位	暂定数量	综合单价	合价
一	人工				
1					
2					
3					
4					
	人工小计				
二	材料				
1					
2					
3					
4					
5					
6					
	材料小计				
三	施工机械				
1					
2					
3					
4					
	施工机械小计				
	总计				

注：此表项目名称、暂定数量由招标人填写，编制招标控制价时，单价由招标人按有关规定确定。
投标时，单价由投标人自主报价，按暂定数量计算合价计入投标总价中。结算时，按发承包双
方确认的实际数量计算合价。

表 5-19　总承包服务费计价表

工程名称：　　　　　　　　　　　　　　　　标段：　　　　　　　　　　　　　第 页 共 页

序号	项目名称	项目价值/元	服务内容	费率/%	金额/元
1	发包人发包专业工程				
2	发包人提供材料				
	合计	—	—	—	

表 5-20　索赔与现场签证计价汇总表

工程名称：　　　　　　　　　　　　　　　　标段：　　　　　　　　　　　　　第 页 共 页

序号	签证及索赔项目名称	计量单位	数量	单价/元	合价/元	索赔及签证依据
—	本页小计					—
—	合计					—

注：签证及索赔依据是指经双方认可的签证单盒索赔依据的编号。

表 5-21　费用索赔申请（核准）表

工程名称：　　　　　　　　　　　标段：　　　　　　　　　　编号：

致：＿＿＿＿＿＿＿＿＿＿＿＿＿＿＿＿（发包人全称）

根据施工合同条款第＿＿＿＿条的约定，由于＿＿＿＿＿＿原因，我方要求索赔金额（大写）

＿＿＿＿＿＿＿，（小写）＿＿＿＿＿＿元，请予核准。

附：1. 费用索赔的详细理由和依据；

2. 索赔金额的计算；

3. 证明材料。

承包人（章）

造价人员＿＿＿＿＿　　　　　　承包人代表＿＿＿＿＿　　　　　日　　期＿＿＿＿＿

复核意见：

根据施工合同条款第＿＿＿＿条的约定，你方提出的费用索赔申请经复核：

□不同意此项索赔，具体意见见附件。

□同意此项索赔，索赔金额的计算，由造价工程师复核。

监理工程师＿＿＿＿＿

日　　期＿＿＿＿＿

复核意见：

根据施工合同条款第＿＿＿＿条的约定，你方提出的费用索赔申请经复核，索赔金额为（大写）＿＿＿元，（小写）＿＿＿元。

造价工程师＿＿＿＿＿

日　　期＿＿＿＿＿

审核意见：

□不同意此项索赔。

□同意此项索赔，与本期进度款同期支付。

发包人（章）

发包人代表＿＿＿＿＿

日　　期＿＿＿＿＿

注：1. 在选择栏中的"□"内作标志"√"。

2. 本表一式四份，由承包人填报，发包人、监理人、造价咨询人、承包人各存一份。

表 5-22 现场签证表

工程名称：		标段：		编号：_____
施工部位		日期		

致：_____（发包人全称）

　　根据 _____（指令人姓名）_____年_____月_____日的口头指令或你方_____（或监理人）_____年_____月_____日的书面通知，我方要求完成此项工作应支付价款金额为（大写）_____元，（小写）_____元，请予核准。

　　附：1. 签证事由及原因；

　　　　2. 附图及计算式。

承包人（章）

承包人代表_____

日　　期_____

复核意见：

　　你方提出的此项签证申请经复核：

　　□不同意此项签证，具体意见见附件。

　　□同意此项签证，签证金额的计算，由造价工程师复核。

监理工程师_____

日　　期_____

复核意见：

　　□此项签证按承包人中标的计日工单价计算，金额为（大写）_____元，（小写）_____元。

　　□此项签证因无计日工单价，金额为（大写）_____元，（小写）_____元。

造价工程师_____

日　　期_____

审核意见：

　　□不同意此项签证。

　　□同意此项签证，价款与本期进度款同期支付。

发包人（章）

发包人代表_____

日　　期_____

　　注：1. 在选择栏中的"□"内做标志"√"。

　　　　2. 本表一式四份，由承包人在收到发包人（监理人）的口头或书面通知后填报，发包人、监理人、造价咨询人、承包人各存一份。

表 5-23　规费、税金项目清单与计价表

工程名称：　　　　　　　　　　　　标段：　　　　　　　　　　　　　　　第　页　共　页

序号	项目名称	计算基础	费率/%	金额/元
1	规费			
1.1	工程排污费			
1.2	社会保障费			
(1)	养老保险费			
(2)	失业保险费			
(3)	医疗保险费			
1.3	住房公积金			
1.4	工伤保险			
2	税金	分部分项工程费＋措施项目＋其他项目费＋规费		

注：根据原建设部、财政部发布的《建筑安装工程费用组成》（建标〔2003〕206 号）的规定，"计算基础"可为"直接费""人工费"或"人工费＋机械费"。

表 5-24　工程款支付申请（核准）表

工程名称：　　　　　　　　　　　　标段：　　　　　　　　　　　　　　　编号：

致：＿＿＿＿＿＿＿

　　我方于＿＿＿＿＿＿至＿＿＿＿＿＿期间已完成了＿＿＿＿＿＿工作，根据施工合同的约定，现申请支付本期的工程款额为（大写）＿＿＿＿＿＿元，（小写）＿＿＿＿＿元，请予核准。

序号	名　称	金额（元）	备注
1	累计已完成的工程价款		—
2	累计已实际支付的工程价款		—
3	本周期已完成的工程价款		—
4	本周期完成的计日工金额		—
5	本周期应增加和扣减的变更金额		—
6	本周期应增加的扣减的索赔金额		—
7	本周期应抵扣的预付款		—
8	本周期应扣减的质保金		—
9	本周期应增加或扣减的其他金额		—
10	本周期实际应支付的工程价款		—

续表

承包人（章）
承包人代表_____
日　　期_____

复核意见： □与实际施工情况不相符，修改意见见附件。 □与实际施工情况相符，具体金额由造价工程师复核。 　　　　　　　监理工程师_____ 　　　　　　　日　　期_____	复核意见： 　　你方提出的支付申请经复核，本期间已完成工程款额为（大写）_____元，（小写）_____元，本期间应支付金额为（大写）_____元，（小写）_____元。 　　　　　　　造价工程师_____ 　　　　　　　日　　期_____

审核意见：
□不同意。
□同意，支付时间为本表签发后的 15 天内。

　　　　　　　发包人（章）
　　　　　　　发包人代表_____
　　　　　　　日　　期_____

注：1. 在选择栏中的"□"内做标识"√"。
　　2. 本表一式四份，由承包人填报，发包人、监理人、造价咨询人、承包人各存一份。

三、建筑工程预算编制步骤

建筑工程预算的编制步骤可分为两种，单价法编制施工图预算和实物法编制施工图预算。

1. 单价法编制工程预算

单价法编制工程预算，指用事先编制的各分项工程单位估价表来编制工程预算的方法。用根据施工图计算的各分项工程的工程量×单位估价表中相应单价，汇总相加得到单位工程的直接费＋按规定程序计算出来的措施费、间接费、利润和税金，即得到单位工程预算价格。单价法编制工程预算的步骤如图 5-9 所示。

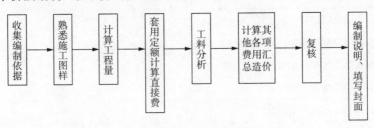

图 5-9　单价法编制施工图预算的步骤

单价法编制工程预算的具体步骤见表 5-25。

表 5-25　单价法编制工程预算的具体步骤

名　　称	内　　容
收集编制依据和资料	主要有施工图设计文件、施工组织设计、材料预算价格、预算定额、单位估价表、间接费定额、工程承包合同、预算工作手册等
熟悉施工图等资料	只有全面熟悉施工图设计文件、预算定额、施工组织设计等资料，才能在预算人员头脑中形成工程全貌，以便加快工程量计算的速度和正确选套定额
计算工程量	正确计算工程量是编制施工图预算的基础。在整个编制工作中，许多工作时间是消耗在工作量计算阶段内，而且工程项目划分是否齐全，工程量计算的正确与否将直接影响预算的编制质量及速度

计算工程量一般按以下步骤进行：

①划分计算项目：要严格按照施工图示的工程内容和预算定额的项目，确定计算分部、分项工程项目的工程量，为防止丢项、漏项，在确定项目时应将工程划分为若干个分部工程，在各分部工程的基础上再按照定额项目划分各分项工程项目。另外，有的项目在建筑图及结构图中都未表示，但预算定额中单独排列了项目，如脚手架。对于定额中缺项的项目要做补充，计量单位应与预算定额一致。

②计算工程量：根据一定的计算顺序和计算规则，按照施工图示尺寸及有关数据进行工程量计算，工程量单位应与定额计量单位一致。

1）套用定额计算直接费。

工程量计算完毕并核对无误后，用工程量套用单位估价表中相应的定额基价，相乘后汇总相加，便得到单位工程直接费。

计算直接费的步骤：

（1）正确选套定额项目。

①当所计算项目的工作内容与预算定额一致，或虽不一致，但规定不可以换算时，直接套相应定额项目单价。

②当所计算项目的工作内容与预算定额不完全一致，而且定额规定允许换算时，应首先进行定额换算，然后套用换算后的定额单价。

③当设计图样中的项目在定额中缺项，没有相应定额项目可套时，应编制补充定额，作为一次性定额纳入预算文件。

（2）填列分项工程单价。

（3）计算分项工程直接费：分项工程直接费主要包括人工费、材料费和机械费。

$$分项工程直接费 = 预算定额单价 \times 分项工程量 \tag{5-9}$$

其中，

$$人工费 = 定额人工费单价 \times 分项工程量 \tag{5-10}$$

$$材料费 = 定额材料费单价 \times 分项工程量 \tag{5-11}$$

$$机械费 = 定额机械费单价 \times 分项工程量 \tag{5-12}$$

单位工程直接（工程）费为各分部分项工程直接费之和。

$$单位工程直接（工程）费 = \Sigma 各分部分项工程直接费 \tag{5-13}$$

2）编制工料分析表。

根据各分部分项工程的实物工程量及相应定额项目所列的人工、材料数量，计算出各分部分项工程所需的人工及材料数量，相加汇总即得到该单位工程所需的人工、材料的数量。

3）计算其他各项费用并汇总造价。

按照建筑安装单位工程造价构成的规定费用项目、费率及计算基础，分别计算出措施费、间接费、利润和税金，并汇总单位工程造价。

$$单位工程造价＝单位工程直接工程费＋措施费＋间接费＋利润＋税金 \qquad (5\text{-}14)$$

4）复核。

单位工程预算编制后，有关人员对单位工程预算进行复核，以便及时发现差错，提高预算质量。复核时应对工程量计算公式和结果、套用定额基价、各项费用计取时的费率、计算基础、计算结果、人工和材料预算价格等方面进行全面复核检查。

5）编制说明、填写封面。

编制说明包括编制依据、工程性质、内容范围、设计图样情况、所用预算定额情况、套用单价或补充单位估价表方面的情况，以及其他需要说明的问题。封面应写明工程名称、工程编号、建筑面积、预算总造价、编制单位名称及负责人、编制日期等。

单价法具有计算简单，工作量小，编制速度快，便于有关主管部门管理等优点。但由于采用事先编制的单位估价表，其价格只能反映某个时期的价格水平。在市场价格波动较大的情况下，单价法计算的结果往往会偏离实际价格，虽然采用价差调整的方法来调整价格，由于价差调整滞后，造成不能及时准确确定工程造价。

2. 实物法编制工程预算

实物法是先根据施工图计算出的各分项工程的工程量，然后套用预算定额或实物量定额中的人工、材料、机械台班消耗量，再分别×现行的人工、材料、机械台班的实际单价，得出单位工程的人工费、材料费、机械费，并汇总求和，得出直接工程费，再加上按规定程序计算出来的措施费、间接费、利润和税金。即得到单位工程施工图预算价格。实物法编制工程预算的步骤如图 5-10 所示。

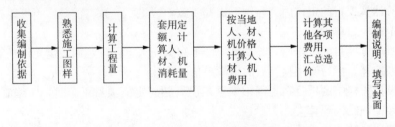

图 5-10 实物法编制施工图预算的步骤

由图 5-10 可以看出实物法与单价法的不同主要是中间的两个步骤，具体内容如下。

（1）工程量计算后，套用相应定额的人工、材料、机械台班用量。定额中的人工、材料、机械台班标准反映一定时期的施工工艺水平，是相对稳定不变的。

计算出各分项工程人工、材料、机械台班消耗量并汇总单位工程所需各类人工工日、材料和机械台班的消耗量。

$$分项工程的人工消耗量＝工程量×定额人工消耗量 \qquad (5\text{-}15)$$

$$分项工程的材料消耗量＝工程量×定额材料消耗量 \qquad (5\text{-}16)$$

$$分项工程的机械消耗量＝工程量×定额机械消耗量 \tag{5-17}$$

（2）用现行的各类人工、材料、机械台班的实际单价分别×人工、材料、机械台班消耗量，并汇总得出单位工程的人工费、材料费、机械费。

在市场经济条件下，人工、材料和机械台班单价是随市场而变化的，而且是影响工程造价最活跃、最主要的因素。用实物法编制施工图预算，采用工程所在地当时的人工、材料、机械台班价格，反映实际价格水平，工程造价准确性高。虽然计算过程较单价法烦琐，但使用计算机计算速度也就快了。因此实物法是适应市场经济体制的，正因为如此我国大部分地区采用这种方法编制工程预算。

第三节　预算定额的应用

一、预算定额概念

框架柱

扫码观看本视频

建筑工程预算定额是指在正常合理的施工条件下，规定完成一定计量单位的分项工程或结构构件所必须的人工、材料和施工机械台班，以及价值货币表现合理消耗的数量标准。建筑工程预算定额由国家或各省、市、自治区主管部门或授权单位组织编制并颁发执行。

现行的建筑工程预算定额是以施工定额为基础编制的，但是两种定额水平确定的原则是不相同的。预算定额按社会消耗的平均劳动时间确定其定额水平，预算定额基本上是反映了社会平均水平；施工定额反映的则是平均先进水平。

因为预算定额比施工定额考虑的可变因素多，需要保留一个合理的水平幅度差，即预算定额的水平比施工定额水平相对低一些，一般预算定额水平低于施工定额水平 10％左右。

二、预算定额的构成

预算定额的构成如图 5-11 所示。

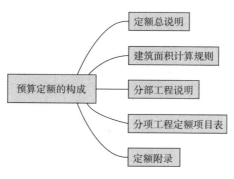

图 5-11　预算定额的构成

三、预算定额的内容

为了便于确定各分部分项工程或结构构件的人工、材料和机械台班等的消耗指标，及相应的价值货币表现的标准，将预算定额按一定的顺序汇编成册，这种汇编成册的预算定额，称为建筑工程预算定额手册。

建筑工程预算定额的内容见表 5-26。

表 5-26　建筑工程预算定额内容

序号	内　容	说　明
1	定额总说明	概述了建筑工程预算定项的编制目的、指导思想、编制原则、编制依据、定额的适用范围和作用，以及有关问题的说明和使用方法
2	建筑面积计算规则	建筑面积计算规则严格、系统地规定了计算建筑面积内容范围和计算规则
3	分部工程说明	介绍了分部工程定额中包括的主要分项工程和使用定额的一些基本规定，并阐述了该分部工程中各项工程的工程量计算规则和方法
4	分项工程定额项目表	列有完成定额计量单位建筑产品的分项工程造价和其中的人工费、材料费和机械费，同时还列有人工（按人工、普通工、辅助和其他用工数分列）、材料（按主要材料分列）和机械台班（按机械类型及台班数量分列）。它主要由说明、子目栏和附注等部分组成
5	定额附录	建筑工程预算定额手册中的附录包括：机械台班价格、材料预算价格，主要作为定额换算和编制补充预算定额的基本依据

四、预算定额的使用

表 5-27 为某省建筑预算定额分项工程定额项目表形式。

表 5-27　天窗、混凝土框上装木门扇及玻璃窗定额项目表

工作内容：1. 制作安装窗框窗扇亮子、刷清油、刷功腐油、塞油膏、安装上下挡、托木、铺钉封口板（序号 42）。

2. 安装钢筋混凝土门框等。

定额编号			7-50	7-41	7-42	7-43	7-44	7-45
项目	单位	单价（元）	天　窗		木屋架天窗上下挡板	钢筋混凝土框上装木门扇	混凝土框上安单层玻璃窗	天窗安有框铁丝网
			全中悬	中悬带固				
			100m² 框外围面积		100m²	100m² 框外围面积		100m²
基价	元		$\frac{11\,131.72}{11\,096.02}$	$\frac{9\,358.35}{9\,338.67}$	8 089.50	$\frac{11\,646.12}{11\,567.41}$	$\frac{7\,283.43}{7\,166.20}$	138.44

定额编号			7-50	7-41	7-42	7-43	7-44	7-45
项目	单位	单价（元）	天　窗			钢筋混凝土框上木门扇	混凝土框上安单层玻璃窗	天窗安有框铁丝网
			全中悬	中悬带固	木屋架天窗上下挡板			
			100m² 框外围面积		100m²	100m² 框外围面积		100m²
其中	人工费	元		1 430.00	1 132.38	377.68	1 284.74	1 606.68	107.60
	材料费	元		9 423.90	8 002.82	7 711.82	9 952.70	5 323.39	30.84
	机械费	元		227.82 242.12	223.39 203.71	—	408.68 329.97	353.36 236.13	—
（一）制作									
人工	合计	工日	21.52	33.00	28.46	12.21	27.73	16.23	
	技工	工日	21.52	25.63	21.59	6.72	21.24	11.22	
	普通工	工日	121.52	0.96	0.60	0.70	0.76	0.49	
	辅助工	工日	21.52	3.68	3.68	3.68	0.21	3.04	
	其他工	工日	21.52	3.00	2.59	1.11	2.52	1.48	
材料	一 等 小 方（红松、细）	m³	2 105.14	1.716	1.029		2.770	2.055	
	一 等 中 板（红松、细）	m³	2 105.14	—	—		1.321	—	
	一等中方（红白松、框料）	m³	1 818.96	2.929	2.366	1.434	—	—	
	一 等 簿 板（红松、细）	m³	2 105.14	—	—	2.110	—	—	
	二 等 中 方（白松）	m³	1 132.9	0.014	0.014	—	—	—	
	胶（皮质）	kg	18.38	4.250	2.510	—	4.070	4.070	
	铁钉（综合）	kg	6.16	7.930	6.310		2.310	0.280	
	清油	kg	18.49	8.230	8.230	8.230	6.550	6.830	
	油漆溶剂油	kg	3.70	5.500	5.500	5.500	4.380	4.600	
	木材干燥费	m³	107.66	4.008	3.395	3.544	4.091	2.055	
	其他材料费	元	2.00	4.480	4.480	4.480	3.710	3.700	—

续表

定额编号			7-50	7-41	7-42	7-43	7-44	7-45
项目	单位	单价（元）	天　窗			钢筋混凝土框上木门扇	混凝土框上安单层玻璃窗	天窗安有框铁丝网
			全中悬	中悬带固	木屋架天窗上下挡板			
			100m² 框外围面积		100m²	100m² 框外围面积		100m²
机械	圆锯机中 1 000mm以内	台班	67.20	0.68	0.56	—	1.29	0.54	—
	压刨机三面 400mm以内	台班	65.97	1.61	1.33	—	1.65	104	—
	打眼机 φ50mm 以内	台班	11.60	1.38	1.29	—	1.03	1.32	—
	开榫机 160mm 以内	台班	58.46	0.74	0.67	—	0.99	0.80	—
	裁口机多面 400mm	台班	42.40	0.43	0.35	—	0.40	0.64	—
（二）安装									
材料	二等中方（白松）	m²	1 132.95	0.248	0.248	—	0.464	0.424	—
	有框铁丝网	m²	—	—	—	—	—	—	(72.82)
	铁钉（综合）	kg	6.16	1.57	1.61	16.00	3.75	2.97	
	铁件	kg	4.70	84.17	84.17	—	—	—	
	铁件（精加）	kg	5.14	—	—	—	—	—	6.00
	防腐油（或臭油水）	kg	10.89	6.48	6.48	—	—	—	
	毛毡（防寒）	m²	3.64	25.49	25.49	32.30	—	—	
	其他材料费	元	2.00	18.51	17.52	—	—	25.09	
机械	塔式起重机（综合）卷扬机单块1t以内	台班	484.08 66.92	0.10 0.19	0.06 0.14	—	0.24 0.56	0.35 0.78	—

五、《统一建筑工程基础定额》

人工定额反映生产工人在正常施工条件下的劳动效率，表明每个工人在单位时间内为生产合格产品所必需消耗的劳动时间，或者在一定的劳动时间中所生产的合格产品数量。

1. 人工定额的编制

编制人工定额主要包括拟定正常的施工条件以及拟定定额时间两项工作，但拟定定额时间的前提是对工人工作时间按其消耗性质进行分类研究。

1）工人工作时间消耗的分类。

工人在工作班内消耗的工作时间，按其消耗的性质，基本可以分为两大类：必需消耗的时间和损失时间。

必需消耗的时间是工人在正常施工条件下，为完成一定产品（工作任务）所消耗的时间。它是制定定额的主要依据。损失时间，是与产品生产无关，而与施工组织和技术上的缺陷有关，与工人在施工过程中的个人过失或某些偶然因素有关的时间消耗。

工人工作时间的分类如图5-12所示。

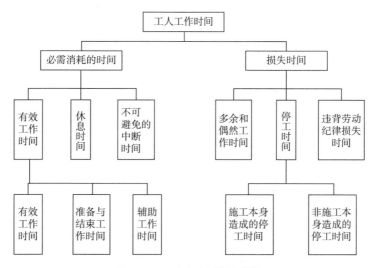

图 5-12 工人工作时间分类图

（1）必需消耗的工作时间，包括有效工作时间、休息时间和不可避免的中断时间。

①有效工作时间是从生产效果来看与产品生产直接有关的时间消耗。包括基本工作时间、辅助工作时间、准备与结束工作时间。

基本工作时间是工人完成一定产品的施工工艺过程所消耗的时间。基本工作时间所包括的内容依工作性质各不相同，基本工作时间的长短和工作量大小成正比例。辅助工作时间是指为保证基本工作能顺利完成所消耗的时间。在辅助工作时间里，不能使产品的形状大小、性质或位置发生变化。辅助工作时间的结束，往往就是基本工作时间的开始。辅助工作一般是手工操作，但如果在机手并动的情况下，辅助工作是在机械运转过程中进行的，为避免重复则不应再计辅助工作时间的消耗。

准备与结束工作时间是执行任务前或任务完成后所消耗的工作时间。如工作地点、劳动工具和劳动对象的准备工作时间，工作结束后的整理工作时间等。准备和结束工作时间的长短与所担负的工作量大小无关，但往往和工作内容有关。准备与结束工作时间可以分为班内的准备与结束工作时间和任务的准备与结束工作时间。

②不可避免的中断时间是指由于施工工艺特点引起的工作中断所必需的时间。与施工过程、工艺特点有关的工作中断时间，应包括在定额时间内，但应尽量缩短此项时间消耗。与工艺特点无关的工作中断所占用时间，是由于劳动组织不合理引起的，属于损失时间，不能计入定额时间。

③休息时间是工人在工作过程中为恢复体力所必需的短暂休息和生理需要的时间消

269

耗。这种时间是为了保证工人精力充沛地进行工作，所以在定额时间中必须进行计算。休息时间的长短和劳动条件有关，劳动越繁重紧张、劳动条件越差（如高温），则休息时间越长。

（2）损失时间中包括多余和偶然工作、停工、违背劳动纪律所引起的损失时间。

①多余工作是指工人进行了任务而又不能增加产品数量的工作。多余工作的工时损失，一般都是由于工程技术人员和工人的差错而引起的，因此，不应计入定额时间。偶然工作也是工人在任务外进行的工作，但能够获得一定产品，如抹灰工不得不补上偶然遗留的墙洞等。由于偶然工作能获得一定产品，拟定定额时要适当考虑它的影响。

②停工时间是工作班内停止工作造成的工时损失。停工时间按其性质可分为施工本身造成的停工时间和非施工本身造成的停工时间两种。施工本身造成的停工时间，是由于施工组织不善、材料供应不及时、工作面准备工作做得不好、工作地点组织不良等情况引起的停工时间。非施工本身造成的停工时间，是由于水源、电源中断引起的停工时间。前一种情况在拟定定额时不应该计算，后一种情况定额中则应给予合理的考虑。

③违背劳动纪律造成的工作时间损失，是指工人在工作开始和午休后的迟到、午饭前和工作结束前的早退、擅自离开工作岗位、工作时间内聊天或办私事等造成的工时损失。此项工时损失不应允许存在。因此，在定额中是不能考虑的。

2）拟定正常的施工作业条件。

拟定施工的正常条件，就是要规定执行定额时应该具备的条件，正常条件若不能满足，则可能达不到定额中的劳动消耗量标准，因此，正确拟定施工的正常条件有利于定额的实施。拟定施工的正常条件包括：拟定施工作业的内容；拟定施工作业的方法；拟定施工作业地点的组织；拟定施工作业人员的组织等。

3）拟定施工作业的定额时间。

施工作业的定额时间，是在拟定基本工作时间、辅助工作时间、准备与结束时间、不可避免的中断时间以及休息时间的基础上编制的。

上述各项时间是以时间研究为基础，通过时间测定方法，得出相应的观测数据，经加工整理计算后得到的。计时测定的方法有许多种，如测时法、写实记录法、工作日写实法等。

2. 人工定额的形式

1）按表现形式的不同。

人工定额按表现形式的不同，可分为时间定额和产量定额两种形式。

（1）时间定额。

时间定额，就是某种专业，某种技术等级工人班组或个人，在合理的劳动组织和合理使用材料的条件下，完成单位合格产品所必需的工作时间，包括准备与结束时间、基本工作时间、辅助工作时间、不可避免的中断时间及工人必需的休息时间。时间定额以工日为单位，每一工日按8h计算。其计算方法如下：

$$单位产品时间定额（工日）＝\frac{1}{每工日产量} \tag{5-18}$$

产量定额的计量单位有：米（m）、平方米（m²）、立方米（m³）、吨（t）、块、根、件、扇等。

时间定额与产量定额互为倒数，即：

$$时间定额 \times 产量定额 = 1 \tag{5-19}$$

$$时间定额 = \frac{1}{产量定额} \tag{5-20}$$

$$产量定额 = \frac{1}{时间定额} \tag{5-21}$$

2）接定额的标定对象不同。

按定额的标定对象不同，人工定额又分单项工序定额和综合定额两种，综合定额表示完成同一产品中的备单项（工序或工种）定额的综合。按工序综合的用"综合"表示，接工种综合的一般用"合计"表示。其计算方法如下：

$$综合时间定额 = \sum 各单项（工序）时间定额 \tag{5-22}$$

$$综合产量定额 = \frac{1}{综合时间定额（工日）} \tag{5-23}$$

时间定额和产量定额都表示同一人工定额项目，它们是同一人工定额项目的两种不同的表现形式。时间定额以工日为单位，综合计算方便，时间概念明确；产量定额则以产品数量为单位表示，具体、形象，劳动者的奋斗目标一目了然，便于分配任务。人工定额用复式表同时列出时间定额和产量定额，以便于各部门、企业根据备自的生产条件和要求选择使用。

复式表示法有如下形式：

$$\frac{时间定额}{每工产量} 或 \frac{人工时间定额}{机械台班产量} \tag{5-24}$$

3. 人工定额的制定方法

人工定额是根据国家的经济政策、劳动制度和有关技术文件及资料制定的。制定人工定额常用的方法有四种。

1）技术测定法。

技术测定法是根据生产技术和施工组织条件，对施工过程中备工序采用测时法、写实记录法、工作日写实法，测出备工序的工时消耗等资料，再对所获得的资料进行科学的分析，制定出人工定额的方法。

2）统计分析法。

统计分析法是把过去施工生产中的同类工程或同类产品的工时消耗的统计资料，与当前生产技术和施工组织条件的变化因素结合起来，进行统计分析的方法。这种方法简单易行，适用于施工条件正常、产品稳定、工序重复量大和统计工作制度健全的施工过程。但是，过去的记录只是实耗工时，不反映生产组织和技术的状况。所以，在这样条件下求出的定额水平，只是已达到的劳动生产率水平，而不是平均水平。实际工作中，必须分析研究各种变化因素，使定额能真实地反映施工生产平均水平。

3）比较类推法。

对于同类型产品规格多、工序重复、工作量小的施工过程，常用比较类推法。采用此法制定定额是以同类型工序和同类型产品的实耗工时为标准，类推出相似项目定额水平的方法。此法必须掌握类似的程度和备种影响因素的异同程度。

4）经验估计法。

根据定额专业人员、经验丰富的工人和施工技术人员的实际工作经验，参考有关定额资料，对施工管理组织和现场技术条件进行调查、讨论和分析制定定额的方法，叫做经验估计法。经验估计法通常作为一次性定额使用。

六、《统一施工机械台班费用定额》

1. 施工机械台班使用定额的形式

1) 施工机械时间定额。

施工机械时间定额，是指在合理劳动组织与合理使用机械条件下，完成单位合格产品所必需的工作时间，包括有效工作时间（正常负荷下的工作时间和降低负荷下的工作时间）、不可避免的中断时间、不可避免的无负荷工作时间。机械时间定额以"台班"表示，即一台机械工作一个作业班时间。一个作业班时间为8h。

$$单位产品机械时间定额（台班） = \frac{1}{台班产量} \qquad (5\text{-}25)$$

由于机械必须由工人小组配合，所以完成单位合格产品的时间定额，同时列出人工时间定额。即：

$$单位产品人工时间定额（工日） = \frac{小组成员总人数}{台班产量} \qquad (5\text{-}26)$$

【例5-1】斗容量1m³正铲挖土机，挖四类土，装车，深度在2m内，小组成员两人，机械台班产量为4.76（定额单位100m³），则：

$$挖100m^3的人工时间定额为 \frac{2}{4.76} = 0.42\,工日$$

$$挖100m^3的机械时间定额为 \frac{1}{4.76} = 0.21\,台班$$

2) 机械产量定额。

机械产量定额，是指在合理劳动组织与合理使用机械条件下，机械在每个台班时间内，应完成合格产品的数量。

$$机械台班产量定额 = \frac{1}{机械时间定额（台班）} \qquad (5\text{-}27)$$

机械产量定额和机械时间定额互为倒数关系。

3) 定额表示方法。

机械台班使用定额的复式表示法的形式如下：

$$\frac{人工时间定额}{机械台班产量} \qquad (5\text{-}28)$$

【例5-2】正铲挖土机每一台班劳动定额表中 $\frac{0.466}{4.29}$ 表示在挖一、二类土，挖土深度在1.5m以内，且需装车的情况下，斗容量为0.5m³的正铲挖土机的台班产量定额为4.29（100m³/台班）；配合挖土机施工的工人小组的人工时间定额为0.466（工日/100m³）；同时可推算出挖土机的时间定额，应为台班产量定额的倒数，即：

$$\frac{1}{4.29} = \frac{0.233\,台班}{100m^3}$$

可推算出配合挖土机施工的工人小组的人数为 $\frac{人工时间定额}{机械时间定额}$，即：$\frac{0.466}{0.233} = 2\,人$；或人工时间定额×机械台班产量定额，即 $0.466 \times 4.29 = 2\,人$。

2. 机械台班使用定额的编制

1) 机械工作时间消耗的分类。

机械工作时间的消耗，按其性质可作如下分类，如图 5-13 所示。机械工作时间也分为必需消耗的时间和损失时间两大类。

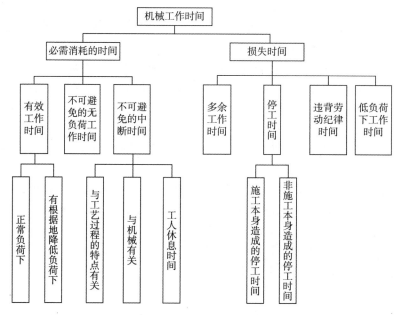

图 5-13　机械工作时间分类图

（1）在必需消耗的工作时间里，包括有效工作、不可避免的无负荷工作和不可避免的中断三项时间消耗。而在有效工作的时间消耗中又包括正常负荷下、有根据地降低负荷下的工时消耗。

正常负荷下的工作时间，是指机械在与机械说明书规定的计算负荷相符的情况下进行工作的时间。

有根据地降低负荷下的工作时间，是指在个别情况下由于技术上的原因，机械在低于其计算负荷下工作的时间。例如，汽车运输重量轻而体积大的货物时，不能充分利用汽车的载重吨位因而不得不降低其计算负荷。

不可避免的无负荷工作时间，是指由施工过程的特点和机械结构的特点造成的机械无负荷工作时间。例如筑路机在工作区末端调头等，都属于此项工作时间的消耗。

不可避免的中断工作时间，是与工艺过程的特点、机械的使用和保养、工人休息有关的中断时间。

与工艺过程的特点有关的不可避免中断工作时间，有循环的和定期的两种。循环的不可避免中断，是在机械工作的每一个循环中重复一次。如汽车装货和卸货时的停车。定期的不可避免中断，是经过一定时期重复一次。比如把灰浆泵由一个工作地点转移到另一工作地点时的工作中断。

与机械有关的不可避免中断工作时间，是由于工人进行准备与结束工作或辅助工作时，机械停止工作而引起的中断工作时间。它是与机械的使用与保养有关的不可避免中断时间。

工人休息时间前面已经作了说明。要注意的是应尽量利用与工艺过程有关的和与机械有关的不可避免中断时间进行休息，以充分利用工作时间。

（2）损失的工作时间，包括多余工作、停工、违背劳动纪律所消耗的工作时间和低负荷下的工作时间。

机械的多余工作时间，是机械进行任务内和工艺过程内未包括的工作而延续的时间。如工人没有及时供料而使机械空运转的时间。

机械的停工时间，按其性质也可分为施工本身造成和非施工本身造成的停工。前者是由于施工组织得不好而引起的停工现象，如由于未及时供给机械燃料而引起的停工。后者是由于气候条件所引起的停工现象，如暴雨时压路机的停工。上述停工中延续的时间，均为机械的停工时间。

违反劳动纪律引起的机械的时间损失，是指由于工人迟到早退或擅离岗位等引起的机械停工时间。

低负荷下的工作时间，是由于工人或技术人员的过错所造成的施工机械在降低负荷的情况下工作的时间。例如，工人装车的砂石数量不足引起的汽车在降低负荷的情况下工作所延续的时间。此项工作时间不能作为计算时间定额的基础。

2）机械台班使用定额的编制内容。

（1）拟定机械工作的正常施工条件，包括工作地点的合理组织、施工机械作业方法的拟定、配合机械作业的施工小组的组织以及机械工作班制度等。

（2）确定机械净工作生产率，即机械纯工作 1h 的正常生产率。

（3）确定机械的利用系数。机械的正常利用系数指机械在施工作业班内对作业时间的利用率。

$$机械利用系数 = \frac{工作班净工作时间}{机械工作班时间} \tag{5-29}$$

（4）计算机械台班定额。施工机械台班产量定额的计算公式如下：

$$施工机械台班产量定额 = 机械净工作生产率 \times 工作班延续时间 \times 机械利用系数 \tag{5-30}$$

$$施工机械时间定额 = \frac{1}{施工机械台班产量定额} \tag{5-31}$$

（5）拟定工人小组的定额时间。工人小组的定额时间指配合施工机械作业工人小组的工作时间总和。

$$工人小组定额时间 = 施工机械时间定额 \times 工人小组的人数 \tag{5-32}$$

七、《建筑工程材料预算价格》

材料消耗定额指标的组成，按其使用性质、用途和用量大小划分为四类。

（1）主要材料，指直接构成工程实体的材料。

（2）辅助材料，直接构成工程实体，但比重较小的材料。

（3）周转性材料（又称工具性材料），指施工中多次使用但并不构成工程实体的材料，如模板、脚手架等。

（4）零星材料，指用量小、价值不大、不便计算的次要材料，可用估算法计算。

1. 材料消耗定额的编制

编制材料消耗定额，主要包括确定直接使用在工程上的材料净用量和在施工现场内运输及操作过程中的不可避免的废料和损耗。

1）材料净用量的确定。

材料净用量的确定，一般有以下几种方法。

（1）理论计算法。

理论计算法是根据设计、施工验收规范和材料规格等，从理论上计算材料的净用量。如砖墙的用砖数和砌筑砂浆的用量可用下列理论计算公式计算各自的净用量。

标准砖砌体中，砌 $1m^3$ 标准砖墙的净砖量计算公式：

$$A = \frac{1}{墙厚 \times (砖长 + 灰缝) \times (砖厚 + 灰缝)} \times K（块） \tag{5-33}$$

式中，K——厚的砖数×2（墙厚的砖数是 0.5 砖墙、1 砖墙、1.5 砖墙……）。

墙厚的砖数是指用标准砖的长度来标明墙厚。例如：半砖墙指 120 厚墙、3/4 砖墙指 180 厚墙，1 砖墙指 240 厚墙等等。

$$每 1m^3 标准砖砌体砂浆净用量 = 1m^3 砌体 - 1m^3 砌体中标准砖的净体积 \tag{5-34}$$

$$标准砖（砂浆）总消耗量 = 净用量 \times （1 + 损耗率） \tag{5-35}$$

【例 5-3】计算砌 $1m^3$ 240 厚标准砖的用砖量（注：标准砖尺寸 240mm×115mm×53mm，灰缝 10mm）。

解： 砌 $1m^3$ 240 厚标准砖的净用砖量为：

$$\frac{1}{0.24 \times (0.24 + 0.01) \times (0.053 + 0.01)} \times 1 \times 2 = \frac{1}{0.003\ 78} \times 2 = 529.1 块$$

【例 5-4】计算 $1m^3$ 370mm 厚标准砖墙的标准砖和砂浆的总消耗量（标准砖和砂浆的损耗率均为 1%）。

解：

$$标准砖净用量 = \frac{1.5 \times 2}{0.365 \times 0.25 \times 0.063} = 521.7 块$$

$$标准砖总消耗量 = 521.7 \times （1 + 1%） = 526.92 块$$

$$砂浆净用量 = 1 - 0.001\ 462\ 8 \times 521.7 = 1 - 0.763 = 0.237m^3$$

$$砂浆总耗量 = 0.237 \times （1 + 1%） = 0.239m^3$$

答： 每 $1m^3$ 370mm 厚标准砖墙的标准砖总消耗量为 526.92 块，砂浆总耗量为 $0.239m^3$。

（2）测定法。

根据试验情况和现场测定的资料数据确定材料的净用量。

（3）图纸计算法。

根据选定的图纸，计算各种材料的体积、面积、延长米或重量。

（4）经验法。

根据历史上同类项目的经验进行估算。

2）材料损耗量的确定。

材料的损耗一般以损耗率表示。材料损耗率可以通过观察法或统计法计算确定。材料消耗量计算的公式如下：

$$损耗率 = \frac{损耗量}{净用量} \times 100% \tag{5-36}$$

$$总消耗量 = 净用量 + 损耗量 = 净用量 \times （1 + 损耗率） \tag{5-37}$$

2. 周转性材料消耗定额的编制

周转性材料指在施工过程中多次使用、周转的工具性材料，如钢筋混凝土工程用的模板，搭设脚手架用的杆子、跳板，挖土方工程用的挡土板等。

周转性材料消耗一般与下列四个因素有关：

(1) 第一次制造时的材料消耗（一次使用量）。

(2) 每周转使用一次材料的损耗（第二次使用时需要补充）。

(3) 周转使用次数。

(4) 周转材料的最终回收及其回收折价。

定额中周转材料消耗量指标的表示，应当用一次使用量和摊销量两个指标表示。一次使用量是指周转材料在不重复使用时的一次使用量，供施工企业组织施工用；摊销量是指周转材料退出使用，应分摊到每一计量单位的结构构件的周转材料消耗量，供施工企业成本核算或投标报价使用。

例如，捣制混凝土结构木模板用量的计算公式如下：

$$一次使用量 = 净用量 \times （1 + 操作损耗率） \tag{5-38}$$

$$周转使用量 = \frac{一次使用量[1 + （周转次数 - 1） \times 补损率]}{周转次数} \tag{5-39}$$

$$回收量 = \frac{一次使用量 \times （1 - 补损率）}{周转次数} \tag{5-40}$$

$$摊销量 = 周转使用量 - 回收量 \times 回收折价率 \tag{5-41}$$

又例如，预制混凝土构件的模板用量的计算公式如下：

$$一次使用量 = 净用量 \times （1 + 操作损耗率） \tag{5-42}$$

$$摊销量 = \frac{一次使用量}{周转次数} \tag{5-43}$$

八、地区《建筑工程预算定额》

建设工程定额是工程建设中各类定额的总称。为对建设工程定额有一个全面的了解，可以按照不同的原则和方法对其进行科学的分类。

1. 按生产要素内容分类

1）人工定额。

人工定额，也称劳动定额，是指在正常的施工技术和组织条件下，完成单位合格产品所必需的人工消耗量标准。

2）材料消耗定额。

材料消耗定额是指在合理和节约使用材料的条件下，生产单位合格产品所必须消耗的一定规格的材料、成品、半成品和水、电等资源的数量标准。

3）施工机械台班使用定额。

施工机械台班使用定额也称施工机械台班消超定额，是指施工机械在正常施工条件下完成单位合格产品所必需的工作时间。它反映了合理、均衡地组织劳动和使用机械时，该机械在单位时间内的生产效率。

2. 按编制程序和用途分类

1）施工定额。

施工定额是以同一性质的施工过程——工序，作为研究对象，表示生产产品数量与时间消耗综合关系编制的定额。施工定额是施工企业（建筑安装企业）组织生产和加强管理在企业内部使用的一种定额，属于企业定额的性质。施工定额是工程建设定额中分项最细、定额子目最多的一种定额，也是建设工程定额中的基础性定额。施工定额由人工定额、材料消耗定额和机械台班使用定额所组成。

施工定额是建筑安装施工企业进行施工组织、成本管理、经济核算和投标报价的重要依据，属于企业定额性质。施工定额直接应用于施工项目的施工管理，用来编制施工作业计划、签发施工任务单、签发限额领料单，以及结算计件工资或计量奖励工资等。施工定额和施工生产结合紧密，施工定额的定额水平反映施工企业生产与组织的技术水平和管理水平。施工定额也是编制预算定额的基础。

2）预算定额。

预算定额是以建筑物或构筑物各个分部分项工程为对象编制的定额。预算定额是以施工定额为基础综合扩大编制的，同时也是编制概算定额的基础。其中的人工、材料和机械台班的消耗水平根据施工定额综合确定，定额项目的综合程度大于施工定额。预算定额是编制施工图预算的主要依据，是编制单位估价表、确定工程造价、控制建设工程投资的基础和依据。与施工定额不同，预算定额是社会性的，而施工定额则是企业性的。

3）概算定额。

概算定额是以扩大的分部分项工程为对象编制的。概算定额是编制扩大初步设计概算、确定建设项目投资额的依据。概算定额一般是在预算定额的基础上综合扩大而成的，每一综合分项概算定额都包含了数项预算定额。

4）概算指标。

概算指标是概算定额的扩大与合并，它是以整个建筑物和构筑物为对象，以更为扩大的计量单位来编制的。概算指标的设定和初步设计的深度相适应，是设计单位编制设计概算或建设单位编制年度投资计划的依据，也可作为编制估算指标的基础。

5）投资估算指标。

投资估算指标通常是以独立的单项工程或完整的工程项目为计算对象编制确定的生产要素消耗的数量标准或项目费用标准，是根据已建工程或现有工程的价格数据和资料，经分析、归纳和整理编制而成的。投资估算指标是在项目建议书和可行性研究阶段编制投资估算、计算投资需要量时使用的一种指标，是合理确定建设工程项目投资的基础。

3. 按编制单位和适用范围分类

1）全国统一定额。

全国统一定额是指由国家建设行政主管部门组织，依据有关国家标准和规范，综合全国工程建设的技术与管理状况等编制和发布，在全国范围内使用的定额。

2）行业定额。

行业定额是指由行业建设行政主管部门组织，依据有关行业标准和规范，考虑行业工程建设特点等情况所编制和发布的，在本行业范围内使用的定额。

3）地区定额。

地区定额是指由地区建设行政主管部门组织，考虑地区工程建设特点和情况制定和发布，在本地区内使用的定额。

4）企业定额。

企业定额是指由施工企业自行组织，主要根据企业的自身情况，包括人员素质、机械装备程度、技术和管理水平等编制，在本企业内部使用的定额。

4. 按投资的费用性质分类

按照投资的费用性质，可将建设工程定额分为建筑工程定额、设备安装工程定额、建筑安装工程费用定额、工器具定额以及工程建设其他费用定额等。

1）建筑工程定额。

建筑工程定额是建筑工程的施工定额、预算定额、概算定额和概算指标的统称。建筑工程一般理解为房屋和构筑物工程。建筑工程定额在整个建设工程定额中占有突出的地位。

2）设备安装工程定额。

设备安装工程定额是设备安装工程的施工定额、预算定额、概算定额和概算指标的统称。设备安装工程一般是指对需要安装的设备进行定位、组合、校正、调试等工作的工程。

3）建筑安装工程费用定额。

建筑安装工程费用定额包括措施费定额和间接费定额。

4）工具、器具定额。

工具、器具定额是为新建或扩建项目投产运转首次配置的工具、器具数量标准。工具和器具是指按照有关规定不够固定资产标准而起劳动手段作用的工具、器具和生产用家具。

5）工程建设其他费用定额。

工程建设其他费用定额是独立于建筑安装工程定额、设备和工器具购置之外的其他费用开支的标准。其他费用定额是按各项独立费用分别编制的，以便合理控制这些费用的开支。

第四节　预算定额换算与工料分析

一、预算定额换算的基本内容

1. 定额换算的原因

当施工图纸的设计要求与定额项目的内容不相一致时，为了能计算出设计要求项目的直接费及工料消耗量，必须对定额项目与设计要求之间的差异进行调整。这种使定额项目的内容适应设计要求的差异调整是产生定额换算的原因。

框架梁

扫码观看本视频

2. 定额换算的依据

预算定额具有经济法规性，定额水平（即各种消耗量指标）不得随意改变。

3. 预算定额换算的内容

定额换算涉及人工费和材料费的换算，特别是材料费及材料消耗量的换算占定额换算相当大的比重，因此必须按定额的有关规定进行，不得随意调整。人工费的换算主要是由用工量的增减而引起的，材料费的换算则是由材料耗用量的改变（或不同构造做法）及材料代换而引起的。

4. 预算定额换算的一般规定

常用的定额换算规定见表 5-28。

表 5-28 常用的定额换算规定的内容

序 号	内 容
1	混凝土及砂浆的强度等级在设计要求与定额不同时,按附录中半成品配合比进行换算
2	木楼地楞定额是按中距 40cm,断面 5cm×18cm,每 100m² 木地板的楞木 313.3m 计算的。如设计规定与定额不同时,楞木料可以换算,其他不变
3	定额中木地板厚度是按 2.5cm 毛料计算的,如设计规定与定额不同时,可按比例换算,其他不变
4	按定额分部说明中的各种系数及工料增减换算

5. 预算定额换算的几种类型

预算定额换算主要有类型见表 5-29。

表 5-29 换算的主要类型

序 号	内 容
1	砂浆的换算
2	混凝土的换算
3	木材材积的换算
4	系数换算
5	其他换算

二、预算定额换算方法与工料分析

1. 混凝土的换算(混凝土强度等级和石子品种的换算)

1)混凝土强度等级的换算。

这类换算的特点是,混凝土的用量不发生变化,只换算强度或石子品种。其换算公式为换算价格＝原定额价格＋定额混凝土用量×(换入混凝土单价－换出混凝土单价)。

【例 5-5】 某工程框架薄壁柱,设计要求为 C35 钢筋混凝土现浇,试确定框架薄壁柱的预算基价。

解:(1)确定换算定额编号 1E0045 [混凝土(低、特、碎 20)C30]。

其预算基价为 2 007.62 元/10m³,混凝土定额用量为 10.15m³/10m³。

(2)确定换入、换出混凝土的基价(低塑性混凝土、特细砂、碎石 5~20mm)。

查表 5-30 换出 6B0082 C30 混凝土预算基价 151.41 元/m³(42.5 级水泥),换入 6B0083 C35 混凝土预算基价 163.41 元/m³(52.5 级水泥)。

表 5-30　混凝土及砂浆配合比　　　　　　　　　　　　单位：m³

定额编号			6B0082	6B0083	6B0119	6B0079	6B0089
项目	单位	单价	低塑性混凝土（特细砂）				
			粒径 5～20			粒径 5～40	
			碎石		砾石	碎石	碎石
			C30	C35	C35	C15	C20
基价	元	—	151.41	163.41	167.89	112.68	122.33
其中　材料费	元	—	151.41	163.41	167.89	112.68	122.33
材料　0010003　水泥 42.5#	kg	0.23	505.00			319.00	364.00
0010004　水泥 52.5#	kg	0.27	—	472.00	452	—	—
0070009　碎石 5～20	t	20.00	1.377	1.377	—	1.377	—
0070015　碎石 5～20	t	25.00	—	—	1.561	—	—
0070010　碎石 5～40	t	20.00	—	—	—	—	1.397
0070001　特细砂	t	22.00	0.351	0.383	0.310	0.535 8	0.485
0830001　水	m³	—	(0.23)	(0.23)	(0.19)	(0.23)	(0.22)

（3）计算换算预算基价。

1E0045 换＝原定额价格＋定额混凝土用量×（换入混凝土单价－换出混凝土单价）

$$＝2\,007.62＋10.15×（163.41－151.41）$$

$$＝2\,129.42（元/10m³）$$

（4）换算后工料消耗量分析。

①人工费：395.46 元。

②机械费：56.33 元。

③水泥 52.5 级：472.00×10.15＝4 790.80（kg）。

④特细砂：0.383×10.15＝3.89（t）。

⑤碎石 5～20：1.377×10.15＝13.98（t）。

2）混凝土石子品种的换算。

【例 5-6】以【例 5-5】为基础，换算混凝土石字品种。

解：（1）确定换算定额编号 1E0045［混凝土（低，特，碎 20）C30］。

其预算基价为 2 007.62 元/10m³，混凝土定额用量为 10.15m³/10m³。

（2）确定换入、换出混凝土的基价（低塑性混凝土、特细砂、碎石 5-20）。

查表 5-30，换出 6B0082 C30 混凝土预算基价 151.41 元/m³（42.5 级水泥），换入

6B0119 C35 混凝土预算基价 167.89 元/m³（52.5 级水泥）。

（3）计算换算预算基价。

1E0045 换＝原定额价格＋定额混凝土用量×（换入混凝土单价换出混凝土单价）＋
水的价差

$$＝2\ 007.62＋10.15×（167.89－151.4l）＋1.60×10.15×（0.19－0.23）$$
$$＝883.66（元/10m³）$$

（4）换算后工料消耗量分析。

①人工费：395.46 元。

②机械费：56.33 元。

③水泥 52.5 级：452.00×10.15＝4 587.80（kg）

④特细砂：0.310×10.15＝3.15（t）

⑤碎石 5～20：1.561×10.15＝15.84（t）

⑥水：11.28＋10.15×（0.19－0.23）＝10.25（m³）

3）换算小结。

换算小结的内容如表 5-31 所示。

表 5-31　换算小结的内容

序　号	内　容
1	选择换算定额编号及其预算基价，确定混凝土品种及其骨料粒径、水泥强度等级
2	根据确定的混凝土品种（塑性混凝土还是低流动性混凝土，石子粒径、混凝土强度等级），从定额附录中查换出、换入混凝土的基价
3	计算换算后的预算价格
4	确定换入混凝土品种须考虑下列因素：是塑性混凝土还是低流动性混凝土；根据规范要求确定混凝土中石子的最大粒径；根据设计要求，确定采用砾石、碎石及混凝土的强度等级

2. 运距的换算

当设计运距与定额运距不同时，根据定额规定通过增减运距进行换算。

$$换算价格＝基本运距价格±增减运距定额部分价格 \tag{5-44}$$

【例 5-7】人工运土方 100m³，运距 190m，试计算其人工费。

解：（1）确定换算定额编号 1A0037、1A0038（表 5-32）。

表 5-32　土方工程

工作内容：人工运土方、淤泥，包括装、运、卸土和淤泥及平整　单位：100m³

定额编号			1A0037	1A0038
项目	单位	单价	人工运土方	
			运距 20m 内	200m 每增加 20m
基价	元	—	432.30	99.00
其中	材料费	元	—	432.30	99.00

（2）1A0037 基本运距 20m 内定额的预算基价为 432.30 元/100m³。

（3）1A0038 运距在 200m 内每增加 20m 的定额预算基价为 99.00 元/100m³；则 190m 运距包含 1A0038 项目 20m 的个数为 $\frac{(190-20)}{20}=8.5$（取 9）。

（4）人工运土方 100m³，运距 190m，其人工费为 1A0037＋1A0038＝432.30＋99.00×9＝1 323.30（元/100m³）

3. 厚度的换算

当设计厚度与定额厚度不同时，根据定额规定通过增减厚度进行换算。

$$换算价格＝基本厚度价格±增减厚度定额部分价格 \qquad (5-45)$$

【例 5-8】某家属住宅地面，设计要求为 C15 混凝土面层（低、特、碎 20），厚度为 60mm（无筋），试计算该分项工程的预算价格及定额单位工料消耗量。

解：（1）确定换算定额编号 1H0054、1H0055［混凝土（低、特、碎 40）C20］（表 5-33）。

（2）C20 厚 60mm 的面层预算基价和 C20 用量。

$$预算基价：1\,572.03+\frac{[170.11\times(60-80)]}{10}=1\,231.81（元/100m^2）$$

$$混凝土用量：8.08+[1.01\times(60-80)]=6.06（m^3）（水泥为 42.5^\#）$$

（3）确定换入、换出混凝土的基价（碎石 5～20）。查表 5-30，换出 6B0089 C20 混凝土预算基价 122.33 元/m³（42.5 级水泥）；换入 6B0079 C15 混凝土预算基价 112.68 元/ m³（42.5 级水泥）。

表 5-33　楼地面工程

工作内容：清理基层、刷素水泥浆，混凝 图搅拌、捣固、提浆抹面、养护。单位：100m²

定额编号					1H0054	1H0055
项目			单位	单价	混凝土面层	
					厚度 80mm	每增减 10mm
基价			元	—	1 572.03	170.11
其中	人工费		元	—	372.24	37.26
	材料费		元	—	1 128.25	123.91
	机械费		元	—	71.54	8.94
材料	6B0089	混凝土（半、特、碎 40）C20	m³	122.33	8.08	1.01
	6B0354	水泥砂浆 1：1	m³	193.78	0.51	—
	6B0451	素水泥浆	m³	307.8	0.10	—
	001025	水泥 32.5 级	kg	—	(598.62)	—
	001026	水泥 42.5 级	kg	—	(2 941.12)	(367.64)
	0070010	碎石 5-40	t	—	(11.29)	(1.41)
	0070001	特细砂	t	—	(4.37)	(0.49)
	0830001	水	m³	1.60	6.38	0.22
机械	0991001	机上人工	工日	—	(1.00)	(0.12)

（4）计算换算 C15 厚 60mm 的面层预算基价。

1H0054 换＝原定额价格＋定额混凝土用量×（换入混凝土单价－换出混凝土单价）＋
　　　　　水的价差

$$＝1\ 231.81＋6.06×（112.68－122.33）＋1.60×6.06×（0.22－0.23）$$
$$＝1\ 173.33－0.10＝1\ 173.23（元/100m^2）$$

（5）换算后工料消耗量分析。

①人工费：$372.24＋\dfrac{[37.26×（60－80）]}{10}＝297.72（元）$。

②机械费：$71.54＋\dfrac{[8.94×（60－80）]}{10}＝53.66（元）$。

③水泥 42.5 级：$319.00×6.06＝1\ 933.14（kg）$。

④特细砂：$0.535×6.06＝3.24（t）$。

⑤碎石 5～20：$1.377×6.06＝8.34（t）$

⑥水：$6.384＋\dfrac{[0.22×（60－80）]}{10}＋6.06×（0.22－0.23）＝5.94－0.06＝5.88（m^3）$

4. 材料比例的换算

其换算的原理与混凝土强度等级的换算类似，用量不发生变化，只换算其材料变化部分，换算公式为：

换算价格＝原定额价格＋定额混凝土用量×（换入混凝土单价－换出混凝土单价）＋
　　　　　其他材料变化　　　　　　　　　　　　　　　　　　　　　　　　（5-46）

【例 5-9】 现设计要求屋面垫层为 1∶1∶10 水泥石灰炉渣，试计算 $10m^3$ 该分项工程的预算价格及定额单位工料消耗量。

解：（1）确定换算定额编号 1H0018（定额略）。

1H0018 水泥石灰炉渣比例为 1∶1∶8，用量为 $10.10m^3/10m^3$，预算基价为 1 375.87 元/$10m^3$。

（2）确定换入、换出混凝土的基价（附录略）。

查附录：换出 6B0462 比例为 1∶1∶8，58.28 元/m^3，换入 6B0463 比例为 1∶1∶10，51.26 元/m^3

（3）计算换算后的预算基价。

1H0018 换＝原定额价格十定额混凝土用量×（换入混凝土单价－换出混凝土单价）
$$＝1\ 375.87＋10.10×（51.26－58.28）＝1\ 304.97（元/10m^3）$$

（4）换算后工料消耗量分析。

①人工费：238.14 元。

②机械费：0.00 元。

③水泥 32.5 级：$146.00×10.10＝1\ 474.60（kg）$。

④生石灰：$73.00×10.10＝737.30（kg）$。

⑤炉渣：$0.984×10.10＝9.94（t）$。

⑥水：$5.03m^3$。

5. 截面的换算

预算定额中的构件截面，是根据不同设计标准，通过综合加权平均计算确定的。设计截面与定额截面不相符合，应按预算定额的有关规定进行换算。换算后材料的消耗量公式为：

$$换算后材料的消耗量＝设计截面（厚度）×定额用量 \qquad (5-47)$$

例如，基价项目中所注明的木材截面或厚度均为毛截面。若设计图纸注明的截面或厚度为净料时，应增加刨光损耗。板、枋材一面刨光增加 3mm，两面刨光增加 5mm，原木每立方米体积增加 $0.05m^3$。

6. 砂浆的换算

砌筑砂浆换算与混凝土构件的换算相类似，其换算公式为

$$换算价格＝原定额价格＋定额砂浆用量×（换入砂浆单价换出砂浆单价） \qquad (5-48)$$

【例 5-10】 某工程空花墙，设计要求标准砖 240mm×115mm×53mm，M2.5 混合砂浆砌筑，试计算该分项工程的预算价格及定额单位工料消耗量。

解：（1）确定换算定额编号 1D0030（定额略）。1D0030，M5.0 混合砂浆砌筑，用量为 $1.18m^3/10m^3$，预算基价为 1 087.30 元/$10m^3$。

（2）确定换入、换出混凝土的基价（附录略）。

查附录：换出 6B350 M5.0 混合砂浆砌筑 80.78 元/m^3；换入 6B349 M2.5 混合砂浆砌筑 73.26 元/m^3。

（3）计算换算后的预算基价。

1H0018 换＝原定额价格＋定额砂浆用量×（换入砂浆单价－换出砂浆单价）

$$＝1 087.30＋1.18×（73.26－80.78）＝1 078.43(元/10m^3)$$

（4）换算后工料消耗量分析。

①人工费：337.68 元。

②机械费：8.86 元。

③标准砖：240mm×115mm×53mm，4.02 千块。

④水泥 32.5 级：182.00×1.18＝214.76（kg）。

⑤特细砂：1.15×1.18＝1.36（t）

⑥石灰膏：0.165×1.18＝0.19（m^3）

⑦水：$1.40m^3$。

7. 系数的换算

按定额说明中规定的系数×相应定额的基价（或定额工、料之一部分）后，得到一个新单价的换算。

【例 5-11】 某工程平基土方，施工组织设计规定为机械开挖，在机械不能施工的死角有湿土 $121m^3$，需人工开挖，试计算完成该分项工程的直接费。

解：根据土石方分部说明，得知人工挖湿土时，按相应定额项目×系数 1.18 计算，机械不能施工的土石方，按相应人工挖土方定额×系数 1.5。

（1）确定换算定额编号及基价；定额编号 1A0001，定额基价为 699.60 元/$100m^3$。

（2）计算换算基价。

$$1A0001 换＝699.6×1.18×1.5＝1 238.29（元/100m^3）$$

（3）计算完成该分项工程的直接费。

$$1 238.29×1.21＝1 498.33（元）$$

8. 其他换算

上述几种换算类型不能包括的定额换算，由于此类定额换算的内容较多、较杂，故仅举例说明其换算过程。

【例 5-12】 某工程墙基防潮层，设计要求用 1：2 水泥砂浆加 8%防水粉施工（一层做法），试计算该分项工程的预算价格。

解：（1）确定换算定额编号 110058；定额基价 585.76 元/100m³。

（2）计算换入、换出防水粉的用量；换出量 55.00kg/100m²；换入量 1 295.4×8%=103.63（kg/100m³）。

（3）计算换算基价（防水粉单价为 1.17 元/kg）。

$$110058 换=585.76+1.17×（103.63-55.00）=642.66（元/100m²）$$

虽然其他换算没有固定的公式，但换算的思路仍然是在原定额价格的基础上减去换出部分的费用，加上换入部分的费用。

> **经验指导**

为了保持预算定额的水平不改变，在文字说明部分规定了若干条定额换算的条件，因此，在定额换算时必须执行这些规定，才能避免人为改变定额水平的不合理现象。从定额水平保持不变的角度来解释，定额换算实际上是预算定额的进一步扩展与延伸。

三、材料价差调整

材料价差调整是指在可调材料价格合同中规定，在施工期间，由于非施工单位原因，材料价格增长超出允许的范围内。在结算时，可以调整材料的差价。在建筑工程结算中，材料价差调整在建筑工程的结算中有着很重要的作用，准确调整材料价差能提高工程结算的工作效率、减少纠纷。常见的材料价差调整方法有按实调差、综合系数调差、按实调整与综合系数相结合、价格指数调整。

1. 按实调差法

这种办法是直接按照实际发生的材料价格进行调差，其计算公式为：

$$单价价差=实际价格（或加权平均价格）-定额中的价格 \tag{5-49}$$

$$材料价差调整额=该材料在工程中合计耗用量×单价价差 \tag{5-50}$$

一般来说，工程材料实际价格的确定可以有以下两个方面的来源：

（1）参照当地造价管理部门定期发布的全部材料信息价格。

（2）建设单位指定或施工单位采购经建设单位认可，由材料供应部门提供的实际价格。

按实调差的优点是补差准确，计算合理，实事求是；缺点是由于建筑工程材料存在品种多、渠道广、规格全、数量大的特点，若全部采用抽量调差，则费时费力，烦琐复杂。

2. 综合系数调差法

此法是直接采用当地工程造价管理部门测算的综合调差系数调整工程材料价差的一种方法，计算公式为：

$$某种材料调差系数=综合调差系数×K_1（各种材料价差）×K_2 \tag{5-51}$$

式中，K_1——各种材料费占工程材料的比重

K_2——各类工程材料占直接费的比重

$$单位工程材料价差调整金额=综合价差系数×预算定额直接费 \tag{5-52}$$

综合系数调差法的优点是操作简便，快速易行；缺点是过于依赖造价管理部门对综合系数的测量工作。实际中，常常会因项目选取的代表性，材料品种价格的真实性、准确性

和短期价格波动的关系导致工程造价计算误差。

3. 按实调整与综合系数相结合

据统计，在材料费中三材价值占 68% 左右，而数目众多的地方材料及其他材料仅占材料费 32%。而事实上，对子目中分布面广的材料全面抽量，也无必要。因此，在部分地区，对三材或主材进行抽量调整，其他材料用辅材系数进行调整，从而有效地提高工程造价准确性，并减少了大量的烦琐工作。

4. 价格指数调整法

它是按照当地造价管理部门公布的当期建筑材料价格或价差指数逐一调整工程材料价差的方法。这种方法属于抽量补差，计算量大且复杂，常需造价管理部门付出较多的人力和时间。

具体做法是先测算当地各种建材的预算价格和市场价格，然后进行综合整理定期公布各种建材的价格指数和价差指数。计算公式为：

$$某种材料的价格指数 = \frac{该种材料当期预算价}{该种材料定额中的取定价} \tag{5-53}$$

$$某种材料的价差指数 = 该种材料的价格指数 - 1 \tag{5-54}$$

价格指数调整办法的优点是能及时反映建材价格的变化，准确性好，适应建筑工程动态管理。

经验指导

①材料价差调整必须按照合同约定的范围和方法进行，如果合同中没有约定，按照当地主管部门规定的办法进行调整。

②材料加权平均价 $= \Sigma X_i \times \dfrac{J_i}{\Sigma X_i}$ $(i = 1 \sim n)$，式中 X_i 为材料不同渠道采购供应的数量；J_i 为材料不同渠道采购供应的价格。

第六章
建筑工程工程量清单计价与实例

第一节　工程造价的计算规则

现浇板第一集	现浇板第二集	现浇板第三集	现浇板第四集

扫码观看本视频　　　扫码观看本视频　　　扫码观看本视频　　　扫码观看本视频

一、设备及器具购置费的计算规则

1. 设备购置费

设备购置费是指达到固定资产标准，为建设工程项目购置或自制的各种国产或进口设备及工具、器具的费用。设备购置费由设备原价和设备运杂费构成：

$$设备购置费＝设备原价＋设备运杂费 \tag{6-1}$$

式中，设备原价指国产设备或进口设备的原价；设备运杂费指除设备原价之外的关于设备采购、运输、途中包装及仓库保管等费用的总和。

2. 工具、器具及生产家具购置费

工具、器具及生产家具购置费是指新建或扩建项目初步设计规定的，保证初期正常生产必须购置的没有达到固定资产标准的设备、仪器、工卡模具、器具、生产家具和备品备件等的购置费用。一般以设备购置费为计算基数，按照部门或行业规定的工具、器具及生产家具费率计算。计算公式为：

$$工具、器具及生产家具购置费＝设备购置费×定额费率 \tag{6-2}$$

二、建筑安装工程费的计算规则

1. 直接费

1）直接工程费。

直接工程费是指施工过程中耗费的直接构成工程实体的各项费用，包括人工费、材料费、施工机械使用费。计算公式为：

$$直接工程费＝人工费＋材料费＋施工机械使用费 \tag{6-3}$$

（1）人工费。

建筑安装工程费中的人工费，指支付给直接从事建筑安装工程施工作业的生产工人的各项费用。构成人工费的基本要素有两个，即人工工日消耗量和人工日工资单价。计算公式为：

$$人工费＝\Sigma（工日消耗量×日工资单价）\qquad(6-4)$$

①人工工日消耗量。指在正常施工生产条件下，建筑安装产品（分部分项工程或结构构件）必须消耗的某种技术等级的人工工日数量。它由分项工程所综合的各个工序施工劳动定额包括的基本用工、其他用工两部分组成。

②相应等级的日工资单价包括生产工人基本工资、工资性补贴、生产工人辅助工资、职工福利费及生产工人劳动保护费。

（2）材料费。

建筑安装工程费中的材料费，是指工程施工过程中耗费的各种原材料、半成品、构配件、工程设备等的费用，以及周转材料等的摊销、租赁费用。构成材料费的基本要素是材料消耗量、材料单价和检验试验费。计算公式为：

$$材料费＝\Sigma（材料用量×材料单价）\qquad(6-5)$$

①材料消耗量。材料消耗量是指在合理使用材料的条件下，建筑安装产品（分部分项工程或结构构件）必须消耗的一定品种规格的原材料、辅助材料、构配件、零件、半成品等的数量标准。它包括材料净用量和材料不可避免的损耗量。

②材料单价。材料单价是指建筑材料从其来源地运到施工工地仓库直至出库形成的综合平均单价，其内容包括材料原价（或供应价格）、材料运杂费、运输损耗费、采购及保管费等。

③检验试验费。检验试验费是指对建筑材料、构件和建筑安装物进行一般鉴定、检查所发生的费用，包括自设试验室进行试验所耗用的材料和化学药品等费用。不包括新结构、新材料的试验费和建设单位对具有出厂合格证明的材料进行检验，对构件做破坏性试验及其他特殊要求检验试验的费用。

（3）施工机械使用费。

建筑安装工程费中的施工机械使用费，是指施工机械作业发生的使用费或租赁费。构成施工机械使用费的基本要素是施工机械台班消耗量和机械台班单价。计算公式为：

$$机械使用费＝\Sigma（机械台班用量×机械台班单价）\qquad(6-6)$$

①施工机械台班消耗量，是指在正常施工条件下，建筑安装产品（分部分项工程或结构构件）必须消耗的某类某种型号施工机械的台班数量。

②机械台班单价。其内容包括台班折旧费、台班大修理费、台班经常修理费、台班安拆费及场外运输费、台班人工费、台班燃料动力费、台班养路费。

2）措施费。

措施费是指实际施工中必须发生的施工准备和施工过程中技术、生活、安全、环境保护等方面的非工程实体项目的费用。所谓非实体性项目，是指其费用的发生和金额的大小与使用时间、施工方法或者两个以上工序相关，并且不形成最终的实体工程。

2．间接费

$$间接费＝直接费合计×间接费费率\qquad(6-7)$$

1）规费。

规费是指政府和有关权力部门规定必须缴纳的费用（简称规费）。包括：

（1）工程排污费。指施工现场按规定缴纳的工程排污费。

（2）社会保障费。

①养老保险费：企业按规定为职工缴纳的基本养老保险费。

②失业保险费：企业按照国家规定为职工缴纳的失业保险费。

③医疗保险费：企业按照规定为职工缴纳的基本医疗保险费。

④工伤保险费：企业按照国务院制定的行业费率为职工缴纳的工伤保险费。

⑤生育保险费：企业按照国家规定为职工缴纳的生育保险费。

3）住房公积金：企业按规定为职工缴纳的住房公积金。

2）企业管理费。

企业管理费是指施工单位为组织施工生产和经营管理所发生的费用，包括：

（1）管理人员工资。管理人员的基本工资、工资性补贴、职工福利费、劳动保护费等。

（2）办公费。企业管理办公用的文具、纸张、账表、印刷、邮电、书报、会议、水电、烧水和集体取暖（包括现场临时宿舍取暖）用煤等费用。

（3）差旅交通费。职工因公出差、调动工作的差旅费、住勤补助费，市内交通费和误餐补助费，职工探亲路费，劳动力招募费，职工离退休、退职一次性路费，工伤人员就医路费，工地转移费以及管理部门使用的交通工具的油料、燃料、养路费及牌照费。

（4）固定资产使用费。管理和试验部门及附属生产单位使用的属于固定资产的房屋、设备仪器等的折旧、大修、维修或租赁费。

（5）工具用具使用费。管理使用的不属于固定资产的生产工具、器具、家具、交通工具和检验、试验、测绘、消防用具等的购置、维修和摊销费。

（6）劳动保险费。由企业支付离退休职工的易地安家补助费、职工退职金、6个月以上的病假人员工资、职工死亡丧葬补助费、抚恤费、按规定支付给离休干部的各项经费。

（7）工会经费。企业按职工工资总额计提的工会经费。

（8）职工教育经费。企业为职工学习先进技术和提高文化水平，按职工工资总额计提的费用。

（9）财产保险费。施工管理用财产、车辆保险、费用。

（10）财务费。企业为筹集资金而发生的各种费用。

（11）税金。企业按规定缴纳的房产税、车船使用税、土地使用税、印花税等。

（12）其他。包括技术转让费、技术开发费、业务招待费、绿化费、广告费、公证费、法律顾问费、审计费、咨询费等。

3. 利润

利润是指施工企业完成所承包工程获得的盈利。

4. 税金

建筑安装工程税金是指国家税法规定的应计入建筑安装工程费用的营业税，城市维护建设税及教育附加费。计算公式为：

$$税金＝税前造价×税率（\%）\tag{6-8}$$

三、建设用地费的计算规则

建设用地费是指在一个固定的地点，占用一定量的土地用于建设项目所支付的费用。

建设用地的取得，实质是依法获取国有土地的使用权。根据我国《房地产管理法》规定，获取国有土地使用权的基本方式有两种：一是出让方式，二是划拨方式。建设土地取得的其他方式还包括租赁和转让方式。

1. 征地补偿费用

（1）土地补偿费。

土地补偿费是对农村集体经济组织因土地被征用而造成的经济损失的一种补偿。征用耕地的补偿费，为该耕地被征前三年平均年产值的 6～10 倍。征用其他土地的补偿费标准，由省、自治区、直辖市参照征用耕地的补偿费标准规定。土地补偿费归农村集体经济组织所有。

（2）青苗补偿费和地上附着物补偿费。

青苗补偿费是因征地时，对正在生长的农作物受到损害而作出的一种赔偿。在农村实行承包责任制后，农民自行承包土地的青苗补偿费应付给本人，属于集体种植的青苗补偿费可纳入当年集体收益。凡在协商征地方案后抢种的农作物、树木等，一律不予补偿。地上附着物是指房屋、水井、树木、涵洞、桥梁、公路、水利设施、林木等地面建筑物、构筑物、附着物等。视协商征地方案前地上附着物价值与折旧情况确定，应根据"拆什么，补什么；拆多少，补多少，不低于原来水平"的原则确定。如附着物产权属个人，则该项补助费付给个人。地上附着物的补偿标准，由省、自治区、直辖市规定。

（3）安置补助费。

安置补助费应支付给被征地单位和安置劳动力的单位，作为劳动力安置与培训的支出，以及作为不能就业人员的生活补助。征收耕地的安置补助费，按照需要安置的农业人口数计算。需要安置的农业人口数，按照被征收的耕地数量除以征地前被征收单位平均每人占有耕地的数量计算。每一个需要安置的农业人口的安置补助费标准，为该耕地被征收前三年平均年产值的 4～6 倍。但是，每公顷被征收耕地的安置补助费，最高不得超过被征收前三年平均年产值的 15 倍。土地补偿费和安置补助费，尚不能使需要安置的农民保持原有生活水平的，经省、自治区、直辖市人民政府批准，可以增加安置补助费。但是，土地补偿费和安置补助费的总和不得超过土地被征前三年平均年产值的 30 倍。

（4）新菜地开发建设基金。

新菜地开发建设基金指征用城市郊区商品菜地时支付的费用。这项费用交给地方财政，作为开发建设新菜地的投资。菜地是指城市郊区为供应城市居民蔬菜，连续 3 年以上常年种菜或者养殖鱼、虾等的商品菜地和精养鱼塘。一年只种一茬或因调整茬口安排种植蔬菜的，均不作为需要收取开发基金的菜地。征用尚未开发的规划菜地，不缴纳新菜地开发建设基金。在蔬菜产销放开后，能够满足供应，不再需要开发新菜地的城市，不收取新菜地开发基金。

（5）耕地占用税。

耕地占用税是对占用耕地建房或者从事其他非农业建设的单位和个人征收的一种税收，目的是合理利用土地资源、节约用地，保护农用耕地。耕地占用税征收范围，不仅包括占用耕地，还包括占用鱼塘、园地、菜地及其农业用地建房或者从事其他非农业建设，均按实际占用的面积和规定的税额一次性征收。其中，耕地是指用于种植农作物的土地。占用前三年曾用于种植农作物的土地也视为耕地。

（6）土地管理费。

土地管理费主要作为征地工作中所发生的办公、会议、培训、宣传、差旅、借用人员工资等必要的费用。土地管理费的收取标准，一般是在土地补偿费、青苗费、地面附着物补偿费、安置补助费四项费用之和的基础上提取 $2\%\sim4\%$。如果是征地包干，还应在四项费用之和后再加上粮食价差、副食补贴、不可预见费等费用，在此基础上提取 $2\%\sim4\%$ 作为土地管理费。

2. 拆迁补偿费用

1）拆迁补偿。

拆迁补偿的方式可以实行货币补偿，也可以实行房屋产权调换。

货币补偿的金额，根据被拆迁房屋的区位、用途、建筑面积等因素，以房地产市场评估价格确定。具体办法由省、自治区、直辖市人民政府制定。

实行房屋产权调换的，拆迁人与被拆迁人按照计算得到的被拆迁房屋的补偿金额和所调换房屋的价格，结清产权调换的差价。

2）搬迁、安置补助费。

拆迁人应当对被拆迁人或者房屋承租人支付搬迁补助费，对于在规定的搬迁期限届满前搬迁的，拆迁人可以付给提前搬家奖励费。在过渡期限内，被拆迁人或者房屋承租人自行安排住处的，拆迁人应当支付临时安置补助费。被拆迁人或者房屋承租人使用拆迁人提供的周转房的，拆迁人不支付临时安置补助费。

搬迁补助费和临时安置补助费的标准，由省、自治区、直辖市人民政府规定。有些地区规定，拆除非住宅房屋，造成停产、停业引起经济损失的，拆迁人可以根据被拆除房屋的区位和使用性质，按照一定标准给予一次性停产停业综合补助费。

3. 出让金、土地转让金

土地使用权出让金为用地单位向国家支付的土地所有权收益，出让金标准一般参考城市基准地价并结合其他因素制定。基准地价由市土地管理局会同市物价局、市国有资产管理局、市房地产管理局等部门综合平衡后报市级人民政府审定通过，它以城市土地综合定级为基础，用某一地价或地价幅度表示某一类别用地在某一土地级别范围的地价，以此作丸土地使用权出让价格的基础。

在有偿出让和转让土地时，政府对地价不作统一规定，但坚持以下原则：即地价对目前的投资环境不产生大的影响；地价与当地的社会经济承受能力相适应；地价要考虑已投入的土地开发费用、土地市场供求关系、土地用途、所在区类、容积率和使用年限等。有偿出让和转让使用权，要向土地受让者征收契税；转让土地如有增值，要向转让者征收土地增值税；土地使用者每年应按规定的标准缴纳土地使用费。土地使用权出让或转让，应先由地价评估机构进行价格评估后，再签订土地使用权出让和转让合同。

四、与项目建设有关其他费用的计算规则

1. 建设单位管理费

建设单位管理费：是指建设单位发生的管理性质的开支。包括：工作人员工资、工资性补贴、施工现场津贴、职工福利费、住房基金、基本养老保险费、基本医疗保险费、失业保险费、工伤保险费、办公费、差旅交通费、劳动保护费、工具用具使用费、固定资产使用费、必要的办公及生活用品购置费、必要的通信设备及交通工具购置费、零星固定资产购置费、招募生产工人费、技术图书资料费、业务招待费、设计审查费、工程招标费、合同契约公证费、法律顾问费、咨询费、完工清理费、竣工验收费、印花税和其他管理性质开支。

建设单位管理费的计算公式为：

$$建设单位管理费＝工程费用×建设单位管理费费率 \qquad (6-9)$$

2. 可行性研究费

可行性研究费是指在工程项目投资决策阶段，依据调研报告对有关建设方案、技术方案或生产经营方案进行的技术经济论证，以及编制、评审可行性研究报告所需的费用。此项费用应依据前期研究委托合同计列，或参照"国家计委关于印发《建设项目前期工作咨询收费暂行规定》的通知"（计投资〔1999〕1283号）规定计算。

3. 研究实验费

研究试验费是指为建设项目提供或验证设计数据、资料等进行必要的研究试验及按照相关规定在建设过程中必须进行试验、验证所需的费用。这项费用按照设计单位根据本工程项目的需要提出的研究试验内容和要求计算。

4. 勘察设计费

勘察设计费是指对工程项目进行工程水文地质勘察、工程设计所发生的费用。包括：工程勘察费、初步设计费（基础设计费）、施工图设计费（详细设计费）、设计模型制作费。此项费用应按"关于发布《工程勘察设计收费管理规定》的通知"（计价格〔2002〕10号）的规定计算。

5. 工程保险费

工程保险费是指为转移工程项目建设的意外风险，在建设期内对建筑工程、安装工程、机械设备和人身安全进行投保而发生的费用。包括建筑安装工程一切险、引进设备财产保险和人身意外伤害险等。

根据不同的工程类别，分别以其建筑、安装工程费×建筑、安装工程保险费率计算。民用建筑（住宅楼、综合性大楼、商场、旅馆、医院、学校）占建筑工程费的2%～4%；其他建筑（工业厂房、仓库、道路、码头、水坝、隧道、桥梁、管道等）占建筑工程费的3%～6%；安装工程（农业、工业、机械、电子、电器、纺织、矿山、石油、化学及钢铁工业、钢结构桥梁）占建筑工程费的3%～6%。

五、与未来生产经营有关其他费用的计算规则

1. 联合试运转费

联合试运转费是指新建或新增加生产能力的工程项目，在交付生产前按照设计文件规定的工程质量标准和技术要求，对整个生产线或装置进行负荷联合试运转所发生的费用净支出。试运转支出包括试运转所需原材料、燃料及动力消耗、低值易耗品、其他物料消耗、工具用具使用费、机械使用费、保险金、施工单位参加试运转人员工资以及专家指导费等；试运转收入包括试运转期间的产品销售收入和其他收入。

2. 生产准备及开办费

在建设期内，建设单位为保证项目正常生产而发生的人员培训费、提前进厂费以及投产使用必备的办公、生活家具用具及工器具等的购置费用。

生产准备及开办费的计算公式为：

$$生产准备费＝设计定员×生产准备费指标（元/人） \qquad (6-10)$$

六、基本预备费的计算规则

基本预备费是指针对项目实施过程中可能发生难以预料的支出而事先预留的费用，又

称工程建设不可预见费，主要指设计变更及施工过程中可能增加工程量的费用。

基本预备费是按设备及工具、器具购置费，建筑安装工程费用和工程建设其他费用三者之和为计取基础，×基本预备费费率进行计算。

基本预备费＝（设备及工具、器具购置费＋建筑安装工程费用＋工程建设其他费用）×

基本预备费费率 　　　　　　　　　　　　　　　　　　　　　　　　　　　（6-11）

基本预备费费率的取值应执行国家及部门的有关规定。

七、价差预备费的计算规则

价差预备费是指为在建设期内利率、汇率或价格等因素的变化而预留的可能增加的费用，亦称为价格变动不可预见费。包括：人工、设备、材料、施工机械的价差费，建筑安装工程费及工程建设其他费用调整，利率、汇率调整等增加的费用。

价差预备费一般根据国家规定的投资综合价格指数，以估算年份价格水平的投资额为基数，采用复利方法计算，计算公式为：

$$PF = \sum_{t=i}^{n} I_t [(1+f)^t - 1 \qquad (6\text{-}12)$$

式中，PF——价差预备费。

n——建设期年份数。

I_t——建设期中第 t 年的投资计划额，包括设备及工具、器具购置费、建筑安装工程费工程建设其他费用及基本预备费。

f——年均投资上涨率。

八、建设期利息的计算规则

建设期利息主要是指在建设期内发生的为工程项目筹措资金的融资费用及债务资金利息。

当总贷款是分年均衡发放时，建设期利息的计算可按当年借款在年中支用考虑，即当年贷款按半年计息，上年贷款按全年计息。计算公式为：

$$q_j = (P_{j-1} + \frac{1}{2} A_j) i \qquad (6\text{-}13)$$

式中，q_j——建设期第 j 年应计利息。

P_{j-1}——建设期第（$j-1$）年末累计贷款本金与利息之和。

A_j——建设期第 j 年贷款金额。

i——年利率。

九、工程造价费用的计算实例

实例导读1

已知某新建工厂，拟建三个生产车间，造价为 2 500 万元，一栋办公楼造价为 250 万元，一栋宿舍楼造价为 200 万元，一个食堂造价为 180 万元，厂区两条道路造价为 120 万元，一座中心花园造价为 50 万元，围墙造价为 9 万元，一个大门传达室造价为 10 万元。为了车间生产，购置设备费 4 000 万元，一部分安装花费 800 万元。另外办公用具花费 120 万元。该项目占用农地 30 000m²，发生征地费、建设单位管理费等共计 800 万元。假设预备费费率 10%，则该工厂建设全部费用构成如何？

解： 该建设项目总投资费用如下：

（1）建设工程费。

建设工程费＝2 500＋250＋200＋180＋120＋50＋9＋10＝3 319（万元）

（2）安装工程费。

由题可知，安装工程费是 800 万元。

（3）设备购置费。

由题可知，购置设备费为 4 000 万元。

（4）工具、器具及生产家具费。

由题可知，工具、器具及生产家具费为 120 万元。

（5）其他工程费。

由题可知，征地费、建设单位管理费等共计 800 万元。

（6）预备费。

按上述费用之和的 10%计算，即：

预备费＝（3 319＋800＋4 000＋120＋800）×10%＝903.9（万元）

所以，该建设项目建设总费用为：

3 319＋800＋4 000＋120＋800＋903.9＝9 942.9（万元）

实例导读2

某建设项目建安工程费 5 000 万元，设备购置费 3 000 万元，工程建设其他费用 2 000 万元，已知基本预备费率 5%，项目建设前期年限为 1 年，建设期为 3 年。各年投资计划额为：第一年完成投资 20%，第二年 60%，第三年 20%。年均投资价格上涨率为 6%，求建设项目建设期间价差预备费。

解： 基本预备费＝（50 000＋3 000＋2 000）×5%＝500（万元）

静态投资＝5 000＋3 000＋2 000＋500＝10 500（万元）

建设期第一年完成投资＝10 500×20%＝2 100（万元）

第一年价差预备费：$PF_1 = I_1 \left[(1+f) - 1 \right] = 2\ 100 \left[(1+6\%) - 1 \right] = 126$（万元）

第二年完成投资＝10 500×60%＝6 300（万元）

第二年价差预备费：$PF_2 = I_2 [(1+f)^2 - 1] = 6\ 300 [(1+6\%)^2 - 1] = 778.7$（万元）

第三年完成投资＝10 500×20%＝2 100（万元）

第三年价差预备费：$PF_3 = I_3 [(1+f)^3 - 1] = 2\ 100 [(1+6\%)^3 - 1] = 401.1$（万元）

所以，建设期的价差预备费为：

$$PF = 126 + 778.7 + 401.1 = 1\ 305.8（万元）$$

实例导读3

某建设项目，建设期为 3 年，分年均衡进行贷款，第一年贷款 300 万元，第二年贷款 600 万元，第三年贷款 400 万元，年利率为 12%，建设期内利息只计息不支付，计算建设期利息。

解： 在建设期，各年利息计算如下：

$$q_1 = \frac{1}{2} A_1 \cdot i = \frac{1}{2} \times 300 \times 12\% = 18（万元）$$

$$q_2 = \left(P_1 + \frac{1}{2} A_2\right) \cdot i = \left(300 + 18 + \frac{1}{2} \times 600\right) \times 12\% = 74.16（万元）$$

$$q_3 = \left(P_2 + \frac{1}{2}A_3\right) \cdot i = \left(300 + 18 + 600 + 74.16 + \frac{1}{2} \times 400\right) \times 12\% = 143.06 \text{（万元）}$$

所以，建设期利息为：

$$18 + 74.16 + 143.06 = 235.22 \text{（万元）}$$

第二节　工程量清单计价方式

墙及门窗

扫码观看本视频

一、工程量清单计价的概念

工程量清单计价是指投标人按照招标文件的规定，根据工程量清单所列项目，参照工程量清单计价依据计算的全部费用。

二、工程量清单计价的内容

（1）工程量清单计价活动的工作内容，同时又强调了工程量清单计价活动应遵循相关规范的规定。招标投标实行工程量清单计价，是指招标人公开提供工程量清单、投标人自主报价或招标人编制标底及双方签订合同价款、工程竣工结算等活动。工程结算久拖不结等现象比较普遍，也比较严重，有损于招标投标活动中的公开、公平、公正和诚实信用的原则。招标投标实行工程量清单计价，是一种新的计价模式，为了合理确定工程造价，相关规范从工程量清单的编制、计价至工程量调整等各个主要环节都作了详细规定，工程量清单计价活动中应严格遵守。

（2）为了避免或减少经济纠纷，合理确定工程造价，相关规范规定，工程量清单计价价款，应包括完成招标文件规定的工程量清单项目所需的全部费用，具体费用清单如下。

①包括分部分项工程费、措施项目费、其他项目费和规费、税金。

②包括完成每分项工程所含全部工程内容的费用。

③包括完成每项工程内容所需的全部费用（规费、税金除外）。

④工程量清单项目中没有体现的，施工中又必须发生的工程内容所需的费用。

⑤考虑风险因素而增加的费用。

（3）为了简化计价程序，实现与国际接轨，工程量清单计价采用综合单价计价，综合单价计价是有别于现行定额工料单价计价的另一种单价计价方式，它应包括完成规定计量单位合格产品所需的全部费用，考虑我国的现实情况，综合单价包括除规费、税金以外的全部费用。

（4）由于受各种因素的影响，同一个分项工程可能设计不同，因此所包含工程内容会发生差异。

分部分项工程量清单的综合单价，不得包括招标人自行采购材料的价款。

（5）措施项目清单中所列的措施项目均以"项"提出，所以计价时，首先应详细分析其所含工程内容，然后确定其综合单价。

（6）其他项目清单中的预留金、材料购置费和零星工作项目费，均为估算、预测数量，虽在投标时计入投标人的报价中，但不应视为投标人所有。竣工结算时，应按承包人实际完成的工作内容结算，剩余部分仍归招标人所有。

（7）《招标投标法》规定，招标工程设有标底的，评标时应参考标底，标底的参考作用，决定了标底的编制要有一定的强制性。

（8）工程造价应在政府宏观调控下，由市场竞争形成。在这一原则指导下，投标人的报价应在满足招标文件要求的前提下实行人工、材料、机械消耗量自定，价格费用自选，全面竞争、自主报价的方式。

（9）为了合理减少工程承包人的风险，并遵照谁引起的风险谁承担责任的原则，相关规范对工程量的变更及其综合单价的确定做了规定。

（10）合同履行过程中，引起索赔的原因很多，相关规范强调了"由于工程量的变更，承包人可提出索赔要求"，但不否认其他原因发生的索赔或工程发包人可能提出的索赔。

三、工程量清单计价的原理

工程量清单计价的基本原理：按照工程量清单计价规范规定，在各相应专业工程计量规范规定的工程量清单项目设置和工程量计算规则基础上，针对具体工程的施工图纸和施工组织设计计算出各个清单项目的工程量，根据规定的方法计算出综合单价，并汇总各清单合价得出工程总价。

（1）分部分项工程费＝∑（分部分项工程量×综合单价）

（2）措施项目费＝∑（措施项目工程量×综合单价）

（3）其他项目费＝暂列金额＋暂估价＋计日工＋总承包服务费

（4）单位工程报价＝分部分项工程费＋措施项目费＋其他项目费＋规费＋税金

（5）单项工程报价＝∑单位工程报价

（6）建设项目总报价＝∑单项工程报价

公式中，综合单价包括人工费、材料费、施工机具使用费、企业管理费和利润以及一定范围内的风险费用。风险费用是隐含于已标价工程量清单综合单价中，用于化解发、承包双方在工程合同中约定内容和范围内的市场价格波动风险的费用。

工程量清单计价活动涵盖施工招标、合同管理，以及竣工交付全过程，主要包括：编制招标工程量清单、招标控制价、投标报价，确定合同价，进行工程计量与价款支付、合同价款的调整、工程结算和工程计价纠纷处理等活动。

四、工程量清单计价的应用

1. 招标控制价

招标控制价是招标人根据国家或省级、行业建设主管部门颁发的有关计价依据和办法，以及拟定的招标文件和招标工程量清单，编制的招标工程的最高限价。国有资金投资的工程建设项目应实行工程量清单招标，并应编制招标控制价，招标控制价应由具有编制能力的招标人或受其委托具有相应资质的工程造价咨询人编制。

2. 投标价

投标价是由投标人按照招标文件的要求，根据工程特点，并结合企业定额及企业自身的施工技术、装备和管理水平，依据有关规定自主确定的工程造价，是投标人投标时报出的过程合同价，是投标人希望达成工程承包交易的期望价格，它不能高于招标人设定的招标控制价。

3. 合同价款的确定和调整

合同价是在工程发、承包交易过程中，由发、承包双方在施工合同中约定的工程造价。采用招标发包的工程，其合同价格应为投标人的中标价。在发、承包双方履行合同的过程中，当图家的法律、法规、规章及政策发生变化时，国家或省级、行业建设主管部门或其授权的工程造价管理机构据此发布工程造价调整文件，合同价款应当进行调整。

4. 竣工结算价

竣工结算价是由发、承包双方依据国家有关法律、法规和标准规定，按照合同约定确定的，包括在履行合同过程中按合同约定进行的工程变更、索赔和价款调整，是承包人按合同约定完成了全部承包工作后，发包人应付给承包人的合同总金额。

第三节　工程量清单计价综合实例

过梁及构造柱第一集

扫码观看本视频

过梁及构造柱第二集

扫码观看本视频

▶▶ **实例 1**

某地要建一座办公楼，采用框架结构，三层，混凝土为泵送商品混凝土，内外前均为加气混凝土砌块墙，外墙厚 250mm，内墙厚 200mm，M10 混合砂浆。施工图纸如图 6-1～图 6-4 所示，已知条件：

(1) 现浇混凝土 (XB1) 混凝土为 C25；版保护厚度为 15mm；通常钢筋搭接长度为 25d；下部钢筋锚固长度为 150mm；不考虑钢筋理论重量与实际重量的偏差。

(2) 该工程 DJ01 独立基础土石方采用人工开挖，三类土；设计室外地坪为自然地坪；挖出的土方自卸汽车 (载重 8t) 运至 500m 处存放，灰土在土方堆放处拌和；基础施工完成后，用 2：8 灰土回填；合同中没有人工工资调整的约定；也不考虑合用工材料的调整。

(3) 基础回填灰土所需生石灰全部由招标人供应，按 120/吨计算，共提供 5.92t，并由招标人至距回填中心 500m 处；模板工程另行发包，估算价 20 000 元；暂列金额 10 000 元；招标人供应材料按 0.5% 计取总承包服务费，另行发包项目按 2% 计取总承包服务费；厨房设备由承包人提供，按 3 万元计算。

根据上述已知的条件采用工料单价法试算：

(1) 根据图纸及已知条件采用工料单价法完成以下计算：XB1 钢筋工程量、XB1 混凝土工程量、XB1 模板工程量。

(2) 采用工料单价法计算图 6-1～图 6-4 中 1# 钢筋混凝土楼梯的工程量。

(3) 根据已知条件和图纸采用工料单价法计算：

①DJ01 独立基础的挖土方、回填 2：8 灰土、运输工程量。

②DJ01 独立基础挖土方及其运输的工程造价 (措施项目中只计算安全生产、文明施工费)。

③DJ01 独立基础挖土方、回填 2：8 灰土、运输的工程造价 (不计算措施费)。

(4) 根据已知条件 (3) 编制 DJ01 独立基础的挖土方、回填 2：8 灰土的工程量清单及分部分项工程量清单。

(5) 根据上述已知条件和计算结果，计算回填土的综合单价并完成表 6-1～表 6-7。

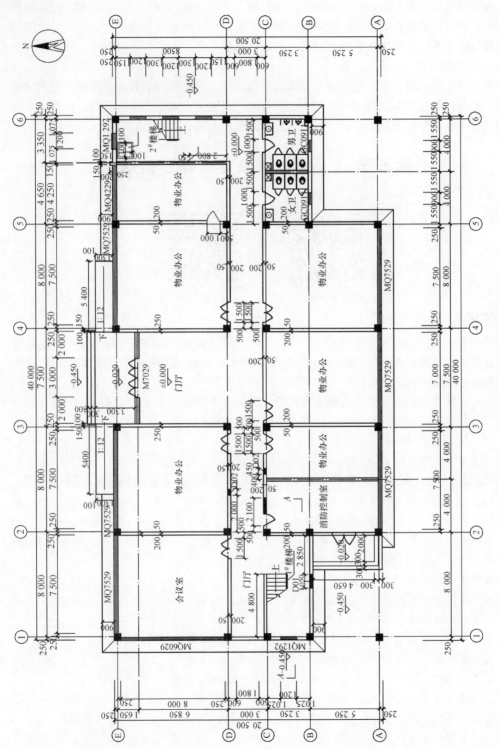

图 6-1 某办公楼一层平面图

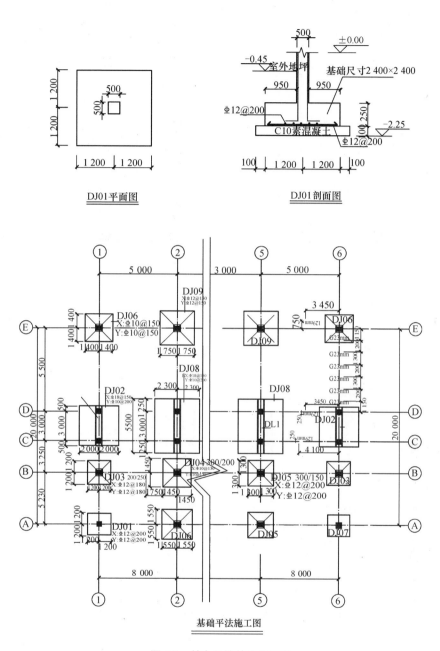

図 6-2　某办公楼基础施工图

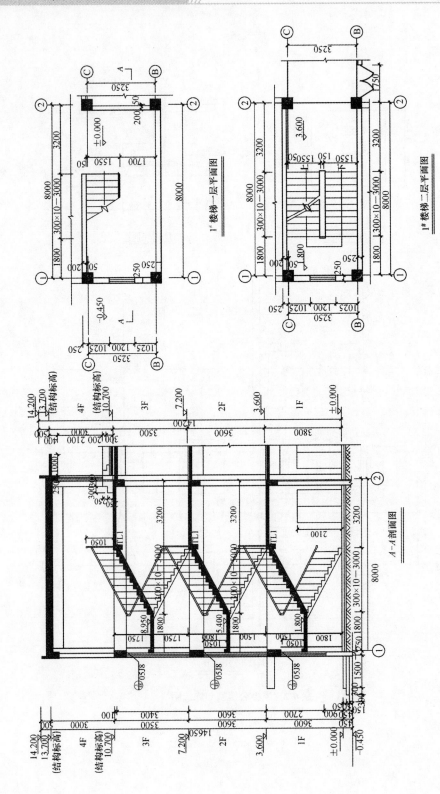

图 6-3 某办公楼楼梯施工图（一）

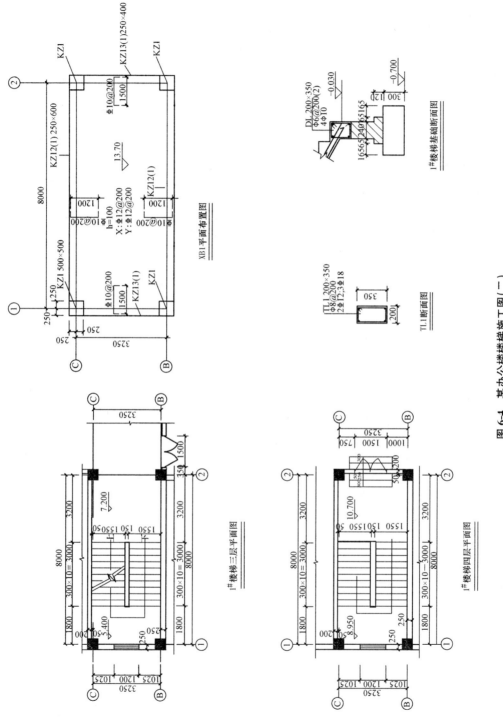

图 6-4　某办公楼楼梯施工图（二）

解:

(1) DJ01 独立基础的挖土方、回填 2∶8 灰土、运输工程量,见表 6-1。

表 6-1 工程量计算表

序号	项目名称	计算过程	单位	结果
一、钢筋工程				
1	XB1 下部钢筋: (1) X 方向 3 级直径 12	单根长度:$l_1 = 8 + 0.15 \times 2 + 25 \times 0.012$	m	8.6
		根数:$n_1 = (3.25 - 0.05 \times 2) \div 0.2 + 1$	根	17
		总长:8.6×17	m	146.2
		重量:146.2×0.888	kg	129.83
	(2) Y 方向 3 级直径 12	单根长度:$l_2 = 3.25 + 0.15 \times 2$	m	3.55
		根数:$n_2 = (8 - 0.05 \times 2) \div 0.2 + 1$	根	41
		总长:3.55×41	m	145.55
		重量:145.55×0.888	kg	129.25
	(3) 小计	$(129.83 + 129.25) \times 1.03$	t	0.227
2	XB1 负筋 (1) X 方向 3 级直径 10	单根长度:$l_3 = 1.5 + 27 \times 0.01$	m	1.77
		根数:$n_3 = [(3.25 + 0.05 \times 2) \div 0.2 + 1] \times 2$	根	36
		总长:1.77×36	m	63.72
		重量:63.72×0.617	kg	39.32
	(2) Y 方向 3 级直径 10	单根长度:$l_4 = 1.2 + 27 \times 0.01$	m	1.47
		根数:$n_4 = [(8 - 0.05 \times 2) \div 0.2 + 1] \times 2$	根	81
		总长:1.47×81	m	119.07
		重量:119.07×0.617	kg	73.47
	(3) 小计	$(39.32 + 73.47) \times 1.03 \div 1\,000$	t	0.116
二、混凝土工程				
1	XB1 板混凝土工程量	$(8 \times 3.25 - 0.25 \times 0.25 \times 4) \times 0.1$	m³	2.58
三、模板工程				
1	XB1 模板工程量	$8 \times 3.25 - 0.25 \times 0.25 \times 4 + (3.25 - 0.25 \times 2) \times 0.1 \times 2 + (8 - 0.25 \times 2) \times 0.1 \times 2$	m²	27.80

（2）1#钢筋混凝土楼梯的工程量，见表6-2。

表 6-2　工程量计算表

序号	项目名称	计算过程	单位	结果
1	1#楼梯工程量 （1）一层 （2）二层 （3）三层 　　合计	$(4.8+0.2)\times3.3-0.2\times1.6-0.25\times0.3-0.25\times0.25$ $3.3\times(4.8+0.2)-0.25\times0.3-0.25\times0.25$ $3.3\times(4.8+0.2)-0.25\times0.3-0.25\times0.25$ $16.04+16.36\times2$	m² m² m² m²	16.04 16.36 16.36 48.76

（3）根据已知条件和图纸采用工料单价法计算：

①DJ01独立基础的挖土方、回填2：8灰土、运输工程量，见表6-3。

表 6-3　dJ01 独立基础的挖土方、回填 2：8 灰土运输工程量计算表

序号	项目名称	计算过程	单位	结果
1	DJ01 挖土方	 $V=H(a+2c+KH)(b+2c+KH)+\dfrac{1}{3}K^2H^3$ 或　$V=\dfrac{1}{3}H(S_1+S_2+\sqrt{S_1S_2})$ V—挖土体积；H—挖土深度；K—放坡系数； a—垫层底宽；b—垫层底长；c—工作面； $\dfrac{1}{3}K^2H^3$—基坑四角的角锥体积； S_1—上底面积；S_2—下底面积 $H=2.25-0.45$	 m	 1.8
		$V=1.8\times(2.6+2\times0.3+0.33\times1.8)\times(2.6+2\times0.3+0.33\times1.8)+1/3\times0.33^2\times1.8^3$	m²	26.12
		扣垫层：$2.6\times2.6\times0.1$ 扣独立基础：$2.4\times2.4\times0.25$ 扣柱：$0.5\times0.5\times(1.8-0.1-0.25)$ 小计：$0.68+1.44+0.36$	m³ m³ m³ m³	0.68 1.44 0.36 2.48
	2：8回填土	回填2：8灰土： $26.12-2.48$	m³	23.64
	运输工程量	土方外运	m³	26.12
		灰土回运	m³	23.64

②DJ01 独立基础挖土方及其运输的工程造价，见表 6-4。

表 6-4 dJ01 独立基础的挖土方及运输造价表

序号	定额编号	项目名称	单位	数量	单价（元）			合价（元）		
					小计	人工费	机械费	合计	人工费	机械费
1	A1-4	DJ01 基础挖土方（三类土）	100m³	0.26	1 620.09	1 620.09	—	421.22	421.22	—
2	A1-163	自卸汽车（载重8t）外运土方500m	1 000m³	0.03	7 901.43	—	7 901.43	237.04	—	237.04
3		小计						658.26	421.22	237.04
4		直接费						658.26		
5		其中：人工费＋机械费						658.26		
6		安全生产、文明施工费		3.55%				23.37	—	—
7		合计						681.63		
8		其中：人工费＋机械费						658.26		
9		企业管理费		17%				111.90		
10		利润		10%				65.83		
11		规费		25%				164.57		
12		合计						1 023.93		
13		税金		3.48%				35.63		
14		工程造价						1 059.56		

③DJ01 独立基础挖土方、回填 2：8 灰土、运输的工程造价，见表 6-5。

表 6-5 dJ01 独立基础的挖土方、回填 2：8 灰土运输工程造价表

定额编号	项目编码	单位	数量	单价（元）			合价（元）		
				小计	人工费	机械费	合计	人工费	机械费
	2：8 灰土回填	100m³	0.24	7 619.09	2 434.60	250.64	1 828.58	584.30	60.15
	自卸汽车（载重 8t）外运土方 500m	1 000m³	0.03	7 901.43	—	7 901.43	237.04		237.04
	小计						2 486.84	1 005.52	279.19
	直接费						2 486.84		

续表

定额编号	项目编码	单位	数量	单价（元）			合价（元）		
				小计	人工费	机械费	合计	人工费	机械费
	其中：人工费＋机械费						1 302.71		
	企业管理费		17%				221.46		
	利润		10%				130.27		
	规费		25%				325.68		
	合计						3 164.25		
	税金		3.48%				110.12		
	工程造价						3 274.37		

（4）DJ01 独立基础的挖土方、回填 2∶8 灰土的工程量清单及分部分项工程量清单，见表 6-6、表 6-7。

表 6-6　工程量清单计价表表

序号	项目名称	计算过程	单位	结果
1	基础挖土方	2.6×2.6×1.8	m³	12.17
2	2∶8 灰土回填	12.17－2.48	m³	9.69

表 6-7　分部分项工程量清单计价表

序号	项目编码	项目名称	项目特征	计量单位	工程数量	金额（元）	
						综合单价	合价
1	010101003001	挖基础土方	1. 三类土。 2. 钢筋混凝土独立基础。 3. C10 混凝土垫层，底面积：6.76m²。 4. 挖土深度：1.8m。 5. 弃土运距：500m	m³	12.17	—	—
2	010103001001	2∶8 灰土基础回填	1. 2∶8 灰土。 2. 夯实。 3. 运距：500m	m³	9.69		
—	—	本页小计	—	—	—	—	—
—	—	合计	—	—	—	—	—

（5）回填土的综合单价，见表 6-8～表 6-14。

表 6-8　工程项目总价表

序号	名称	金额（元）
1	合计	43 253
1.1	工程费	13 253
1.2	设备费	30 000
/	合计	43 253

表 6-9　单位工程费汇总表

序号	名称	计算基数	费率（%）	金额（元）	其中（元）		
					人工费	材料费	机械费
1	合计	—	—	13 253	520	725	175
1.1	分部分项工程量清单计价合计	—	—	2 203.31	520.06	725.10	175.29
1.2	措施项目清单计价合计	—	—	—	—	—	—
1.3	其他项目清单计价合计	—	—	10 403.55	—	—	—
1.4	规费	802.48	25	200.62	—	—	—
1.5	税金	12 807.45	3.48	445.70	—	—	—
—	合计	—	—	13 253.18	520	725	175

表 6-10　分部分项工程量清单计价与计价表

序号	项目编码	项目名称	项目特征	计量单位	工程数量	金额（元）	
						综合单价	合价
1	010103001001	2∶8灰土基础回填	1.2∶8灰土。2.夯实。3.运距：500m	m³	9.69	227.37	2 203.28
—	—	本页小计	—	—	—	—	2 203.28
—	—	合计	—	—	—	—	2 203.28

表 6-11　其他项目清单与计价表

序号	项目名称	金额（元）
1	暂列金额	10 000
2	暂估价	—
2.1	材料暂估价	—
2.2	设备暂估价	—

续表

序号	项目名称	金额（元）
2.3	专业工程暂估价	—
3	总承包服务费	403.55
4	计日工	—
—	本页小计	10 403.55
—	合计	10 403.55

表 6-12　总承包服务费计价表

序号	项目名称	项目金额	费率（%）	金额（元）
1	招标人另行发包专业工程			
1.1	模板工程	20 000	2	400
	小计			
2	招标人供应材料、设备			
2.1	生石灰	710.4	0.5	3.55
	合计			403.55

表 6-13　招标人供应材料、设备明细表

序号	名称	规格型号	单位	数量	单价（元）	合价（元）	质量等级	供应时间	送达地点	备注
1	材料	—	—	—	—	—	—	—	—	
	生石灰		t	5.92	120	710.4				
2	设备	—	—	—	—	—	—	—	—	
	小计			—	—	—	—	—	—	
	合计			—	—	710.4	—	—	—	

表 6-14　分部分项工程量清单综合单价分析表

序号	项目编码（定额编号）	项目名称	单位	数量	综合单价（元）	合价（元）	综合单价组成（元）			
							人工费	材料费	机械费	管理费和利润
	010103001001	2∶8灰土基础回填 1.2∶8灰土 2.夯实 3.运距：500m	m³	9.69	227.38	2 203.31	60.30	122.20	22.52	22.36

续表

序号	项目编码 (定额编号)	项目名称	单位	数量	综合单价 (元)	合价 (元)	综合单价组成（元）			
							人工费	材料费	机械费	管理费和利润
1	A1—163	回运2∶8灰土运距1 000m以内500m	1 000m³	0.02	7 901.43	158.03			158.03	39.51
2	A1—42	2∶8灰土基础回填	100m³	0.24	7 619.09	1 828.58	584.30	1 184.12	60.15	161.11
		小计				1 986.61	584.30	1 184.12	218.18	200.62
		直接费				1 986.61				
		其中：人+机				802.48				
		管理费和利润				216.67				
		合计				2 203.28				

▶▶ **实例 2**

(1) 某车间施工图（非房地产项目），如图 6-7～图 6-16 所示，2019 年 8 月 10 日开工，计算该工程的建筑面积。

(2) 根据图 6-5～图 6-14，按照工料单价法计算以下内容：

①外墙保温项目工程量（不计算门、窗、洞口侧壁的工程量，不扣除两棚、钢楼梯所占的面积）。

②外墙保温项目造价（不计算措施项目费用，按包工包料费率计算）。

(3) 已知：上部纵筋弯钩长度 15d，下部纵筋锚固长度 12d，端支座上部加筋伸出支座长度 $L_n/5$，中间支座上部加筋伸出支座长度 $L_n/3$（第一排），$L_n/4$（第二排），搭接长度 36d、构造钢筋的锚固长度 15d、构造钢筋的拉筋为 Φ@30。根据图 6-5～图 6-14 和上述已知条件，按照工料单价法计算标高 5.950m 梁 L13 钢筋工程量。

(4) 根据图 6-5～图 6-14，编制标高 5.950m 梁 L13 中 Φ22 钢筋制安工程量清单。

(5) 已知：招标人供应 Φ22 钢筋 50 kg，统一按 4 000 元/吨计算；余下的钢筋由承包人购买，承包人按 4 050 元/吨报价。由承包人购买开水炉设备 3 台，每台开水炉设备费 6 000 元。门窗另行发包，估算价 30 万元，招标人供应材料按 0.6％计取总承包服务费，另行发包项目按 3％计取总承包服务费。暂列金额 50 万元．根据图 6-5～图 6-14、第（4）题结果和以上已知条件，计算标高 5.950m 梁 L13 中 Φ22 钢筋制安综合单价，并完成表需要填写或计算的内容，计算出合计金额（不计算措施项目费用，按包工包料费率计算）。

(6) 已知：合同约定钢筋材料价格变动±2％以内（含±2％）时，综合单价不变；超过时，超过部分用差价调整综合单价，招标文件没有明确，合同中也没有约定钢筋的基期价格、现行价格，该工程投标截止日期前 20 日内 Φ22 钢筋价格为 4 450 元/吨（到现场价）；施工期 Φ22 钢筋价格为 4 550 元/吨（到现场价）。

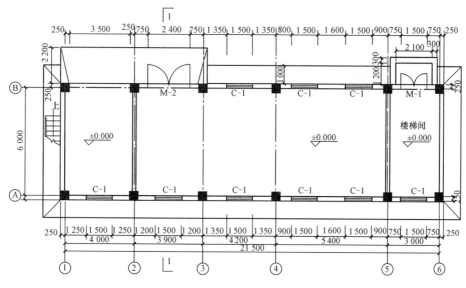

图 6-5　一层平面图

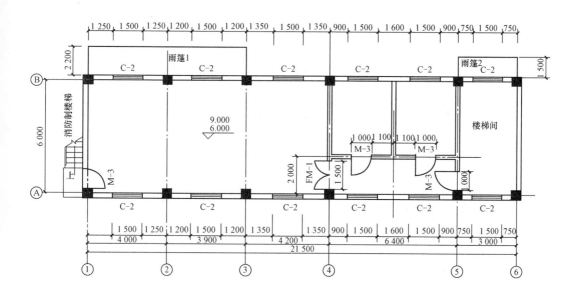

二、三层平面图

图 6-6　二、三层平面图

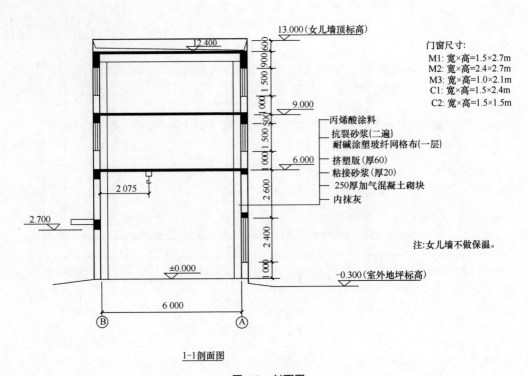

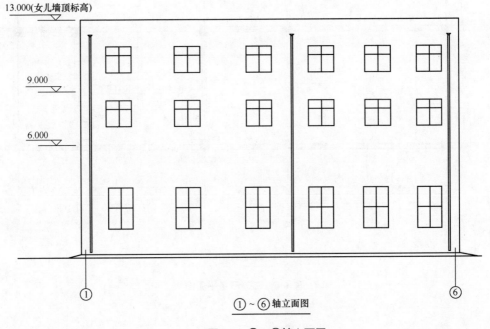

1-1剖面图

图6-7　剖面图

①～⑥轴立面图

图6-8　①～⑥轴立面图

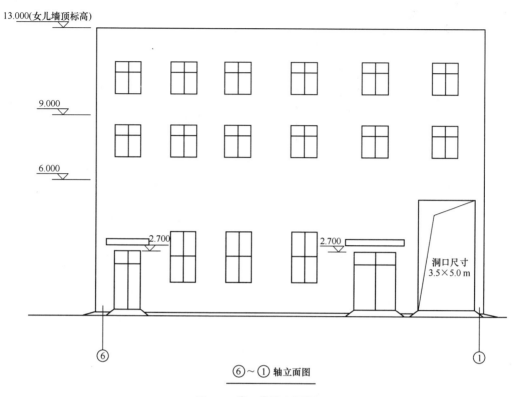

图 6-9 ⑥~①轴立面图

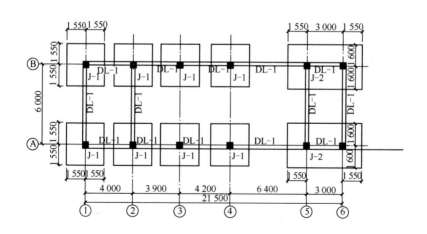

基础平面布置图

图 6-10 基础平面布置图

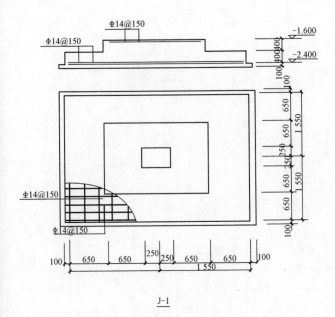

J-1

图 6-11　基础详图

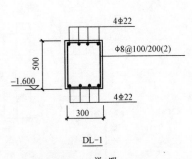

DL-1

说　明

1. 本工程梁保护层厚度25mm,上部纵向钢筋及加筋采用弯锚,梁混凝土强度等级C30,钢筋手工绑扎连接。

2. 柱尺寸为500×500mm。

3. 地梁(DL-1)以上到±0.0000采用水泥砖砌筑,厚250mm。

4. 本工程按三级抗震等级设计。

5. 本工程除标高以m计外,其余均以mm为单位。

6. 本工程结构设计采用G101-1用图集。

图 6-12　梁配筋详图

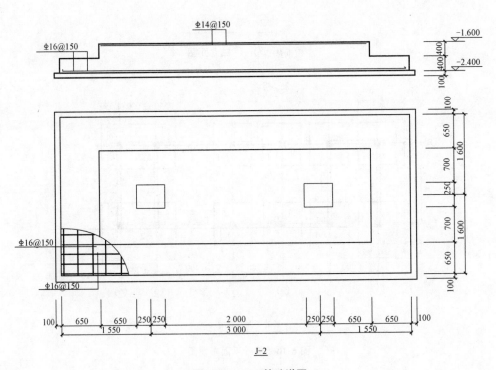

J-2

图 6-13　J—2 基础详图

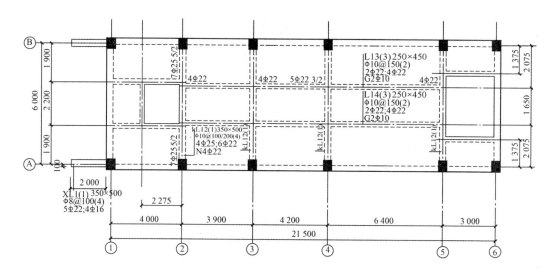

图 6-14　梁配筋图

解:

(1) 工程的建筑面积＝(21.5＋0.25×2＋0.02×2＋0.06×2)×(6＋0.25×2

　　　　　　　　　　＋0.02×2＋0.06×2)×3＋2.2×7.9/2

　　　　　　　　＝442.76＋8.69

　　　　　　　　＝451.45 (m²)

(2) 外墙保温项目工程量见表 6-15 和表 6-16。

表 6-15　外墙保温项目工程量

序号	项目名称	计算过程	单位	结果
1	长度	21.5＋0.5＋0.08×2	m	22.16
2	宽度	6＋0.5	m	6.5
3	高度	12.4＋0.3	m	12.7
4	门窗洞口	9×1.5×2.4＋24×1.5×1.5＋1.5×2.7＋2.4×2.7＋2 ×1×2.1＋3.5×5	m²	118.63
5	保温工程量	(22.16＋6.5) ×2×12.7－118.63	m²	609.33

表 6-16　外墙保温项目造价

序号	定额编号	项目名称	单位	数量	单价（元）			合价（元）		
					小计	人工费	机械费	小计	人工费	机械费
1	A8-266	外墙挤塑板保温粘贴厚 60	100m²	6.09	6 219.37	1 270.80	150.41	37 875.96	7 739.17	916.00
2	A8-298	玻纤网格布一层，抹面两遍	100m²	6.09	262.20	106.20	—	1 596.80	646.76	—
		小计						39 472.76	8 385.93	916.00
		其中：人工费＋机械费						9 301.33		
		企业管理费	17%					1 581.93		
		利润	10%					930.19		
		规费	25%					2 325.48		
		合计						44 309.76		
		税金	3.48%					1 541.98		
		工程造价						45 851.74		

（3）梁 L13 钢筋工程量计算，见表 6-17。

表 6-17　梁 L13 钢筋工程量计算

序号	项目名称	计算过程	单位	结果
	一、Φ 22 钢筋工程量			
1	2Φ 22	$(3.9+4.2+6.4+0.35-0.025 \times 2+15d \times 2) \times 2$	m	30.92
2	4Φ 22	$(3.9+4.2+6.4-0.35+12d \times 2) \times 4$	m	58.71
3	Φ 22 单根搭接长度	$36d=36 \times 0.022$	m	0.79
4	②轴支座Φ 22	$[(3.9-0.35)/5+0.35-0.025+15d] \times 2$	m	2.73
5	③轴支座Φ 22	$[(4.2-0.35)/3 \times 2+0.35] \times 2$	m	5.83
6	④轴支座Φ 22	$[(6.4-0.35)/3 \times 2+0.35] \times 1$ $+[(6.4-0.35)/4 \times 2+0.35] \times 2$	m	11.13
7	⑤轴支座Φ 22	$[(6.4-0.35)/5+0.35-0.025+15d] \times 2$	m	3.73
8	Φ 22 不含搭接	$(30.92+58.71+2.73+5.83+11.13+3.73) \times 2.98$	kg	336.889
	工程量	$(30.92+58.71+2.73+5.83+11.13+3.73+0.79 \times 6) \times 2.98 \times 1.03$	kg	361.545

续表

序号	项目名称	计算过程	单位	结果
	二、$\Phi 10$ 钢筋工程量			
1	构造钢筋	$(3.9+4.2+6.4-0.35+15d\times 2)\times 2$	m	28.90
2	单根桥接长度	$36d=36\times 0.01$	m	0.36
3	箍筋单根长度	$(0.25+0.45)\times 2-8\times 0.025+26.55d$	m	1.47
4	箍筋根数	$(3.9+4.2+6.4-0.05\times 2)\div 0.15+1$	根	97
5	不含搭接	$(20.90+1.47\times 97)\times 0.617$	kg	105.81
6	工程量	$(28.90+0.36\times 2+1.47\times 97)\times 0.617\times 1.03$	kg	109.44
	三、$\phi 6$ 钢筋工程量			
1	单根长度	$(0.25+0.45)\times 2-8\times 0.025+26.55d$	m	1.36
2	根数	$(3.9+4.2+6.4-0.05\times 2)\div 0.3+1$	根	49
3	不算损耗工程量	$1.36\times 49\times 0.222$	kg	14.39
4	工程量	$1.36\times 49\times 0.222\times 1.03$	kg	15.24

（4）钢筋制安工程量，见表 6-18。

表 6-18　钢筋制安工程量清单

序号	项目编码	项目名称	项目特征	计量单位	工程数量	金额（元）	
						综合单价	合价
1	010515001001	现浇混凝土钢筋制安	钢筋直径 22	t	0.337	—	—
2	010515001002	现浇混凝土钢筋制安	钢筋直径 10	t	0.106	—	—
3	010515001003	现浇混凝土钢筋制安	钢筋直径 6	t	0.015	—	—
						—	
						—	
						—	
						—	
						—	
—			本页小计	—		—	—
—			合　计	—		—	—

（5）工程项目总价表见表 6-19。

表 6-19　工程项目总价表

序号	名称	金额（元）
1	合计	546 433
1.1	工程费	528 433
1.2	设备费	18 000
/	合计	546 433

（6）单位工程费汇总见表 6-20。

表 6-20　单位工程费汇总

序号	名称	计算基数	费率（%）	金额（元）	其中（元）		
					人工费	材料费	机械费
1	合计	—	—	528 433	112	1 437	35
1.1	分部分项工程量清单计价合计	—	—	1 624.21	111.88	1 437.46	35.17
1.2	措施项目清单计价合计	—	—	—	—	—	—
1.3	其他项目清单计价合计	—	—	509 001.2	—	＼	—
1.4	规费	147.05	25	36.76	—	—	—
1.5	税金	510 662.17	3.48	17 771.04	—	—	—
—	合计	—	—	528 433.21	112	1 437	35

（7）分部分项工程量与计价表见表 6-21。

表 6-21　分部分项工程量与计价表

序号	项目编码	项目名称、特征	计量单位	工程数量	金额（元）	
					综合单价	合价
3	010515001001	现浇混凝土钢筋制安Φ22	t	0.337	4 819.62	1 624.21
—	—	本页小计	—	—	—	1 624.21
—	—	合计	—	—	—	1 624.21

（8）其他项目清单与计价表见表 6-22。

表 6-22　其他项目清单与计价表

序号	项目名称	金额（元）
1	暂列金额	500 000
2	总承包服务费	9 001.2
2.1	另行发包项目 300 000×3%	9 000
2.2	招标人供应材料 0.05×4 000×0.6%	1.20
/	本页小计	509 001.2
/	合计	509 001.2

（9）招标人供应材料、设备明细表见表6-23。

表6-23　招标人供应材料、设备明细表

序号	名称	规格型号	单位	数量	单价（元）	合价（元）	质量等级	供应时间	送达地点
1	材料	—	—	—	—	—	—	—	—
1.1	钢筋	$\phi22$	t	0.05	4 000	200			
	小计	—	—	—	—	200	—	—	—
2	设备								
	小计	—	—	—	—		—	—	—
	合计					200			

（10）主要材料、设备见表6-24。

表6-24　主要材料、设备

序号	编码	名称	规格型号	单位	数量	单价（元）	合价（元）
1		材料	—	—	—	—	—
—		—	—	—	—	—	—
2		设备	—	—	—	—	—
2.1	—	开水炉	—	台	3	6 000	18 000
	—						
		小计	—	—	—	—	18 000
		合计	—	—	—	—	18 000

（11）分部分项工程量清单综合单价见表 6-25。

表 6-25　分部分项工程量清单综合单价

序号	项目编码（定额编号）	项目名称、特征	单位	数量	综合单价（基价）（元）	合价（元）	综合单价组成（元）				
							人工费	材料费	机械费	管理费	利润
	010515001001	现浇混凝土钢筋制安Φ22	t	0.337	4 819.62	1 624.21	331.98	4 265.45	104.37	74.18	43.64
	4-332	现浇混凝土钢筋制安Φ22	t	0.287	5 227.04	1 500.16	331.98	4 672.87	104.37	74.18	43.64
		差价调整（4050-4450）	t	0.287	-400	-114.80		-400			
	4-332	现浇混凝土钢筋制安Φ22	t	0.05	5 227.04	261.35	331.98	4 672.87	104.37	74.18	43.64
		差价调整（4000-4450）	t	0.05	-450	-22.50		-450			

（12）综合单价分析见表 6-26。

表 6-26　综合单价分析表

序号	项目编码（定额编号）	项目名称特征	单位	数量	单价/差价（元）	合价（元）	综合单价组成（元）				
							人工费	材料费	机械费	管理费	利润
1	010515001001	现浇混凝土钢筋Φ22制安	t	0.337	5 238.04	1 503.87	331.98	4 683.87	104.37	741.8	43.64
	4-332	现浇混凝土钢筋Φ22制安	t	0.287	5 227.04	1 500.16	331.98	4 672.87	104.37	74.18	43.64
		差价调整（100-89）	t	0.337	+11	+3.71		+11			

▶▶ 实例 3

某工程基础平面图如图 6-15 所示，现浇钢筋混凝土带形基础、独基础的尺寸如图 6-16所示。混凝土垫层强度等级为 C15，混凝土基础强度等级为 C20，考虑按外购商品混凝土。混凝土垫层支模板浇筑，工作面宽度 300mm，槽坑底面用电动夯实机夯实，费用计入混凝土垫层和基础中。

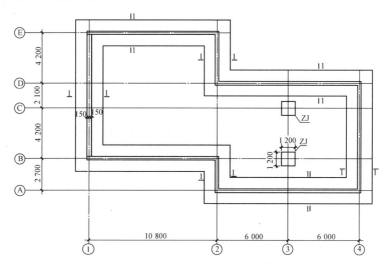

图 6-15　基础平面图

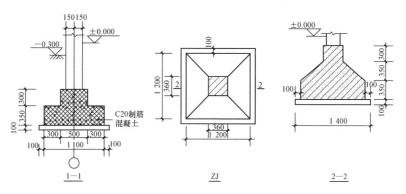

图 6-16　基础剖面图

（1）直接工程费单价见表 6-27。

表 6-27　直接工程费单价表

序号	项目名称	计量单位	费用组成（元）			
			人工费	材料费	机械使用费	单价
1	带形基础组合钢模板	m²	8.85	21.53	1.60	31.98
2	独立基础组合钢模板	m²	8.32	19.01	1.39	28.72
3	垫层木模板	m²	3.58	21.64	0.46	25.68

基础定额费见表 6-28。

表 6-28　基础定额费

项目			基础槽底夯实	现浇混凝土基础垫层	现浇混凝土带形基础
名称	单位	单价（元）	100m²	10m²	10m²
综合人工	工日	52.36	1.42	7.33	9.56
混凝土 C15	m²	252.40		10.15	
混凝土 C20	m²	266.05			10.15
草袋	m²	2.25		1.36	2.52
水	m²	2.92		8.67	9.19
电动打夯机	台班	31.54	0.56		
混凝土振捣器	台班	23.51		0.61	0.77
翻斗车	台班	154.80		0.62	0.78

依据《建设工程工程量清单计价规范》计算原则，以人工费、材料费和机械使用费之和为基数，取管理费费率 5%、利润率 4%；以分部分项工程量清单计价合计和模板及支架清单项目费之和为基数，取临时设施费费率 1.5%、环境保护费费率 0.8%、安全和文明施工费费率 1.8%。

依据《建设工程工程量清单计价规范》的规定（有特殊注明除外）完成下列计算：

(1) 计算现浇钢筋混凝土带形基础、独立基础、基础垫层的工程量，将计算过程及结果填入"分部分项工程量计算表"，棱台体积公式为：

$$v = \frac{1}{3} \times h \times (a^2 + b^2 + a \times b)$$

(2) 编制现浇混凝土带形基础、独立基础的分部分项工程量清单，说明项目特征，带形基础的项目编码为 010401001，独立基础的项目编码为 010401002 填入"分部分项工程量清单"。

(3) 依据提供的基础定额数据，计算混凝土带形基础的分部分项工程量清单综合单价，填入"分部分项工程量清单综合单价分析表"，并列出计算过程。

(4) 计算带形基础、独立基础（坡面不计算模板工程量）和基础垫层的模板工程量，将计算过程及结果填入"模板工程量计算表"。

(5) 现浇混凝土基础工程的分部分项工程量清单计价合价为 57 686.00 元，计算施项目清单费用，填入"措施项目清单计价表"中，并列出计算过程。

解：

(1) 分部分项工程量计算表见表 6-29。

表 6-29　分部分项工程量计算表

序号	分项工程名称	计量单位	工程数量	计算过程
1	带形基础	m³	38.52	$22.80 \times 2 + 10.5 + 6.9 + 9 = 72$ $(1.10 \times 0.35 + 0.5 \times 0.3) \times 72 = 38.52$
2	独立基础	m³	1.55	$[1.20 \times 1.20 \times 0.35 + \frac{1}{3} \times 0.35 \times (1.20^2 + 0.36^2 + 1.20 \times 0.36) + 0.36 \times 0.36 \times 0.30] \times 2$ $= (0.504 + 0.234 + 0.039) \times 2 = 1.55$

续表

序号	分项工程名称	计量单位	工程数量	计算过程
3	带形基础垫层	m³	9.36	1.3×0.1×72＝9.36
4	独立基础垫层	m³	0.39	1.4×1.4×0.1×2＝0.39

（2）分部分项工程量清单见表 6-30。

表 6-30　分部分项工程量清单

序号	项目编码	项目名称及特征	计量单位	工程数量
1	010401001001	混凝土带形基础： 1. 垫层材料种类、厚度：C15 混凝土、100 厚 2. 混凝土强度等级：C20 混凝土 3. 混凝土拌和料要求：外购商品混凝土	m³	38.52
2	010401002001	混凝土独立基础： 1. 垫层材料种类、厚度：C15 混凝土、100 厚 2. 混凝土强度等级：C20 混凝土 3. 混凝土拌和料要求：外购商品混凝土	m³	1.55

（3）分部分项工程量清单综合单价分析表见表 6-31。

表 6-31　分部分项工程量清单综合单价分析表

序号	项目编码	项目名称	工程内容	综合单价组成/元					综合单价/元
				人工费	材料费	机械使用费	管理费	利润	
1	010401001001	带形基础	1. 槽底夯实 2. 垫层混凝土浇筑 3. 基础混凝土浇筑	62.02	336.23	17.19	20.77	16.62	452.83

①槽底夯实：

$$槽底面积＝[(1.30＋0.3×2)×72]m^2＝136.8m^2$$

$$人工费＝(0.014\ 2×52.36×136.8)元＝24.16\ 元$$

$$机械费＝(0.005\ 6×31.54×136.8)元＝24.16\ 元$$

②垫层混凝土：

$$工程量＝(1.30×0.1×72)m^3＝9.36m^3$$

$$人工费＝(0.733×52.36×9.36)元＝359.24\ 元$$

$$材料费＝[(1.015×252.40＋0.867×2.92＋0.136×2.25)×9.36]元＝2\ 424\ 046\ 元$$

$$机械费＝[(0.061×23.51＋0.062×154.80)×9.36]元＝103.26\ 元$$

③基础混凝土：

$$工程量＝38.52m^3$$

$$人工费＝(0.956×52.36×38.52)元＝1\ 928.16\ 元$$

材料费=[(1.015×266.05+0.919×2.92+0.252×2.25)×38.52]元=10 527.18 元

机械费=[(0.077×23.51+0.078×154.80)×38.52]元=534.84 元

④综合单价组成：

$$人工费=\left[\frac{(101.71+359.24+1\ 928.16)}{38.52}\right]元=62.02\ 元$$

$$材料费=\left[\frac{(2\ 424.46+1.03.26)}{38.52}\right]元=336.63\ 元$$

$$机械费=\left[\frac{(24.16+103.26+534.84)}{38.52}\right]元=17.19\ 元$$

直接费=(62.02+336.23+17.19)元=415.44 元

管理费=415.44 元×5%=20.77 元

利润=415.44 元×4%=16.62 元

综合单价：(415.44+20.77+16.62)元/m³=452.83(元/m³)

（4）填写模板工程量计算表，见表6-32。

表6-32　模板工程量计算表

序号	模板名称	计量单位	工程数量	计算过程
1	带形基础组合钢模板	m²	93.6	(0.35+0.30)×2×72=93.6
2	独立基础组合钢模板	m²	4.22	(0.35×1.20+0.30×0.36)×4×2=4.22
3	垫层木模板	m²	15.52	带形基础垫层：0.1×2×72=14.4 独立基础：1.4×0.1×4×2=1.12 合计：14.4+1.12=15.52

（5）措施项目清单费用，措施项目清单计价表。

①计算措施项目清单费用。

模板及支架：(93.6×31.98+4.22×28.72+15.52×25.68)×(1+5%+4%)=3 829.26 元

临时设施：(57.686+3 829.26)元×1.5%=922.73 元

环境保护：(57.686+3 829.26)元×0.8%=492.12 元

安全和文明施工：(57.686+3 829.26)元×1.8%=1 107.27 元

合计：(3 829.26+922.73+492.12+1 107.27)元=6 351.38 元

②填写措施项目清单计价表，见表6-33。

表6-33　措施项目清单计价表

序号	项目名称	金额/元
1	模板及支架	3 829.26
2	临时设施	922.73
3	环境保护	492.12
4	安全和文明施工	1 107.27
	合计	6 351.38

实例 4

某工程采用工程量清单招标，按工程所在地的计价依据规定，措施费和规费均以分部分项工程费中人工费（已包含管理费和利润）为计算基础，经计算该工程分部分项工程费总计为 6 300 000 元，其中人工费为 1 260 000 元，其他有关工程造价方面的背景材料如下：

条形砖基础工程量 160m³，基础深 3m，采用 M5 水泥砂浆砌筑，多孔砖的规格 240mm×115mm×90mm，实心砖内墙工程量 1 200m³，采用 M5 混合砂浆砌筑，蒸压灰砂砖规格 240mm×115mm×53mm，墙厚 240mm。现浇钢筋混凝土矩形梁模板及支架工程量 420m²，支模高度 2.6m，现浇钢筋混凝土有梁板模板及支架工程量 800m²，梁截面 250mm×400mm，梁底支模高度 2.6m，板底支模高度 3m²，安全文明施工费费率 25%，夜间施工费费率 2%，二次搬运费费率 1.5%，冬雨期施工费费率 1%。

按合理的施工组织设计该工程需大型机械进出场及安拆费 26 000 元，施工排水费 2 400 元，施工降水费 22 000 元，垂直运输费 120 000 元，脚手架费 166 000 元。以上各项费用中已包含管理费和利润。

招标文件中载明，该工程暂列金额 330 000 元，材料暂估价 100 000 元，计日工费用 20 000 元，总承包服务费 20 000 元。

社会保障费中养老保险费费率 16%，失业保险费费率 2%，医疗保险费费率 6%；住房公积金费率 6%；依据《建设工程工程量清单计价规范》（GB 50500—2013）的规定，结合工程背景材料及所在地计价依据的规定，编制招标控制价。

（1）编制砖基础和实心砖内墙的分部分项清单及计价，填入"分部分项工程量清单与计价表"。项目编码：砖基础 010401001，实心砖墙 010401003，综合单价：砖基础 240.18 元/m³，实心砖内墙 249.11 元/m³。

（2）编制工程措施项目清单及计价，填入"措施项目清单与计价表 6-35"和"措施项目清单与计价表 6-36"。补充的现浇钢筋混凝土模板及支架项目编码：梁模板及支架 AB001，有梁板模板及支架 AB002；综合单价：梁模板及支架 25.60 元/m²，有梁板模板及支架 23.20 元/m²。

（3）编制工程其他项目清单及计价，填入"其他项目清单与计价汇总表"。

（4）编制工程规费和税金项目清单及计价，填入"规费、税金项目清单与计价表"。

（5）编制工程招标控制价汇总表及计价，根据以上计算结果，计算该工程的招标控制价，填入"单位工程招标控制价汇总表"。

解：

（1）分部分项工程量清单计价表，见表 6-34。

表 6-34　分部分项工程量清单与计价表

项目编码	项目名称	项目特征描述	计量单位	工程量	金额/元	
					综合单价	合价
010401001001	砖基础	M5 水泥砂浆砌筑多孔砖条形基础，砖规格为 240mm×115mm×90mm，基础深度 3m	m³	160	240.18	38 428.80

续表

项目编码	项目名称	项目特征描述	计量单位	工程量	综合单价	合价
					金额/元	
010401003001	实心砖内墙	M5 混合砂浆砌筑蒸压灰砂砖内墙，砖规格为 240mm×115mm×53mm，墙厚 240mm	m³	1 200	249.11	298 932.00
合计						337 360.80

（2）编制工程措施项目清单及计价表，见表 6-35 和表 6-36。

表 6-35　措施项目清单与计价表

序号	项目名称	计算基础	费率/%	金额/元
1	安全文明施工费		25	315 000.00
2	夜间施工费	人工费（或 1 260 000 元）	2	25 200.00
3	二次搬运费		1.5	18 900.00
4	冬雨期施工费		1	12 600.00
5	大型机械进出场及安拆费			26 000.00
6	施工排水费			2 400.00
7	施工降水费			22 000.00
8	垂直运输费			120 000.00
9	脚手架费			166 000.00
合计				708 100.00

注：本表适用于以"项"计价的措施项目。

表 6-36　措施项目清单与计价表

序号	项目编码	项目名称	项目特征描述	计量单位	工程量	综合单价	合价
						金额/元	
1		现浇钢筋混凝土矩形梁模板及支架	矩形梁，支模高度 2.6m	m²	420		10 752.00
2		现浇钢筋混凝土有梁板模板及支架	矩形梁，梁截面 250mm×400mm，梁底支模高度 2.3m，班底支模高度 3m	m²	800	25.60	148 560.00
合计						23.20	29 312.00

注：本表适用于以综合单价计价的措施项目。

（3）其他项目清单与计价汇总表，见表6-37。

表6-37　其他项目清单与计价汇总表

序号	项目名称	计量单位	金额/元
1	暂列金额	元	330 000.00
2	材料暂估价	元	—
3	计日工	元	20 000.00
4	总承包服务费	元	20 000.00
合计			370 000.00

（4）规费、税金项目清单与计价表，见表6-38。

表6-38　规费、税金项目清单与计价表

序号	项目名称	计算基础	费率/%	金额/元
1	规费		30.48	384 048.00
1.1	社会保障费		24	302 400.00
1.1.1	养老保险费	人工费 （或 1 260 000 元）	16	201 600.00
1.1.2	失业保险费		2	25 200.00
1.1.3	医疗保险费		6	75 600.00
1.2	住房公积金		6	75 600.00
1.3	危险作业意外伤害保险		0.48	6 048.00
2	税金	分部分项工程费＋措施项目费＋规费（或 7 791 460 元）	3.413	265 922.53
合计				649 970.53

（5）单位工程招标控制价汇总表，见表6-39。

表6-39　单位工程招标控制价汇总表

序号	汇总内容	金额/元
1	分部分项工程	6 300 000.00
2	措施项目	737 412.00
2.1	措施项目清单（一）	708 100.00
2.2	措施项目清单（二）	29 312.00
3	其他项目	370 000.00
4	规费	384 048.00
5	税金	265 922.53
招标控制价合计		8 057 382.53

实例 5

某钢筋混凝土圆形烟囱基础设计尺寸，如图 6-17 所示。其中基础垫层采用 C15 混凝土，圆形满堂基础采用 C30 混凝土，地基土壤类别为三类土。土方开挖底部施工所需的工作面宽度为 300mm，放坡系数为 1：0.33，放坡自垫层上表面计算。

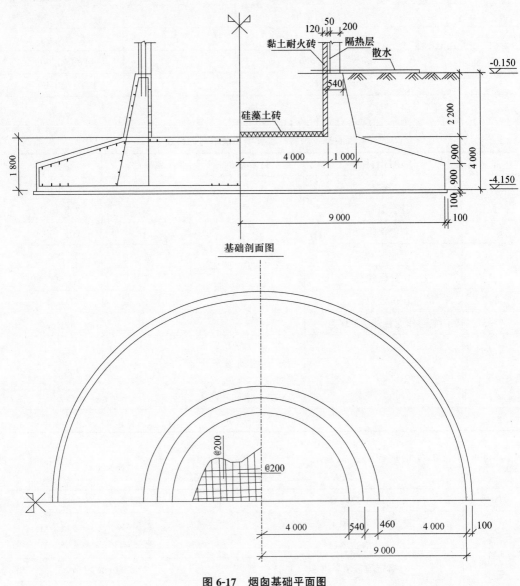

图 6-17　烟囱基础平面图

（1）根据上述条件，按《建设工程工程量清单计价规范》（GB50500—2013）的计算规则，根据表 6-40 中的数据，在填写"工程量计算表"，列式计算该烟囱基础的平整场地、挖基础土方、垫层和混凝土基础工程量。平整场地工程量按满堂基础底面积×2.0 系数计算，圆台体体积计算公式为：

$$V = \frac{1}{3} \times h \times \pi \times (r_1^2 + r_2^2 + r_1 + r_2)$$

（6-15）

（2）根据工程所在地相关部门发布的现行挖、运土方预算单价，见表 6-40 "挖、运土方预算单价表"。施工方案规定，土方按 90％ 机械开挖、10％ 人工开挖，用于回填的土方在 20m 内就近堆存，余土运往 5 000m 范围内指定地点堆放。相关工程的企业管理费按工程直接费 7％ 计算，利润按工程直接费 6％ 计算。编制挖基础土方（清单编码为 010101003）的清单综合单价，填入答题纸 "工程量清单综合单价分析表"。

表 6-40　挖运土方预算单价表

定额编号	1—7	1—148	1—162
项目名称	人工挖土	机械挖土	机械挖、运土
工作内容	人工挖土装土、20m 内就近堆放，整理边坡等	机械挖土就近堆放，清理机下余土等	机械挖土装车、外运 5 000m 内堆放
人工费/元	12.62	0.27	0.31
材料费/元	0.00	0.00	0.00
机械费/元	0.00	7.31	21.33
基价/元	12.62	7.58	21.64

（3）利用第（1）、（2）的计算结果和以下相关数据，在填写 "分部分项工程量清单与计价表" 中，编制该烟囱基础分部分项工程量清单与计价表。已知相关数据为：①平整场地，编码 010101001，综合单价 1.26 元/m²；②挖基础土方，编码 010101003；③土方回填，人工分层夯填，编码 010103001，综合单价 15.00 元/m³；④C15 混凝土垫层，编码 010401006，综合单价 460.00 元/m³；⑤C30 混凝土满堂基础，编码 010401003，综合单价 520.00 元/m³。（计算结果保留两位小数）

解：

（1）烟囱基础的平整场地、挖基础土方、垫层和混凝土基础工程量的计算。

①平整场地：$3.14 \times 9 \times 9 \times 2 = 508.68$（m²）

②挖基础土方：$3.14 \times 9.1 \times 9.1 \times 4.1 = 1\ 066.10$（m³）

③C15 混凝土垫层：$3.14 \times 9.1 \times 9.1 \times 0.1 = 26.00$（m³）

④C30 混凝土基础：

圆柱部分：$3.14 \times 9 \times 9 \times 0.9 = 228.91$（m³）

圆台部分：$\frac{1}{3} \times 0.9 \times 3.14 \times (9 \times 9 + 5 \times 5 + 9 \times 5) = 142.24$（m³）

上部大圆台：$\frac{1}{3} \times 2.2 \times 3.14 \times (5 \times 5 + 4.54 \times 4.54 + 5 \times 4.54) = 157.30$（m³）

扣除中间圆柱体：$3.14 \times 4 \times 4 \times 2.2 = 110.53$（m³）

所以，C30 混凝土基础的工程量为：$228.91 + 142.24 + 157.30 - 110.53 = 417.92$（m³）

（2）土方工程计算如下。

开挖土方量：

$V = \{1/3 \times 3.14 \times 4.0 \times [(9.0 + 0.1 + 0.32) + (9.4 + 4.0 \times 0.332) + 9.4 \times 10.72]\} +$
　　$3.14 \times 9.42 \times 0.1$

　　$= 113 \times 3.14 \times 4.0 \times (88.36 + 114.92 + 100.77) + 27.75$

$$=(1\ 272.96+27.75)m^3$$
$$=1\ 300.71m^3$$

回填土方量：

$$V=(1\ 300.71-26.00-417.92-3.14\times4.0\times4.0\times22)m^3=746.26m^3$$

外运余土方量：

$$V=(1\ 300.71-746.26)m^3=554.45m^3$$

人工挖土且就近堆存：

$$V=(\frac{1\ 300.71\times10\%}{1\ 066.10})m^3=0.12m^3$$

机械挖土方且就进堆存：

$$V=[\frac{(1\ 300.71-1\ 300.71\times10\%-554.45)}{1\ 066.10}]m^3=0.58m^3$$

机械挖土方且外运 5 000m 内：

$$V=(554.45/1\ 066.10)m^3=0.52m^3$$

工程量清单综合单价分析表，见表 6-41。

表 6-41 工程量清单综合单价分析表

项目编号	010101003001			项目名称	挖基础土方	计量单位	m³
清单综合单价组成明细							

定额编号	定额名称	定额单位	数量	单价/元				合价/元			
				人工费	材料费	机械费	管理和利润	人工费	材料费	机械费	管理和利润
人工挖土方	m³	0.12	12.62	0.00	0.00	1.64	1.51	0.00	0.00	0.20	
机械挖土方	m³	0.58	0.27	0.00	7.31	0.99	0.16	0.00	4.24	0.57	
机械挖土方外运	m³	0.52	0.31	0.00	21.33	2.81	0.16	0.00	11.09	1.46	
小计								1.83	0.00	15.33	2.23
清单项目综合单价（元/m³）								19.39			

（3）分部分项工程量清单与计价表，见表 6-42。

表 6-42 分部分项工程量清单与计价表

序号	项目编码	项目名称	项目特征描述	计量单位	工程量	金额/元	
						综合单价	合价
1	010101001001	平整场地		m²	508.68	1.26	640.94
2	010101003001	挖基础土方	三类土、余土外运 5 000m 内	m³	1 066.10	19.39	20 671.68

续表

序号	项目编码	项目名称	项目特征描述	计量单位	工程量	金额/元	
						综合单价	合价
3	010103001001	土方回填	人工分层夯填	m³	746.26	15.00	11 193.90
4	010501001001	C15 混凝土垫层	C15 预拌混凝土	m³	26.00	460.00	11 960.00
5	010501005001	C30 混凝土满堂基础	C30 预拌混凝土	m³	417.92	520.00	217 318.40
	合计						261 784.92

第七章　建筑工程招投标

第一节　建筑工程项目招标概述

一、招投标的概念

招投标是一种通过竞争，由发包单位从中优选承包单位的方式。而发包单位招揽承包单位去参与承包竞争的活动叫招标。愿意承包该工程的施工单位根据招标要求去参与承包竞争的活动叫投标。工程的发包方就是招标单位（即业主），承包方就是投标单位。

独立基础

扫码观看本视频

建设工程招投标包括建设工程勘察设计招投标、建设工程监理招投标、建设工程施工招投标和建设工程物资采购招投标。根据《中华人民共和国招标投标法》规定，法定强制招标项目的范围有两类：

（1）法律明确规定必须进行招标的项目。

（2）依照其他法律或者国务院的规定必须进行招标的项目。

二、工程招标投标程序

建设工程招标投标程序，是指建设工程招标投标活动按照一定的时间、空间顺序运作的次序、步骤、方式。它始于发布招标公告或发出投标邀请书，终于发出中标通知书，其间大致经历了招标、投标、评标、定标等几个主要阶段。

从招标人和投标人两个不同的角度来考察，可以更清晰地把握建设工程招标投标的全过程：

建设工程招投标程序一般分为 3 个阶段。

（1）招标准备阶段，从办理招标申请开始，到发出招标广告或邀请招标函为止的时间段。

（2）招标阶段，也是投标人的投标阶段，从发布招标广告之日起到投标截止之日的时间段。

（3）决标成交阶段，从开标之日起，到与中标人签订承包合同为止的时间段。

建筑工程招投标程序见图 7-1 所示。

三、招标投标的基本原则

我国招标投标法规定招标投标活动必须遵循公开、公平、公正和诚实信用的原则。

1. 公开

招标投标活动中所遵循的公开原则要求招标活动信息公开、开标活动公开、评标标准公开、定标结果公开，具体内容见表7-1所示。

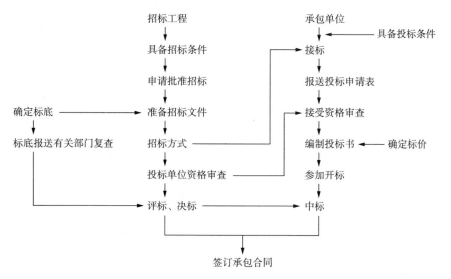

图7-1　招投标的一般程序

表7-1　公开原则的内容

名　称	内　容
招标活动信息公开	招标人进行招标之始，就要将工程建设项目招标的有关信息在招标管理机构指定的媒介上发布，以同等的信息量晓喻潜在的投标人
开标活动公开	开标活动公开包括开标活动过程公开和开标程序公开两方面
评标标准公开	评标标准应该在招标文件中载明，以便投标人作相应的准备，以证明自己是最合适的中标人
定标结果公开	招标人根据评标结果，经综合平衡，确定中标人后，应当向中标人发出中标通知书，同时将定标结果通知未中标的投标人

2.公平

招标人要给所有的投标人以平等的竞争机会，这包括给所有投标人同等的信息量、同等的投标资格要求，不设倾向性的评标条件。

3.公正

招标人在执行开标程序、评标委员会在执行评标标准时都要严格照章办事，尺度相同不能厚此薄彼，尤其是处理迟到标、判定废标和无效标以及在质疑过程中更要体现公正。

4.诚实信用

诚实信用是民事活动的基本原则，招标投标的双方都要诚实守信，不得有欺骗、背信的行为。

四、招标投标的基本方式

对一些较大型的工程来说，国际上采用的招标方式有四种，即无限竞争性公开招标、有限竞争选择招标（或叫邀请招标）、两阶段招标和谈判招标。

我国《建设工程招标投标暂规定》（以下简称《暂行规定》）对招标的方式只规定了两种，即公开招标和邀请招标。在实际招投标过程中，还有两阶段招标以及谈判招标两种较为常见的方式。

1. 公开招标

由招标单位通过报纸或专业性刊物发布招标广告，公开招请承包商参加投标竞争，凡对之感兴趣的承包商都有均等的机会购买招标资料进行投标。

2. 有限招标

即由招标单位向经预先选择的、数目有限的承包商发出邀请，邀请他们参加某项工程的投标竞争。采用这种方式招标的优点是：邀请的承包商大都有经验，信誉可靠；缺点是：可能漏掉一些在技术上、报价上有竞争能力的后起之秀。

3. 两阶段招标

上述两种方式的结合。先公开招标，再从中选择报价低、信誉度较高的三、四家进行第二阶段的报价，然后再由招标单位确定中标者。

4. 谈判招标

由业主（建设单位）指定有资格的承包者，提出估价，经业主审查，谈判认可，即签定承发包合同。如经谈判达不成协议，业主则另找一家企业进行谈判，直到达成协议，签定承发包合同。

经验指导

以招标人和其代理人为主进行的有关招标的活动程序，可称为招标程序；以投标人和其代理人为主进行的有关投标的活动程序，则可称为投标程序。两者的有机结合，构成了完整的招标投标程序。

第二节　工程造价在招投标中的重要作用

一、工程造价在招投标中的作用

在招投标工作中，工程造价是人为的"入场券"，也是核心。工程建设单位通过工程招标的形式，择优选定承包的施工单位，以投标单位可以接受的价格、质量、工期获得施工任务的承包。可以这样说，招标投标活动就是合理控制工程造价，确定最佳中标价的活动。

楼梯钢筋

扫码观看本视频

工程造价在招投标活动中，一般是在管理部门的指导和监督下，工程建设投资的责任齐，通过工程招投标的形式，择优选定承包工程造价和承包施工单位，施工单位则在计价依据的原则范围内，通过投标的方式，在同行之间展开竞争，以招标单位可以接受的价格、质量、工期获得施工任务的承包。

1. 招投标工程中的工程造价形式

目前，招投标工程的工程造价基本上有两种形式。

（1）中标合同价包死，在投标报价中考虑一定的风险系数，在中标后签订合同，一次性包死。

（2）中标价加上设计变更、政策性调整作为结算价。

2. 招投标工程报价的确定方法

一般来说，招标工程报价的确定方法主要有两种。

（1）估价法，这种方法常用，即依据设计图纸套用限行的定额及文件而计算出的造价。

（2）实物法，即依据图纸和定额计算出一个单位工程所需要的全部人工、材料、机械台班使用量×当地当时的市场价格。这种方法就是通常说的"量""价"分离。这种方法确定的工程造价基本贴近市场，趋于合理。

工程造价合理与否，直接影响到建设单位与施工单位的切身利益，因此，真实、合理、科学地反映工程造价是招投标工作十分重要的环节。

二、招投标阶段的工程造价控制

1. 工程招投标阶段工程造价控制的意义

招投标阶段的工程造价控制，对于施工单位展开工程项目施工具有非常重要的意义。

（1）投标人资格审查是有效控制造价的前提。

按照招标文件要求审查投标人资格是招标过程的一项重要工作，审查的目的是选择信誉好、管理水平高、技术力量雄厚、执行合同隐患少的投标人，以保证工程按期、保质地完成。

（2）投标人施工组织设计的评审是有效控制造价的基础。

对投标人施工组织设计的评审包括施工方法、工艺流程、施工进度和布置、质量标准以及质量安全保证体系等，它体现了投标人的管理水平，是保证工期、质量、安全和环保的重要措施，是投标人编制投标报价的依据，同时也是有效控制工程造价的基础。

（3）投标报价评审是有效控制造价的关键。

投标人结合施工组织设计的编制以及自身实际情况，同时分析投标竞争对手再编制投标报价。各投标人的投标报价由于各种原因，如采取不正当方式进行报价，给招标人带来一定的风险隐患，因此在招投标评审过程中，应结合投标人施工组织设计进行评审，避免不理投资。合理进行投标报价的评审和调整是有效控制工程造价的关键。

2. 影响招标报价的因素

（1）施工图纸质量差。

施工图纸作为拟建工程技术条件和工程量清单的编制依据，是工程技术质量和工程量清单准确率的保证。如果一味地追求总体进度，压缩设计阶段时间，从而造成施工图设计深度不到位、错漏缺太多、建筑与结构及水电安装等不对应，导致项目实施阶段修改频繁，给整体工程造价控制带来很多隐患。

（2）工程量清单编制质量差。

工程量清单是招标文件的重要部分，但由于编制人员水平高低不一，部分工程设计图纸的缺陷以及编制时间仓促等原因，存在着项目设置不规范、工程量清单特征和工程内容描述不清、项目漏项与缺项多、暂定项目过多、计量单位不符合要求、工程量计算误差大、项目编码不正确等问题，这些都将直接影响投标人的报价，导致在招投标完成后项目实施阶段与结算阶段工程造价的失控。

（3）招标过程过于简单化。

部分建设单位为了节约成本，缩短招标时间，不编制工程量清单，直接采用以定额为依据、施工图为基础、标底为中心的计价模式和招标方式，其最大的弊端是造成同一份施工图纸的工程报价相差较远，没有客观的评判标准，不便于评标、定标，进而在施工阶段更无法控制工程造价。

（4）合同签订不严谨导致变更签证多。

施工合同是招标文件的重要组成内容，也是工程量清单招标模式下造价控制十分重要的一个环节。工程合同在制定过程应杜绝内容不详细、专用条款约定措辞不严谨、表达不清楚、操作不具体、专业知识缺乏、法律风险意识不强等问题，这些都严重影响工程实施与结算过程中管理与造价的控制。在合同的制定中，还要特别注意对工程量调整、价格调整、履约保证、工程变更、工程结算、合同争议解决方式等做出详尽的具体规定。工程索赔发生如何处理等均应在专用条款中详细明确。

对于控制工程造价来讲，建设项目的招投标阶段是非常重要的一个阶段。既要选择一个理想的施工单位，又要将承、发包双方的权利、责任、义务界定清楚，明确各类问题的解决处理办法，避免在施工过程中或结算时发生较大争议。所以，工程预算人员必须提高造价管理水平，为决策者提供可靠的依据。

建设单位必须优化投资方案，选择出技术能力强，信誉可靠的承包单位进行施工，对工程造价进行动态控制，以提高投资效益。施工单位必须优化施工方案，改进生产工艺，降低施工成本，创精品工程。只有以上相关各方采取综合措施，才能真正达到在招投标阶段降低工程成本，控制工程造价的目的。

经验指导

图纸的细致程度决定了工程变更多少及造价变化幅度大小，更要杜绝招标后施工图纸的变更带来工程造价的变更纠纷。

第三节 建筑工程投标策略

一、工程量清单报价前期准备

广联达土建速算最新建工程

扫码观看本视频

投标报价之前，必须准备与报价有关的所有资料，这些资料的质量高低直接影响到投标报价成败。

投标前需要准备的资料主要有：招标文件，设计文件，施工规范，有关的法律、法规，企业内部定额及有参考价值的政府消耗量定额，企业人工、材料、机械价格系统资料，可以询价的网站及其他信息来源，与报价有关的财务报表及企业积累的数据资源，拟建工程所在地的地质资料及周围的环境情况，投标对手的情况及对手常用的投标策略，招标人的情况及资金情况等。所有这些都是确定投标策略的依据，只有全面地掌握第一手资料，才能快速准确地确定投标策略。

投标人在报价之前需要准备的资料可分为两类。

（1）一类是公用的，任何工程都必须用，投标人可以在平时日常积累，如规范、法律、法规、企业内部定额及价格系统等。

（2）另一类是特有资料，只能针对投标工程，这些必须是在得到招标文件后才能收集整理，如设计文件、地质、环境、竞争对手的资料等。

确定投标策略的资料主要是特有资料，因此投标人对这部分资料要格外重视。投标人要在投标时显示出核心竞争力就必须有一定的策略，有不同于别的投标竞争对手的优势。主要从以下几方面考虑。

1. 掌握全面的设计文件

招标人提供给投标人的工程量清单是按设计图纸及规范规则进行编制的，可能未进行图纸会审，在施工过程中不免会出现这样那样的问题。这时就需要设计变更，所以投标人在投标之前就要对施工图纸结合工程实际进行分析，了解清单项目在施工过程中发生变化的可能性，对于不变的报价要适中，对于有可能增加工程量的报价要偏高，有可能降低工程量的报价要偏低等，只有这样才能降低风险，获得最大的利润。

2. 实地勘察施工现场

投标人应该在编制施工方案之前对施工现场进行勘察，对现场和周围环境，及与此工程有关的可用资料进行了解和实地勘察。实地勘察施工现场主要从以下几方面进行，具体内容见表7-2。

表 7-2　实地考察的内容

序　　号	内　　容
1	现场的形状和性质，其中包括地表以下的条件
2	水文和气候条件
3	为工程施工和竣工，以及修补其任何缺陷所需的工作和材料的范围和性质
4	进入现场的手段，以及投标人需要的住宿条件等

3. 调查与拟建工程有关的环境

投标人不仅要勘察施工现场，在报价前还要详尽了解项目所在地的环境，包括政治形势、经济形势、法律法规和风俗习惯、自然条件、生产和生活条件等，各部分的内容见表7-3所示。

表 7-3　调查有关环境的内容

名　　称	内　　容
对政治形势的调查	应着重了解工程所在地和投资方所在地的政治稳定性
对经济形势的调查	应着重了解工程所在地和投资方所在地的经济发展情况，工程所在地金融方面的换汇限制、官方和市场汇率、主要银行及其存款和信贷利率、管理制度等
对自然条件的调查	应着重了解工程所在地的水文地质情况、交通运输条件、是否多发自然灾害、气候状况如何等
对法律法规和风俗习惯的调查	应着重了解工程所在地政府对施工的安全、环保、时间限制等各项管理规定，宗教信仰状况和节假日等
对生产和生活条件的调查	应着重了解施工现场周围情况，如道路、供电、给排水、通信是否便利，工程所在地的劳务和材料资源是否足够，生活物资的供应是否充足等

4. 调查招标人与竞争对手

1）调查招标人。

对招标人的调查应着重以下几个方面。

（1）资金来源是否可靠，避免承担过多的资金风险。

（2）项目开工手续是否齐全，提防有些发包人以招标为名，让投标人免费为其估价。

（3）是否有明显的授标倾向，招标是否仅仅是出于政府的压力而不得不采取的形式。

2）调查竞争对手。

对竞争对手的调查应着重从以下几方面进行。

（1）了解参加投标的竞争对手有几个，其中有威胁性的都是哪些，特别是工程所在地的承包人，可能会有评标优势。

（2）根据上述分析，筛选出主要竞争对手，分析其以往同类工程投标方法，惯用的投标策略，开标会上提出的问题等。

投标人必须知己知彼才能制定切实可行的投标策略，增加中标的可能性。

二、工程量清单报价常用策略

1. 不平衡报价策略

工程量清单报价策略，就是保证在标价具有竞争力的条件下，获取尽可能大的经济效益。

采用不平衡报价策略无外乎是为了两个方面的目的：一是为了尽早获得工程款；二是尽可能多地获得工程款。通常的做法有以下几个方面，具体内容见表7-4。

表7-4　通常做法的内容

序　号	内　容
1	适当提高早期施工的分部分项工程单价，如土方工程、基础工程的单价，降低后期施工分部分项工程的单价
2	对图纸不明确或者有错误，估计今后工程量会有增加的项目，单价可以适当报高一些；对工程内容说明不清楚，估计今后工程量会取消或者减少的项目，单价可以报得低一些，而且有利于将来有可能的索赔
3	对于只填单价而无工程量的项目，单价可以适当提高，因为它不影响投标总价。项目一旦实施，利润则是非常可观的
4	对暂定工程，估计今后会发生的工程项目，单价可以适当提高；相对应的，估计暂定项目今后发生的可能性比较小，单价应该适当下调
5	对常见的分部分项工程项目，如钢筋混凝土、砖墙、粉刷等项目的单价可以报得低一些，对不常见的分部分项工程项目，如刺网围墙等项目的单价可以适当提高一些
6	如招标文件要求某些分部分项工程报"单价分析表"，可以将单位分析表中的人工费及机械设备费报得高一些，而将材料费报的低一些
7	对于工程量较小的分部分项工程，可以将单价报低一些，让招标人感觉清单上的单价大幅下降，体现让利的诚意，而这部分费用对于总的报价影响并不大。 不平衡报价可以参考表7-5进行

表 7-5　不平衡报价策略表

序号	信息类型	变动趋势	不平衡结果
1	资金收入的时间	早	单价高
		晚	单价低
2	清单工程量不准确	需要增加	单价高
		需要减少	单价低
3	报价图纸不明确	可能增加工程里	单价高
		可能减少工程里	单价低
4	暂定工程	自己承包的可能性高	单价高
		自己承包的可能性低	单价低
5	单价和包干混合制项目	固定包干价格项目	单价高
		单价项目	单价低
6	单价组成分析表	人工费和机械费	单价高
		材料费	单价低
7	议标时招标人要求压低单价	工程大的项目	单价小幅降低
		工程小的项目	单价较大幅降低
8	工程量不明确报单价的项目	没有工程量	单价高
		有假定的工程量	单价适中

2. 多方案报价法

对于一些招标文件，如果发现工程范围不很明确，条款不清楚或很不公正，或技术规范要求过于苛刻时，则要在充分估计投标风险的基础上，按多方案报价法处理。即按原招标文件报一个价，然后再说明如某某条款作些变动，报价可降低多少，由此可报出一个较低的价。这样可以降低总价，吸引招标人。

3. 计日工单价的报价

如果是单纯报计日工单价，而且不计入总价中，可以报高些，以便在招标人额外用工或使用施工机械时可多盈利。但如果计日工工单价要计入总报价时，则需具体分析是否报高价，以免抬高总报价。总之，要分析招标人在开工后可能使用的计日工数量，再确定报价策略。

4. 低价格投标策略

先低价投标，而后赢得机会创造第二期工程中的竞争优势，并在以后的实施中赢利。某些施工企业其投标的目的不在于从当前的工程中获利，而是着眼于长远的发展。较长时期内，投标人没有在建的工程项目，如果再不得标，就难以维持生存。因此，虽然该工程无利可图，只要能有一定的管理费维持公司的日常运转，就可设法渡过暂时的困难，再图发展。

▌经验指导

常用的一种工程量清单报价策略是不平衡报价，即在总报价固定不变的前提下，提高某些分部分项工程的单价，同时降低另外一些分部分项工程的单价。

第八章　设计概算编制与实例

第一节　设计概算的内容和编制依据

房间装饰及楼梯第一集

扫码观看本视频

房间装饰及楼梯第二集

扫码观看本视频

一、设计概算的内容

1. 设计概算的内容

设计概算文件的编制形式应视项目情况采用三级概算编制或二级概算编制形式。对单一的、具有独立性的单项工程建设项目，可按二级编制形式直接编制总概算。建设工程总概算的内容如图 8-1 所示，单项工程综合概算的组成如图 8-2 所示，建设工程总概算的组成如图 8-3 所示。

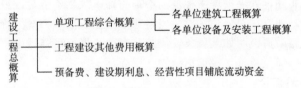

图 8-1　建设工程总概算

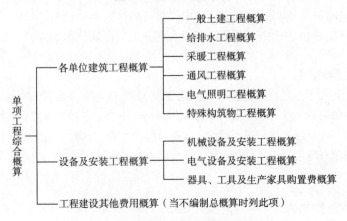

图 8-2　单项工程综合概算的组成

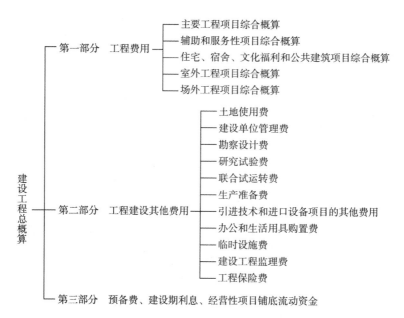

图 8-3　建设工程总概算的组成

二、设计概算编制依据

设计概算编制依据主要有：

（1）批准的可行性研究报告。

（2）设计工程量。

（3）项目涉及的概算指标或定额。

（4）国家、行业和地方政府有关法律、法规或规定。

（5）资金筹措方式。

（6）正常的施工组织设计。

（7）项目涉及的设备材料供应及价格。

（8）项目的管理（含监理）、施工条件。

（9）项目所在地区有关的气候、水文、地质地貌等自然条件。

（10）项目所在地区有关的经济、人文等社会条件。

（11）项目的技术复杂程度，以及新技术、专利使用情况等。

（12）有关文件、合同、协议等。

第二节　设计概算编制办法

一、建设项目总概算及单项工程综合概算的编制

1. 概算编制说明

概算编制说明应包括以下主要内容。

（1）项目概况：简述建设项目的建设地点、设计规模、建设性质（新

基坑、基槽、垫层

扫码观看本视频

建、扩建或改建）、工程类别、建设期（年限）、主要工程内容、主要工程量、主要工艺设备及数量等。

（2）主要技术经济指标：项目概算总投资（有引进地给出所需外汇额度）及主要分项投资、主要技术经济指标（主要单位投资指标）等。

（3）资金来源：按资金来源的不同渠道分别说明，发生资产租赁的说明租赁方式及租金。

（4）编制依据。

（5）其他需要说明的问题。

（6）附录表：建筑、安装工程工程费用计算程序表；引进设备材料清单及从属费用计算表；具体建设项目概算要求的其他附表及附件。

2. 总概算表

概算总投资由工程费用、其他费用、预备费及应列入项目概算总投资中的几项费用组成。

第一部分工程费用：按单项工程综合概算组成编制，采用二级编制的按单位工程概算组成编制（图 8-1、图 8-2）。市政民用建设项目一般排列顺序：主体建（构）筑物、辅助建（构）筑物、配套系统。工业建设项目一般排列顺序：主要工艺生产装置、辅助工艺生产装置、公用工程、总图运输、生产管理服务性工程、生活福利工程、场外工程。

第二部分其他费用：一般按其他费用概算顺序列项。

第三部分预备费：包括基本预备费和价差预备费。

第四部分应列入项目概算总投资中的几项费用：建设期利息、铺底流动资金。

3. 综合概算

综合概算以单项工程所属的单位工程概算为基础，采用"综合概算表"进行编制，分别按各单位工程概算汇总成若干个单项工程综合概算。

二、单位工程概算的编制

单位工程概算是编制单项工程综合概算（或项目总概算）的依据，单位工程概算项目根据单项工程中所属的每个单体按专业分别编制。

单位工程概算一般分建筑工程、设备及安装工程两大类。建筑工程概算费用内容及组成按照《建筑安装工程费用项目组成》确定，按构成单位工程的主要分部分项工程编制，根据初步设计工程量按工程所在省、市、自治区颁发的概算定额（指标）或行业概算定额（指标），以及工程费用定额计算。以房屋建筑为例，根据初步设计工程量按工程所在省、市、自治区颁发的概算定额（指标）分土石方工程、基础工程、墙壁工程、梁柱工程、楼地面工程、门窗工程、屋面工程、保温防水工程、室外附属工程、装饰工程等项编制概算，编制深度应达到《建设工程工程量清单计价规范》的要求。

设备及安装工程概算由设备购置费和安装工程费组成。定型或成套设备购置费＝设备出厂价格＋运输费＋采购保管费。非标准设备原价有多种不同的计算方法，如综合单价法、成本计算估价法、系列设备插入估价法、分部组合估价法、定额估价法等。工具、器具及生产家具购置费一般以设备购置费为计算基数，按照部门或行业规定的工具、器具及生产家具费率计算。设备及安装工程概算采用"设备及安装工程概算表"形式，按构成单位工程的主要分部分项工程编制，根据初步设计工程量按工程所在省、市、自治区颁发的概算定额（指标）或行业概算定额（指标），以及工程费用定额计算。概算编制深度可参照《建筑安装工程工程量清单计价规范》深度执行。

三、建筑工程概算的编制方法

编制建筑单位工程概算一般有扩大单价法、概算指标法两种，可根据编制条件、依据和要求的不同适当选取。对于通用结构建筑可采用"造价指标"编制概算；对于特殊或重要的建构筑物，必须按构成单位工程的主要分部分项工程编制，必要时结合施工组织设计进行详细计算。

1. 扩大单价法

首先根据概算定额编制成扩大单位估价表（概算定额基价）。概算定额一般以分部工程为对象，包括分部工程所含的分项工程，完成某单位分部工程所消耗的各种材料人工、机具的数量额度，以及相应的费用。扩大单位估价表是确定单位工程中各扩大分部分项工程或完整的结构构件所需全部材料费、人工费、施工机具使用费之和的文件。计算公式为：

概算定额基价＝概算定额单位材料费＋概算定额人工费
　　　　　　＋概算定额单位施工机具使用费
　　　　　＝∑（概算定额中材料消耗量×材料预算价格）
　　　　　＋∑（概算定额中人工工日消耗量×人工工资单价）
　　　　　＋∑（概算定额中施工机具台班消耗量×机具台班费用单价）　　（8-1）

将扩大分部分项工程的工程量×扩大单位估价进行计算。其中工程量的计算，必须按概算定额中规定的各个分部分项工程内容，遵循定额中规定的计量单位、工程量计算规则及方法来进行。完整的编制步骤为：

（1）根据初步设计图纸和说明书，按概算定额中划分的项目计算工程量。

（2）根据计算的工程量套用相应的扩大单位估价，计算出材料费、人工费、施工机械使用费三者之和。

（3）根据有关取费标准计算企业管理费、规费、利润和税金。

（4）将上述各项费用累加，其和为建筑工程概算造价。

采用扩大单价法编制建筑工程概算比较准确，但计算较烦琐。在套用扩大单位估价表时，若所在地区的工资标准及材料预算价格与概算定额不符，则需要重新编制扩大单位估价或测定系数加以修正。

当初步设计达到一定深度、建筑结构比较明确时，可采用这种方法编制建筑工程概算。

2. 概算指标法

由于设计深度不够等原因，对一般附属、辅助和服务工程等项目，以及住宅和文化福利工程项目或投资比较小、比较简单的工程项目，可采用概算指标法编制概算。

概算指标是比概算定额更综合和简化的综合造价指标。一般以单位工程或分部工程为对象，包括所含的分部工程或分项工程，完成某计量单位的单位工程或分部工程所需的直接费用。通常以每 100m^2 建筑面积或每 1000m^3 建筑体积的人工、材料消耗以及施工机具消耗指标，结合本地的工资标准、材料预算价格计算人工费、材料费、施工机具使用费。

其具体步骤如下：

（1）计算单位建筑面积或体积（以 100 或 1 000 为单位）的人工费、材料费、施工机具使用费。

（2）计算单位建筑面积或体积的企业管理费、利润、规费、税金及概算单价。概算单价为各项费用之和。

（3）计算单位工程概算价值：

概算价值＝单位工程建筑面积或建筑体积×概算单价

（4）计算技术经济指标。

当设计对象结构特征与概算指标的结构特征局部有差别时，可用修正概算指标，再根据已计算的建筑面积或建筑体积×修正后的概算指标及单位价值，算出工程概算价值。

四、设备及安装工程概算的编制

设备及安装工程分为机械设备及安装工程和电气设备及安装工程两部分。设备及安装工程的概算由设备购置费和安装工程费两部分组成。

设备安装工程概算编制的基本方法有以下几种。

（1）预算单价法。当初步设计有详细设备清单时，可直接按预算单价（预算定额单价）编制设备安装工程概算。根据计算的设备安装工程量×安装工程预算单价，经汇总求得。

用预算单价法编制概算，计算比较具体，精确性较高。

（2）扩大单价法。当初步设计的设备清单不完备，或仅有成套设备的重量时，可采用主体设备，成套设备或工艺线的综合扩大安装单价编制概算。

（3）概算指标法。当初步设计的设备清单不完备，或安装预算单价及扩大综合单价不全，无法采用预算单价法和扩大单价法时，可采用概算指标编制概算。

第三节　设计概算的审查

一、概算文件的质量要求

设计概算文件编制必须建立在正确、可靠、充分的编制依据基础之上。

设计概算文件编制人员应与设计人员密切配合，以确保概算的质量，项目设计负责人和概算负责人应对全部设计概算的质量负责。有关的设计

土建模型补充

扫码观看本视频

概算文件编制人员应参与设计方案的讨论，与设计人员共同做好方案的技术经济比较工作，以选出技术先进、经济合理的最佳设计方案。设计人员要坚持正确的设计指导思想，树立以经济效益为中心的观念，严格按照批准的可行性研究报告或立项批文所规定的内容及控制投资额度进行限额设计，并严格按照规定要求，提出满足概算文件编制深度的设计技术资料。设计概算文件编制人员应对投资的合理性负责，杜绝不合理的人为增加或减少投资额度。

设计单位完成初步设计概算后发送发包人，发包人必须及时组织力量对概算进行审查，并提出修改意见反馈设计单位。由设计、建设双方共同核实取得一致意见后，由设计单位进行修改，再随同初步设计一并报送主管部门审批。

概算负责人、审核人、审定人应由国家注册造价工程师担任，具体规定由省、市建委或行业造价主管部门制定。

设计概算应按编制时项目所在地的价格水平编制，总投资应完整地反映编制时建设项目的实际投资；设计概算应考虑建设项目施工条件等因素对投资的影响；还应按项目合理工期预测建设期价格水平，以及资产租赁和贷款的时间价值等动态因素对投资的影响；建设项目总投资还应包括铺底流动资金。

二、设计概算的审查内容

1. 审查设计概算的编制依据

（1）合法性审查。采用的各种编制依据必须经过国家或授权机关的批准，符合国家的编制规定。未经过批准的不得以任何借口采用，不得强调特殊理由擅自提高费用标准。

（2）时效性审查。对定额、指标、价格、取费标准等各种依据，都应根据国家有关部门的现行规定执行。对颁发时间较长、已不能全部适用的应按有关部门做的调整系数执行。

（3）适用范围审查。各主管部门、各地区规定的各种定额及其取费标准均有其各自的适用范围，特别是各地区的材料预算价格区域性差别较大，在审查时应给予高度重视。

2. 审查设计概算构成内容

由于单位工程概算是设计概算的主要组成部分，这里主要介绍单位工程设计概算构成的审查。

1）建筑工程概算的审查。

（1）工程量审查。根据初步设计图纸、概算定额、工程量计算规则的要求进行审查。

（2）采用的定额或指标的审查。审查定额或指标的使用范围、定额基价、指标的调整、定额或指标缺项的补充等。其中，审查补充的定额或指标时，其项目划分、内容组成、编制原则等须与现行定额水平相一致。

（3）材料预算价格的审查。以耗用量最大的主要材料作为审查的重点，同时着重审查材料原价、运输费用及节约材料运输费用的措施。

（4）各项费用的审查。审查各项费用所包含的具体内容是否重复计算或遗漏、取费标准是否符合国家有关部门或地方规定的标准。

2）设备及安装工程概算的审查。

设备及安装工程概算审查的重点是设备清单与安装费用的计算。

（1）标准设备原价，应根据设备所被管辖的范围，审查各级规定的统一价格标准。

（2）非标准设备原价，除审查价格的估算依据、估算方法外还要分析研究非标准设备估价准确度的有关因素及价格变动规律。

（3）设备运杂费审查，需注意：若设备价格中已包括包装费和供销部门手续费时不应重复计算，应相应降低设备运杂费率。

（4）进口设备费用的审查，应根据设备费用各组成部分及国家设备进口、外汇管理、海关、税务等有关部门不同时期的规定进行。

（5）设备安装工程概算的审查，除编制方法、编制依据外，还应注意审查：①采用预算单价或扩大综合单价计算安装费时的各种单价是否合适、工程量计算是否符合规则要求、是否准确无误；②当采用概算指标计算安装费时采用的概算指标是否合理、计算结果是否达到精度要求；③审查所需计算安装费的设备数量及种类是否符合设计要求，避免某些不需安装的设备安装费计入在内。

三、审查设计概算的方法

设计概算审查一般采用集中会审的方式进行。根据审查人员的业务专长分组，将概算费用进行分解，分别审查，最后集中讨论定案。

设计概算审查是一项复杂而细致的技术经济工作，审查人员既应懂得有关专业技术知识，又应具有熟练编制概算的能力，可按如下步骤进行。

1. 概算审查的准备

概算审查的准备工作包括了解设计概算的内容组成、编制依据和方法；了解建设规模、设计能力和工艺流程；熟悉设计图纸和说明书，掌握概算费用的构成和有关技术经济指标；明确概算各种表格的内涵；收集概算定额、概算指标、取费标准等有关规定的文件资料等。

2. 进行概算审查

根据审查的主要内容，分别对设计概算的编制依据、单位工程设计概算、综合概算、总概算进行逐级审查。

3. 进行技术经济对比分析

利用规定的概算定额或指标以及有关的技术经济指标与设计概算进行分析对比，根据设计和概算列明的工程性质、结构类型、建设条件、费用构成、投资比例、占地面积、生产规模、建筑面积、设备数量、造价指标、劳动定员等与国内外同类型工程规模进行对比分析，找出与同类型项目的主要差距。

4. 调查研究

对概算审查中出现的问题要在对比分析、找出差距的基础上深入现场进行实际调查研究。了解设计是否经济合理、概算编制依据是否符合现行规定和施工现场实际、有无扩大规模、多估投资或预留缺口等情况，并及时核实概算投资。对于当地没有同类型的项目而不能进行对比分析时，可向国内同类型企业进行调查，收集资料，作为审查的参考。经过会审决定的定案问题应及时调整概算，并经原批准单位下发文件。

5. 概算调整

对审查过程中发现的问题要逐一理清，对建成项目的实际成本和有关数据资料等进行整理调整并积累相关资料。

设计概算投资一般应控制在立项批准的投资控制额以内。如果设计概算值超过控制额，必须修改设计或重新立项审批，设计概算批准后不得任意修改和调整。如需修改或调整时，须经原批准部门重新审批。

第四节　设计概算实例

【例 8-1】假设新建单身宿舍一座，其建筑面积为 3 500m²，按概算指标和地区材料预算价格等算出综合单价 738 元/m²，其中：一般土建工程 640 元/m²，采暖工程 32 元/m²，给排水工程 36 元/m²，照明工程 30 元/m²。但新建单身宿舍设计资料与概算指标相比较，其结构构件有部分变更。设计资料表明，外墙为 1.5 砖外墙，而概算指标中外墙为墙。根据当地土建工程预算定额计算，外墙带形毛石基础的综合单价为 147.87m³，1 砖外墙的综合单价为 177.10m³，1.5 砖外墙的综合单价为 178.08m³；概算指标中每 100m² 中含外墙带形毛石基础为 18m³，砖外墙为 5m³ 新建工程设计资料表明，100m² 中含外墙带形毛石基础为 19.6m³，1.5 砖外墙为 61.2m³。请计算调整后的概算综合单价和新建宿舍的概算造价。

解：土建工程中对结构构件的变化和单价调整见表 8-1。

表 8-1 结构变化引起的单价调整

序号	结构名称	单位	数量（每100m² 含量）	单价（元）	合价（元）
	土建工程单位面积造价				640
	换出部分				
1	外墙带形毛石基础	m³	18	147.87	2 661.66
2	1 砖外墙	m³	46.5	177.10	8 235.15
	合计	元			10 896.81
	换入部分				
3	外墙带形毛石基础	m³	19.6	147.87	2 898.25
4	1.5 砖外墙	m³	61.2	178.08	10 898.5
	合计				13 796.75
单位造价修正系数：640－10 896.81/100＋13 796.75/100＝669（元）					

其他的单价指标都不变，因此经调整后的概算综合单价 669＋32＋36＋30＝767（元/m²）。

新建宿舍的概算造价＝767×3 500＝2 684 500（元）。

【例 8-2】某地拟建一工程，与其类似的已完工程单方工程造价为 4 500 元/m²，其中人工、材料、施工机具使用费分别占工程造价的 15％、55％、10％，拟建工程地区与类似工程地区人工材料、施工机具使用费差异系数分别为 1.05、1.03 和 0.98。假定以人、材、机费用之和为基数取费，综合费率为 25％，用类似工程预算法计算的拟建工程适用的综合单价。

解：先使用调差系数计算出拟建工程的工料单价。

类似工程的工料单价＝4 500×80％＝3 600（元/m²）

在类似工程的工料单价中，人工、材料、施工机具使用费的比重分别为 18.75％、68.75％和 12.5％。

拟建工程的工料单价＝3 600×（18.75％×1.05＋68.75％×1.03＋12.5％×0.98）

＝3 699（元/m²）

则拟建工程适用的综合单价＝3 699×（1＋25％）

＝4 623.75（元/m²）

第九章　施工图预算编制与实例

第一节　施工图预算的计价模式与作用

措施费

扫码观看本视频

一、施工图预算的计价模式

施工图预算是以施工图设计文件为主要依据，按照规定的程序、方法和依据，在施工招投标阶段编制的预测工程造价的文件。

按预算造价的计算方式和管理方式的不同，施工图预算可以划分为以下两种计价模式。

1. 传统计价模式

传统计价模式是采用国家、部门或地区统一规定的定额和取费标准进行工程计价的模式，通常也称为定额计价模式。发包人和承包人均先根据预算定额中的工程量计算规则计算工程量，再根据定额单价（单位估价表）计算出对应工程所需的人料机费用、管理费用及利润和税金等，汇总得到工程造价。

传统计价模式对我国建设工程的投资计划管理和招投标起到过很大的作用，但其计价模式的工、料、机消耗量是根据"社会平均水平"综合测定，取费标准是根据不同地区价格水平的平均测算，企业自主报价的空间很小，不能结合项目具体情况、自身技术管理水平和市场价格自主报价，也不能满足招标人对建筑产品质优价廉的要求。同时，由于工程量计算由招投标的各方单独完成，计价基础不统一，不利于招标工作的规范性。在工程完工后，工程结算烦琐，容易引起争议。

2. 工程量清单计价模式

工程量清单计价模式是指按照建设工程工程量计算规范规定的工程量计算规则，由招标人提供工程量清单和有关技术说明，投标人根据自身实力，按企业定额、资源市场单价以及市场供求及竞争状况进行施工图预算的计价模式。

二、施工图预算的作用

1. 施工图预算对发包人的作用

（1）施工图预算是施工图设计阶段确定建设项目造价的依据。

（2）施工图预算是编制招标控制价的基础。

（3）施工图预算是发包人在施工期间安排建设资金计划和使用建设资金的依据。

（4）施工图预算是发包人采用经审定批准的施工图纸及其预算方式发包形成的总价合同时，按约定工程计量的形象目标或时间节点进行计量、拨付进度款及办理结算的依据。

2. 施工图预算对承包人的作用

（1）施工图预算是确定投标报价的依据。在竞争激烈的建筑市场，承包人需要根据施工图预算造价，结合企业的投标策略，确定投标报价。

（2）施工图预算是承包人进行施工准备的依据，是承包人在施工前组织材料、机具、设备及劳动力供应的重要参考，是承包人编制进度计划、统计完成工作量、进行经济核算的参考依据。施工图预算的工、料、机分析，为承包人材料购置、劳动力及机具和设备的配备提供参考。

（3）施工图预算是控制施工成本的依据。根据施工图预算确定的中标价格是施工企业收取工程款的依据，企业只有合理利用各项资源，采取技术措施、经济措施和组织措施降低成本，将成本控制在施工图预算以内，企业才能获得良好的经济效益。

3. 施工图预算对其他方面的作用

（1）施工图预算编制的质量好坏，体现了工程咨询企业为委托方提供服务的业务水平、素质和信誉。

（2）施工图预算是工程造价管理部门监督检查企业执行定额标准情况、确定合理的工程造价、测算造价指数及审定招标工程标底的依据。

（3）施工图预算是仲裁、管理、司法机关在处理合同经济纠纷时的重要依据。

第二节　施工图预算的编制内容与依据

一、施工图预算的编制内容

根据《建设项目施工图预算编审规程》（CECA/GC 52010），施工图预算的构成如图9-1所示。

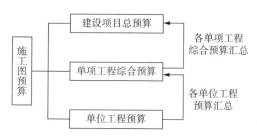

图9-1　施工图预算构成图

施工图预算根据建设项目实际情况可采用三级预算编制或二级预算编制形式。当建设项目有多个单项工程时，应采用三级预算编制形式，三级预算编制形式由建设项目总预算、单项工程综合预算、单位工程预算组成。当建设项目只有一个单项工程时，应采用二级预算编制形式，二级预算编制形式由建设项目总预算和单位工程预算组成。

1. 建设项目总预算

建设项目总预算是反映施工图设计阶段建设项目投资总额的造价文件，是施工图预算文件的主要组成部分。总预算由组成该建设项目的各个单项工程综合预算和相关费用组成。

2. 单项工程综合预算

单项工程综合预算是反映施工图设计阶段一个单项工程（设计单元）造价的文件，是总预算的组成部分。单项工程综合预算由构成该单项工程的各个单位工程施工图预算组成。

3. 单位工程预算

单位工程预算是依据单位工程施工图设计文件、现行预算定额以及人工、材料和施工机具台班价格等，按照规定的计价方法编制的工程造价文件。

4. 工程预算文件的内容

采用三级预算编制形式的工程预算文件包括：封面、签署页及目录、编制说明、总预算表、综合预算表、单位工程预算表、附件等内容。

采用二级预算编制形式的工程预算文件包括：封面、签署页及目录、编制说明、总预算表、单位工程预算表、附件等内容。

各表格形式详见《建设项目施工图预算编审规程》（CECA/GC 5-2010）。

二、施工图预算的编制依据

（1）国家、行业和地方政府发布的计价依据，有关法律、法规和规定。

（2）建设项目有关文件、合同、协议等。

（3）批准的概算。

（4）批准的施工图设计图纸及相关标准图集和规范。

（5）相应预算定额和地区单位估价表。

（6）合理的施工组织设计和施工方案等文件。

（7）项目有关的设备、材料供应合同、价格及相关说明书。

（8）项目所在地区有关的气候、水文、地质地貌等的自然条件。

（9）项目的技术复杂程度，以及新技术、专利使用情况等。

（10）项目所在地区有关的经济、人文等社会条件。

（11）建筑工程费用定额和各类成本与费用价差调整的有关规定。

（12）造价工作手册及有关工具书。

第三节　施工图预算的编制方法

一、单位工程施工图预算的编制

单位工程施工图预算的编制是编制各级预算的基础。单位工程预算包括单位建筑工程预算和单位设备及安装工程预算。

《建设项目施工图预算编审规程》（CECA/GC 5-2010）中给出的单位工程施工图预算的编制方法，如图 9-2 所示。

1. 单价法

1）定额单价法。

定额单价法（也称为预算单价法、定额计价法）是用事先编制好的分项工程的单位估价表来编制施工图预算的方法。按施工图及计算规则计算的各分项工程的工程量×相应工料机单价，汇总相加，得到单位工程的人工费、材料费、施工机具使用费之和；再加上按规定程序计算出企业管理费、利润、措施费、其他项目费、规费、税金，便可得出单位工程的施工图预算造价。

图 9-2　施工图预算的编制方法

定额单价法编制施工图预算的基本步骤如下。

（1）编制前的准备工作。

编制施工图预算，不仅应严格遵守国家计价法规、政策，严格按图纸计量，还应考虑施工现场条件因素。因此，必须事前做好充分准备。准备工作主要包括两个方面：一是组织准备；二是资料的收集和现场情况的调查。

（2）熟悉图纸和预算定额以及单位估价表。

图纸是编制施工图预算的基本依据。熟悉图纸不但要弄清图纸的内容，还应对图纸进行审核。

①图纸相关尺寸是否有误。

②设备与材料表上的规格、数量是否与图示相符，详图、说明、尺寸和其他符号是否正确等，若发现错误应及时纠正。

③图纸是否有设计更改通知（或类似文件）。

通过对图纸的熟悉，要了解工程的性质、系统的组成，设备和材料的规格型号和品种，以及有无新材料、新工艺的采用。

预算定额和单位估价表是编制施工图预算的计价标准，对其适用范围、工程量计算规则及定额系数等都要充分了解，做到心中有数，这样才能使预算编制准确、迅速。

（3）了解施工组织设计和施工现场情况。

要熟悉与施工安排相关的内容。例如各分部分项工程的施工方法，土方工程中余土外运使用的工具、运距，施工平面图对建筑材料、构件等堆放点到施工操作地点的距离等，以便能正确计算工程量和正确套用或确定某些分项工程的基价。

（4）划分工程项目和计算工程量。

①划分工程项目。划分的工程项目必须和定额规定的项目一致，这样才能正确地套用定额。不能重复列项计算，也不能漏项少算。

②计算并整理工程量。必须按定额规定的工程量计算规则进行计算，当按照工程项目将工程量全部计算完以后，要对工程项目和工程量进行整理，即合并同类项和按序排列，为套用定额、计算人、料、机费用和进行工料分析打下基础。

工程量计算一般按如下步骤进行：

a. 根据工程内容和定额项目，列出需计算工程量的分部分项工程。

b. 根据一定的计算顺序和计算规则，列出分部分项工程量的计算式。

c. 根据施工图纸上的设计尺寸及有关数据，代入计算式进行数值计算。

d. 对计算结果的计量单位进行调整，使之与定额中相应的分部分项工程的计量单位保持一致。

（5）套单价（计算定额基价）。

即将定额子项中的基价填于预算表单价栏内，并将单价×工程量得出合价，将结果填入合价栏。在进行套价时，需注意以下几项内容：

①分项工程的名称、规格、计量单位与预算单价或单位估价表中所列内容完全一致时，可以直接套用预算单价。

②分项工程的主要材料品种与预算单价或单位估价表中规定材料不一致时，不能直接套用预算单价，需要按实际使用材料价格换算预算单价。

③分项工程施工工艺条件与预算单价或单位估价表不一致而造成人工、机械的数量增减时，一般调量不换价。

④分项工程不能直接套用定额、不能换算和调整时，应编制补充单位估价表。

⑤由于预算定额的时效性，在编制施工图预算时，应动态调整相应的人工、材料费用价差。

（6）工料分析。

工料分析即按分项工程项目，依据定额或单位估价表，计算人工和各种材料的实物耗量，并将主要材料汇总成表。工料分析的方法是首先从定额项目表中分别将各分项工程消耗的每项材料和人工的定额消耗量查出；再分别×该工程项目的工程量，得到分项工程工料消耗量，最后将各分项工程工料消耗量加以汇总，得出单位工程人工、材料的消耗数量。

（7）计算主材费（未计价材料费）。

因为有些定额项目（如许多安装工程定额项目）基价为不完全价格，即未包括主材费用在内。计算所在地定额基价费（基价合计）之后，还应计算出主材费，以便计算工程造价。

（8）按费用定额取费。

如不可计量的总价措施费、管理费、规费、利润、税金等应按相关的定额取费标准（或范围）合理取费。

（9）计算汇总工程造价。

将人、料、机费用及各类取费汇总，确定工程造价。

（10）复核。

对项目填列、工程量计算公式、计算结果、套用的单价、采用的取费费率、数字计算、数据精确度等进行全面复核，以便及时发现差错，及时修改，提高预算的准确性。

（11）编制说明、填写封面。

编制说明主要应写明预算所包括的工程内容范围、依据的图纸编号、承包方式、有关部门现行的调价文件号、套用单价需要补充说明的问题及其他需说明的问题等。封面应写明工程编号、工程名称、预算总造价和单方造价、编制单位名称、负责人和编制日期以及审核单位的名称、负责人和审核日期等。

2）工程量清单单价法

工程量清单单价法是指招标人按照设计图纸和国家统一的工程量计算规则提供工程数量，采用综合单价的形式计算工程造价的方法。综合单价是指完成一个规定计量单位的分部分项工程量清单项目或措施清单项目所需的人工费、材料费、施工机具使用费和企业管理费与利润，以及一定范围内的风险费用。工程量清单费用构成及计量费用计算程序如图9-3所示。

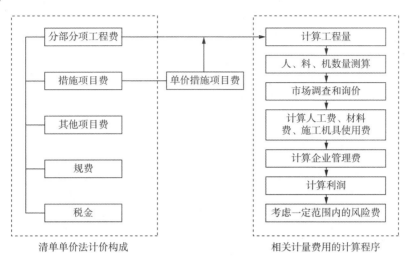

图 9-3　清单费用构成及计量费用计算程序图

2. 实物量法

实物量法编制施工图预算即依据施工图纸和预算定额的项目划分及工程量计算规则，先计算出分部分项工程量，然后套用预算定额（实物量定额）计算出各类人工、材料、机械的实物消耗量，根据预算编制期的人工、材料、机械价格，计算出人工费、材料费、施工机具使用费、企业管理费和利润，再加上按规定程序计算出的措施费、其他项目费、规费、税金，便可得出单位工程的施工图预算造价。

实物量法编制施工图预算的步骤如下：

（1）准备资料、熟悉施工图纸。

全面收集各种人工、材料、机械当时当地的实际价格，应包括不同品种、不同规格的材料预算价格，不同工种、不同等级的人工工资单价，不同种类、不同型号的机械台班单价等。要求获得的各种实际价格应全面、系统、真实、可靠。具体可参考预算单价法相应步骤的内容。

（2）计算工程量。

本步骤的内容与预算单价法相同，不再赘述。

（3）套用消耗定额，计算人料机消耗量。

定额消耗量中的"量"应是符合国家技术规范和质量标准要求、并能反映现行施工工艺水平的分项工程计价所需的人工、材料、施工机具的消耗量。

根据预算人工定额所列各类人工工日的数量×各分项工程的工程量，计算出各分项工程所需各类人工工日的数量，统计汇总后确定单位工程所需的各类人工工日消耗量。同样，根据材料预算定额、机具预算台班定额分别确定出工程各类材料消耗数量和各类施工机具台班数量。

（4）计算并汇总人工费、材料费、机具使用费。

根据当时当地工程造价管理部门定期发布的或企业根据市场价格确定的人工工资单价、材料预算价格、施工机具台班单价分别与人工、材料、机具消耗量相乘，汇总即为单位工程人工费、材料费和施工机具使用费。

（5）计算其他各项费用，汇总造价。

其他各项费用的计算及汇总，可以采用与预算单价法相似的计算方法，只是有关的费率是根据当时当地建筑市场供求情况来确定。

（6）复核。

检查人工、材料、机具台班的消耗量计算是否准确，有无漏算、重算或多算；套取的定额是否正确；检查采用的实际价格是否合理。其他内容可参考预算单价法相应步骤的介绍。

（7）编制说明、填写封面。

本步骤的内容和方法与预算单价法相同。

实物量法编制施工图预算的步骤与预算单价法基本相似，但在具体计算人工费、材料费和施工机具使用费及汇总三种费用之和方面有一定区别。实物量法编制施工图预算所用人工、材料和机械台班的单价都是当时当地的实际价格，编制出的预算可较准确地反映实际水平，误差较小，适用于市场经济条件波动较大的情况。

二、单项工程综合预算的编制

单项工程综合预算造价由组成该单项工程的各个单位工程预算造价汇总而成。计算公式如下：

$$单项工程施工图预算 = \sum 单位建筑工程费用 + \sum 单位设备及安装工程费用 \quad (9\text{-}1)$$

三、建设项目总预算的编制

建设项目总预算的编制费用项目是各单项工程的费用汇总，以及经计算的工程建设其他费、预备费和建设期利息和铺底流动资金汇总而成。

三级预算编制中总预算由综合预算和工程建设其他费、预备费、建设期利息及铺底流动资金汇总而成，计算公式如下：

$$总预算 = \sum 单项工程施工图预算 + 工程建设其他费 + 预备费 +$$
$$建设期利息 + 铺底流动资金 \quad (9\text{-}2)$$

二级预算编制中总预算由单位工程施工图预算和工程建设其他费、预备费、建设期贷款利息及铺底流动资金汇总而成，计算公式为：

$$总预算 = \sum 单位建筑工程费用 + \sum 单位设备及安装工程费用 +$$
$$工程建设其他费 + 预备费 + 建设期利息 + 铺底流动资金 \quad (9\text{-}3)$$

四、调整预算的编制

工程预算批准后，一般不得再调整。但若发生重大设计变更、政策性调整及不可抗力等原因造成的可以调整。

调整预算编制深度与要求、文件组成及表格形式同原施工图预算。调整预算还应对工程预算调整的原因做详尽分析说明，所调整的内容在调整预算总说明中要逐项与原批准预算对比，并编制调整前后预算对比表，分析主要变更原因。在上报调整预算时，应同时提供有关文件和调整依据。

第四节　施工图预算的审查

一、施工图预算审查的基本规定

施工图预算文件的审查，应当委托具有相应资质的工程造价咨询机构进行。

从事建设工程施工图预算审查的人员，应具备相应的执业（从业）资格，需要在施工图预算审查文件上签署注册造价工程师执业资格专用章或造价员从业资格专用章，并出具施工图预算审查意见报告，报告要加盖工程造价咨询企业的公章和资格专用章。

二、审查施工图预算的内容

（1）审查施工图预算的编制是否符合现行国家、行业、地方政府有关法律、法规和规定要求。

（2）审查工程量计算的准确性、工程量计算规则与计价规范规则或定额规则的一致性。工程量是确定建筑安装工程造价的决定因素，是预算审查的重要内容。工程量审查中常见的问题如下：

①多计工程量。计算尺寸以大代小，按规定应扣除的不扣除。

②重复计算工程量，虚增工程量。

③项目变更后，该减的工程量未减。

④未考虑施工方案对工程量的影响。

（3）审查在施工图预算的编制过程中，各种计价依据使用是否恰当，各项费率计取是否正确。审查依据主要有施工图设计资料、有关定额、施工组织设计、有关造价文件规定和技术规范、规程等。

（4）审查各种要素市场价格选用、应计取的费用是否合理。

预算单价是确定工程造价的关键因素之一，审查的主要内容包括单价的套用是否正确，换算是否符合规定，补充的定额是否按规定执行。

根据现行规定，除规费、措施费中的安全文明施工费和税金外，企业可以根据自身管理水平自主确定费率。因此，审查各项应计取费用的重点是费用的计算基础是否正确。

除建筑安装工程费用组成的各项费用外，还应列入调整某些建筑材料价格变动所发生的材料差价。

（5）审查施工图预算是否超过概算以及进行偏差分析。

三、审查施工图预算的方法

1. 逐项审查法

逐项审查法又称全面审查法，即按定额顺序或施工顺序，对各项工程细目逐项全面详细审查的一种方法。其优点是全面、细致，审查质量高、效果好。缺点是工作量大，时间较长。这种方法适合于一些工程量较小、工艺比较简单的工程。

2. 标准预算审查法

标准预算审查法就是对利用标准图纸或通用图纸施工的工程，先集中力量编制标准预算，以此为准来审查工程预算的一种方法。按标准设计图纸施工的工程，一般上部结构和做法相同，只是根据现场施工条件或地质情况不同，仅对基础部分做局部改变。凡这样的工程，以标准预算为准，对局部修改部分单独审查即可，不需逐一详细审查。该方法的优点是时间短、效果好、易定案。其缺点是适用范围小，仅适用于采用标准图纸的工程。

3. 分组计算审查法

分组计算审查法就是把预算中有关项目按类别划分若干组，利用同组中的一组数据审查分项工程量的一种方法。这种方法首先将若干分部分项工程按相邻且有一定内在联系的项目进行编组，利用同组分项工程间具有相同或相近计算基数的关系，审查一个分项工程数，由此判断同组中其他几个分项工程的准确程度。如一般的建筑工程中将底层建筑面积可编为一组。先计算底层建筑面积或楼（地）面面积，从而得知楼面找平层、天棚抹灰的工程量等，依次类推。该方法特点是审查速度快、工作量小。

4. 对比审查法

对比审查法是当工程条件相同时，用已完工程的预算或未完但已经过审查修正的工程预算对比审查拟建工程的同类工程预算的一种方法。采用该方法一般须符合下列条件：

（1）拟建工程与已完或在建工程预算采用同一施工图，但基础部分和现场施工条件不同，则相同部分可采用对比审查法。

（2）工程设计相同，但建筑面积不同，两个工程的建筑面积之比与两个工程各分部分项工程量之比大体一致。此时可按分项工程量的比例，审查拟建工程各分部分项工程的工程量，或用两个工程每平方米建筑面积造价、每平方米建筑面积的各分部分项工程量对比进行审查。

（3）两个工程面积相同，但设计图纸不完全相同，则相同的部分，如厂房中的柱子、层架、层面、砖墙等，可进行工程量的对照审查。对不能对比的分部分项工程可按图纸计算。

5. 筛选审查法

筛选是能较快发现问题的一种方法。建筑工程虽面积和高度不同，但其各分部分项工程的单位建筑面积指标变化却不大。将这样的分部分项工程加以汇集、优选，找出其单位建筑面积工程量、单价、用工的基本数值，归纳为工程量、价格、用工三个单方基本指标，并注明基本指标的适用范围。这些基本指标用来筛选各分部分项工程，对不符合条件的应进行详细审查，若审查对象的预算标准与基本指标的标准不符，就应对其进行调整。

筛选审查法的优点是简单易懂，便于掌握，审查速度快，便于发现问题，但问题出现的原因尚需继续审查。该方法适用于审查住宅工程或不具备全面审查条件的工程。

6. 重点审查法

重点审查法就是抓住施工图预算中的重点进行审核的方法。审查的重点一般是工程量大或者造价较高的各种工程、补充定额、计取的各种费用（计费基础、取费标准）等。重点审查法的优点是突出重点，审查时间短、效果好。

应当注意的是，除了逐项审查法之外，其他各种方法应注意综合运用，单一使用某种方法可能会导致审查不全面或者漏项。例如，可以在筛选的基础上，对重点项目或者筛选中发现有问题的子项进行重点审查。

四、审查施工图预算的步骤

1. 审查前准备工作

（1）熟悉施工图纸。施工图纸是编制与审查预算的重要依据，必须全面熟悉了解。

（2）根据预算编制说明，了解预算包括的工程范围。如配套设施、室外管线、道路以及会审图纸后的设计变更等。

（3）弄清所用单位估价表的适用范围，搜集并熟悉相应的单价、定额资料。

2．选择审查方法、审查相应内容

工程规模、繁简程度不同，编制施工图预算的繁简和质量就不同，应选择适当的审查方法进行审查。

3．整理审查资料并调整定案

综合整理审查资料，同编制单位交换意见，定案后编制调整预算。经审查若发现差错，应与编制单位协商，统一意见后进行相应增加或核减的修正。

第五节　施工图预算综合实例

【例 9-1】某市一住宅楼土建工程，该工程主体设计采用七层轻框架结构、钢筋混凝土筏式基础，建筑面积为 7 670.22m²，限于篇幅，现取其基础部分来说明工料单价法编制施工图预算的过程。表 9-1 是该住宅采用工料单价法编制的单位工程（基础部分）施工图预算表。该单位工程预算是采用该市当时的建筑工程预算定额及单位估价表编制的。

表 9-1　某住宅楼建筑工程基础部分预算书（工料单价法）

工程定额编号	工程或费用名称	计量单位	工程量	价值（元）	
				单价	合价
（1）	（2）	（3）	（4）	（5）	（6）
1042	平整场地	m²	1 393.59	3.04	4 236.51
1063	挖土机挖土（砂砾坚土）	m³	2 781.73	9.74	27 094.05
1092	干铺土石屑层	m³	892.68	145.8	130 152.74
1090	C10 混凝土基础垫层（10cm 内）	m³	110.03	388.78	42 777.46
5006	C20 带形钢筋混凝土基础（有梁式）	m³	372.32	1 103.66	410 914.69
5014	C20 独立式钢筋混凝土基础	m³	43.26	929	40 183.54
5047	C20 矩形钢筋混凝土柱（1.8m 外）	m³	9.23	599.72	5 535.42
13002	矩形柱与异形柱差价	元	61.00		61.00
3001	M5 砂浆砌砖基础	m³	34.99	523.17	18 305.72
5003	C10 带形无筋混凝土基础	m³	54.22	423.23	22 947.53
4028	满堂脚手架（3.6m 内）	m²	370.13	11.06	4 093.64
1047	槽底扦杆	m²	1 233.77	6.65	8 204.57
1040	回填土（夯填）	m³	1 260.94	30	37 828.20
3004	基础抹隔潮层（有防水粉）	元	130.00		130.00
	人、材、机费小计				752 370.07

注：其他各项费用在土建工程预算书汇总时计列。

355

【例9-2】仍以前面工料单价法所举某市七层轻框架结构住宅为例，说明用实物量法编制施工图预算的过程，结果见表9-2～表9-3。

表9-2　某住宅建筑工程基础部分预算书（实物量法）人工实物量汇总表

项目编号	工程或费用名称	计量单位	工程量	人工实物量	
				单位用量	合计用量
1	平整场地	m²	1 393.59	0.058	80.828 2
2	挖土机挖土（砂砾坚土）	m³	2 781.73	0.029 8	82.895 6
3	干铺土石屑层	m³	892.68	0.444	396.349 9
4	C10 混凝土基础垫层（10cm 内）	m³	110.03	2.211	243.276 3
5	C20 带形钢筋混凝土基础（有梁式）	m³	372.32	2.097	780.755 0
6	C20 独立式钢筋混凝土基础	m³	43.26	1.813	78.430 4
7	C20 矩形钢筋混凝土柱（1.8m 外）	m³	9.23	6.323	58.361 3
8	矩形柱与异形柱差价	元	61.00		
9	M5 砂浆砌砖基础	m³	34.99	1.053	36.844 5
10	C10 带形无筋混凝土基础	m³	54.22	1.8	97.596 0
11	满堂脚手架（3.6m 内）	m²	370.13	0.093 2	34.496 1
12	槽底扦杆	m²	1 233. 77	0.057 8	71.311 9
13	回填土（夯填）	m³	1 260. 94	0.22	277.406 8
14	基础抹隔潮层（有防水粉）	元	130. 00		
	合计				2 238.55

表9-3　机具台班实物量汇总表

项目编号	工程或费用名称	计量单位	工程量	蛙式打夯机（台班）		挖土机（台班）		推土机（台班）		其他机械费（元）	
				单位用量	合计用量	单位用量	合计用量	单位用量	合计用量	单位用量	合计用量
1	平整场地	m²	1 393.59								
2	挖土机挖土（砂砾坚土）	m³	2 781.73			0.024	66.76	0.001	2.78		
3	干铺土石屑层	m³	892.68	0.024	21.42						
4	C10 混凝土基础垫层（10cm 内）	m³	110.03							3.68	404.91
5	C20 带形钢筋混凝土基础（有梁式）	m³	372.32							5.53	2 058.93

续表

项目编号	工程或费用名称	计量单位	工程量	机械实物量							
				蛙式打夯机（台班）		挖土机（台班）		推土机（台班）		其他机械费（元）	
				单位用量	合计用量	单位用量	合计用量	单位用量	合计用量	单位用量	合计用量
6	C20 独立式钢筋混凝土基础	m³	43.26							4.90	211.97
7	C20 矩形钢筋混凝土柱（1.8m 外）	m³	9.23							17.19	158.66
8	矩形柱与异形柱差价	元	61.00								
9	M5 砂浆砌砖基础	m³	34.99							0.61	21.34
10	C10 带形无筋混凝土基础	m³								4.60	249.40
11	满堂脚手架（3.6m 内）	m²	370.13							0.093 2	33.31
12	槽底扦杆	m²	1 233.77								
13	回填土（夯填）	m³	1 260.94	0.059	74.40						
14	基础抹隔潮层（有防水粉）	元	130.00								
	合计				95.82		66.76		2.78		3 138.52

表 9-4 材料实物量汇总表

项目编号	工程或费用名称	计量单位	工程量	材料实物量												
				土石屑（m³）		C10 素泥凝土（m³）		C20 钢筋混凝土（m³）		M5 主体砂浆（m³）		机砖（千块）		脚手架材料费（元）		黄土（m³）
				单位用量	合计用量	单位用量	合计用量	单位用量	合计用量	单位用量	合计用量	单位用量	合计用量	单位用量	合计用量	单位用量 合计用量
1	平整场地	m²	1 393.59													
2	挖土机挖土（砂砾坚土）	m³	2 781.73													
3	干铺土石屑层	m³	892.68	1.34	1 196.19											
4	C10 混凝土基础垫层（10cm 内）	m³	110.03			1.01	111.13									
5	C20 带形钢筋混凝土基础（有梁式）	m³	372.32					1.015	377.90							
6	C20 独立式钢筋混凝土基础	m³	43.26					1.015	43.91							

续表

项目编号	工程或费用名称	计量单位	工程量	土石屑（m³）		C10素泥凝土（m³）		C20钢筋混凝土（m³）		M5主体砂浆（m³）		机砖（千块）		脚手架材料费（元）		黄土（m³）	
				单位用量	合计用量	单位用量	合计用量	单位用量	合计用量	单位用量	合计用量	单位用量	合计用量	单位用量	合计用量	单位用量	合计用量
7	C20矩形钢筋混凝土柱（1.8m外）	m³	9.23					1.015	9.37								
8	矩形柱与异形柱差价	元	61.00														
9	M5砂浆砌砖基础	m³	34.99							0.24	8.40	0.51	17.84				
10	C10带形无筋混凝土基础	m³	54.22			1.015	55.03										
11	满堂脚手架（3.6m内）	m²	370.13											0.26	96.23		
12	槽底扦杆	m²	1 233.77														
13	回填土（夯填）	m³	1 260.94													1.5	1 891.41
14	基础抹隔潮层（有防水粉）	元	130.00														
	合计			1 196.19		166.16		431.18		8.40		17.84		96.23		1 891.41	

表9-5 某住宅楼建筑工程基础部分预算书（实物量法）人工、材料、机具费用汇总表

序号	人工、材料、机具或费用名称	实物工程数量	计量单位	价值（元）	
				当时当地单价	合价
1	人工	工日	2 238.55	95.00	212 662.25
2	土石屑	m³	1 196.19	140.00	167 466.60
3	C10素混凝土	m³	166.16	345.00	57 325.20
4	C20铜筋混凝土	m³	431.18	900.00	388 062.00
5	M5主体砂浆	m³	8.40	194.97	1 637.75
6	机砖	千块	17.84	580.00	10 347.20
7	脚手架材料费	元	96.23		96.23
8	黄土	m³	1 891.41	15.00	28 371.15
9	蛙式打夯务机	台班	95.82	10.28	985.03
10	挖土机	台班	66.76	892.10	59 556.60
11	推土机	台班	2.78	452.70	1 258.51
12	其他机城费	元	3 138.52		3 138.52
14	矩形柱与异型柱差价	元	61.00		61.00
15	基础抹隔潮层费	元	130.00		130.00
	人、材、机费小计	元			931 098.04

第十章　安装工程预算编制与实例

第一节　安装工程计量

一、给排水、采暖、燃气工程计量

根据《通用安装工程工程量计算规范》（GB 50856—2013），给排水、采暖、燃气工程计量规则如下：

1. 说明

（1）给水管道室内外界限划分：以建筑物外墙皮 1.5m 为界，入口处设阀门者以阀门为界。

（2）排水管道室内外界限划分：以出户第一个排水检查井为界。

（3）采暖管道室内外界限划分：以建筑物外墙皮 1.5m 为界，入口处设阀门者以阀门为界。

（4）燃气管道室内外界限划分：地下引入室内的管道以室内第一个阀门为界，地上引入室内的管道以墙外三通为界。

（5）管道热处理、无损探伤，应按本规范"附录 H 工业管道工程"相关项目编码列项。

（6）医疗气体管道及附件，应按本规范"附录 H 工业管道工程"相关项目编码列项。

（7）管道、设备及支架除锈、刷油、保温除注明者外，应按本规范"附录 M 刷油、防腐蚀、绝热工程"相关项目编码列项。

（8）凿槽（沟）、打洞项目，应按本规范"附录 D 电气设备安装工程"相关项目编码列项。

2. 给排水、采暖、燃气工程计量规则

1）给排水、采暖、燃气管道。

本分部包括镀铸钢管、钢管、不锈钢管、铜管、铸铁管、塑料管、复合管、直埋式预制保温管、承插陶瓷缸瓦管、承插水泥管、室外管道碰头等共 11 个分项工程。

管道工程量按设计图示管道中心线长度以 m 计算；管道工程量计算不扣除阀门、管件（包括减压器、疏水器、水 、伸缩器等组成安装）及附属构筑物所占长度；方形补偿器以其所占长度列入管道安装工程量。

本部分进行工程计量时，需注意以下问题：

（1）管道安装部位，指管道安装在室内、室外。

（2）输送介质包括给水、排水、中水、雨水、热媒体、燃气、空调水等。

（3）铸铁管安装适用于承插铸铁管、球墨铸铁管、柔性抗震铸铁管等。塑料管安装适用于 UPVC、PVC、PP、PP、PE、PB 管等塑料管材。复合管安装适用于钢塑复合管、铝塑复合管、钢骨架复合管等复合型管道安装。直埋保温管包括直埋保温管件安装及接口保温。排水管道安装包括立管检查口、透气帽。

（4）管道安装工作内容包括警示带铺设。若管道室外埋设时，项目特征应按设计要求描述是否采用警示带。

（5）塑料管安装工作内容包括安装阻火圈；项目特征应描述对阻火圈设置的设计要求。

（6）室外管道碰头：

①适用于新建或扩建工程热源、水源、气源管道与原（旧）有管道碰头。

②室外管道碰头包括挖工作坑、土方回填或暖气沟局部拆除及修复。

③带介质管道碰头包括开关闸、临时放水管线铺设等费用。

④热源管道碰头每处包括供、回水两个接口。

⑤碰头形式指带介质碰头、不带介质碰头。室外管道碰头工程数量按设计图示以"处"计算。

（7）压力试验按设计要求描述试验方法，如水压试验、气压试验、泄漏性试验、闭水试验、通球试验、真空试验等。

（8）吹、洗按设计要求描述吹扫、冲洗方法，如水冲洗、消毒冲洗、空气吹扫等。

2）支架及其他。

该分部工程包括管道支吊架、设备支吊架、套管等共 3 个分项工程。

管道支架、设备支架如是现场制作，按设计图示质量以"kg"计算；如为成品支架，按设计图示数量以"套"计算。

套管的计量按设计图示数量以"个"计算。

在本部分进行工程计量时，需注意以下问题：

（1）单件支架质量 100kg 以上的管道支吊架执行设备支吊架制作安装。

（2）成品支吊架安装执行相应管道支吊架或设备支吊架项目，不再计取制作费，支吊架本身价值含在综合单价中。

（3）套管制作安装，适用于穿基础、墙、楼板等部位的防水套管、一般套管、人防密闭套管及防火套管等，应按类型分别列项。

3）管道附件。

本部分包括螺纹阀门、螺纹法阀门、焊接法阀门、带短管甲乙阀门、塑料阀门、减压器、疏水器、除污器（过滤器）、补偿器、软接头、法兰、水表、倒流防止器、热量表、塑料排水管消声器、浮标液面计、浮漂水位标尺等共 17 个分项工程。

在进行本部分清单项目计量时，计算规则均按设计图示数量，分别以"组""个""套"或"块"计算；值得注意的是法兰有"副""片"之分，分别适用于成对安装或单片安装的情况。

在本部分进行工程计量时，需注意以下问题：

（1）法兰阀门安装包括法兰连接，不得另计。阀门安装如仅为一侧法兰连接时，应在项目特征中描述。

（2）焊接法阀门，项目特征应对压力等级、焊接方法进行描述。塑料阀门连接形式需注明热熔连接、粘接、热风焊接等方式。

（3）减压器规格按高压侧管道规格描述的减压器、疏水器、水表等项目包括组成与安装工作内容，项目特征应根据设计要求描述附件配置情况，或描述根据××图集或××施工图做法。

（4）水表安装项目，用于室外井内安装时以"个"计算；用于室内安装时，以"组"计算，综合单价中包括表前阀。

4）卫生器具。

本部分主要包括浴缸，净身盆，洗脸盆，洗涤盆，化验盆，大便器，小便器，其他成品卫生器具，烘手器，淋浴器，淋浴间，桑拿浴房，大、小便槽自动冲洗水箱制作安装，给、排水附（配）件，小便槽冲洗管制作安装，蒸汽—水加热器制作安装，冷热水混合器制作安装，饮水器，隔油器等共计19个分项工程。

该部分计量时，除小便槽冲洗管制作安装工程量是按设计图示长度以"m"计算外，其余分项清单项目的计量均按设计图示数量，分别以"组""个"或"套"计算。

在本部分进行工程计量时，需注意以下问题：

（1）成品卫生器具项目中的附件安装，主要指给水附件包括水嘴、阀门、喷头等，排水配件包括存水弯、排水栓、下水口等以及配备的连接管。

（2）浴缸项目，在项目特征中描述类型，如普通、双人、按摩等；浴缸支座和浴缸周边的砌砖、瓷砖粘贴，应按《房屋建筑与装饰工程计算规范》（GB 50854—2013）相关项目编码列项；功能性浴缸不含电机接线和调试，应按《通用安装工程工程量计算规范》（GB 50856 2013）"附录D电气设备安装工程"相关项目编码列项。

（3）洗脸盆适用于洗脸盆、洗发盆、洗手盆安装。

（4）器具安装中若采用混凝土或砖基础，应按《房屋建筑与装饰工程计量规范》（GB 50854 2013）相关项目编码列项。

（5）给、排水附（配）件是指独立安装的水嘴、地漏、地面扫出口等。

5）供暖器具。

该分部工程包括铸铁散热器、钢制散热器、其他成品散热器、光排管散热器制作安装、暖风机、地板辐射采暖、热媒集配装置制作安装、集气罐制作安装等共8个分项工程。

铸铁散热器、钢制散热器和其他成品散热器3个分项工程清单项目，按设计图示数量以"组"或"片"计算。

光排管散热器制作安装，按设计图示排管长度以"m"计算。

地板辐射采暖，一是按设计图示采暖房间净面积以"m"计算；二是按设计图示管道长度以"m"计算。

暖风机、热媒集配装置及集气罐制作安装，按设计图示数量分别以"台"或"个"计算。

在本部分进行工程计量时，需注意以下问题：

（1）铸铁散热器，包括拉条制作安装。一般铸铁柱式散热器安装每组超过20片时，为增加稳定性，要在柱间穿圆铜并与墙固定（俗称"拉条"）。

（2）钢制散热器结构形式包括钢制闭式、板式、壁板式、扁管式及柱式散热器等，应分别列项计算。

（3）其他成品散热器，用于其他材质或形式散热器安装。

（4）光排管散热器，包括联管或支撑管的制作安装。

（5）地板辐射来暖，管道固定方式包括固定卡、绑扎等方式；工作内容包括与分集水器连接，保温层及钢丝网铺设以及保温层上反射膜铺设和配合地面浇注用工。

6）采暖、给排水设备。

本部分主要包括变频给水设备，稳压给水设备，无负压给水设备，气压罐，太阳能集热装置，地源（水源、气源）热泵机组，除砂器，水处理器，超声波灭藻设备，水质净化器，紫外线杀菌设备，热水器、开水炉，消毒器、消毒锅，直饮水设备，水箱制作安装等15个分项工程。

该部分清单项目的计量均按设计图示数量计算，分别以"套""组"或"台"计算。

在本部分进行工程计量时，需注意以下问题：

（1）变频给水设备、稳压给水设备、无负压给水设备项目的使用说明。

①压力容器包括气压罐、稳压罐、无负压罐。

②变频给水设备、稳压给水设备、无负压给水设备项目，项目特征中应描述主泵及备用泵主要技术参数并注明数量。

③变频给水设备、稳压给水设备、无负压给水设备项目，项目特征中的附件包括给水装置中配备的阀门、仪表、软接头，应注明数量，并含设备、附件之间管路连接。

④泵组底座安装，不包括基础砌（浇）筑，应按《房屋建筑与装饰工程计量规范》（GB 5085—2013）相关项目编码列项。

控制柜安装及电气接线、调试应按《通用安装工程工程量计算规范》（GB 50856—2013）"附录D电气设备安装工程"相关项目编码列项。

（2）地源热泵机组计量时，接管以及接管上的阀门、软接头、减震装置和基础另行计算，应按相关项目编码列项。

7）燃气器具及其他。

本部分包括燃气开水炉，燃气采暖炉，燃气沸水器、消毒器，燃气热水器，燃气表，燃气灶具，气嘴，调压器，燃气抽水缸，燃气管道调长器，调长器与阀门连接，调压箱、调压装置及引入口砌筑等共计12个分项工程。

该部分分项工程清单项目计量时，引入口砌筑项目按设计图示数量以"处"计算；其他项目均按设计图示数量分别以"台""个"或"组"计算。

在本部分进行工程计量时，需注意以下问题。

（1）沸水器、消毒器适用于容积式沸水器、自动沸水器、燃气消毒器等。

（2）燃气灶具适用于人工煤气灶具、液化石油气灶具、天然气燃气灶具等，项目特征中用途应描述民用或公用，类型应描述所采用气源。

（3）调压箱、调压装置安装部位应区分室内、室外。

（4）引入口砌筑形式，应注明地上、地下。

8）采暖、空调水工程系统调试。

该部分包括采暖工程系统调试、空调水工程系统调试2个分项工程。

采暖工程系统由采暖管道、阀门及供暖器具组成。空调水工程系统由空调水管道、阀门及冷水机组组成。

在进行采暖工程系统调试或空调水工程系统调试的计量时，分别按采暖或空调水系统计算，计量单位均为"系统"。

当采暖工程、空调水工程系统中管道工程量发生变化时，系统调试费用应做相应调整。

二、通风空调工程计量

1. 主要内容

通风空调工程共设 4 个分部、52 个分项工程。包括通风空调设备及部件制作安装、通风管道制作安装、通风管道部件制作安装、通风工程检测、调试。适用于工业与民用通风（空调）设备及部件、通风管道及部件的制作安装工程。

2. 通风空调项目计量规则

1）通风空调设备及部件制作安装。

本分部工程包括空气加热器（冷却器），除尘设备，空调器，风机盘管，表冷器，密闭门，挡水板，滤水器、溢水盘，金属亮体，过滤器，净化工作台，风淋室，洁净室，除湿机，人防过滤吸收器等共 15 个分项工程。

其中空气加热器（冷却器）、除尘设备、风机盘管、表冷器、净化工作台、风淋室、洁净室、除湿机、人防过滤吸收器等 9 个分项工程按设计图示数量，以"台"为计量单位；空调器按设计图示数量，以"台"或"组"为计量单位；密闭门、挡水板、滤水器（溢水盘）、金属壳体等 4 个分项工程，按设计图示数量，以"个"为计量单位。

过滤器的计量有两种方式，以台计量，按设计图示数量计算；以面积计量，按设计图示尺寸以过滤面积计算。

另外，在本部分进行计量时，通风空调设备安装的地脚螺栓是按设备自带考虑的。

2）通风管道制作安装。

该分部工程包括碳钢通风管道，净化通风管道，不锈钢板通风管道，铝板通风管道，塑料通风管道，玻璃钢通风管道，复合型风管，柔性软风管，弯头导流叶片，风管检查孔，温度、风量测定孔等共 11 个分项工程。

由于通风管道材质的不同，各种通风管道的计量也稍有区别。碳钢通风管道、净化通风管道、不锈钢板通风管道、铝板通风管道、塑料通风管道等 5 个分项工程在进行计量时，按设计图示内径尺寸以展开面积计算，计量单位为"m^2"；玻璃铜通风管道、复合型风管也是以"m^2"为计量单位，但其工程量是按设计图示外径尺寸以展开面积计算。

柔性软风管的计量有两种方式 以"m"计量，按设计图示中心线以长度计算；以"节"计量，按设计图示数量计算。

弯头导流叶片也有两种计量方式。它们分别是以面积计量，按设计图示以展开面积平方米计算；以"组"计量，按设计图示数量计算。

风管检查孔的计量在以"kg"计量时，按风管检查孔质量计算；以"个"计量时，按设计图示数量计算。

温度、风量测定孔按设计图示数量计算，计量单位为"个"。

在本部分进行工程计量时应注意以下问题：

（1）风管展开面积，不扣除检查孔、测定孔、送风口、吸风口等所占面积；风管长度一律以设计图示中心线长度准（主管与支管以其中心线交点划分），包括弯头、三通、变径管、天圆地方等管件的长度，但不包括部件所占的度。风管展开面积不包括风管、管口重叠部分面积。风管渐缩管：圆形风管按平均直径；矩形风管按平均周长。

（2）穿墙套管按展开面积计算，计入通风管道工程量中。

（3）通风管道的法兰垫料或封口材料，按图纸要求应在项目特征中描述。

（4）净化通风管的空气洁净度按 100000 级标准编制，净化通风管使用的型钢材料如要求镀锌时，工作内容应注明架镀锌。

（5）弯头导流叶片数量，按设计图纸或规范要求计算。

（6）风管检查孔、温度测定孔、风量测定孔数量，按设计图纸或规范要求计算。

3）通风管道部件制作安装。

本部分主要包括碳钢阀门，柔性软风管阀门，铝蝶阀，不锈钢蝶阀，塑料阀门，玻璃钢蝶阀，碳钢风口、散流器、百叶窗，不锈钢风口、散流器、百叶窗，塑料风口、散流器、百叶窗，玻璃钢风口，铝及铝合金风口、散流器，碳钢风帽，不锈钢风帽，塑料风帽，铝板伞形风帽，玻璃钢风帽，碳钢罩类，塑料罩类，柔性接口，消声器，静压箱，人防超压自动排气阀，人防手动密闭阀，人防其他部件等共 24 个分项工程。

碳钢阀门，柔性软风管阀门，铝蝶阀，不锈钢蝶阀，塑料阀门，玻璃钢蝶阀，碳钢风口、散流器、百叶窗，不锈钢风口、散流器、百叶窗，塑料风口、散流器、百叶窗，玻璃钢风口，铝及铝合金风口、散流器，碳钢风帽，不锈钢风帽，塑料风帽，铝板伞形风帽，玻璃钢风帽，碳钢罩类，塑料罩类，消声器，人防超压自动排气间，人防手动密闭阀等部分的工程量计算规则是按设计图示数量计算，以"个"为计量单位。

柔性接口按设计图示尺寸以展开面积计算，计量单位为"m²"。静压箱的计量有两种方式，以"个"计量，按设计图示数量计算；以"m²"计量，按设计图示尺寸以展开面积计算。

人防其他部件按设计图示数量计算，以"个"或"套"为计量单位。

在本部分进行工程计量时应注意以下问题：

（1）碳钢阀门包括：空气加热器上通阀、空气加热器旁通阀、圆形瓣式启动阀、风管蝶阀、风管止回阀、密闭式斜插板阀、矩形风管三通调节阀、对开多叶调节阀、风管防火阀、各型风罩调节阀等。

（2）塑料阀门包括：塑料蝶阀、塑料插板阀、各型风罩塑料调节阀。

（3）碳钢风、散流器、百叶窗包括：百叶风口、矩形送风口、矩形空气分布器、风管插板风口、旋转吹风口、圆形散流器、方形散流器、流线型散流器、送吸风口、活动算式风口、网式风口、钢百叶窗等。

（4）碳钢罩类包括：皮带防护罩、电动机防雨罩、侧吸罩、中小型零件焊接台排气罩、整体分组式槽边侧吸罩、吹吸式槽边通风罩、条缝槽边抽风罩、泥心烘炉排气罩、升降式回转排气罩、上下吸式圆形回转罩、升降式排气罩、手锻炉排气罩。

（5）塑料罩类包括：塑料槽边侧吸罩、塑料槽边风罩、塑料条缝槽边抽风罩。

（6）柔性接口包括：金属、非金属软接口及伸缩节。

（7）消声器包括：片式消声器、矿棉管式消声器、聚醋泡沫管式消声器、卡普隆纤维管式消声器、弧形声流式消声器、阻抗复合式消声器、微穿孔板消声器、消声弯头的通风部件如图纸要求制作安装或用成品部件只安装不制作，这类特征在项目特征中应明确描述。

（8）静压箱的面积计算：按设计图示尺寸以展开面积计算，不扣除开口的面积。

4）通风工程检测、调试。

该部分包括通风工程检测、调试和风管漏光试验、漏风试验 2 个分项工程。

通风工程检测、调试的计量按通风系统计算，计量单位为"系统"；风管漏光试验、漏风试验的计量按设计图纸或规范要求以展开面积计算，计量单位为"m²"。

三、电气工程计量

1. 变压器

变压器和消弧线圈安装，分型号、容量、电压、油过滤要求等，按设计图示数量以"台"为计量单位。工作内容包括本体安装，基础型钢制作、安装，油过滤，干燥，接地，网门、保护门制作、安装，补刷（喷）油漆等。变压器油如需试验、化验、色谱分析，应按措施项目相关项目编码列项。

2. 装置

断路器、真空接触器、隔离开关、负荷开关、互感器、高压熔断器、避雷器、干式电抗器、油浸电抗器、移相及串联电容器、集合式并联电容器、并联补偿电容器组架、交流滤波装置组架、高压成套配电柜、组合型成套箱式变电站等，分型号、容量、电压等级、安装条件、操作机构名称及型号、基础型钢规格、接线材质、规格、安装部位、油过滤要求以"台（个，组）"计算。

说明：

①空气断路器的储气罐及储气罐至断路器的管路按工业管道工程相关项目列项。

②干式电抗器项目适用于混凝土电抗器、铁芯于式电抗器、空心干式电抗器等。

③设备安装未包括地脚螺栓、浇注（二次灌浆、抹面），如需要按《房屋建筑与装饰工程工程量计算规范》（GB 50854—2013）列项。

3. 母线

（1）软母线、组合软母线按名称、材质、型号规格、绝缘子类型、规格，按设计图示尺寸以单相长度"m"计算（含预留长度）。

（2）带形母线按名称、型号、规格、材质、绝缘子类型、规格，穿墙套管材质、穿通板材质、规格，母线桥材质、规格，引下线材质、规格，伸缩节、过渡板材质、规格，分相漆品种，按设计图示尺寸以单相长度"m"计算（含预留长度）。

（3）槽形母线按名称、型号、规格、材质，连接设备名称、规格，分相漆品种，按设计图示尺寸以单相长度"m"计算（含预留长度）。

（4）共箱母线按名称、型号、规格、材质，按设计图示尺寸以中心线长度"m"计算。

（5）低压封闭式插接母线槽按名称、型号、规格、容量（A）、线制、安装部位，按设计图示尺寸以中心线长度"m"计算。

（6）始端箱、分线箱按名称、型号、规格、容量，按设计图示数量以"台"计算。

（7）重型母线按名称、型号、规格、容量、材质，绝缘子类型、规格，伸缩器及导板规格，按设计图示尺寸以质量"t"计算。

（8）软母线安装预留长度按表10-1计算。

表 10-1 软母线安装预留长度（m/根）

项目	耐张	跳线	引下线、设备连接线
预留长度	2.5	0.8	0.6

（9）硬母线配置安装预留长度按表10-2的规定计算。

表 10-2　硬母线配置安装预留长度（根）

序号	项目	预留长度	说明
1	带形、槽形母线终端	0.3	从最后一个支持点算起
2	带形、槽形母线与分支线连接	0.5	分支线预留
3	带形母线与设备连接	0.5	从设备端子接口算起
4	多片重形母线与设备连接	1.0	从设备端子接口算起
5	槽形母线与设备连接	0.5	从设备端子接口算起

4. 控制设备及低压电器

（1）控制屏、继电、信号屏、模拟屏、低压开关柜（屏）、弱电控制返回屏、硅整流柜、可控硅柜、低压电容器柜、自动调节励磁屏、励磁灭磁屏、蓄电池屏（柜）、直流馈电屏、事故照明切换屏、控制台、控制箱、配电箱、插座箱按名称、型号、规格、种类、基础型钢形式、规格，接线端子材质、规格，端子板外部接线材质、规格，小母线材质、规格，屏边规格、安装方式等按设计图示数量以"台"计算。

（2）箱式配电室按名称、型号、规格、种类，基础型钢形式、规格，基础规格、浇筑材质按设计图示数量以"套"计算。

（3）控制开关、低压熔断器、限位开关按设计图示数量"个"计算；控制器、接触器、磁力启动器、Y－△自耦减压启动器、电磁铁（电磁制动器）、快速自动开关、油浸频敏变阻器，端子箱、风扇按设计图示数量以"台"计算。电阻器按设计图示数量以"箱"计算。

（4）分流器、小电器、照明开关、插座、其他电器按名称、型号、规格、种类、容量（A）等，按设计图示数量以"个（套、台）"计算。

说明：

①控制开关包括自动空气开关、刀型开关、铁壳开关、胶盖刀闸开关、组合控制开关、万能转换开关、风机盘管速开关、漏电保护开关等。

②小电器包括按钮、电笛、电铃、水位电气信号装置、测量表计、继电器、电磁锁、屏上辅助设备、辅助电压互感器、小型安全变压器等。

③其他电器安装指本节未列的电器项目。

④其他电器必须根据电器实际名称确定项目名称，明确描述工作内容、项目特征、计量单位、计算规则。

⑤盘、箱、柜的外部进出电线预留长度见表 10-3。

表 10-3　盘、箱、柜的外部进出线预留长度（m/根）

序号	项目	预留长度	说明
1	各种箱、柜、盘、板、盒	高＋宽	盘面尺寸
2	单独安装的铁壳开关、自动开关、刀开关、启动器、箱式电阻器、变阻器	0.5	从安装对象中心算起
3	继电器、控制开关、信号灯、按钮、熔断器等小电器	0.3	从安装对象中心算起
4	分支接头	0.2	分支线预留

5. 蓄电池

蓄电、太阳能电池安装按名称、型号、容量，防震支架形式、材质，充放电要求，安装方式，按设计图示数量以"个（组）"计算。

6. 电机检查接线及调试

发电机、调相机、普通小型直流电动机、可控硅调速直流电动机、普通交流同步电动机、低压交流异步电动机、高压交流异步电动机、交流变频调速电动机，微型电机、电加热器，电动机组、备用励磁机组、励磁电阻器按名称、型号、容量，接线端子材质、规格，干燥要求、启动方式，按设计图示数量以"台（组）"计算。

说明：

（1）可控硅调速直流电动机类型指一般可控硅调速直流电动机、全数字式控制可控硅调速直流电动机。

（2）交流变频调速电动机类型指交流同步变频电动机、交流异步变频电动机。

（3）电动机按其质量划分为大、中、小型：3t 以下为小型；3t～30t 为中型；30t 以上为大型。

7. 滑触线装置

滑触线装置安装按名称，型号，规格，材质，支架形式、材质，移动软电缆材质、规格、安装部位，拉紧装置类型，伸缩接头材质、规格，按设计图示尺寸以单相长度"m"计算（含预留长度）。

说明：

（1）支架基础铁件及螺栓是否混注需说明。

（2）滑触线安装预留长度见表 10-4。

表 10-4　滑触线安装预留长度（m/根）

序号	项　　目	预留长度	说　　明
1	圆钢、铜母线与设备连接	0.2	从设备接线端子接口算起
2	圆钢、铜滑触线终端	0.5	从最后一个固定点算起
3	角钢滑触线终端	1.0	从最后一个支持点算起
4	扁钢滑触线终端	1.3	从最后一个固定点算起
5	扁钢母线分支	0.5	分支线预留
6	扁钢母线与设备连接	0.5	从设备接线端子接口算起
7	轻轨滑触线终端	0.8	从最后一个支持点算起
8	安全节能及其他滑触线终端	0.5	从最后一个固定点算起

8. 电缆

（1）电力电缆、控制电缆按名称，型号，规格，材质，敷设方式、部位，电压等级、地形，按设计图示尺寸以长度"m"计算（含预留长度及附加长度）。

（2）电缆保护管、电缆槽盒、铺砂、盖保护板（砖）按名称，型号，规格，材质等，按设计图尺寸以长度"m"计算。

（3）电力电缆头、控制电缆头按名称，型号，规格，材质，安装部位，电压等级，按设计图示数量"个"计算。

（4）防火堵洞按名称，材质，方式，部位，防火堵洞，按设计图示数量以"处"计算；防火隔板按设计图示尺寸以面积"m²"计算；防火涂料按设计图示尺寸以质量"kg"计算。

（5）电缆分支箱按名称，型号，规格，基础形式，材质，规格按设计图示数量以"台"计算。

说明：

①电缆穿刺线夹按电缆头编码列项。

②电缆井、电缆排管、顶管，应按《市政工程工程量计算规范》（GB 50857—2013）相关项目编码列项。

③电缆敷设预留长度及附加长度见表10-5。

表 10-5　电缆戴设预留长度及附加长度

序号	项　　目	预留（附加）长度	说明
1	电缆敷设弛度、波形弯度、交叉	2.5%	按电缆全长计算
2	电缆进入建筑物	2.0m	规范规定最小值
3	电缆进入沟内或吊架时引上（下）预留	1.5m	规范规定最小值
4	变电所进线、出线	1.5m	规范规定最小值
5	电力电缆终端头	1.5m	检修余量最小值
6	电缆中间接头盒	两端各留 2.0m	检修余量最小值
7	电缆进控制、保护屏及模拟盘、配电箱等	高＋宽	按盘面尺寸
8	高压开关柜及低压配电盘、箱	2.0m	盘下进出线
9	电缆至电动机	0.5m	从电动机接线盒算起
10	厂用变压器	3.0m	从地坪算起
11	电缆绕过梁柱等增加长度	按实计算	按被绕物的断面情况计算增加长度
12	电梯电缆与电缆架固定点	每处 0.5m	规范规定最小值

9. 防雷及接地装置

（1）接地极按名称，材质，规格，土质，基础接地形式，按设计图示数量以"根（块）"计算。

（2）接地母线、避雷引下线、均压环、避雷网按名称，规格，材质，安装形式，安装部位，断接卡、箱材质、规格，混凝土块标号等，按设计图示尺寸以长度"m"计算（含附加长度）。

（3）避雷针按名称，规格，材质，安装形式和高度以"根"计算；半导体少长针消雷装置按设计图示数量以"套"计算。

（4）等电位端子箱、测试板按名称，规格，材质，按设计图示数量以"台"计算；浪涌保护器按名称，规格，安装方式，防雷等级，按设计图示数量以"个"计算；绝缘垫按名称，规格，材质，按设计图示尺寸以展开面积"m^2"计算；降阻剂按名称，类型，按设计图示以质量"kg"计算。

说明：

①利用桩基础作接地板，应描述桩台下桩的根数，每桩台下需焊接柱筋根数，其工程量按柱引下线计算，利用基础钢筋作接地极按均压环项目编码列项。

②利用柱筋作引下线的，需描述柱筋焊接根数。

③利用圈梁筋作均压环的，需描述圈梁筋焊接根数。

④使用电缆、电线作接地线，应按相关项目编码列项。

⑤接地母线、引下线、避雷网附加长度见表10-6。

表10-6 撞地母缝、引下线、避雷网附加长度（m）

项 目	附加长度	说 明
接地母线、引下线、避雷网附加长度	3.9%	按接地线母线、引下线、避雷网全长计算

10. 10kV 以下架空配电线路

（1）电杆组立按名称，材质，规格，类型，地形，土质，底盘、拉盘、卡盘规格，拉线材质、规格、类型，现浇基础类型、钢筋类型、规格，基础垫层要求，电杆防腐要求，按设计图示数量以"根（基）"计算。

（2）横担组装按名称，材质，规格，类型，电压等级，瓷瓶型号、规格，金具品种规格，按设计图示数量以"组"计算。

（3）导线架设按名称，型号，规格，地形，跨越类型，按设计图示尺寸以单线长度（含预长度）以"km"计算。架空导线预留长度见表10-7。

表10-7 架空导线预留长度（m/根）

项 目		预留长度
高压	转角	2.5
	分支、终端	2.0
低压	分支、终端	0.5
	交叉跳线转角	1.5
与设备连线		0.5
进户线		2.5

（4）杆上设备按名称，型号，规格，电压等级（kV），支撑架种类、规格，接线端子材质、规格，接地要求，按设计图示数量以"台（组）"计算。

11. 配管、配线

（1）配管、线槽、桥架按名称，材质，规格，配置形式，接地要求，钢索材质、规格，按设计图示尺寸长以"m"计算。

（2）配线按名称，配线形式，型号，规格，材质，配线部位，配线线制，钢索材质和规格，按设计图示尺寸单线长度以"m"计算（含预留长度）。

（3）接线箱、接线盒按名称，材质，规格，安装形式，按设计图示数量以"个"

计算。

说明：

①配管、线槽安装不扣除管路中间的接线箱（盒）、灯头盒、开关盒所占长度。

②配管名称指电线管、钢管、防爆管、塑料管、软管、波纹管等。

③配管配置形式指明、暗配、吊顶内、钢结构支架、钢索配管、埋地敷设、水下敷设、砌筑沟内敷设等。

④配线名称指管内穿线、瓷夹板配线、塑料夹板配线、绝缘子配线、槽板配线、塑料护套配线、线槽配线、车间带形母线等。

⑤配线形式指照明线路、动力线路、木结构、顶棚、砖、混凝土结构、沿支架、钢索、屋架、梁、柱、墙以及跨屋架、梁、柱。

⑥配线保护管遇到下列情况之一时，应增设管路接线盒和拉线盒：a. 导管长度每大于 40m，无弯曲；b. 导管长度每大于 30m，有 1 个弯曲；c. 导管长度每大于 20m，有 2 个弯曲；d. 导管长度每大于 10m，有 3 个弯曲。垂直敷设的电线保护管遇到下列情况之一时，应增设固定导线用的拉线盒：a. 管内导线截面为 50mm 及以下，长度每超过 30m；b. 管内导线截面为 70～95mm，长度每超过 20m；c. 管内导线截面为 120～240mm，长度每超过 18m。

⑦配管安装中不包括凿槽、刨沟，应按相关项目编码列项。

⑧配线进入箱、柜、板的预留长度见表 10-8。

表 10-8　配线进入箱、柜、板的预留长度（m/根）

序号	项　　目	预留长度（m）	说明
1	各种开关箱、柜、板	高+宽	盘面尺寸
2	单独安装（无箱、盘）的铁壳开关、闸刀开关、启动器、线槽进出线盒等	0.3	从安装对象中心算起
3	由地面管子出口引至动力接线箱	1.0	从管口计算
4	电源与管内导线连接（管内穿线与软、硬母线接点）	1.5	从管口计算
5	出户线	1.5	从管口计算

12. 照明器具

(1) 普通灯具、工厂灯按名称，型号，规格，安装形式，按设计图示数量以"套"计算。

(2) 高度标志（障碍）灯、装饰灯、荧光灯、医疗专用灯、一般路灯、中杆灯、高杆灯、桥栏杆灯、地道涵洞灯按名称，型号，规格，安装形式等，按设计图示数量以"套"计算。

说明：

①普通灯具包括圆球吸顶灯、半圆球吸顶灯、方形吸顶灯、软线吊灯、座灯头、吊链灯、防水吊灯、壁灯等。

②工厂灯包括工厂罩灯、防水灯、防尘灯、碘钨灯、投光灯、泛光灯、混光灯等。

③高度标志（障碍）灯包括烟囱标志灯、高塔标志灯、高层建筑屋顶障碍指示灯等。

④装饰灯包括吊式、吸顶式、荧光、几何型组合、水下（上）艺术装饰灯和诱导装饰

灯、标志灯、点光源艺术灯、歌舞厅灯具、草坪灯具等。

⑤医疗专用灯包括病房指示灯、病房暗脚灯、紫外线杀菌灯、无影灯等。

⑥中杆灯是指安装在高度小于或等于 19m 的灯杆上的照明器具。

⑦高杆灯是指安装在高度大于 19m 的灯杆上的照明器具。

13. 附属工程

铁构件按名称，材质，规格，按设计图示尺寸以质量"kg"计算；凿（压）槽按名称，类型，填充（恢复）方式，混凝土标准，按设计图示尺寸以长度"m"计算；打洞（孔）、人（手）孔防水按名称，规格，类型，防水材质及做法等，按设计图示尺寸以长度"m"计算；管道包封、人（手）孔砌筑按名称，规格，类型，混凝土强度等级，按设计图示数量"个"计算。

14. 电气调整试验

电力变压器系统，送配电装置系统，特殊保护装置，自动投入装置中央信号装置，事故照明切换装置，不间断电源，母线，避雷器，电容器，接地装置，电抗器，消弧线圈，电除尘器，硅整流设备、可控硅整流装置、电缆试验按名称，材质，规格等，按设计图示数量以"系统（台、套、组次）"计算。

说明：

①功率大于 10kW 电动机及发电机的启动调试用的蒸汽、电力和其他动力能源消耗及变压器空载试运转的电力消耗及设备需烘干处理应说明。

②配合机械设备及其他工艺的单体试车，应按措施项目相关项目编码列项。

③计算机系统调试应按自动化控制仪表安装工程相关项目编码列项。

15. 其他相关问题及说明

（1）"电气设备安装工程"适用于 10kV 以下变配电设备及线路的安装工程、车间动力电气设备及电气照明、防雷及接地装置安装、配管配线、电气调试等。

（2）挖土、填土工程，应按《房屋建筑与装饰工程工程量计算规范》（GB 50854—2013）相关项目编码列项。

（3）开挖路面，应按《市政工程工程量计算规范》（GB 50857—2013）相关项目编码列项。

（4）过梁、墙、楼板的钢（塑料）套管，应按《通用安装工程工程量计算规范》（GB 50856—2013）采暖、给排水、燃气工程相关项目编码列项。

（5）除锈、刷漆（补刷漆除外）、保护层安装，应按《通用安装工程工程量计算规范》（GB 50856—2013）刷油、防腐蚀、绝热工程相关项目编码列项。

（6）由国家或地方检测验收部门进行的检测验收应按《通用安装工程工程量计算规范》（GB 50856—2013）措施项目编码列项。

第二节　给排水工程预算编制实例

【例 10-1】本工程为某三层办公楼局部的卫生间给排水系统，图 10-1（a）为该工程的给水工程平面图，图 10-1（b）为给水工程系统图；图 10-2（a）为该工程的排水工程平面图，图 10-2（b）为排水工程系统图。

工程的施工说明：

（1）本工程给水管道采用镀铸钢管，螺纹连接；排水管道采用铸铁管，承插式连接，水泥接口。

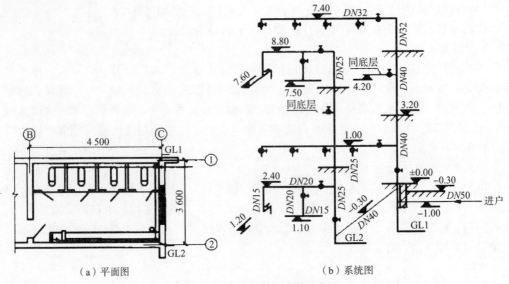

（a）平面图　　　　　　　　　　（b）系统图

图 10-1　给水工程平面和系统图

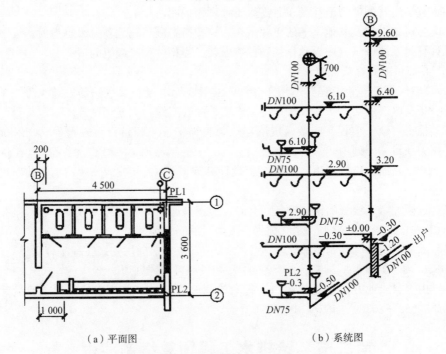

（a）平面图　　　　　　　　　　（b）系统图

图 10-2　排水工程平面和系统图

（2）入户管穿基础位置设置柔性防水钢套管，管道穿楼板设置一般填料套管。

（3）除排水管道 PL2 横支管管道规格为 DN75 外，其余排水管道规格均为 DN100。

（4）排水管道出户管的第一个排水检查井距建筑外墙 1.5m。给、排水管道中心距墙的安装距离分别为 65mm、130mm，墙厚为 240mm。

（5）大便器给、排水横向支管安装长度距卫生间墙体分别为 0.5m、0.2m，大便器冲洗管为 DN15 的镀铸钢管，长度为 1m，小便槽冲洗管为 DN15 的镀铸钢管，长度为 2m；小便槽给、排水横支管安装长度距卫生间墙体均为 1m。大便器横支管与大便器连接处排水管道的长度为 0.25m，地漏与排水立管的连接管长度为 0.6m，洗手池、小便槽排水口与排水横支管的连接挂长度为 0.2m。

（6）给水管道安装完毕应做水压试验、水冲洗及消毒冲洗；排水管道安装完毕应做闭水试验，干立管做通球试验。

（7）卫生器具：蹲式陶瓷大便器，自闭阀冲洗；陶瓷洗手盆；地面设置铸铁地漏，大便器排水末端设置地面扫除口。

（8）图中标高以"m"计算，其他以"mm"计算。

根据《建设工程工程量清单计价规范》（GB 50500—2013）和《通用安装工程工程量计算规范》（GB 50856—2013）规定，编制该工程的分部分项工程量清单。

解： 根据《通用安装工程工程量计算规范》（GB 50856—2013），工程的施工说明及图纸，编制该办公楼卫生间的工程量清单。项目特征按所给条件进行描述，工程数量依据工程量计算规则，按图计算，编制结果见表 10-9。

表 10-9　分部分项工程量计算清单

序号	项目编码	项目名称	项目特征	计量单位	计算式	工程数量
1	031001001001	镀锌钢管	室内给水管 DN50 螺纹连接 水压试验、水冲洗、消毒冲洗	M	入户管（1.5＋0.24＋0.065＋0＋1）＋1（GL1）	3.81
2	031001001002	镀锌钢管	室内给水管 DN40 螺纹连接 水压试验、水冲洗、消毒冲洗	M	干管(4.2-1)(GL1)＋(3.6-0.24-0.065×2)（横向干管）	6.43
3	031001001003	镀锌钢管	室内给水管 DN32 螺纹连接 水压试验、水冲洗、消毒冲洗	M	支管(7.4-4.2)＋(4.5-0.24-0.065-0.5)×3	14.29
4	031001001004	镀锌钢管	室内给水管 DN32 螺纹连接 水压试验、水冲洗、消毒冲洗	M	干管8.8＋0.3	9.10
5	031001001005	镀锌钢管	室内给水管 DN20 螺纹连接 水压试验、水冲洗、消毒冲洗	M	支管(4.5-0.24-0.065-1)×3＋(2.4-1.1)×3	13.49

续表

序号	项目编码	项目名称	项目特征	计量单位	计算式	工程数量
6	031001001006	镀锌钢管	室内给水管 DN15 螺纹连接 水压试验、水冲洗、消毒冲洗	M	支管 $1.0×4×3+1.2×3$	15.60
7	031001005001	铸铁管	室内排水管 DN100 随手式、水泥接口 闭水试验、通球试验	M	PL1 至出户：$(1.5+0.24+0.13)+(1.2+9.6+0.7)=13.37$ PL2 至 PL1 与出户交叉点：$(3.6-0.24-0.13×2)+(9.6+0.7+0.5)=13.9$ 支管至器具：$(4.5-0.24-0.13-0.2)×3+0.25×4×3=14.79$	42.06
8	031001005002	铸铁管	室内排水管 DN75 承插式、水泥接口 闭水试验、通球试验	M	$(4.5-0.4-0.13-1.0)×3+(0.6+0.2×2)×3$	12.39
9	031002003001	套管	柔性防水钢套管 制作安装 DN50	个	入户管	1
10	031002003002	套管	一般填料套管 制作安装 DN50	个	GL1	1
11	031002003003	套管	一般填料套管 制作安装 DN40	个	GL1	1
12	031002003004	套管	一般填料套管 制作安装 DN32	个	GL1	1
13	031002003005	套管	一般填料套管 制作安装 DN25	个	GL2	3
14	031003001001	螺纹阀门	碳钢截止阀 DN50 螺纹连接	个	GL1	1
15	031003001002	螺纹阀门	碳钢截止阀 DN32 螺纹连接	个	GL1 支管：$1×3$	3
16	031003001003	螺纹阀门	碳钢截止阀 DN25 螺纹连接	个	GL2	1

续表

序号	项目编码	项目名称	项目特征	计量单位	计算式	工程数量
17	031003001004	螺纹阀门	碳钢截止阀 DN20 螺纹连接	个	1×3（GL2 横支管）＋1×3（竖向支管）	6
18	031004006001	大便器	陶瓷、蹲式、自闭阀冲洗	组	4×3	12
19	031004003001	洗脸盆	陶瓷、冷水、单水嘴	组	1×3	3
20	031004015001	小便槽冲洗管	镀锌钢管 DN15	m	2×3	6
21	031004014001	地漏	小便槽、铸铁、DN75	个	1×3	3
22	031004014002	地漏	地面、铸铁、DN50	个	1×3	3
23	031004014003	地面扫除口	地面、铸铁、DN100	个	1×3	3

第三节　通风空调工程预算编制实例

【例 10-2】本工程为某办公楼的通风空调系统，图 10-3 为该工程的空调管路平面图，图 10-4 为该工程的新风支管和风机盘管连接管的安装示意图。

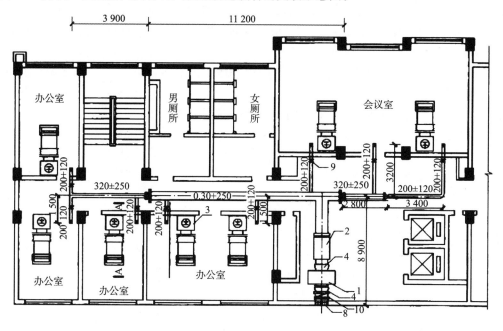

图 10-3　某办公室部分房间空调管平面图

工程的施工说明：

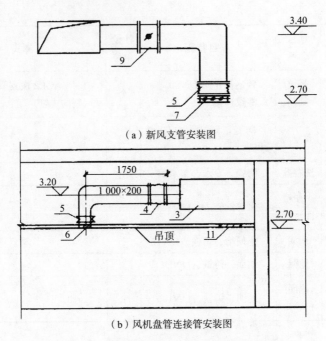

（a）新风支管安装图

（b）风机盘管连接管安装图

图 10-4　某办公楼部分房间空调管路平面图

（1）本工程风管采用镀铸钢板，咬口连接。其中：矩形风管 200mm×120mm，镀锌钢板 δ＝0.5mm；矩形风管 320mm×250mm，镀锌钢板 δ＝0.75mm；矩形风管 630mm×120mm、1 000mm×200mm、1 000mm×250mm，镀锌钢板 δ＝1.0mm。

（2）图中密闭对开多叶调节阀、风量调节阀、铝合金百叶送风口、铝合金百合回风口、阻抗复合消声器均按成品考虑。

（3）风机盘管采用卧式安装（吊顶式），主风管（1 000×250mm）上均设温度测定孔和风量测定孔各一个。

（4）本工程暂不计主材费、管道刷油、保温、高层建筑增加费等内容。

（5）未尽事宜均参照有关标准或规范执行。

（6）图中标高以"m"计算，其他以"mm"计算。

本工程的设备部件见表 10-10。

表 10-10　设备部件一览表

编号	名称	型号及规格	单位	数量	备注
1	新风机组	DKB型 5 000m³/h 重量：0.4t	台	1	L＝1 000mm
2	消声器	阻抗复合式 T-701-6 型 1 760mm×800mm（H）	台	1	L＝1 760mm
3	风机盘管	FP—300	台	7	暗装、吊顶式
4	帆布软管接头	1 000mm×200mm	个	7	L＝300mm
		1 000mm×250mm	个	2	L＝300mm

续表

编号	名称	型号及规格	单位	数量	备注
5	帆布软管接头	1 000mm×200mm	个	7	$L=200$mm
		200mm×120mm	个	8	$L=200$mm
6	铝合金双层百叶送风口	1 000mm×200mm	个	7	周长 2 400mm
7	铝合金双层百叶送风口	200mm×120mm	个	8	周长 640mm
8	塑料防雨单层百叶回风口（带过滤网）	400mm×250mm	个	1	周长 1 300mm
9	风量调节阀	200mm×120mm	个	8	$L=200$mm
10	密闭对开多叶调节阀	1 000mm×250mm	个	1	$L=200$mm
11	铝合金回风口	400mm×250mm	个	7	周长 1 300mm

按照上述背景条件，根据《建设工程工程量清单计价规范》（GB 50500—2013）和《通用安装工程工程量计算规范》（GB 50856—2013）的规定，编制该工程的分部分项工程量清单。

解：项目名称：

项目特征：

项目编码：

计量单位：

工程数量：依据《通用安装工程工程量计算规范》（GB 50856—2013）的规定，按图计算。

填制表格：见表 10-11。

表 10-11　分部分项工程量清单

序号	项目编码	项目名称	项目特征描述	计算式	计量单位	工程数量
1	030701003001	空调器	暗装 DBK 型 吊顶式 5 000m³/h 重量：0.4t/台	表 10-10，1 号	台	1
2	030701004001	风机盘管	暗装 吊顶式 FP—300	表 10-10，3 号	台	7
3	030703020001	消声器	安装 阻抗复合式 T-701-6 型 1 760mm×800mm（H）	表 10-10，2 号	个	1
4	030702001001	碳钢通风管道	镀锌钢板 矩形风管 200×120，$\delta=0.5$mm 咬口连接	$(3.4+[3.2-0.2(3.4-0.2-2.7)]\times3+[1.5-0.2+(3.4-0.2-2.7)]\times5)\times[(0.2+0.12)\times2]$	m²	14.66

续表

序号	项目编码	项目名称	项目特征描述	计算式	计量单位	工程数量
5	030702001002	碳钢通风管道	镀锌钢板　矩形风管320×250，$\delta=0.75$mm咬口连接	$(2.8+3.9)\times$ $[(0.32+0.25)\times2]$	m²	7.64
6	030702001003	碳钢通风管道	镀锌钢板　矩形风管630×250，$\delta=1.0$mm咬口连接	$11.2\times[(0.63+$ $0.25)\times2]$	m²	19.71
7	030702001004	碳钢通风管道	镀锌钢板　矩形风管1 000×250，$\delta=1.0$mm咬口连接	$(8.9-0.2-0.3-1.0-$ $0.3-1.76)\times[(1.0+$ $0.25)\times2]$	m²	13.35
8	030702001005	碳钢通风管道	风机盘管连接管镀锌钢板　矩形风管1 000×200，$\delta=1.0$mm咬口连接	$[1.75-0.3+$ $(3.2-0.2-2.7)]\times7$ $\times2[(1.0+0.2)\times2]$	m²	29.40
9	030703001001	碳钢阀门	密闭对开多叶调节阀1 000×250mm	表10-10，10号	个	1
10	030703001002	碳钢阀门	风量调节阀200×120mm	表10-10，9号	个	8
11	030703011001	铝合金风口	矩形双层百叶送风口200×120mm	表10-10，7号	个	8
12	030703011002	铝合金风口	矩形双层百叶送风口1 000×200mm	表10-10，6号	个	7
13	030703011003	铝合金风口	矩形双层百叶回风口400×250mm	表10-10，11号	个	7
14	030703009001	塑料风口	塑料防雨单层百叶回风口（带过滤网）400×250mm	表10-10，8号	个	1
15	030703019001	柔性接口	帆布接口 1 000×250mm1 000×200mm $L=300$mm1 000×200mm200×120mm $L=200$mm	$[(1.0+0.25)\times2$ $\times0.3]\times2+[(1.0$ $+0.2)\times2\times0.3]\times7$ $+[(1.0+0.2)\times2\times$ $0.2]\times7+[(0.2+$ $0,12)\times2\times0.2]\times8$	m²	10.92
16	030702011001	温度测定孔			个	1
17	030702011002	风度测定孔			个	1
18	030704001001	通风工程检测、调试			系统	1

第四节 电气工程预算编制实例

【例 10-3】（1）某住宅楼防雷工程平面布置如图 10-5 所示。避雷网在平屋顶四周沿檐沟外折板支架敷设，其余沿混凝土块敷设，折板上口距室外地坪 19m，避雷引下线均沿外墙引下，并在距室外地坪 0.45m 处设置接地电阻测试断接卡，土壤为普通土。试根据《建设工程工程量清单计价规范》（GB 50500—2013）、《通用安装工程工程计算规范》（GB 50856—2013）规定，编制该工程的分部分项工程量清单。

解：项目名称：

项目特征：

项目编码：

计量单位：

工程数量：依据《通用安装工程工程量计算规范》（GB 50856—2013），按图计算，见表 10-12。

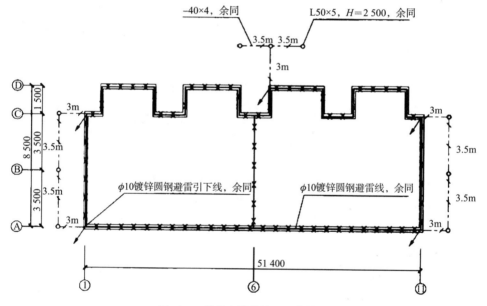

图 10-5 某住宅防接地平面布置图

表 10-12 某住宅防雷接地工程量计算表

序号	项目名称	单位	计算式	数量
1	避雷网沿折板支架安装镀锌圆钢 φ10	m	51.4(A 轴全长)+51.4(D 轴全长)+1.5×8(D 轴凹凸部分)+7(1 轴全长)+7(11 轴全长)=128.8 128.8×(1+3.9%)=133.82	133.82

续表

序号	项目名称	单位	计算式	数量
2	避雷网沿混凝土块支架安装 镀锌圆钢 $\phi10$	m	$8.5-1.5$（6 全长减去凹凸部分）$=7.0$ $7.0\times(1+3.9\%)=7.27$	7.27
3	避雷引下线敷设 镀锌圆钢 $\phi10$	m	19×5（楼总高×引下线根数）-0.45×5（断接卡距室外地坪高）$=92.75$	92.75
4	断接卡制作、安装	套	5 套（每根引下线一套）	5
5	接地极制作、安装 $L\,50\times5, H=2\,500$	根	9 根　按图示数量计算	9
6	户外接地母线敷设 -40×4	m	$[3$（距墙）$+0.7$（埋深）$+0.45$（断接点高）$]$ $\times5$（5 处）$+3.5$（地极间距）$\times6$（6 段）$=41.75$ $41.75\times(1+3.9\%)=43.38$	43.38
7	独立接地装置调试	组	3 组（按每组接地装置测试计算）	3

填制表格：见表 10-13。

表 10-13　分部分项工程量清单

工程名称：某住宅防雷接地工程　　　　　　标段：　　　　　　　　第 1 页　共 1 页

序号	项目编号	项目名称	项目特征描述	计量单位	工程量
1	030409005001	避雷网	避雷网沿折板支架安装 避雷网沿混凝土块支架安 镀锌圆钢 $\Phi10$	m	141.09
2	030409003001	避雷引下线	避雷引下线敷设 镀锌圆钢 $\Phi10$ 断接卡制作、安装	m	92.75
3	030409001001	接地极	制作、安装 $L\,50\times5, H=2\,500$	根	9
4	030409002001	接地母线	户外，-40×4	m	43.38
5	030414011001	系统调试	独立接地装置调试	组	3

（2）两台消防泵电源为 VV-$3\times70+1\times35$ 电缆，电缆从消防泵控制柜上出线沿桥架敷设，再穿 SC100 镀锌钢管至消防泵电动机，如图 10-6 所示。消防泵控制柜柜高 2.2m，宽 1.8m。水泵房层高为 4.5m，电缆桥架为 XQJ-300×50，桥架安装底标高 3.6m，桥架长为 14m；电缆支吊架为 L 70 角钢成品，支吊架间距按规范要求 2m 一副，每副支吊架重8kg；1# 泵保护管长 2.8m，2# 泵保护管长 4.0m。

试根据《建设工程工程量清单计价规范》（GB 50500—2013）、《通用安装工程工程量

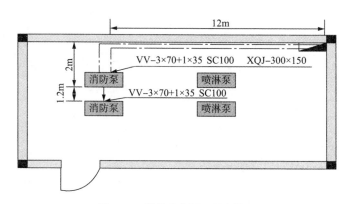

图 10-6 某消防水泵平面布置图

算规范》（GB 50856—2013）规定，编制该工程的分部分项工程量清单。

解： 项目名称：

项目特征：

项目编码：

计量单位：

工程数量：（依据《通用安装工程工程量计算规范》（GB 50856—2013），按图计算，见表 10-14。

填制表格：见表 10-15。

表 10-14 某消防水泵布管布线工程量计算表

序号	工程量项目计算程序	单位	数量
1	SC100 电缆保护管明敷： $L=2.8(1^\#泵保护管)+4.0(2^\#泵保护管)=6.80$	m	6.80
2	电缆桥架 XQJ-300×150： $L=[3.6(桥架底标高)-2.2(柜高)=1.4(垂直桥架长度)]+14(水平桥架长度)=15.40$	m	15.40
3	电缆支架 L 70×6： $T=14(水平桥架长度)\div2(支架间距)=7×8=56$	kg	56
4	VV-3×70+1×35 电缆敷设： $1^\#$ 泵 $L=2.8(1^\#泵保护管)+15.4(桥架长度)+2.2(柜高)+1.8(柜宽)+0.5=22.7$ $2^\#$ 泵 $L=4.0(2^\#泵保护管)+15.4(桥架长度)+2.2(柜高)+1.8(柜宽)+0.5=23.9$ 电缆敷设弛度、波形弯度、交叉增加$(22.7+23.9)×(1+2.5\%)=46.74$	m	47.77
5	铜芯干包式电缆头制作、安装 1kV70mm² $2(2根电缆)×2(每根2个电缆头)=4$	个	4

表 10-15　分部分项工程量清单

工程名称：某消防水泵布管布线工程　　　　　　　标段：　　　　　　　第 1 页　共 1 页

序号	项目编号	项目名称	项目特征描述	计量单位	工程量
1	030408003001	电缆保护管	SC100 电缆保护管明敷	m	6.80
2	030411003001	电缆桥架	XQJ-300×150 电缆桥架制作安装	m	15.40
3	030411003002	电缆支架	电缆支架L 70×6 制作安装	kg	56
4	030408001001	电力电缆	VV-3×70+1×35 电缆敷设	m	47.77
5	030408006001	电缆头	铜芯干包式电缆头制作、安装 1kV70mm²	个	4

第十一章
工程价款结算与竣工决算

第一节　工程价款的结算

一、工程计量

对承包人已经完成的合格工程进行计量并予以确认，是发包人支付工程价款的前提。因此，工程计量不仅是发包人控制施工阶段工程造价的关键环节，也是约束承包人履行合同义务的重要手段。

1. 工程计量的原则与范围

1）工程计量的概念。

所谓工程计量，就是发承包双方根据合同约定，对承包人完成合同工程的数量进行的计算和确认。具体地说，就是双方根据设计图纸、技术规范以及施工合同约定的计量方式和计算方法，对承包人已经完成的质量合格的工程实体数量进行测量与计算，并以物理计量单位或自然计量单位进行标识、确认的过程。

招标工程量清单中所列的数量，通常是根据设计图纸计算的数量，是对合同工程的估计工程量。工程施工过程中，通常会由于一些原因导致承包人实际完成工程量与工程量清单中所列工程量不一致，例如，招标工程量清单缺项或项目特征描述与实际不符，工程变更，现场施工条件的变化，现场签证，暂估价中的专业工程发包等。因此，在工程合同价款结算前，必须对承包人履行合同义务所完成的实际工程进行准确的计量。

2）工程计量的原则。

工程计量的原则包括下列三个方面：

（1）不符合合同文件要求的工程不予计量。即工程必须满足设计图纸、技术规范等合同文件对其在工程质量上的要求，同时有关的工程质量验收资料齐全、手续完备，满足合同文件对其在工程管理上的要求。

（2）按合同文件所规定的方法、范围、内容和单位计量、工程计量的方法、范围、内容和单位受合同文件所约束，其中工程量清单（说明）、技术规范、合同条款均会从不同角度、不同侧面涉及这方面的内容。在计量中要严格遵循这些文件的规定，并且一定要结合起来使用。

（3）因承包人原因造成的超出合同工程范围施工或返工的工程量，发包人不予计量。

3）工程计量的范围与依据。

（1）工程计量的范围。工程计量的范围包括：工程量清单及工程变更所修订的工程量清单的内容合同文件中规定的各种费用支付项目，如费用索赔、各种预付款、价格调整、违约金等。

(2) 工程计量的依据。工程计量的依据包括工程量清单及说明、合同图纸、工程变更令及其修订的工程量清单、合同条件、技术规范、有关计量的补充协议、质量合格证书等。

2. 工程计量的方法

工程量必须按照相关工程现行国家工程量计算规范规定的工程量计算规则计算。工程计量可选择按月或按工程形象进度分段计量，具体计量周期在合同中约定。因承包人原因造成的超出合同工程范围施工或返工的工程量，发包人不予计量。通常区分单价合同和总价合同规定不同的计量方法，成本加酬金合同按照单价合同的计量规定进行计量。

1) 单价合同计量。

单价合同工程量必须以承包人完成合同工程应予计量的且依据国家现行工程量计算规则计算得到的工程量确定。施工中工程计量时，若发现招标工程量清单中出现缺项、工程量偏差，或因工程变更引起工程量的增减，应按承包人在履行合同义务中完成的工程量计算。

2) 总价合同计量。

采用工程量清单方式招标形成的总价合同，工程量应按照与单价合同相同的方式计算。采用经审定批准的施工图纸及其预算方式发包形成的总价合同，除按照工程变更规定引起的工程增减外，总价合同各项目的工程量是承包人用于结算最终工程量。总价合同约定的项目计量应以合同工程经审定批准的施工图纸为依据，发承包双方应在合同中约定工程计量的形象目标或时间节点进行计量。

二、预付款及期中支付

1. 预付款

工程预付款是由发包人按照合同约定，在正式开工前由发包人预先支付给承包人，用于购买工程施工所需的材料和组织施工机械和人员进场的价款。

1) 预付款的支付。

工程预付款额度，各地区、各部门的规定不完全相同，主要是保证施工所需材料和构件的正常储备。工程预付款额度一般是根据施工工期、建安工作量、主要材料和构件费用占建安工程费的比例以及材料储备周期等因素经测算来确定。

(1) 百分比法。发包人根据工程的特点、工期长短、市场行情、供求规律等因素，招标时在合同条件中约定工程预付款的百分比。包工包料工程的预付款的支付比例不得低于签约合同价（扣除暂列金额）的 10%，不宜高于签约合同价（扣除暂列金额）的 30%。

(2) 公式计算法。公式计算法是根据主要材料（含结构件等）占年度承包工程总价的比重，材料储备定额天数和年度施工天数等因素，通过公式计算预付款额度的一种方法。

其计算公式为：

$$工程预付款数额 = \frac{年度工程总价 \times 材料比例(\%)}{年度施工天数} \times 材料储备定额天数 \quad (11\text{-}1)$$

式中，年度施工天数按 365 天日历天计算；材料储备定额天数由当地材料供应的在途天数、加工天数、整理天数、供应间隔天数、保险天数等因素决定。

2) 预付款的扣回。

发包人支付给承包人的工程预付款属于预支性质，随着工程的逐步实施，原已支付的预付款应以充抵工程价款的方式陆续扣回，抵扣方式应当由双方当事人在合同中明确约定。扣款的方法主要有以下两种。

（1）按合同约定扣款。预付款的扣款方法由发包人和承包人通过洽商后在合同中予以确定，一般是在承包人完成金额累计达到合同总价的一定比例后，由承包人开始向发包人还款，发包人从每次应付给承包人的金额中扣回工程预付款，发包人至少在合同规定的完工期前将工程预付款的总金额逐次扣回。

（2）起扣点计算法。从未施工工程尚需的主要材料及构件的价值相当于工程预付款数额时起扣，此后每次结算工程价款时，按材料所占比重扣减工程价款，至工程竣工前全部扣清。起扣点的计算公式如下：

$$T = P - \frac{M}{N} \tag{11-2}$$

式中，T——起扣点（即工程预付款开始扣回时）的累计完成工程金额。

P——承包工程合同总额。

M——工程预付款总额。

N——主要材料及构件所占比重。

该方法对承包人比较有利，最大限度地占用了发包人的流动资金，但是，显然不利于发包人资金使用。

3）预付款担保。

（1）预付款担保的概念及作用。预付款担保是指承包人与发包人签订合同后领取预付款前，承包人正确、合理使用发包人支付的预付款而提供的担保。其主要作用是保证承包人能够按合同规定的目的使用并及时偿还发包人已支付的全部预付金额。如果承包人中途毁约，中止工程，使发包人不能在规定期限内从应付工程款中扣除全部预付款，则发包人有权从该项担保金额中获得补偿。

（2）预付款担保的形式。预付款担保的主要形式为银行保函。预付款担保的担保金额通常与发包人的预付款是等值的。预付款一般逐月从工程进度款中扣除，预付款担保的担保金额也相应逐月减少。承包人的预付款保函的担保金额根据预付款扣回的数额相应扣减，但在预付款全部扣回之前一直保持有效。预付款担保也可以采用发承包双方约定的其他形式，如由担保公司提供担保，或采取抵押等担保形式。

4）安全文明施工费。

发包人应在工程开工后的 28 天内预付不低于当年施工进度计划的安全文明施工费总额的 60%，其余部分按照提前安排的原则进行分解，与进度款同期支付。

发包人没有按时支付安全文明施工费的，承包人可催告发包人支付；发包人在付款期满后的 7 天内仍未支付的，若发生安全事故，发包人应承担连带责任。

2. 期中支付

合同价款的期中支付，是指发包人在合同工程施工过程中，按照合同约定对付款周期内承包人完成的合同价款给予支付的款项，也就是工程进度款的结算支付。发承包双方应按照合同约定的时间、程序和方法，根据工程计量结果，办理期中价款结算支付进度款。进度款支付周期，应与合同约定的工程计量周期一致。

1）期中支付价款的计算。

（1）已完工程的结算价款。已标价工程量清单中的单价项目，承包人应按工程计量确认的工程量与综合单价计算。如综合单价发生调整的，以发承包双方确认调整的综合单价计算进度款。

已标价工程量清单中的总价项目，承包人应按合同中约定的进度款支付分解，分别列入进度款支付申请中的安全文明施工费和本周期应支付的总价项目的金额中。

（2）结算价款的调整因承包人现场签证和得到发包人确认的索赔金额列入本周期应增加的金额中。由发包人提供的材料、工程设备金额，应按照发包人签约提供的单价和数量从进度款支付中扣出，列入本周期应扣减的金额中。

（3）进度款的支付比例。进度款的支付比例按照合同约定，按期中结算价款总额计算，不低于60%，不高于90%。

2）期中支付的文件。

（1）进度款支付申请。承包人应在每个计量周期到期后向发包人提交已完工程进度款支付申请一式四份，详细说明此周期认为有权得到的款额，包括分包人已完工程的价款。支付申请的内容包括：

①累计已完成的合同价款。

②累计已实际支付的合同价款。

③本周期合计完成的合同价款，其中包括：

a. 本周期已完成单价项目的金额。

b. 本周期应支付的总价项目的金额。

c. 本周期已完成的计日工价款。

d. 本周期应支付的安全文明施工费。

e. 本周期应增加的金额。

④本周期合计应扣减的金额，其中包括：

a. 本周期应扣回的预付款。

b. 本周期应扣减的金额。

⑤本周期实际应支付的合同价款。

（2）进度款支付证书。发包人应在收到承包人进度款支付申请后，根据计量结果和合同约定对申请内容予以核实，确认后向承包人出具进度款支付证书。若发、承包双方对有的清单项目的计量结果出现争议，发包人应对无争议部分的工程计量结果向承包人出具进度款支付证书。

（3）支付证书的修正。发现已签发的任何支付证书有错、漏或重复的数额，发包人有权予以修正，承包人也有权提出修正申请。经发承包双方复核同意修正的，应在本次到期的进度款中支付或扣除。

三、竣工结算

工程竣工结算是指工程项目完工并经竣工验收合格后，发承包双方按照施工合同的约定对所完成的工程项目进行的合同价款的计算、调整和确认。财政部、建设部于2004年10月发布的《建设工程价款结算暂行办法》规定，工程完工后，发承包双方应按照约定的合同价款及合同价款调整内容以及索赔事项，进行工程竣工结算。工程竣工结算分为单位工程竣工结算、单项工程竣工结算和建设项目竣工总结算。《住房城乡建设部关于进一步推进工程造价管理改革的指导意见》（建标〔2014〕142号）中指出，应"完善建设工程价款结算办法，转变结算方式，推行过程结算，简化竣工结算"。

1. 竣工结算文件的编制和审核

1）竣工结算文件的编制。

（1）竣工结算文件的提交。工程完工后，承包方应当在工程完工后的约定期限内提交竣工结算文件。未在规定期限内完成的并且提不出正当理由延期的，承包人经发包人催告后仍未提交竣工结算文件或没有明确答复，发包人有权根据已有资料编制竣工结算文件，作为办理竣工结算和支付结算款的依据，承包人应予以认可。

（2）竣工结算文件的编制依据。工程竣工结算文件编制的主要依据包括：

①建设工程工程量清单计价规范。

②工程合同。

③发承包双方实施过程中已确认的工程量及其结算的合同价款。

④发承包双方实施过程中已确认调整后追加（减）的合同价款。

⑤建设工程设计文件及相关资料。

⑥投标文件。

⑦其他依据。

（3）编制竣工结算文件的计价原则。在采用工程量清单计价的方式下，工程竣工结算的编制应当遵循下列计价原则：

①分部分项工程和措施项目中的单价项目应依据双方确认的工程量与已标价工程量单的综合单价计算；如发生调整的，以发、承包双方确认调整的综合单价计算。

②措施项目中的总价项目应依据合同约定的项目和金额计算；如发生调整的，以发、承包双方确认调整的金额计算，其中安全文明施工费必须按照国家或省级、行业建设主管的规定计算。

③其他项目应按下列规定计价：

a. 计日工应按发包人实际签证确认的事项计算。

b. 暂估价应按发承包双方按照《建设工程工程量清单计价规范》（GB 5050—2013）相关规定计算。

c. 总承包服务费应依据合同约定金额计算，如发生调整的，以发承包双方确认调整的金额计算。

d. 施工索赔费用应依据发承包双方确认的索赔事项和金额计算。

e. 现场签证费用应依据发承包双方签证资料确认的金额计算。

f. 暂列金额应减去工程价款调整（包括索赔、现场签证）金额计算，如有余额归发包人。

④规费和税金应按照国家或省级、行业建设主管部门的规定计算。规费中的工程排污费应按工程所在地环境保护部门规定标准缴纳后按实列入。

⑤其他原则。采用总价合同的，应在合同总价基础上，对合同约定能调整的内容及超过合同约定范围的风险因素进行调整；采用单价合同的，在合同约定风险范围内的综合单价应固定不变，并应按合同约定进行计量，且应按实际完成的工程量进行计量。此外，发承包双方在合同工程实施过程中已经确认的工程计量结果和合同价款，在竣工结算办理中应直接进入结算。

2）竣工结算文件的审核。

（1）竣工结算文件审核的委托。国有资金投资建设工程的发包人，应当委托具有相应资质的工程造价咨询机构对竣工结算文件进行审核，并在收到竣工结算文件后的约定期限内向承包人提出由工程造价咨询机构出具的竣工结算文件审核意见；逾期未答复的，按照合同约定处理，合同没有约定的，竣工结算文件视为已被认可。

非国有资金投资的建筑工程发包人，应当在收到竣工结算文件后的约定期限内予以答复，逾期未答复的，按照合同约定处理，合同没有约定的，竣工结算文件视为已被认可；发包人对竣工结算文件有异议的，应当在答复期内向承包人提出，并可以在提出异议之日起的约定期限内与承包人协商；发包人在协商期内未与承包人协商或者经协商未能与承包人达成协议的，应当委托工程造价咨询机构进行竣工结算审核，并在协商期满后的约定期限内向承包人提出由工程造价咨询机构出具的竣工结算文件审核意见。

（2）工程造价咨询机构的审核。接受委托的工程造价咨询机构从事竣工结算审核工作通常应包括下列三个阶段：

①准备阶段。准备阶段应包括收集、整理竣工结算审核项目的审核依据资料，做好送审资料的交验、核实、签收工作，并应对资料等缺陷向委托方提出书面意见及要求。

②审核阶段。审核阶段应包括现场踏勘核实，召开审核会议，澄清问题，提出补充依据性资料和必要的弥补性措施，形成会商纪要，进行计量、计价审核与确定工作，完成初步审核报告。

③审定阶段。审定阶段应包括就竣工结算审核意见与承包人与发包人进行沟通，召开协调会议，处理分歧事项，形成竣工结算审核成果文件，签认竣工结算审定签署表，提交竣工结算审核报告等工作竣工结算审核应采用全面审核法，除委托咨询合同另有约定外，不得采用重点审核法、抽样审核法或类比审核法等其他方法。

竣工结算审核的成果文件应包括竣工结算审核书封面、签署页、竣工结算审核报告、竣工结算审定签署表、竣工结算审核汇总对比表、单项工程竣工结算审核汇总对比表、单位工程竣工结算审核汇总对比表等。

（3）承包人异议的处理。发包人委托工程造价咨询机构核对审核竣工结算文件的，工程造价咨询机构应在规定期限内核对完毕，审核意见与承包人提交的竣工结算文件不一致的，应提交给承包人复核，承包人应在规定期限内将同意审核意见或不同意见的说明提交工程造价咨询机构。工程造价咨询机构收到承包人提出的异议后，应再次复核，复核无异议的，发承包双方应在规定期限内在竣工结算文件上签字确认，竣工结算办理完毕；复核后仍有异议的，对于无异议部分办理不完全竣工结算；有异议部分由发承包双方协商解决，协商不成的，按照合同约定的争议解决方式处理。

承包人逾期未提出书面异议的，视为工程造价咨询机构核对的竣工结算文件已经承包人认可。

（4）竣工结算文件的确认与备案。工程竣工结算文件经发承包双方签字确认的，应当作为工程结算的依据，未经对方同意，另一方不得就已生效的竣工结算文件委托工程造价咨询企业重复审核。发包人应当按照竣工结算文件及时支付竣工结算款。竣工结算文件应当由发包人报工程所在地县级以上地方人民政府住房城乡建设主管部门备案。

3）质量争议工程的竣工结算。

发包人对工程质量有异议，拒绝办理工程竣工结算的，按以下情形分别处理：

（1）已经竣工验收或已竣工未验收但实际投入使用的工程，其质量争议按该工程保修合同执行，竣工结算按合同约定办理。

（2）已竣工未验收且未实际投入使用的工程以及停工、停建工程的质量争议，双方应就有争议的部分委托有资质的检测鉴定机构进行检测，根据检测结果确定解决方案，或按工程质量监督机构的处理决执行后办理竣工结算，无争议部分的竣工结算按合同约定办理。

2．竣工结算款的支付

1）承包人提交竣工结算款支付申请。

承包人应根据办理的竣工结算文件，向发包人提交竣工结算款支付申请。该申请应包括下列内容：

（1）竣工结算合同价款总额。

（2）累计已实际支付的合同价款。

（3）应扣留的质量保证金（已缴纳履约保证金的或者提供其他工程质量担保方式的除外）。

（4）实际应支付的竣工结算款金额。

2）发包人签发竣工结算支付证书。

发包人应在收到承包人提交竣工结算款支付申请后规定时间内予以核实，向承包人签发竣工结算支付证书。

3）支付竣工结算款。

发包人签发竣工结算支付证书后的规定时间内，按照竣工结算支付证书列明的金额向承包人支付结算款。

发包人在收到承包人提交的竣工结算款支付申请后规定时间内不予核实，不向承包人签发竣工结算支付证书的，视为承包人的竣工结算款支付申请已被发包人认可；发包人应在收到承包人提交的竣工结算款支付申请规定时间内，按照承包人提交的竣工结算款支付申请列明的金额向承包人支付结算款。

发包人未按照规定的程序支付竣工结算款的，承包人可催告发包人支付，并有权获得延迟支付的利息。发包人在竣工结算支付证书签发后或者在收到承包人提交的竣工结算款支付申请规定时间内仍未支付的，除法律另有规定外，承包人可与发包人协商将该工程折价，也可直接向人民法院申请将该工程依法拍卖。承包人就该工程折价或拍卖的价款优先受偿。

3．合同解除的价款结算与支付

发承包双方协商一致解除合同的，按照达成的协议办理结算和支付合同价款。

1）不可抗力解除合同。

由于不可抗力解除合同的，发包人除应向承包人支付合同解除之日前已完成工程但尚未支付的合同价款，还应支付下列金额：

（1）合同中约定应由发包人承担的费用。

（2）已实施或部分实施的措施项目应付价款。

（3）承包人为合同工程合理订购且已交付的材料和工程设备货款。发包人一经支付此项货款，该材料和工程设备即成为发包人的财产。

（4）承包人撤离现场所需的合理费用，包括员工遣送费和临时工程拆除、施工设备运离现场的费用。

(5) 承包人为完成合同工程而预期开支的任何合理费用，且该项费用未包括在本款其他各项支付之内。

发承包双方办理结算合同价款时，应扣除合同解除之日前发包人应向承包人收回的价款。当发包人应扣除的金额超过了应支付的金额，则承包人应在合同解除后的 56 天内将其差额退还给发包人。

2) 违约解除合同。

(1) 承包人违约。因承包人违约解除合同的，发包人应暂停向承包人支付任何价款。发包人应在合同解除后规定时间内核实合同解除时承包人已完成的全部合同价款以及按施工进度计划已运至现场的材料和工程设备货款，按合同约定核算承包人应支付的违约金以及造成损失的索赔金额，并将结果通知承包人。发承包双方应在规定时间内予以确认或提出意见，并办理结算合同价款。如果发包人应扣除的金额超过了应支付的金额，则承包人应在合同解除后的规定时间内将其差额退还给发包人。发承包双方不能就解除合同后的结算达成一致的，按照合同约定的争议解决方式处理。

(2) 因发包人违约解除合同的，发包人除应按照有关不可抗力解除合同的规定向承包人支付各项价款外，还需按合同约定核算发包人应支付的违约金以及给承包人造成损失或损害的索赔金额费用。该笔费用由承包人提出，发包人核实后与承包人协商确定后的规定时间内向承包人签发支付证书。协商不能达成一致的，按照合同约定的争议解决方式处理。

四、最终结清

所谓最终结清，是指合同约定的缺陷责任期终止后，承包人已接合同规定完成全部剩余工作且质量合格的，发包人与承包人结清全部剩余款项的活动。

1. 最终结清申请单

缺陷责任期终止后，承包人已按合同规定完成全部剩余工作且质量合格的，发包人签发缺陷责任期终止证书，承包人可按合同约定的份数和期限向发包人提交最终结清申请单，并提供相关证明材料，详细说明承包人根据合同规定已经完成的全部工程价款金额以及承包人认为根据合同规定应进一步支付的其他款项。发包人对最终结清申请单内容有异议的，有权要求承包人进行修正和提供补充资料，由承包人向发包人提交修正后的最终结清申请单。

2. 最终支付证书

发包人收到承包人提交的最终结清申请单后的规定时间内予以核实，向承包人签发最终支付证书。发包人未在约定时间内核实，又未提出具体意见的，视为承包人提交的最终结清申请单已被发包人认可。

3. 最终结清付款

发包人应在签发最终结清支付证书后的规定时间内，按照最终结清支付证书列明的金额向承包人支付最终结清款。承包人按合同约定接受了竣工结算支付证书后，应被认为已无权再提出在合同工程接收证书颁发前所发生的任何索赔。承包人在提交的最终结清申请中，只限于提出工程接收证书颁发后发生的索赔。提出索赔的期限自接受最终支付证书时终止。发包人未按期支付的，承包人可催告发包人在合理的期限内支付，并有权获得延迟支付的利息。

最终结清时，如果承包人被扣留的质量保证金不足以抵减发包人工程缺陷修复费用的，承包人应承担不足部分的补偿责任。

最终结清付款涉及政府投资资金的，按照国库集中支付等国家相关规定和专用合同条款的约定办理。

承包人对发包人支付的最终结清款有异议的，按照合同约定的争议解决方式处理。

第二节   工程竣工决算

一、建设项目竣工决算的概念及作用

1. 建设项目竣工决算的概念

项目竣工决算是指所有项目竣工后，项目单位按照国家有关规定在项目竣工验收阶段编制的竣工决算报告。竣工决算是以实物数量和货币指标为计量单位，综合反映竣工建设项目全部建设费用、建设成果和财务状况的总结性文件，是竣工验收报告的重要组成部分，竣工决算是正确核定新增固定资产价值，考核分析投资效果，建立健全经济责任制的依据，是反映建设项目实际造价和投资效果的文件。竣工决算是建设工程经济效益的全面反映，是项目法人核定各类新增资产价值、办理其交付使用的依据。竣工决算是工程造价管理的重要组成部分，做好竣工决算是全面完成工程造价管理目标的关键性因素之一。通过竣工决算，既能够正确反映建设工程的实际造价和投资结果；又可以通过竣工决算与概算、预算的对比分析，考核投资控制的工作成效，为工程建设提供重要的技术经济方面的基础资料，提高未来工程建设的投资效益。

项目竣工时，应编制建设项目竣工财务决算。在编制项目竣工财务决算前，项目建设单位应当认真做好各项清理工作，包括账目核对及账务调整、财产物资核实处理、债权实现和债务清偿、档案资料归集整理等。建设周期长、建设内容多的项目，单项工程竣工，具备交付使用条件的，可编制单项工程竣工财务决算。建设项目全部竣工后应编制竣工财务总决算。

2. 建设项目竣工决算的作用

（1）建设项目竣工决算是综合全面地反映竣工项目建设成果及财务情况的总结性文件，它采用货币指标、实物数量、建设工期和各种技术经济指标综合、全面地反映建设项目自开始建设到竣工为止全部建设成果和财务状况。

（2）建设项目竣工决算是办理交付使用资产的依据，也是竣工验收报告的重要组成部分。建设单位与使用单位在办理交付资产的验收交接手续时，通过竣工决算反映了交付使用资产的全部价值，包括固定资产、流动资产、无形资产和其他资产的价值。及时编制竣工决算可以正确核定固定资产价值并及时办理交付使用，可缩短工程建设周期，节约建设项目投资，准确考核和分析投资效果。可作为建设主管部门向企业使用单位移交财产的依据。

（3）建设项目竣工决算是分析和检查设计概算的执行情况，考核建设项目管理水平和投资效果的依据。竣工决算反映了竣工项目计划、实际的建设规模、建设工期以及设计和实际的生产能力，反映了概算总投资和实际的建设成本，同时还反映了所达到的主要技术经济指标。通过对这些指标计划数、概算数与实际数进行对比分析，不仅可以全面掌握建设项目计划和概算执行情况，而且可以考核建设项目投资效果，为今后制订建设项目计划，降低建设成本，提高投资效果提供必要的参考资料。

二、竣工决算的内容和编制

1. 竣工决算的内容

建设项目竣工决算应包括从筹集到竣工投产全过程的全部实际费用，即包括建筑工程费、安装工程费、设备工器具购置费用及预备费等费用。根据财政部、国家发展和改革委员会、住房和城乡建设部的有关文件规定，竣工决算是由竣工财务决算说明书、竣工财务决算报表、工程竣工图和工程竣工造价对比分析四部分组成。其中竣工财务决算说明书和竣工财务决算报表两部分又称建设项目竣工财务决算，是竣工决算的核心内容。竣工财务决算是正确核定项目资产价值、反映竣工项目建设成果的文件，是办理资产移交和产权登记的依据。

1）竣工财务决算说明书。

竣工财务决算说明书主要反映竣工工程建设成果和经验，是对竣工决算报表进行分析和补充说明的文件，是全面考核分析工程投资与造价的书面总结，是竣工决算报告的重要组成部分，其内容主要包括：

（1）项目概况。一般从进度、质量、安全和造价方面进行分析说明。进度方面主要说明开工和竣工时间，对照合理工期和要求工期分析是提前还是延期；质量方面主要根据竣工验收委员会或相当一级质量监督部门的验收评定等级、合格率和优良品率；安全方面主要根据劳动工资和施工部门的记录，对有无设备和人身事故进行说明；造价方面主要对照概算造价，说明节约或超支的情况，用金额和百分率进行分析说明。

（2）会计账务的处理、财产物资清理及债权债务的清偿情况。

（3）项目建设资金计划及到位情况，财政资金支出预算、投资计划及到位情况。

（4）项目建设资金使用、项目结余资金等分配情况。

（5）项目概（预）算执行情况及分析，竣工实际完成投资与概算差异及原因分析。

（6）尾工工程情况。项目一般不得预留尾工工程，确需预留尾工工程的，尾工工程投资不得超过批准的项目概（预）算总投资的 5%。

（7）历次审计、检、审核、稽查意见及整改落实情况。

（8）主要技术经济指标的分析、计算情况。概算执行情况分析，根据实际投资完成额与概算进行对比分析；新增生产能力的效益分析，说明交付使用财产占总投资额的比例，不增加固定资产的造价占投资总额的比例，分析有机构成和成果。

（9）项目管理经验、主要问题和建议。

（10）预备费动用情况。

（11）项目建设管理制度执行情况、政府采购情况、合同履行情况。

（12）征地拆迁补偿情况、移民安置情况。

（13）需说明的其他事项。

2）竣工财务决算报表。

建设项目竣工决算报表包括：封面、基本建设项目概况表、基本建设项目竣工财务决算表、基本建设项目资金情况明细表、基本建设项目交付使用资产总表、基本建设项目交付使用资产明细表、待摊投资明细表、待核销基建支出明细表、转出投资明细表等。以下对其中几个主要报表进行介绍。

（1）基本建设项目概况表（表 11-1）。该表综合反映基本建设项目的基本概况，内容包括该项目总投资、建设起止时间、新增生产能力、主要材料消耗、建设成本、完成主要工程量和主要技术经济指标，为全面考核和分析投资效果提供依据，可按下列要求填写：

表 11-1　基本建设项目概况表

建设项目（单项工程）名称		建设地址				项目	核算批准金额（元）	实际完成金额（元）	备注
主要设计单位		主要施工企业				建筑安装工程			
						设备、工具、器具			
占地面积（m²）	设计	实际	总投资（万元）	设计	实际	待摊投资			
						其中：项目建设管理费			
新增生产能力	能力（效益）名称			设计	实际	其他投资			
						待核销基建支出			
建设起止时间	设计	从　年　月　日至　年　月　日				转出投资			
	实际	从　年　月　日至　年　月　日				合计			
概算批准部门及文号									
完成主要工程量	建设规模			设备（台、套、吨）					
	设计		实际	设计		实际			
尾工工程	单项工程项目、内容		批准概算	预计未完部分投资额	已完成投资额	预计完成时间			
	小计								

①建设项目名称、建设地址、主要设计单位和主要承包人，要按全称填列。

②表中占地面积包括设计面积和实用面积。

③表中总投资包括设计概算总投资和决算实际总投资。

④表中各项目的设计、概算等指标，根据批准的设计文件和概算等确定的数字填列。

⑤表中所列新增生产能力、完成主要工程量的实际数据，根据建设单位统计资料和承包人提供的有关成本核算资料填列。

⑥表中基建支出是指建设项目从开工起至竣工为止发生的全部基本建设支出，包括形成资产价值的交付使用资产，如固定资产、流动资产、无形资产、其他资产支出，还包括不形成资产价值按照规定应核销的非经营项目的待核销基建支出和转出投资。上述支出，应根据财政部门历年批准的"基建投资表"中的有关数据填列。按照《基本建设财务规则》（财政部第 81 号令）和《基本建设项目建设成本管理规定》（财建〔2016〕504 号）的规定，需要注意以下几点：

a. 建筑安装工程投资支出、设备工器具投资支出、待摊投资支出和其他投资支出构成建设项目的建设成本。

建筑安装工程投资支出是指基本建设项目建设单位按照批准的建设内容发生的建筑工程和安装工程的实际成本，其中不包括被安装设备本身的价值，以及按照合同规定支付给施工单位的预付备料款和预付工程款。

设备工器具投资支出是指基本建设项目建设单位按照批准的建设内容发生的各种设备的实际成本（不包括工程抵扣的增值税进项税额），包括需要安装设备、不需要安装设备和为生产准备的不够固定资产标准的工具、器具的实际成本，需要安装设备是指必须将其整体或几个部位装配起来，安装在基础上或建筑物支架上才能使用的设备；不需要安装设备是指不必固定在一定位置或支架上就可以使用的设备。

待摊投资支出是指基本建设项目建设单位按照批准的建设内容发生的，应当分摊计入相关资产价值的各项费用和税金支出。主要包括：（a）勘察费、设计费、研究试验费、可行性研究费及项目其他前期费用；（b）土地征用及迁移补偿费、土地复垦及补偿费、森林植被恢复费及其他为取得或租用土地使用权而发生的费用；（c）土地使用税、耕地占用税、契税、车船税、印花税及按规定缴纳的其他税费；（d）项目建设管理、代建管理费、临时设施费、监理费、招标投标费、社会中介机构审查费及其他管理性质的费用；（e）项目建设期间发生的各类借款利息、债券利息、贷款评估费、国外借款手续费及承诺费、汇兑损益、债券发行费用及其他债务利息支出或融资费用；（f）工程检测费、设备检验费、负荷联合试车费及其他检验检测类费用；（g）固定资产损失、器材处理亏损、设备盘亏及毁损、报废工程净损失及其他损失；（h）系统集成等信息工程的费用支出；（i）其他待摊投资性质支出。需要注意的是基本建设项目在建设期间的建设资金存款利息收入冲减债务利息支出，利息收入超过利息支出的部分，冲减待摊投资总支出。项目单项工程报废净损失计入待摊投资支出，单项工程报废应当经有关部门或专业机构鉴定。非经营性项目以及使用财政资金所占比例超过项目资本 50% 的经营性项目，发生的单项工程报废经鉴定后，需报项目竣工财务决算批复部门审核批准。

其他投资支出是指基本建设项目建设单位按照批准的建设内容发生的房屋购置支出，基本畜禽、林木等的购置、饲养、培育支出，办公生活用家具、器具购置支出，软件研发和不能计入设备投资的软件购置等支出。

b. 待核销基建支出包括以下内容：非经营性项目发生的江河清障、航道清淤、飞播造林、补助群众造林、退耕还林（草）、封山（沙）育林（草）、水土保持、城市绿化、毁损道路修复、护坡及清理等不能形成资产的支出，以及项目未被批准、项目取消和项目报废前已发生的支出；非经营性项目发生的农村沼气工程、农村安全饮水工程、农村危房改造工程、游牧民定居工程、渔民上岸工程等涉及家庭或者个人的支出，形成资产产权归属家庭或者个人的，也作为待核销基建支出处理。

上述待核销基建支出，若形成资产产权归属本单位的，计入交付使用资产价值；形成产权不归属本单位的，作为转出投资处理。

c. 非经营性项目转出投资支出是指非经营项目为项目配套的专用设施投资，包括专用道路、专用通信设施、送变电站、地下管道等，且其产权不属于本单位的投资支出。对于产权归属本单位的，应计入交付使用资产价值。

⑦表中"概算批准部门及文号"，按最后经批准的文件号填列。

⑧表中收尾工程是指全部工程项目验收后尚遗留的少量收尾工程，在表中应明确填写收尾工程内容、完成时间、这部分工程的实际成本，可根据实际情况进行估算并加以说明，完工后不再编制竣工决算。

（2）基本建设项目竣工财务决算表（表11-2）。竣工财务决算表是竣工财务决算报表的一种，建设项目竣工财务决算表是用来反映建设项目的全部资金来源和资金占用情况，是考核和分析投资效果的依据。该表反映竣工的建设项目从开工到竣工为止全部资金来源和资金运用的情况。它是考核和分析投资效果，落实结余资金，并作为报告上级核销基本建设支出和基本建设拨款的依据。该表采用平衡表形式，即资金来源合计等于资金支出合计。在编制该表前，应先编制出项目竣工年度财务决算，根据编制出的年度财务决算和历年财务决算编制项目的竣工财务决算。此表采用平衡表形式，即资金来源合计等于资金支出合计。

表 11-2 基本建设项目竣工财务决算表

单位：

资金来源	金额	资金占用	金额
一、基建拨款		一、基本建设支出	
1. 中央财政资金		（一）交付使用资产	
其中：一般公共预算资金		1. 固定资产	
中央基建投资		2. 流动资产	
财政专项资金		3. 无形资产	
政府性基金		（二）在建工程	
国有资本经营预算安排的基建项目资金		1. 建筑安装工程投资	
2. 地方财政资金		2. 设备投资	
其中：一般公共预算资金		3. 待摊投资	
地方基建投资		4. 其他投资	

续表

资金来源	金额	资金占用	金额
财政专项资金		（三）待核销基建支出	
政府性资金基金		（四）转出投资	
国有资本经营预算安排的基建项目资金		二、货币资金合计	
二、部门自筹资金（非负债性资金）		其中：银行存款	
三、项目资本		财政应返还额度	
1. 国家资本		其中：直接支付	
2. 法人资本		授权支付	
3. 个人资本		现金	
4. 外商资本		有价证券	
四、项目资本公积		三、预付及应收款合计	
五、基建借款		1. 预付备料款	
其中：企业债券资金		2. 预付工程款	
六、待冲基建支出		3. 预付设备款	
七、应付款合计		4. 应收票据	
1. 应付工程款		5. 其他应收款	
2. 应付设备款		四、固定资产合计	
3. 应付票据		固定资产原价	
4. 应付工资及福利费		减：累计折旧	
5. 其他应付款		固定资产净值	
八、未交款合计		固定资产清理	
1. 未交税金		待处理固定资产损失	
2. 未交结余财政资金			
3. 未交基建收入			
4. 其他未交款			
合　　计		合　　计	

补充资料：

基建借款期末余额：

基建结余资金：

注：资金来源合计扣除财政资金拨款与国家资本、资本公积重叠部分。

基本建设项目竣工财务决算表具体编制方法如下：

①资金来源包括基建拨款、部门自筹资（非负债性资金）、项目资本、项目资本公积、基建借款、待冲基建支出、应付款和未交款，其中：

a. 项目资本金是指经营性项目投资者按国家有关项目资本金的规定，筹集并投入项目的非负债资金，在项目竣工后，相应转为生产经营企业的国家资本金、法人资本金、个人资本金和外商资本金。

b. 项目资本公积金是指经营性项目对投资者实际缴付的出资额超过其资金的差额（包括发行股票的溢价净收入）、资产评估确认价值或者合同协议约定价值与原账面净值的差额、接收捐赠的财产、资本汇率折算差额，在项目建设期间作为资本公积金、项目建成交付使用并办理竣工决算后，转为生产经营企业的资本公积金。

值得注意的是，资金来源合计应扣除财政资金拨款与国家资本、资本公积重叠部分。

②表中"交付使用资产""中央财政资金""地方财政资金""部门自筹资金""项目资本""基建借款"等项目，是指自开工建设至竣工的累计数，上述有关指标应根据历年批复的年度基本建设财务决算和竣工年度的基本建设财务决算中资金平衡表相应项目的数字进行汇总填写。

③表中其余项目费用办理竣工验收时的结余数，根据竣工年度财务决算中资金平衡表的有关项目期末数填写。

④资金支出反映建设项目从开工准备到竣工全过程资金支出的情况，内容包括基建支出、货币资金、预付及应收款、固定资产等，资金支出总额应等于资金来源总额。

⑤补充资料当中，基建借款期末余额是指工程项目竣工时尚未偿还的基建投资借款数，应根据竣工年度资金平衡表内的"基建借款"项目期末数填列；应收生产单位投资借款期末数"，应根据竣工年度资金平衡表内的"应收生产单位投资借款"项目的期末数填列。基建结余资金是指竣工时的结余资金，应根据竣工财务决算表中有关项目计算填列，其计算公式为：

$$基建结余资金 = 基建拨款 + 项目资本 + 项目资本公积 + 基建借款$$
$$+ 企业债券资金 + 待冲基建支出 - 基本建设支出 \qquad (11-3)$$

（3）基本建设项目交付使用资产总表（表 11-3）。该表反映建设项目建成后新增固定资产、流动资产、无形资产价值的情况和价值，作为财产交接、检查投资计划完成情况和分析投资效果的依据。

表 11-3　基本建设项目支付使用资产总表

单位：

序号	单项工程名称	总计	固定资产				流动资产	无形资产
			合计	建筑物及构筑物	设备	其他		

交付单位：　　　　　　　负责人：　　　　　　　接收单位：　　　　　　　负责人：

基本建设项目交付使用资产总表具体编制方法如下：

①表中各栏目数据根据"交付使用资产明细表"的固定资产、流动资产、无形资产的各相应项目的汇总数分别填写，表中总计栏的总计数应与竣工财务决算表中的交付使用资产的金额一致。

②表中第3栏、第4栏、第8栏和第9栏的合计数，应分别与竣工财务决算表交付使用的固定资产、流动资产、无形资产、其他资产的数据相符。

（4）基本建设项目交付使用资产明细表（表11-4）。该表反映交付使用的固定资产、流动资产、无形资产价值的明细情况，是办理资产交接和接收单位登记资产账目的依据，是使用单位建立资产明细账和登记新增资产价值的依据。编制时要做到齐全完整，数字准确，各栏目价值应与会计账目中相应科目的数据保持一致。基本建设项目交付使用资产明细表具体编制方法是：

表11-4　建设项目交付使用资产明细表

单位：

序号	单项工程项目名称	固定资产									流动资产		无形资产	
		建筑工程				设备、工具、器具、家具								
		结构	面积	金额	其中：分摊待摊投资	名称	规格型号	数量	金额	其中：设备安装费	其中：分摊待摊投资	名称	价值	名称	价值

①表中"建筑工程"项目应按单项工程名称填列其结构、面积和价值。其中"结构"是指项目按钢结构、钢筋混凝土结构、混合结构等结构形式填写；面积则按各项目实际完成面积填写；金额按交付使用资产的实际价值填写。

②表中"固定资产"部分要在逐项盘点后，根据盘点实际情况填写，工具、器具和家具等低值易耗品可分类填写。

③表中"流动资产""无形资产"项目应根据建设单位实际交付的名称和价值分别填列。

5）竣工财务决算报表其他表如下：待摊投资明细表（表11-5）、待核销基建出明细表（表11-6）、转出投资明细表（表11-7）。

表 11-5　待摊投资明细表

项目名称：　　　　　　　　　　　　　　　　　　　　　　　　　　　　单位：

项　　目	金　额	项　　目	金　额
1. 勘察费		25. 社会中介机构审计（查）费	
2. 设计费		26. 工程检测费	
3. 研究试验费		27. 设备检验费	
4. 环境影响评价费		28. 负荷联合试车费	
5. 监理费		29. 固定资产损失	
6. 土地征用及迁移补偿费		30. 器材处理亏损	
7. 土地复垦及补偿费		31. 设备盘亏及毁损	
8. 土地使用税		32. 报废工程损失	
9. 桥地占用税		33.（贷款）项目评估费	
10. 车船税		34. 国外借款手续费及承诺费	
11. 印花税		35. 汇兑损益	
12. 临时设施费		36. 坏账损失	
13. 文物保护费		37. 借款利息	
14. 森林植被恢复费		38. 减：存款利息收入	
15. 安全生产费		39. 减：财政贴总资金	
16. 安全鉴定费		40. 企业债券发行费用	
17. 网络租赁费		41. 经济合同仲裁费	
18. 系统运行维护监理费		42. 诉讼费	
19. 项目建设管理费		43. 律师代理费	
20. 代建管理费		44. 航道维护费	
21. 工程保险费		45. 航标设施费	
22. 招投标费		46. 检测费	
23. 合同公证费		47. 其他待摊投资性质支出	
24. 可行性研究费		合计	

表 11-6　待核销基建支出明细表

项目名称：　　　　　　　　　　　　　　　　　　　　　　　　　　　　单位：

不能形成资产部分的财政投资支出				用于家庭或个人的财政补助支出			
支出类别	单位	数量	金额	支出类别	单位	数量	金额
1. 江河清障				1. 补助群众造林			
2. 航道清淤				2. 户用沼气工程			
3. 飞播造林				3. 户用饮水工程			
4. 退耕还林（草）				4. 农村危房改造工程			

续表

不能形成资产部分的财政投资支出			用于家庭或个人的财政补助支出		
5. 封山（沙）育林（草）			5. 垦区及林区棚户区发行		
6. 水土保持			……		
7. 城市绿化					
8. 毁堤道路修复					
9. 护坡及清理					
10. 取消项目可行性研究费					
11. 项目报废					
……			合　计		

表 11-7　转出投资明细表

项目名称：　　　　　　　　　　　　　　　　　　　　　　　　　　　单位：

序号	单项工程项目名称	固定资产										流动资产		无形资产	
		建筑工程				设备、工具、器具、家具						名称	价值	名称	价值
		结构	面积	金额	其中：分摊待摊投资	名称	规格型号	数量	金额	设备安装费	其中：分摊待摊投资				
1															
2															
3															
4															
5															
6															
7															
8															
	合计														

交付单位：　　　　　负责人：　　　　　　　接收单位：　　　　　负责人：

盖章：　　　　　　年 月 日　　　　　　　盖章：　　　　　　年 月 日

　　需注意的是，在编制项目竣工财务决算时，项目建设单位应当按照规定将待摊投资支出按合理比例分摊计入交付使用资产价值、转出投资价值和待核销基建支出。

　　3）建设工程竣工图。

　　建设工程竣工图是真实地记录各种地上、地下建筑物、构筑物等情况的技术文件，工程进行交工验收、维护、改建和扩建的依据，是国家的重要技术档案。全国各建设、设计、施工单位和各主管部门都要认真做好竣工图的编制工作。国家规定：各项新建、扩建、改建的基本建设工程，特别是基础、地下建筑、管线、结构、井巷、桥梁、隧道、港口、水坝以及设备安装等隐蔽部位，都要编制竣工图。为确保竣工图质量，必须在施工过程中（不能在竣工后）及时做好隐蔽工程检查记录，整理好设计变更文件。编制竣工图的形式和深度，应根据不同情况区别对待，其具体要求包括：

（1）凡按图竣工没有变动的，由承包人（包括总包和分包承包人，下同）在原施工图上加盖"竣工图"标志后，即作为竣工图。

（2）凡在施工过程中，虽有一般性设计变更，但能将原施工图加以修改补充作为竣工图的，可不重新绘制，由承包人负责在原施工图（必须是新蓝图）上注明修改的部分，并附以设计变更通知单和施工说明，加盖"竣工图"标志后作为竣工图。

（3）凡结构形式改变、施工工艺改变、平面布置改变、项目改变以及有其他重大改变，不宜再在原施工图上修改、补充时，应重新绘制改变后的竣工图。由原设计原因造成的，由设计单位负责重新绘制；由施工原因造成的，由承包人负责重新绘图；由其他原因造成的，由建设单位自行绘制或委托设计单位绘制。承包人负责在新图上加盖"竣工图"标志，并附以有关记录和说明，作为竣工图。

（4）为了满足竣工验收和竣工决算需要，还应绘制反映竣工工程全部内容的工程设计平面示意图。

（5）重大的改建、扩建工程项目涉及原有的工程项目变更时，应将相关项目的竣工图资料统一整理归档，并在原图案卷内增补必要的说明一起归档。

4）工程造价对比分析。

对控制工程造价所采取的措施、效果及其动态的变化需要进行认真的比较对比，总结经验教训。批准的概算是考核建设工程造价的依据。在分析时，可先对比整个项目的总概算，然后将建筑安装工程费、设备工器具费和其他工程费用逐一与竣工决算表中所提供的实际数据和相关资料及批准的概算、预算指标、实际的工程造价进行对比分析，以确定项目总造价是节约还是超支，并在对比的基础上，总结先进经验，找出节约和超支的内容和原因，提出改进措施。在实际工作中，应主要分析以下内容：

（1）考核主要实物工程量。对于实物工程量出入比较大的情况，必须查明原因。

（2）考核主要材料消耗量。在建筑安装工程投资中，材料费一般占直接工程费70%左右，所以要按照竣工决算表中所列明的三大材料实际超概算的消耗量，查明是在工程的哪个环节超出量最大，再进一步查明超耗的原因。

（3）考核建设单位管理费、措施费和间接费的取费标准。建设单位管理费、措施费和间接费的取费标准要按照国家和各地的有关规定，根据竣工决算报表中所列的建设单位管理费与概预算所列的建设单位管理费数额进行比较，依据规定查明是否多列或少列的费用项目，确定其节约超支的数额，并查明原因。

（4）主要工程子目的单价和变动情况。在工程项目的投标报价或施工合同中，项目的子目单价早已确定，但由于施工过程或设计的变化等原因，经常会出现单价变动或新增加子目单价如何确定的问题。因此，要对主要工程子目的单价进行核对，对新增子目的单价进行分析检查，如发现异常应查明原因。

2. 竣工决算的编制

1）建设项目竣工决算的编制条件。

编制工程竣工决算应具备下列条件：

（1）经批准的初步设计所确定的工程内容已完成。

（2）单项工程或建设项目竣工结算已完成。

（3）收尾工程投资和预留费用不超过规定的比例。

（4）涉及法律诉讼、工程质量纠纷的事项已处理完毕。

（5）其他影响工程竣工决算编制的重大问题已解决。

2）建设项目竣工决算的编制依据。

建设项目竣工决算应依据下列资料编制：

（1）《基本建设财务规则》（财政部第 81 号令）等法律、法规和规范性文件。

（2）项目计划任务书及立项批复文件。

（3）项目总概算书、单项工程概算书文件及概算调整文件。

（4）经批准的可行性研究报告、设计文件及设计交底、图纸会审资料。

（5）招标文件、最高投标限价及招标投标书。

（6）施工、代建、勘察设计、监理及设备采购等合同，政府采购审批文件、采购合同。

（7）工程结算资料。

（8）工程签证、工程索赔等合同价款调整文件。

（9）设备、材料调价文件记录。

（10）有关的会计及财务管理资料。

（11）下达的项目年度财政资金投资计划、预算。

（12）其他有关资料。

3）竣工决算的编制要求。

为了严格执行建设项目竣工验收制度，正确核定新增固定资产价值，考核分析投资效果，建立健全经济责任制，所有新建、扩建和改建等建设项目竣工后，都应及时、完整、正确的编制好竣工决算。建设单位要做好以下工作：

（1）按照规定组织竣工验收，保证竣工决算的及时性。对建设工程的全面考核，所有的建设项目（或单项工程）按照批准的设计文件所规定的内容建成后，具备了技产和使用条件的，都要及时组织验收。对竣工验收中发现的问题，应及时查明原因，采取措施加以解决，以保证建设项目按时交付使用和及时编制竣工决算。

（2）积累、整理竣工项目资料，特别是项目的造价资料，保证竣工决算的完整性。积累、整理竣工项目资料是编制竣工决算的基础工作，它关系到竣工决算的完整性和质量的好坏。因此，在建设过程中，建设单位必须随时收集项目建设的各种资料，并在竣工验收前，对各种资料进行系统整理，分类立卷，为编制竣工决算提供完整的数据资料，为投产后加强固定资产管理提供依据。在工程竣工时，建设单位应将各种基础资料与竣工决算一起移交给生产单位或使用单位。

（3）核对各项账目，清理各项财务、债务和结余物资，保证竣工决算的正确性。工程竣工后，建设单位要认真核实各项交付使用资产的建设成本；完成各项账务处理及财产物资的盘点核实，做到账账、账证、账实、账表相符。项目建设单位应当逐项盘点核实，填列各种材料、设备、工具、器具等清单并妥善保管，应变价处理的库存设备、材料以及应处理的自用固定资产要公开变价处理，不得侵占、挪用；对竣工后的结余资金，要按规定上交财政部门或上级主管部门。在完成上述工作，核实了各项数字的基础上，正确编制从年初起到竣工月份止的竣工年度财务决算，以便根据历年的财务决算和竣工年度财务决算进行整理汇总，编制建设项目竣工决算。

4）竣工决算的编制程序。

基本建设项目完工可投入使用或者试运行合格后，应当在 3 个月内编报竣工财务决算，特殊情况确需延长的，中小型项目不得超过 2 个月，大型项目不得超过 6 个月。项目竣工财务决算未经审核前，项目建设单位一般不得撤销，项目负责人及财务主管人员、重大项目的相关工程技术主管人员、概（预）算主管人员一般不得调离。确需撤销的，项目有关财务资料应当转入其他机构承接、保管；人员确需调离的，应当继续承担或协助做好竣工财务决算相关工作。竣工决算的编制程序分为前期准备、实施、完成和资料归档四个阶段。

（1）前期准备工作阶段的主要工作内容如下：

①了解编制工程竣工决算建设项目的基本情况，收集和整理、分析基本的编制资料。在编制竣工决算文件之前，应系统地整理所有的技术资料、工料结算的经济文件、施工图纸和各种变更与签证资料，并分析它们的准确性。完整、齐全的资料是准确而迅速编制竣工决算的必要条件。

②确定项目负责人，配置相应的编制人员。

③制定切实可行、符合建设项目情况的编制计划。

④由项目负责人对成员进行培训。

（2）实施阶段主要工作内容如下：

①收集完整的编制程序依据资料。在收集、整理和分析有关资料中，要特别注意建设工程从筹建到竣工竣产或使用的全部费用的各项账务，债权和债务的清理，做到工程完毕账目清晰，即要核对账目，又要查点库存实物的数量，做到账与物相等，账与账相符，对结余的各种材料、工器具和设备，要逐项清点核实，妥善管理，并按规定及时处理，收回资金。对各种往来款项要及时进行全面清理，为编制竣工决算提供准确的数据和结果。

②协助建设单位做好各项清理工作。

③编制完成规范的工作底稿。

④对过程中发现的问题应与建设单位进行充分沟通，达成一致意见。

⑤与建设单位相关部门一起做好实际支出与批复概算的对比分析工作。重新核实各单位工程、单项工程造价，将竣工资料与原设计图纸进行查对、核实，必要时可实地测量，确认实际变更情况；根据经审定的承包人竣工结算等原始资料，按照有关规定对原概、预算进行增减调整，重新核定工程造价。

（3）完成阶段主要工作内容如下：

①完成工程竣工决算编制咨询报告、基本建设项目竣工决算报表及附表、竣工财务决算说明书、相关附件等。清理、装订好竣工图。做好工程造价对比分析。

②与建设单位沟通工程竣工决算的所有事项。

③经工程造价咨询企业内部复核后，出具正式工程竣工决算编制成果文件。

（4）资料归档阶段主要工作内容如下：

①工程竣工决算编制过程中形成的工作底稿应进行分类整理，与工程竣工决算编制成果文件一并形成归档纸质资料。

②对工作底稿、编制数据、工程竣工决算报告进行电子化处理，形成电子档案。

将上述编写的文字说明和填写的表格经核对无误，装订成册，即为建设工程竣工决算文件。将其上报主管部门审查，并把其中财务成本部分送交开户银行签证。竣工决算在上报主管部门的同时，抄送有关设计单位。

第三节　建筑工程竣工结算审核

建筑工程竣工结算审查是竣工结算阶段的一项重要工作，经审查核定的工程竣工结算是核定建设工程造价的依据，也是建设项目验收后编制竣工决算和核定新增固定资产价值的依据。因此，建设单位、监理公司以及审计部门等都十分重视竣工结算的审核。

1. 核对合同条款

（1）核对竣工工程内容是否符合合同条件要求，工程是否竣工验收合格，只有按合同要求完成全部工程并验收合格后竣工结算。

（2）按合同约定的结算方法、计价定额、取费标准、主材价格和优惠条款等，对工程竣工结算进行审核，若发现合同开口或有漏洞，应请建设单位与施工单位认真研究，明确结算要求。

2. 检查隐蔽验收记录

所有隐蔽工程均需进行验收，两人以上签证，实行工程监理的项目应经监理工程师签证确认。审核竣工结算时应该对隐蔽工程进行施工记录和验收签证，手续完整，工程量与竣工图一致方可列入结算。

3. 落实设计变更签证

设计修改变更应由原设计单位出具设计变更通知单和修改图纸，设计、校审人员签字并加盖公章，经建设单位和监理工程师审查同意并签证。重大设计变更应经原审批部门审批，否则不应列入结算。

4. 按图核实工程数量

竣工结算的工程量应依据竣工图、设计变更单和现场签证等进行核算，并按国家统一规定的计算规则计算工程量。

5. 认真核实单价

结算单价应按现行的计价原则和计价方法确定，不得违反。

6. 注意各项费用计取

建筑安装工程的取费标准应按合同要求或项目建设期间与计价定额配套使用的建筑安装工程费用定额及有关规定执行，先审核各项费率，要注意各项费用的计取基数，如安装工程间接费等是以人工费为基数，这个人工费是定额人工费与人工费调整部分之和。

防止各种计算误差。工程竣工结算子目多、篇幅大，往往有计算误差，应认真核算，防止因计算误差多计算或少计算。

第十二章　工程签证

第一节　工程签证的分类

一、工程签证的概念

按承发包合同约定，工程签证一般由甲乙双方代表就施工过程中涉及合同价款之外的责任事件所作的签认证明。它不属于洽商范畴，但受洽商变更影响而额外（超正常）发生的费用，或由一方受另一方要求（委托），或受另一方工作影响造成一方完成超出合约规定工作而发生的费用。工程签证从另一角度讲，是建设工程合同的当事人在实际履行工程合同中，按照合同的约定对涉及工程的款项、工程量、工程期限、赔偿损失等达成的意思表示一致的协议，从法律意义上讲是原工程合同的补充合同。建设工程合同在实际履行过程中，往往会对工程合同进行部分变更，这是因为合同签约前考虑的问题再全面，在实际履行中往往免不了要发生根据工程进展过程中出现的实际情况而对合同事先约定事项的部分变动，这些变动都需要通过工程签证予以确认。

二、工程签证的一般分类

从工程签证的表现形式来分，施工过程中发生的签证主要有三类，如图 12-1 所示。

这三类签证的内容、主体（出具人）和客体（使用人）都不一样，其所起的作用和目的也不一样，而在结算时的重要程度（可信度）也不一样。此外，在工程实践中，工程签证的形式还可能有会议纪要、经济签证单、费用签证单、工期签证单等形式。

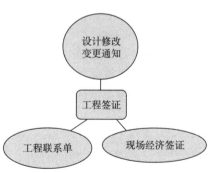

图 12-1　工程签证的主要形式

1. 设计修改变更通知

由原设计单位出具的针对原设计所进行的修改和变更，一般不可以对规模（如建筑面积、生产能力等）、结构（如砖混结构改框架结构等）、标准（如提高装修标准、降低或提高抗震、防洪标准等）做出修改和变更，否则要重新进入设计审查程序。

在工程实践中，监理（造价工程师）一般对于设计变更较为信任。在很多工程的设计合同中，会对设计修改和变更引起造价达到一定比例后，会核减设计费，因此设计单位对于设计变更会十分谨慎或尽量不出。

此外，有些管理较严格的公司，要求设计变更也要重新办理签证，设计变更不能直接作为费用结算的依据，当合同有此规定时应从合同规定。设计变更单参考格式见表 12-1。

表 12-1　设计变更通知单

设计单位	设计编号
工程名称	
内容：	
设计单位（公章）： 代表：	建设单位（公章）： 代表：	监理单位（公章）： 代表：	施工单位（公章）： 代表：

2. 工程联系单

工程联系单，建设单位、施工单位以及第三方都可以使用，其较其他指令形式缓和，易于被对方接受。常见的有设计联系单、工程联系单两种：

1）设计联系单。

主要指设计变更、技术修改等内容。设计联系单需经建设单位审阅后再下发施工单位、监理单位。其签证流程如图 12-2 所示。

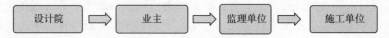

图 12-2　工程签证的主要形式

2）工程联系单。

一般是在施工过程中由建设单位提出的，亦可由施工单位提出，主要指无价材料、土方、零星点工签证等内容。主要是解决因建设单位提出的一些需要更改或变化的事项。工程联系单的签发要慎重把握，应按建设单位内控程序逐级请示领导。其签证流程有两种，如图 12-3 所示。

（1）流程 1：

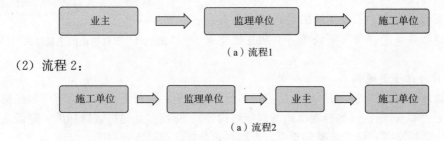

（a）流程1

（2）流程 2：

（a）流程2

图 12-3　工程联系单签证流程

工程联系单的参考形式见表 12-2。

表 12-2　工程联系单

工程名称		施工单位	
主送单位		联系单编号	
事由		日期	

内容：

建设单位：	施工单位：
年　月　日	年　月　日

3. 现场经济签证

　　一般现场经济签证都是由施工单位提出的，针对在施工过程中，现场出现的问题和原施工内容、方法出入，以及额外的零工或材料二次倒运等，经建设单位（或监理）、设计单位同意后作为调价依据。

　　凡由甲乙双方授权的现场代表及工程监理人员签字（盖章）的现场签证（规定允许的签证），即使在工程竣工结算时，原来签字（盖章）的人已经调离该项目，其所签具的签证仍然有效。

　　设计变更与现场签证是有严格的划分的。属于设计变更范畴的应该由设计部门下发通知单，所发生的费用按设计变更处理，不能由于设计部门为了怕设计变更数量超过考核指标或者怕麻烦，而把应该发生变更的内容变为现场签证。

　　现场签证应由甲乙双方现场代表及工程监理人员签字（盖章）的书面材料为有效签证。施工现场签证单的格式可参考表 12-3。

表 12-3　施工现场签证单

施工单位：

单位工程名称		建设单位名称	
分部分项工程名称			

内容：

施工负责人：　　　　　　　　　　　　　　　　　　　　　年　月　日

建设单位意见：

建设单位代表（签章）　　　　　　　　　　　　　　　　　年　月　日

现场签证单如果涉及到材料的话，还得办理材料价格签证单，具体格式可以参考表12-4。

表 12-4　材料价格签证单

工程名称：

序号	材料名称	部位	规格	数量	单位	购买日期	购买申报价	签证价格

施工单位意见	监理单位意见	建设单位意见
签字（盖章）	签字（盖章）	签字（盖章）
日期	日期	日期

经验指导

①签证证明。目前一般以技术核定单和业务联系单的形式反映者居多。

②虽然签证上直接标明金额比较直接，但是在实际工作中，一般很少直接签出金额。因为如果签证上有了直接金额，在后期结算审计的时候，监理或者造价工程师就不需要按照签证或者洽商记录进行计算得出金额了，这样工作的可改变余地就很小了，在一定程度上不利于工作的开展。

③现场经济签证。工程量清单计价的现场签证，是指非工程量清单项目的用工、材料、机械台班、零星工程等数量及金额的签证。

定额计价的现场签证，是指预算定额（或估价表）、费用定额项目内不包括的及规定可以另行计算（或按实计算）的项目和费用的签证。

第二节　各种变更、签证的关系与具体形式

一、相互关系

在单位工程施工过程中，各种形式的变更、签证、索赔会经常发生，它们对于后期结算的影响是不同的，相互之间也存在一定的关联，具体见表12-5所列内容。

表 12-5　变更、签证、索赔相互关系与工程结算价款构成表

序号	项目价款关系	各种形式的变更、签证
1	合同内价款及调整	合同价款：原合同金额
		变更增减金额：设计变更、设计变更洽商
		索赔增减金额
		工程奖惩金额

续表

序号	项目价款关系	各种形式的变更、签证
2	合同外项目价款： 签证增减金额	经济洽商
		工程签证：技术核定单、工程联系单、现场经济签证

二、洽商

洽商按其形式可分为设计变更洽商、经济洽商。

1. 设计变更洽商

设计变更洽商（记录）又称工程洽商，是指设计单位（或建设单位通过设计单位）对原设计修改或补充的设计文件，洽商一般均伴随费用发生。一般有基础变更处理洽商、主体部位变更洽商的结构洽商，有改变原设计工艺的洽商。工程洽商一般是由施工单位提出的，必须经设计、建设单位、施工单位三方签字确认，有监理单位的项目，同时需要监理单位签字确认，参考格式见表12-6。

表 12-6　设计变更、洽商记录

年　月　日　　　　　第　号

工程名称：

记录内容：

建设单位	施工单位	设计单位

2. 经济洽商

经济洽商是正确解决建设单位、施工单位经济补偿的协议文件。

三、技术核定单

在施工过程中，因施工条件、材料规格、品种和质量不能满足设计要求以及合理化建议等原因，需要进行施工图修改时，由施工单位提出技术核定单。技术核定单由项目内业技术人员负责填写，并经项目技术负责人审核，重大问题须报施工单位总工审核，核定单应正确、填写清楚、绘图清晰，变更内容要写明变更部位、图别、图号、轴线位置、原设计和变更后的内容和要求等。

技术核定单由项目内业技术人员负责送设计单位、建设单位办理签证，经认可后方能生效。经过签证认可后的技术核定单交项目资料员登记发放施工班组、预算员、质检员（技术、经营预算、质检等部门），见表12-7。

表 12-7　技术核定单

工程名称：　　　地址：　　　　　　　　　　　　　　　　　　　　第　页　共　页

建设单位		编号	
分部工程名称		图号	

核定内容	
核对意见	

复核单位：	技术负责人：

建设（监理）单位	现场负责人： （公章） 年　月　日	施工单位	专职质检员： 项目经理： （公章） 年　月　日	设计单位	代表： （公章） 年　月　日

四、索赔

1. 索赔程序

广义的索赔是指在经济合同的实施过程中，合同一方因对方不履行或未能正确履行或不能完全履行合同规定的义务而受到损失，向对方提出赔偿损失的要求。目前国内实际项目施工过程中，一般理解的索赔仅是指施工单位在合同实施过程中，根据合同及法律规定，对应由建设单位承担责任的干扰事件所造成的损失，向建设单位提出请求给予经济补偿和工期延长的要求。索赔程序如图 12-4 所示。

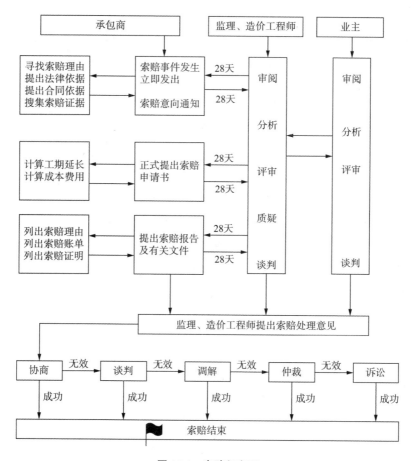

图 12-4 索赔程序图

2. 索赔原因

（1）当事人违约。

当事人违约常常表现为没有按照合同约定履行自己的义务。发包人违约常常表现为没有为承包人提供合同约定的施工条件、未按照合同约定的期限和数额付款等。

工程师未能按照合同约定完成工作，如未能及时发出图纸、指令等也视为发包人违约。

承包人违约的情况则主要是没有按照合同约定的质量、期限完成施工，或者由于不当行为给予发包人造成其他损害。

（2）不可抗力事件。

不可抗力又可分为自然事件和社会事件。自然事件主要是不利的自然条件和客观障碍，如在施工过程中遇到了经现场调查无法发现、业主提供的资料中也未提到的、无法预料的情况，如地下水、地质断层等。社会事件则包括国家政策、法律、法令的变更，战争，罢工等。

（3）合同缺陷。

合同缺陷表现为合同文件规定不严谨甚至矛盾，合同中有遗漏或错误，在这些情况下，工程师应当给予解释，如果这种解释将导致成本增加或工期延长，发包人应当给予补偿。

（4）合同变更。

合同变更表现为设计变更，施工方法变更，追加或者取消某些工作，合同其他规定的变更。

（5）工程师指令。

工程师指令有时也会发生索赔，如工程师指令承包人加速施工、进行某项工作、更换某些材料、采取某些措施等。

（6）其他第三方原因。

其他第三方原因常常表现为与工程有关的第三方的问题而引起的对本工程的不利影响。

3．工程建设过程中常用的索赔表格。

表 12-8～表 12-11 为国内工程建设过程中常用的索赔表格形式。

表 12-8　费用索赔申请表

工程名称：　　　　　　　　　　　　　　　　编　号：

致：_____监理公司

　　根据施工合同条款_____条的规定，由于_____原因，我方要求索赔
金额（大写）_____，请予以批准。

　　1．索赔的详细理由及经过：

　　2．索赔金额的计算：

　　3．证明材料

　　　　　　　　　　　　　　承包单位（章）

　　　　　　　　　　　　　　项目经理

　　　　　　　　　　　　　　日　　期

表 12-9　用索赔审批表

工程名称：　　　　　　　　　　　　　　　　编　号：

致：_____（承包单位）

　　根据施工合同条款_____条的规定，你方提出的_____费用索赔申请（第
___号），索赔（大写）_____，经我方审核评估：

　　□不同意此项索赔。

　　□同意此项索赔，金额为（大写）_____

　　同意/不同意索赔的理由：

　　索赔金额的计算：

　　　　　　　　　　　　　　项目监理机构

　　　　　　　　　　　　　　总监理工程师

　　　　　　　　　　　　　　日　　期

表 12-10　工程临时延期申请表

工程名称：_____　　　　编　号：_____

致：_____ 监理公司

　　根据施工合同条款_____条的规定，由于 _____ 原因，我方申请工程延期，请予以批准。

　　附件：

　　1. 工程延期的依据及工期计算

　　合同竣工日期：

　　申请延长竣工日期：

　　2. 证明材料

承包单位（章）

项目经理

日　　　期

表 12-11　工程最终延期审批表

工程名称：_____　　　　编　号：_____

致：_____（承包单位）

　　根据施工合同条款____ 条的规定，我方对你方提出的_____工程延期申请（第　　号）要求延长工期_____ 日历天的要求，经过审核评估：

　　□ 最终同意工期延长_____ 日历天。使竣工日期（包括已指令延长的工期）从原来的___年_ 月___日延迟到 ___年___月___日 。请你方执行。

　　□不同意延长工期，请按约定竣工日期组织施工。

　　说明：

项目监理机构

总监理工程师

日　　　期

经验指导

　　技术核定单：凡在图纸会审时遗留或遗漏的问题以及新出现的问题，属于设计产生的，由设计单位以变更设计通知单的形式通知有关单位（建设单位、施工单位、监理单位）；属建设单位原因产生的，由建设单位通知设计单位出具工程变更通知单，并通知有关单位。

第三节　工程签证常发生的情形

1. 工程地形或地质资料变化

最常见的是土方开挖时的签证、地下障碍物的处理，具体内容见表 12-12 所示。

表 12-12　地质资料变化的内容

序　号	内　容
1	开挖地基后，如发现古墓、管道、电缆、防空洞等障碍物时，施工单位应将会同建设单位、监理工程师的处理结果做好签证，如能画图表示的尽量绘图，否则，用书面表示清楚
2	地基如出现软弱地基处理时应做好所用的人工、材料、机械的签证并做好验槽记录
3	现场土方如为杂土，不能用于基坑回填时，土方的调配方案，如现场土方外运的运距，回填土方的购置及其回运运距均应签证
4	大型土方机械合理的进出场费次数等

工程开工前的施工现场"三通一平"、工程完工后的垃圾清运不应属于现场签证的范畴。

2. 地下水排水施工方案及抽水台班

地基开挖时，如果地下水位过高，排地下水所需的人工、机械及材料必须签证。

3. 现场开挖障碍处理

现场开挖管线或其他障碍处理（如要求砍伐树木和移植树木）。

4. 土石方转运

因现场环境限制，发生土石方场内转运、外运及相应运距。

5. 材料二次转堆

材料、设备、构件超过定额规定运距的场外运输，待签证后按有关规定结算；特殊情况的场内二次搬运，经建设单位驻工地代表确认后签证。

6. 场外运输

材料、设备、构件的场外运输。

7. 机械设备

（1）备用机械台班的使用，如发电机等。

（2）工程特殊需要的机械租赁。

（3）无法按定额规定进行计算的大型设备进退场或二次进退场费用。

8. 由于设计变更造成材料浪费及其他损失

工程开工后，工程设计变更给施工单位造成的损失。

（1）如施工图纸有误，或开工后设计变更，而施工单位已开工或下料造成的人工、材料、机械费用的损失。

（2）如设计对结构变更，而该部分结构钢筋已加工完毕等。

（3）工程需要的小修小改所需人工、材料、机械的签证。

9. 停工或窝工损失

（1）由于建设单位责任造成的停水、停电超过定额规定的范围。在此期间工地所使用的机械停滞台班、人工停窝工、以及周转材料的使用量都要签证清楚。

（2）由于拆迁或其他建设单位、监理单位因素造成工期拖延。

10. 不可抗力造成的经济损失

工程实施过程中所出现的障碍物处理或各类工期影响，应及时以书面形式报告建设单位或监理单位，作为工程结算调整的依据。

11. 建设单位供料不及时或不合格给施工单位造成的损失

施工单位在包工包料工程施工中，由于建设单位指定采购的材料不符合要求，必须进行二次加工的签证以及设计要求而定额中未包括的材料加工内容的签证。建设单位直接分包的工程项目所须的配合费用。

12. 续建工程的加工修理

建设单位原发包施工的未完工程，委托另一施工单位续建时，对原建工程不符合要求的部分进行修理或返工的签证。

13. 零星用工

施工现场发生的与主体工程施工无关的用工，如定额费用以外的搬运拆除用工等。

14. 临时设施增补项目

临时设施增补项目应当在施工组织设计中写明，按现场实际发生的情况签证后，才能作为工程结算依据。

15. 隐蔽工程签证

由于工程建设自身的特性，很多工序会被下一道工序覆盖，涉及到费用增减的隐蔽工程，一些管理较严格的建设单位也要求工程签证。

16. 工程项目以外的签证

建设单位在施工现场临时委托施工单位进行工程以外的项目的签证。

经验指导

①如果是自然雨水，特别是季节性雨水造成的基础排水费用已考虑在现场管理费中，不应再签证，而来自地下的水的抽水费用一般可以签证，因为来自地下的水更带有不可预见性。

②一定要超过定额内已考虑的运距才可签证。

第四节　工程签证的技巧

1. 不同签证的优先顺序

在施工过程中施工单位最好把有关的经济签证通过艺术、合理、变通的手段变成由设计单位签发的设计修改变更通知单，实在不行也要成为建设单位签发的工程联系单，最后才是现场经济签证。这个优先顺序作为施工单位的造价人员一定要非常清楚，这会涉及您提供的经济签证的可信程度，其优先顺序如下所示：

设计变更（设计单位发出）＞工程联系单（建设单位发出）＞现场经济签证（施工单位发起）。

设计单位、建设单位出具的手续在工程审价时可信度要高于施工单位发起出具的手续。

2. 施工单位办理签证的技巧

(1) 尽量明确签证内容。

在填写签证单时，施工单位要使所签内容尽量明确，能确定价格最好。这样竣工结算时，建设单位审减的空间就大大减少，施工单位的签证成果就能得到有效固定。

(2) 注意签证的优先顺序。

施工企业填写签证时按图 12-5 所示的优先顺序确定填写内容：

图 12-5　施工单位签证内容填写顺序

(3) 签证填写的有利原则。

施工企业按有利于计价、方便结算的原则填写涉及费用的签证。如果有签证结算协议，填到内容与协议约定计价口径一致；如果没有签证协议，按原合同计价条款或参考原协议计价方式计价。另外，签证方式要尽量围绕计价依据（如定额）的计算规则办理。

(4) 不同类型签证内容的填写。

根据不同合同类型签证内容，施工企业尽量有针对性地细化填写，具体内容如下：

①可调价格合同至少要签到量。

②固定单价合同至少要签到量、单价。

③固定总价合同至少要签到量、价、费。

④成本加酬金合同至少要签到工、料（材料规格要注明）、机（机械台班配合人工问题）费。

⑤有些签证中还要注明列入税前造价或税后造价。

第五节　工程量、材料、单价签证

一、工程量签证

1. 施工单位工程量签证技巧

目前的工程施工现场中，施工单位一般在专业技术上要强于建设单位，因此，在一些特定的情况下，施工单位往往可以采用一些"技巧"，合理地增加工程量签证。

(1) 当某些合同外工程急需处理时，施工单位往往可以抬高工程量，并要求签证。

(2) 当处理一些复杂、耗时较长的合同外工程时，施工单位可以经常请建设单位代表、监理去现场观看，等工程处理完（一般不超过签证时效），再去签证。

(3) 对某些非关键部位但影响交通等的工程，可以适当放缓进度，很多时候，建设单位为了要求施工单位尽快完工，腾出交通通道，通常会要求施工单位赶工，这样施工单位就可以名正言顺地要求签证赶工措施费。

（4）地下障碍物以及建好需拆除的临时工程，可以等拆除后再签证。

2. 工程量签证的审核

工程量签证审核的具体内容见表12-13。

表 12-13　工程量签证审核的内容

名　称	内　容
真实性审核	签证有无双方单位盖章，印章是否伪造，复印件与原件是否一致等是真实性审核的重要内容。签证真实性的审核要重点审查签证单所附的原始资料。例如停电签证可以到电力部门进行核实，看签证是否与电力部门的停电日期、停电起止时间记录相吻合
合理性审核	一些施工单位为了中标，在招标时采取压低造价，在施工中又以各种理由，采取洽商签证的方法想尽办法补回经济损失。所以对施工单位签证的合理性必须认真审核
实质性审核	对于工程量的签证，审核时必须到现场逐项丈量、计算，逐笔核实。特别是对装饰工程和附属工程的隐蔽部分应作为审核的重点。因为这两部分往往没有图纸或者图纸不很明确，而事后勘察又比较困难。在必要的情况下，审核人员在征得建设单位和施工单位双方同意的情况下，进行破坏性检查，以核准工程量

二、材料价格签证

1. 材料价格签证

正常情况下，设计图纸对一些主材、装饰材料只能指定规格与品种，而不能指定生产厂家。目前市场上的伪劣产品较多，不同的厂家和型号，价格差异比较大，特别是一些高级装饰材料。所以对主要材料，特别是材料按实调差的工程，进场前必须征得建设单位同意，对于一些工期较长的工程，期间价格涨跌幅度较大，必须分期多批对主要建材与建设单位进行价格签证。

2. 材料价格签证确认的方法

相对于其他签证来说，材料价格签证的确认是比较难的。客观上，各地区《建筑材料价格信息》对普及性材料有明确指导价，而对装饰材料的价格没有明确指导，由于其品种、质量、产地的不同，导致了价格的千差万别，建设单位也不能清晰、具体地提供材料的详细资料。比较可行的办法是通过市场，寻求最接近实际情况的价格，以事实证据取得各方的一致认可。

1）调查材料价格信息的方法。

调查材料价格信息的方法见表12-14。

表 12-14　调查材料价格信息的方法

方　法	内　容
市场调查	这种方法特点是获取信息直接、相对较准确，有说服力，实际效果较好
电话调查	对于异地购买的材料、新兴建筑材料、特种材料，或在审核时间紧的情况下，可采取与类似生产厂家或经销商进行电话了解，询得采购价格
上网查询	在网上查询了解材料价格，具有方便、快捷的特点

续表

方　法	内　容
当事人调查	材料真实采购价格，施工单位对外常常会加以封锁，审核人员要搞准具体价格，还要调查可能的不同知情者，如参与考察的人员、建设单位代表以及业内人士等，以便定价时参考

2）取定材料价格的方法。

调查取得价格信息资料后，就要对这些资料进行综合分析、平衡、过滤，从而取定最接近客观实际并符合审价要求的价格。

（1）考虑调查价格与实际购买价格的差异。一般情况下，大宗订购材料价格应低于市场价格一定比例，零购材料价格不应高于市场价格。

此外，材料价格是具有时间性的，应以施工期内的市场实际价格作为计算的依据。

（2）参考其他价格信息。取定材料价格时还应综合考虑下面几种价格资料，内容见表12-15。

表 12-15　取定材料价格是考虑的因素

名　称	内　容
参考信息价	各地区定期发布《建筑材料价格信息》指导价格
参考发票价	在市场调查的基础上，可作为参考的依据之一
参考口头价	口头价格的可信度要低一些，更应慎重取舍
参考定额价	一般来说土建材料与市场差异不大，但许多装饰材料则可能出入较大，应分别对待
其他工程中同类建材价格	在同期建设的工程中，已审定工程中所取定的材料价格，可作为材料价格取定参照，甚至可以直接采用

（3）理论测算法。

工程实际中，因非标（件）设备引起的纠纷也是时有发生，这种纠纷多数因对计价方法的认知不同。

非标（件）设备的价格计算方法有：系列设备插入估价法、分布组合估价法、成本计算估价法、定额估价法。

一般情况下，审核的时候多采用更接近实际价格的成本计算估价法，包括：材料费、加工费、辅助材料费、专用工具费、废品损失费、外购配套件费、包装费、利润、税金、设计费等。

目前，新型建筑材料发展迅速，价格不被大多数人所了解和掌握，这就需要审价人员向厂家进行调查咨询，在此基础上，综合考虑其他费用，如采购保管费、包装费、运输费、利润、税金等进行估价。

3）取价策略。

（1）做好相关准备。

①调查之前，应对材料的种类、型号、品牌、数量、规格、产地及工程施工环境、进

货渠道进行初步了解。掌握这些因素与价格的差异关系，有利于判断价格的准确性。

②掌握所调查材料相关知识，防止实际用低等级材料，而结算按高等级材料计价。

③掌握施工单位材料的进货渠道及供货商情况，以便进行调查时有的放矢。

（2）注意方法策略。审价人员在询问时不仅要给对方以潜在顾客的感觉，还要注意对不同调查对象进行比较，例如专卖店与零售店，大经销商与小经销商之间的价格差异。

（3）平时注意收集资料。审核人员在平时工作中就应留意收集价格信息，同一材料价格在不同工程上可以互为借鉴。重视市场材料价格信息的变化，建立价格信息资源库，使用时及时取用。

三、综合单价签证

1. 综合单价使用原则

清单计价方法下，在工程设计变更和工程外项目确定后 7 天内，设计变更、签证涉及工程价款增加的，由施工单位向建设单位提出，涉及工程价款减少的，由建设单位向施工单位提出，经对方确认后调整合同价款。变更合同价款按下列方法进行。

（1）当投标报价中已有适用于调整的工程量的单价时，按投标报价中已有的单价确定。

（2）当投标报价中只有类似于调整的工程量的单价时，可参照该单价确定。

（3）当投标报价中没有适用和类似于调整的工程量的单价时，由施工单位提出适当的变更价格，经与建设单位或其委托的代理人（建设单位代表、监理工程师）协商确定单价；协商不成，报工程造价管理机构审核确定。

2. 单价报审程序

1）换算项目。

工程实际施工过程中，不少材料的调整，在定额计价模式下，只要进行子目变更或换算即可，但在清单模式下，特别是固定单价合同，单价的换算必须经过报批，并且需要注意以下几个问题。

（1）每个单价分析明细表中的费用中的费率都必须与投标时所承诺的费率一致。

（2）换算后的材料消耗量必须与投标时一致，换算前的材料单价应在"备注"栏注明。

（3）换算项目单价分析表必须先经过监理单位和建设单位计财合同部审批后再按顺序编号页码附到结算书中，见表 12-16 和表 12-17。

表 12-16　换算项目综合单价报批汇总表

工程名称：

序号	清单编号	项目名称	计量单位	报批单价	备注

编制人：　　　　　　　　　　　　　　　　　　　　　　　　　　复核人：

表 12-17 换算项目综合单价分析表

工程名称：

编制单位：（盖章）   监理单位：（盖章）

清单编号：

项目名称：

工程（或工作）内容：

序号	项 目 名 称	单位	消耗量	单 价	合 价	备注
1	人工费（a+b+……）	元				
a						
b						
	……					
2	材料费（a+ b+……）	元				
a						
b						
	……					
3	机械使用费（a+ b+……）	元				
a						
b						
	……					
4	管理费（1+2+3）×（ ）%					
5	利润（1+2+3+4）×（ ）%	元				
6	合计：（1+2+3+4+5）	元				

编制人：   复核人：

监理单位造价工程师：   业主单位造价部：   （经办人签字）

                                                               （复核人签字）

                                                               （盖   章）

2）类似项目。

当原投标报价中没有适用于变更项目的单价时，可借用类似项目单价，但同样需要进行报批。

（1）每个单价分析明细表中的费用中的费率都必须与投标时类似清单项目的费率一致。

（2）原清单编号为投标时相类似的清单项目。

（3）类似项目单价分析表必须先经过监理单位和建设单位计财合同部审批后再按顺序编号页码附到结算书中，见表 12-18 和表 12-19。

表 12-18 类似项目综合单价报批汇总表

工程名称：

序号	清单编号	项目名称	计量单位	报批单价	备注

编制人：　　　　　　　　　　　　　　　　　　　　　　复核人：

表 12-19 类似项目综合单价分析表

工程名称：

编制单位：（盖章）　　　　　　　　　　　　　　　　监理单位：（盖章）

清单编号：		原清单编号	
项目名称：		计量单位	
工程（或工作）内容：		综合单价	

序号	项 目 名 称	单位	消耗量	单 价	合 价	备注
1	人工费（a＋b＋……）	元				
a						
b						
	……					
2	材料费（a＋b＋……）	元				
a						
b						
	……					
3	机械使用费（a＋b＋……）	元				
a						
b						
	……					
4	管理费（1＋2＋3）×（ ）%					
5	利润（1＋2＋3＋4）×（ ）%	元				
6	合计：（1＋2＋3＋4＋5）	元				

编制人：　　　　　　　　　　　　复核人：

监理单位造价工程师：　　　　　　业主单位造价部：（经办人签字）

　　　　　　　　　　　　　　　　　　　　　　　（复核人签字）

　　　　　　　　　　　　　　　　　　　　　　　（盖　　章）

3）未列项目。

当原投标报价中没有适用或类似项目单价时，施工单位必须提出相应的单价报审，其实相当于重新报价。

（1）每个单价分析明细表中的费用中的费率都必须与投标时所承诺的费率一致。

（2）双方应事前在招投标阶段协商确定"未列项目（清单外项目）取费标准"或达成参考某定额、费用定额计价。未列项目单价分析表中的取费标准按投标文件表"未列项目（清单外项目）收费明细表"执行。

（3）参照定额如根据定额要求含量需要调整的应在备注中注明调整计算式或说明计算式附后。

（4）未列项目单价分析表必须先经过监理单位和建设单位计财合同部审批后再按顺序编号页码附到结算书中，见表12-20和表12-21。

表 12-20　未列项目综合单价报批汇总表

工程名称：

序号	清单编号	项目名称	计量单位	报批单价	备注

编制人：　　　　　　　　　　　　　　　　　　　　　　　　　复核人：

表 12-21　未列项目综合单价分析表

工程名称：

编制单位：（盖章）　　　　　　　　　　　　　　　　监理单位：（盖章）

清单编号：		参考定额	
项目名称：		计量单位	
工程（或工作）内容：		综合单价	

序号	项 目 名 称	单位	消耗量	单 价	合 价	备注
1	人工费（a＋b＋……）	元				
a						
b						
	……					
2	材料费（a＋ b＋……）	元				
a						
b						

续表

清单编号：			参考定额				
项目名称：			计量单位				
工程（或工作）内容：			综合单价				
序号	项　目　名　称	单位	消耗量	单价	合　价	备注
	······					
3	机械使用费（a＋b＋······）	元				
a						
b						
	······					
4	管理费（1＋2＋3）×（　）%					
5	利润（1＋2＋3＋4）×（　）%	元				
6	合计：（1＋2＋3＋4＋5）	元				

编制人：　　　　　　　　　　　　　　复核人：

监理单位造价工程师：　　　　　　　　业主单位造价部：（经办人签字）

　　　　　　　　　　　　　　　　　　　　　　　　（复核人签字）

　　　　　　　　　　　　　　　　　　　　　　　　（盖　　章）

第六节　合理利用设计变更

1. 设计变更可能产生地方

一般来说，在实际项目施工过程中，可能产生设计变更的原因可以见表12-22所示。

表12-22　设计变更原因

序　　　号	变更原因
1	修改工艺技术，包括设备的改变
2	增减工程内容
3	改变使用功能
4	设计错误、遗漏
5	提出合理化建议
6	施工中产生错误
7	使用的材料品种的改变
8	工程地质勘察资料不准确而引起的修改，如基础加深

注：由于以上原因所提出变更的有可能是建设单位、设计单位、施工单位或监理单位中的任何一个或几个单位。

2. 合理利用设计变更

施工单位除按合同规定、设计要求进行正常工程施工外，要利用投标时所发现的招标文件、设计图纸中的缺陷以及投标中的技巧，抓住有利于施工单位的设计变更，主要有以下几个方面，内容见表 12-23。

表 12-23　设计变更的几个方面

序　号	内　　容
1	当结构的某些主要部位已设计，其辅助性结构的设计注明由施工单位设计，或某些分项工程设计注明由施工单位设计，设计单位认可的情况（这等同于帮设计干活），如大型结构的预埋件、构造配筋、加固方案等，遇到这种事情就好比天上掉馅饼，要好好把握机会
2	当设计要求与自己已熟悉的施工工法不一样时，要想法让设计改变工法，采用省时省工省机械，有利于自己创利的工法
3	申请变更设计图中既难做又不值钱（或报价低）的项目，相应地增加报价高的工程量，如去掉檐廊装饰，增加基础深度、桩布置密度、梁柱截面尺寸配筋等
4	让设计单位将规范（或定额中）已包含在工程项目中的附加工作内容，写入设计结构要求中作为强制要求，如灌注混凝土桩要超灌 1m，地下结构必须外放 20cm 等
5	为赶工期而提高混凝土强度等级，要让设计出变更通知，说明是为满足工程施工要求而提高等

附　　录

附录一　钢结构表示方法

1. 常用钢结构的标注方法

常用型钢的标注方法应符合附录表 1 中的规定。

附录表 1　常用型钢的标注方法

名　称	截　面	标　注	说　明
等边角钢	$\llcorner$	$\llcorner b \times t$	b 为肢宽； t 为肢厚
不等边角钢	$B\ \llcorner$	$\llcorner B \times b \times t$	B 为长肢宽； b 为短肢宽； t 为肢厚
工字钢	I	$\mathrm{I}N$　$Q\mathrm{I}N$	轻型工字钢加注 "Q" 字
槽钢	$\llbracket$	$\llbracket N$　$Q\llbracket N$	轻型槽钢加注 "Q" 字
方钢	$\boxed{\diagup} b$	$\square b$	—
扁钢	$\overset{b}{\longleftrightarrow}$	$-b \times t$	—
钢板	——	$\dfrac{-b \times t}{L}$	$\dfrac{宽 \times 厚}{板长}$
圆钢	$\oslash$	ϕd	—
钢管	$\bigcirc$	$\phi d \times t$	d 为外径； t 为壁厚
薄壁方钢管	$\square$	$B\square b \times t$	

续表

名　称	截　面	标　注	说　明
薄壁等肢角钢	∟	B∟$b \times t$	薄壁型钢加注"B"字，t 为壁厚
薄壁等肢卷边角钢		B∟$b \times a \times t$	
薄壁槽钢		B$[h \times a \times t$	
薄壁卷边槽钢		B$[h \times b \times a \times t$	
薄壁卷边 Z 型钢		B$h \times b \times a \times t$	
T 型钢	T	TW×× TM×× TN××	TW 为宽翼缘 T 型钢； TM 为中翼缘 T 型钢； TN 为窄翼缘 T 型钢
H 型钢	H	HW×× HM×× HN××	HW 为宽翼缘 H 型钢； HM 为中翼缘 H 型钢； HN 为窄翼缘 H 型钢
起重机钢轨		QU××	详细说明产品规格型号
轻轨及钢轨		××kg/m 钢轨	

2. 螺栓、孔、电焊铆钉的表示方法

螺栓、孔、电焊铆钉的表示方法应符合附录表 2 中的规定。

附录表 2　螺栓、孔、电焊铆钉的表示方法

名称	图例	说明
永久螺栓	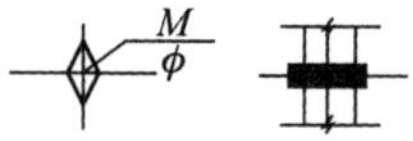	
高强螺栓	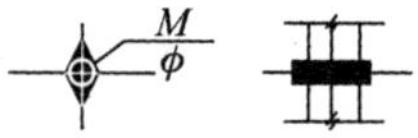	
安全螺栓	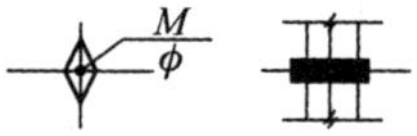	1. 细"＋"线表示定位线 2. M 表示螺栓型号 3. ϕ 表示螺栓孔直径 4. d 表示膨胀螺栓、电焊铆钉直径 5. 采用引出线标注螺栓时，横线上标注螺栓规格，横线下标注螺栓孔直径
胀锚螺栓	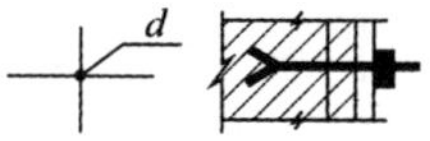	
圆形螺栓孔	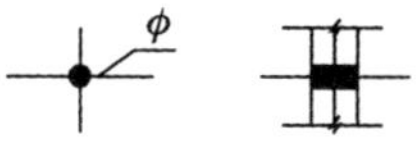	
长圆形螺栓孔	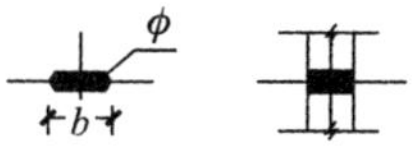	
电焊铆钉	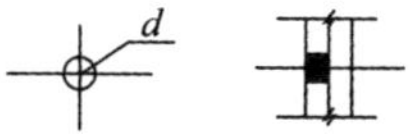	

3. 常用焊缝的表示方法

建筑钢结构常用焊缝符号及符号尺寸应符合附录表3的规定。

附录表3　建筑钢结构常用焊缝符号及符号尺寸

焊缝名称	形式	标注法	符号尺寸（mm）
V形焊缝	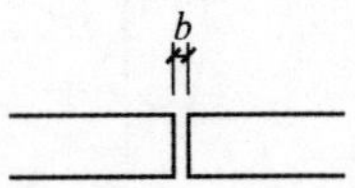	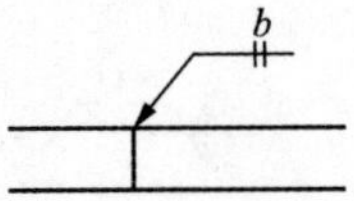	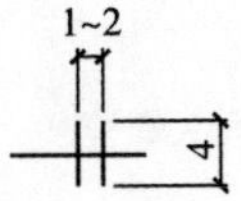
单边V形焊缝	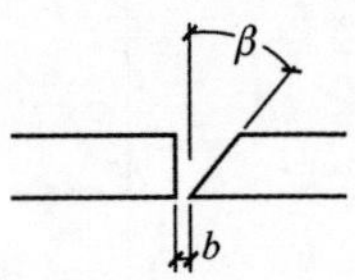	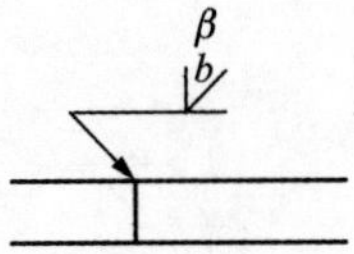 　注：箭头指向剖口	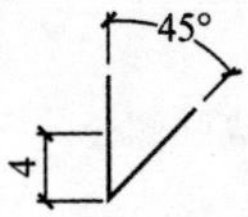
带钝边单边V形焊缝	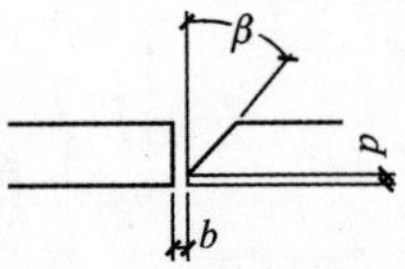	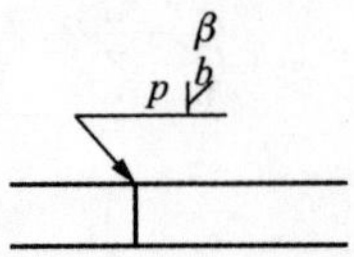	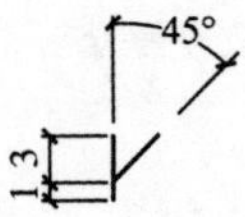
带垫板带钝边单边V形焊缝	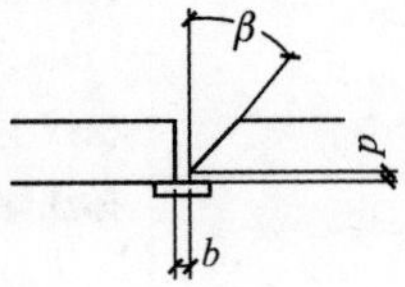	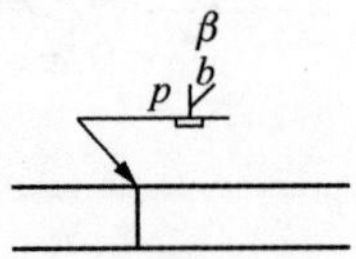 　注：箭头指向剖口	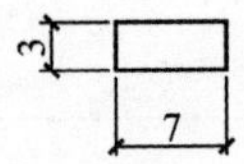
带垫板V形焊缝	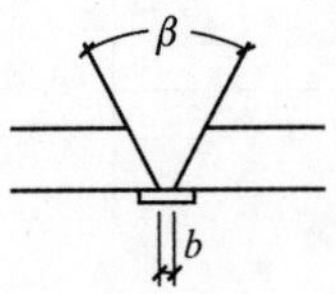	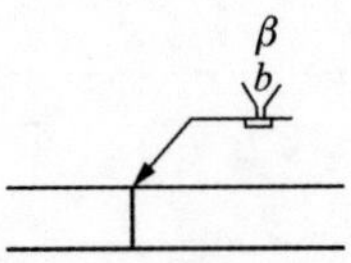	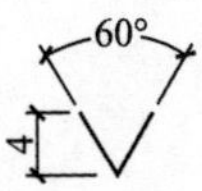
Y形焊缝	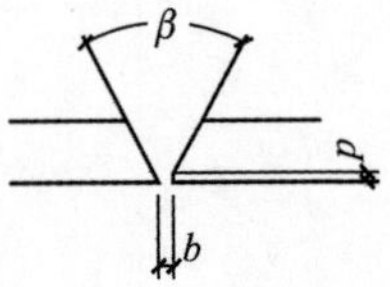	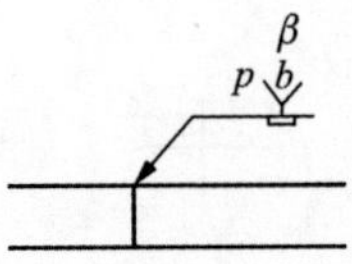	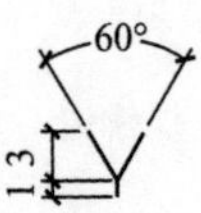

续表

焊缝名称	形式	标注法	符号尺寸（mm）
带垫板 Y 形焊缝			—
双单边 V 形焊缝			—
双 V 形焊缝			—
带钝边 U 形焊缝			
带钝边 双 U 形焊缝			—
带钝边 J 形焊缝			
带钝边 双 J 形焊缝			—

续表

焊缝名称	形式	标注法	符号尺寸（mm）
角焊缝			
双面角焊缝			—
剖口角焊缝			
喇叭形焊缝			
双面半喇叭形焊缝			
带钝边 J 形焊缝			

附录二　木结构图例

木结构常用图例及说明应符合附录表 4 的规定。

附录表 4　木结构常用图例及说明

序号	名　称	图　例	说　明
1	圆木	ϕd	
2	半圆木	$\frac{1}{2}\phi d$	1. 木材的剖面图均应画出横纹线或顺纹线。 2. 立面图一般不画木纹线，但木键的立面图均须画出木纹线
3	方木	$b \times h$	
4	木板	$b \times h$或h	
5	螺栓连接	$n\ \phi d \times l$	1. 当采用双螺母时应加以注明。 2. 序号 5 中，当为钢夹板时，可不画垫板线
6	钉连接正面画法 （看得见钉帽）	$n\ \phi d \times l$	

续表

序号	名 称	图 例	说 明
7	钉连接背面画法 （看不见钉帽）	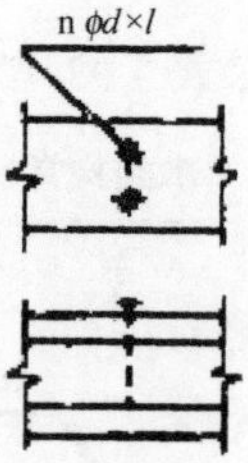	
8	木螺钉连接 正面画法 （看得见钉帽）	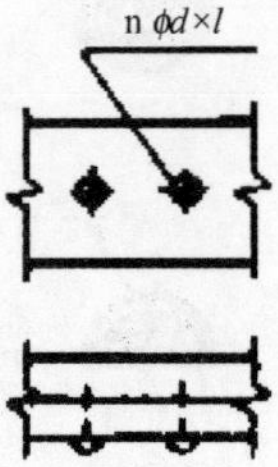	
9	木螺钉连接 背面画法 （看不见钉帽）	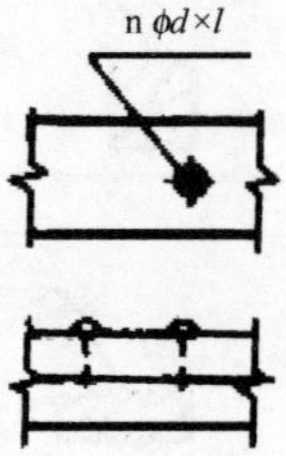	
10	杆件接头	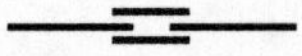	仅用于单线图中
11	齿连接	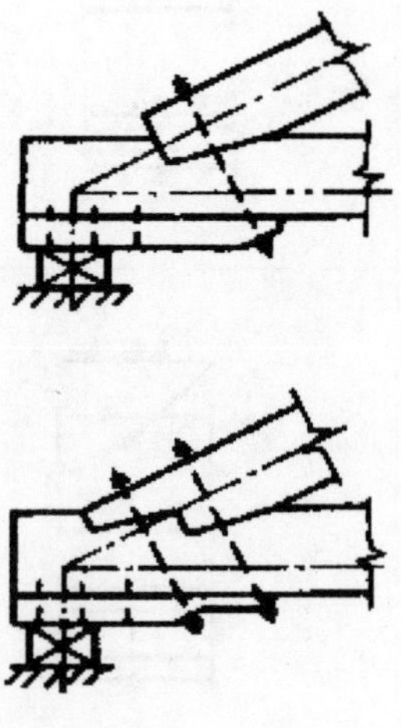	

附录三　给水排水安装工程常用图例

给水排水安装工程常用图例见附录表 5。

附录表5　给水排水安装工程常用图例

名　称	图　例	名　称	图　例
采暖供水干管		压力调节阀	
采暖回水干管		止回阀	
给水管（不分类）	—J—	消防喷头（闭式）	
排水管（不分类）	—P—	消防报警阀	
套管伸缩器		坐便器	
地沟管	代号	蹲便器	
排水明沟		洗脸盆	
排水暗沟		洗涤盆	
存水弯		淋浴喷头	
自动冲洗水箱		矩形化粪池	HC
清扫口		除油池	YC
通气帽		沉淀池	CC
雨水斗	YD	自动排气阀	
排水漏斗		水表	
圆形地漏		管道固定支架	

续表

名　称	图　例	名　称	图　例
阀门（不分类）		检查口	
闸阀		散热器	
截止阀		三通阀	
电动阀		管道泵	
减压阀		过滤器	
球阀		集气罐	
温度调节阀		风机	
手动调节阀		旋塞阀	

附录四　暖通空调制图标准

1. 暖通空调制图标准

1）水、汽管道。

（1）水、汽管道可用线型区分，也可用代号区分。水、汽管道代号应符合附录表 6 的规定。

附录表 6　水、汽管道代号

代　号	管道名称	备　注
RG	采暖热水供水管	可附加 1、2、3 等表示一个代号及不同参数的多种管道
RH	采暖热水回水管	可通过实线、虚线表示供、回关系，省略字母 G、H
LG	空调冷水供水管	—
LH	空调冷水回水管	—
KRG	空调热水供水管	—

代　号	管道名称	备　注
KRH	空调热水回水管	—
LRG	空调冷、热水供水管	—
LRH	空调冷、热水回水管	—
LQG	冷却水供水管	—
LQH	冷却水回水管	—
n	空调冷凝水管	—
PZ	膨胀水管	—
BS	补水管	—
X	循环管	—
LM	冷媒管	—
YG	乙二醇供水管	—
YH	乙二醇回水管	—
BG	冰水供水管	—
BH	冰水回水管	—
ZG	过热蒸汽管	—
ZB	饱和蒸汽管	可附加 1、2、3 等表示一个代号及不同参数的多种管道
Z2	二次蒸汽管	—
N	凝结水管	—
J	给水管	—
SR	软化水管	—
CY	除氧水管	—
GG	锅炉进水管	—
JY	加药管	—
YS	盐溶液管	—
XI	连续排污管	—
XD	定期排污管	—
XS	泄水管	—
YS	溢水（油）管	—
R_1G	一次热水供水管	—
R_1H	一次热水回水管	—
F	放空管	—
FAQ	安全阀放空管	—

代　号	管道名称	备　注
O1	柴油供油管	—
O2	柴油回油管	—
OZ1	重油供油管	—
OZ2	重油回油管	—
OP	排油管	—

（2）自定义水、汽管道代号不应与附录表 6 的规定矛盾，并应在相应图面说明。

（3）水、汽管道阀门和附件的图例应符合附录表 7 的规定。

附录表 7　水、汽管道阀门和附件图例

代　号	管道名称	备　注
截止阀		—
闸阀		—
球阀		—
柱塞阀		—
快开阀		—
蝶阀		
旋塞阀		—
止回阀		
浮球阀		—
三通阀		—
平衡阀		—
定流量阀		—
定压差阀		—
自动排气阀		—
集气罐、放气阀		—
节流阀		—
调节止回关断阀		水泵出口用
膨胀阀		—

代　号	管道名称	备　注
排入大气或室外		—
安全阀		—
角阀		—
底阀		—
漏斗		—
地漏		—
明沟排水		—
向上弯头		—
向下弯头		—
法兰封头或管封		—
上出三通		—
下出三通		—
变径管		—
活接头或法兰连接		—
固定支架		—
导向支架		—
活动支架		—
金属软管		—
可屈挠橡胶软接头		—
Y形过滤器		—
疏水器		—
减压阀		左高右低
直通型（或反冲型）除污器		—
除垢仪		—
补偿器		—
矩形补偿器		—
套管补偿器		—
波纹管补偿器		—

续表

代　号	管道名称	备　注
弧形补偿器	⌢	—
球形补偿器	◎	—
伴热管	∿	—
保护套管	▭	—
爆破膜	▷	—
阻火器	▨	—
节流孔板、减压孔板	⊣｜⊢	—
快速接头	⊐	—
介质流向	⟶ 或 ⇨	在管道断开处时，流向符号宜标注在管道中心线上，其余可同管径标注位置
坡度及坡向	$i=\underline{0.003}$ 或 ⟶$i=0.003$	坡度数值不宜与管道起、止点标高同时标注。标注位置同管径标注位置

2）风道。

（1）风道代号应符合相关规定，见附录表 8。

附录表 8　风道代号

序　号	代　号	管道名称	备　注
1	SF	送风管	—
2	HF	回风管	一、二次回风可附加 1、2 来区别
3	PF	排风管	—
4	XF	新风管	—
5	PY	消防排烟风管	—
6	ZY	加压送风管	—
7	P（Y）	排风排烟兼用风管	—
8	XB	消防补风风管	—
9	S（B）	送风兼消防补风风管	

（2）自定义风道代号不应与附录表 8 的规定相矛盾，并应在相应图面说明。

（3）风道、阀门及附件的图例应符合附录表 9 和附录表 10 的规定。

附录表9　风道、阀门及附件图例

序　号	名　称	图　例	备　注
1	矩形风管	***×***	宽×高（mm）
2	圆形风管	φ***	"φ"表示直径（mm）
3	风管向上		—
4	风管向下		—
5	风管上升摇手弯		—
6	风管下降摇手弯		—
7	天圆地方		左接矩形风管，右接圆形风管
8	软风管		—
9	圆弧形弯头		—
10	带导流片的矩形弯头		—
11	消声器		
12	消声弯头		—
13	消声静压箱		—
14	风管软接头		—
15	对开多叶调节风阀		—
16	蝶阀		—
17	插板阀		—
18	止回风阀		—
19	余压阀	DPV　　DPV	—
20	三通调节阀		—

续表

序 号	名 称	图 例	备 注
21	防烟、防火阀	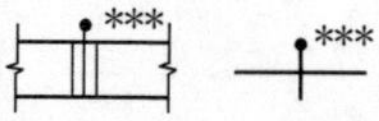 *** ***	"＊＊＊"表示防烟、防火阀名称代号，代号说明另见《电气设备用图形符号》（GB/T 5465—2008）附录 A 中的防烟、防火阀功能表
22	方形风口	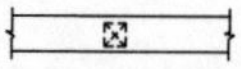	—
23	条缝形风口	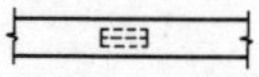	—
24	矩形风口	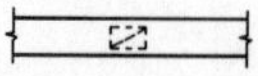	—
25	圆形风口	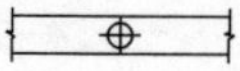	—
26	侧面风口	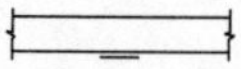	—
27	防雨百叶		—
28	检修门	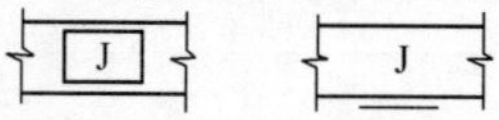 J J	—
29	气流方向		左为通用表示法，中表示送风，右表示回风
30	远程手控盒	B	防排烟用
31	防雨罩	↑	—

附录表 10　风口和附件的代号

序 号	代 号	图 例	备 注
1	AV	单层格栅风口，叶片垂直	—
2	AH	单层格栅风口，叶片水平	—
3	BV	双层格栅风口，前组叶片垂直	—
4	BH	双层格栅风口，前组叶片水平	—
5	C＊	矩形散流器，"＊"为出风面数量	—
6	DF	圆形平面散流器	—
7	DS	圆形凸面散流器	—
8	DP	圆盘形散流器	—
9	DX＊	圆形斜片散流器，"＊"为出风面数量	—

序　号	代　号	图　例	备　注
10	DH	圆环形散流器	—
11	E＊	条缝形风口， "＊"为条缝数	—
12	F＊	细叶形斜出风散流器， "＊"为出风面数量	—
13	FH	门铰形细叶回风口	—
14	G	扁叶形直出风散流器	—
15	H	百叶回风口	—
16	HH	门铰形百叶回风口	—
17	J	喷口	—
18	SD	旋流风口	—
19	K	蛋格形风口	—
20	KH	门铰形蛋格式回风口	—
21	L	花板回风口	—
22	CB	自垂百叶	—
23	N	防结露送风口	冠于所用类型风口代号前
24	T	低温送风口	冠于所用类型风口代号前
25	W	防雨百叶	—
26	B	带风口风箱	—
27	D	带风阀	—
28	F	带过滤网	—

3）暖通空调设备。

暖通空调设备的图例应符合附录表 11 的规定。

附录表 11　暖通空调设备图例

序　号	名　称	图　例	备　注
1	散热器及手动放气阀		左为平面图画法，中为剖面图画法， 右为系统图（Y 轴侧）画法
2	散热器及温控阀		—
3	轴流风机		

序　号	名　称	图　例	备　注
4	轴（混）流式管道风机		—
5	离心式管道风机		—
6	吊顶式排气扇		—
7	水泵		—
8	手摇泵		—
9	变风量末端		—
10	空调机组加热、冷却盘管		从左到右分别为加热、冷却及双功能盘管
11	空气过滤器		从左至右分别为粗效、中效及高效
12	挡水板		—
13	加湿器		—
14	电加热器		—
15	板式换热器		—
16	立式明装风机盘管		—
17	立式暗装风机盘管		—
18	卧式明装风机盘管		—
19	卧式暗装风机盘管		—
20	窗式空调器		—
21	分体空调器	室内机　室外机	—
22	射流诱导风机		—
23	减振器		左为平面图画法，右为剖面图画法

4）调控装置及仪表

调控装置及仪表的图例应符合附录表 12 的规定。

附录表 12　调控装置及仪表图例

序　号	名　称	图　例
1	温度传感器	T
2	湿度传感器	H
3	压力传感器	P
4	压差传感器	ΔP
5	流量传感器	F
6	烟感器	S
7	流量开关	FS
8	控制器	C
9	吸顶式温度感应器	T
10	温度计	
11	压力表	
12	流量计	F.M
13	能量计	E.M
14	弹簧执行机构	
15	重力执行机构	
16	记录仪	
17	电磁（双位）执行机构	
18	电动（双位）执行机构	
19	电动（调节）执行机构	
20	气动执行机构	
21	浮力执行机构	
22	数字输入量	DI
23	数字输出量	DO
24	模拟输入量	AI
25	模拟输出量	AO

注：各种执行机构可与风阀、水阀组合表示相应功能的控制阀门。

参考文献

[1] 中华人民共和国住房和城乡建设部，国家质量监督检验检疫总局. GB50500—2013 建设工程工程量清单计价规范 [S]. 北京：中国计划出版社，2013.

[2] 中华人民共和国住房和城乡建设部. GB50353—2013 建筑工程建筑面积计算规范 [S] 北京：中国计划出版社，2013.

[3] 规范编制组. 2013 建设工程计价计量规范辅导 [M]. 北京：中国计划出版社，2013.

[4] 中华人民共和国住房和城乡建设部. GB/T50105－2010 建筑结构制图标准 [S]. 北京：中国建筑工业出版社，2011.

[5] 郝峻弘. 房屋建筑学（第一版）[M]. 北京：清华大学出版社，2010.

[6] 房志勇，冯萍，常宏达. 房屋建筑构造学——课程设计指导与习题集 [M]. 北京：中国建材工业出版社，2009.

[7] 中华人民共和国住房和城乡建设部，《建设工程工程量清单计价规范》（GB 50500—2013）[S]. 北京：中国计划出版社，2013.

[8] 张毅主编. 工程建设计量规则 [M]. 第 2 版. 南京：同济大学出版社，2003.

[9] 石海均，林鸣，刘谨. 建设工程计价学 [M]. 北京：水利水电出版社，2008.

[10] 张晓钟. 建设工程量清单快速报价实用手册 [M]. 上海：上海科学技术出版社，2010.

[11] 闫瑾. 建筑工程计量与计价 [M]. 北京：机械工业出版社，2005.

[12] 袁建新，迟晓明. 建筑工程清单计价实务 [M]. 北京：科学出版社，2005.

[13] 戴胡杰，杨波. 建筑工程预算入门 [M]. 合肥：安徽科学技术出版社，2009.

[14] 吴焕恋，顾敏春. 如何控制工程造价、质量、工期关系 [J]. 科技资讯，2007（19）：8.

[15] 闵玉辉. 建筑工程造价速成与实例详解 [M]. 第 2 版. 北京：化学工业出版社，2013.